国家自然科学基金(41161002)
贵州省省长基金((2011)46)
联合资助

亚喀斯特区自然特征、环境资源效应及生态重建——以贵州为例

安裕伦　赵海兵　杨广斌　马士彬　等　著

科学出版社
北京

内容简介

本书从地表景观特征、地貌形态与水文、土地利用与植被、石漠化、土壤侵蚀等角度来研究亚喀斯特景观及其与典型喀斯特、非喀斯特景观的区别与联系。

本书共 11 章：第 1 章简述本书的研究背景，探讨亚喀斯特的基本概念，概括亚喀斯特景观的基本特征；第 2 章讨论亚喀斯特景观的自然特点和地域分异基本特征；第 3~9 章着重讨论亚喀斯特景观的资源环境效应，包括该地区的水资源效应、植物及植被资源效应、土地利用及其演化、以黔中典型地区为例研究亚喀斯特景观时空演变、亚喀斯特石漠化和生态脆弱效应，并进行生态系统健康评价和变化趋势分析；第 10 章讨论亚喀斯特地区的生态修复与重建问题，包括重建的紧迫性、重建措施、重建模式、重建案例及相关法律法规和规划标准；第 11 章围绕所选样区开展景观差异性研究。

本书适合地理和生态环境保护工作者，尤其是对喀斯特研究关注的专业人员和学生参考阅读。

审图号：黔 S(2020)002 号

图书在版编目(CIP)数据

亚喀斯特区自然特征、环境资源效应及生态重建：以贵州为例 / 安裕伦等著. — 北京：科学出版社，2023.3

ISBN 978-7-03-074984-0

Ⅰ. ①亚… Ⅱ. ①安… Ⅲ. ①喀斯特地区－环境资源－研究－贵州 ②喀斯特地区－生态恢复－研究－贵州 Ⅳ. ①X171.4

中国国家版本馆 CIP 数据核字(2023)第 038127 号

责任编辑：郑述方 / 责任校对：彭　映
责任印制：罗　科 / 封面设计：墨创文化

科学出版社出版
北京东黄城根北街16号
邮政编码：100717
http://www.sciencep.com

成都锦瑞印刷有限责任公司印刷
科学出版社发行　各地新华书店经销

*

2023 年 3 月第　一　版　开本：787×1092　1/16
2023 年 3 月第一次印刷　印张：16 1/2
字数：398 000

定价：248.00 元

（如有印装质量问题，我社负责调换）

《亚喀斯特区自然特征、环境资源效应及生态重建——以贵州为例》编委会

前　言

喀斯特地貌以其独特奇秀著称于世，生活在这里的人们在享受其千姿百态的景观的同时，生产生活环境的艰辛也苦不堪言。目前已有很多关于喀斯特地貌及整个喀斯特资源环境的研究，而本书则是从另一个角度探索和审视这一神奇的景观，同时试图为该地区的生态环境保护、恢复和资源可持续利用做出努力。

从大类来说，亚喀斯特景观也属于广义的喀斯特景观，但在自然特征和生态功能上既不同于普通的非喀斯特景观，也不同于大家熟知的典型喀斯特景观，如地貌上既有喀斯特地貌的溶蚀特征，也有非喀斯特地貌的侵蚀特征；有相当的土壤侵蚀量，又不易形成石漠化……实际上，可以认为这是一种介于典型喀斯特和非喀斯特之间的过渡类型——亚喀斯特景观。本书考虑从地表景观特征、地貌形态与水文、土地利用与植被、石漠化、土壤等角度来研究亚喀斯特景观及其与典型喀斯特、非喀斯特景观的区别与联系。首先，从地表形态特征看，典型喀斯特地貌景观表现为以溶蚀为主的峰林、峰丛、石林、大型溶洞等形态，其地表与地下二元结构明显；非喀斯特景观在中国南方则表现为常态流水侵蚀地貌和水系；亚喀斯特区域则没有上述喀斯特地貌景观的典型形态，但也不同于非喀斯特地貌景观，其表现为过渡形态。由于发育阶段和演化特征不同，亚喀斯特表现为透水性较弱、溶蚀性较低，基岩中含泥质等非可溶质成分较高，风化后形成了较厚的土壤，有较好的持水性，有利于植被生长与人类耕作。加之亚喀斯特地区一般坡度和缓，不易发育石漠化，相对于典型喀斯特地区，亚喀斯特地区容易形成大量的农耕区，承载较多的农业人口。相对于典型喀斯特景观，亚喀斯特区域资源环境的利用开发没有同样的规律可循，表现在地表水的改造(引流灌溉)、水田的改造、水土流失防治及石漠化的治理等方面，本书试图揭示这些规律，为更好地利用和改造资源环境提供理论支持。

本书选取贵州省内典型喀斯特、亚喀斯特、非喀斯特三种类型的典型样区，并根据上、中、下游，地貌单元及人类活动强度等选取对比研究区，以实证的方法来展现其存在的差异性。在研究中综合利用野外实地调查、遥感、地理信息系统、地统计等方法，更为精确和严谨地论证其内在的差异与联系；研究成果包括照片、地图集、图表等，并配合文字来更好地表达所做的工作。本书研究内容包括从概念和理论探讨到景观与机理研究、从典型样方研究到区域生态环境效应、从驱动力和时间演变到系统结构和生态重建，最后论述人类可能的选择和策略。

本书的出版得到了国家自然科学基金——“‘亚喀斯特’准生态脆弱区自然特征、演替状况与生态重建(以贵州为例)”项目(编号：41161002)和贵州省省长基金——“贵州‘亚喀斯特’准生态脆弱区自然特征与保护利用”项目[编号：(2011)46]的资助。本书以中国南方喀斯特典型分布区贵州省为研究对象，在系统总结不同碳酸盐岩基底上地貌、水文、土壤、植被的分异性基础上，首次提出“亚喀斯特”概念，将喀斯特景观区分为典型喀斯特、亚喀斯特两大类；在此基础上，初步总结了亚喀斯特的景观特征及其空间分布；分析了全省及典型样区亚喀斯特区域的水文水资源、土壤植被、土地利用及景观演化、石漠化及生态脆弱等方面的环境资源效应及演化趋势；进行了亚喀斯特区域生态修复和重建探讨；对大比例尺小范围的亚喀斯特景观典型样区进行了初步差异性实证分析。项目在提出“亚喀斯特景观”概念的基础上研究其内涵，初步对贵州省喀斯特景观的内部差异进行划分，从理论上和空间上区分了亚喀斯景观的分布范围和面积，建立了初步的空间数据库；从水文、土壤、植被等方面总结了亚喀斯特地区的资源环境效应特征；利用历史航摄地形图和多期卫星数据作为主要数据源，用遥感和 GIS 数据研究亚喀斯特景观 50 多年的时空变化，对比贵州省 50 年来土地利用变化并得到相关结论：亚喀斯特区域生态环境有所改善，但由于人口的增长及政策的影响，导致建设用地的增长速度最快；由于亚喀斯特自身的特殊性与人类活动的影响，草地、灌木林和旱地仍占有重要地位；与典型喀斯特区域相比，亚喀斯特区域较适合人类居住，导致受人类活动影响较大；项目组进行了自然发展、经济优先、生态保护以及土地优化四个情景模式下土地利用变化的模拟。项目构建了亚喀斯特景观生态重建模式和方案。本书以黔中地区为研究区，基于压力-状态-响应(pressure-state- response，PSR)模型进行 2000～2010 年生态系统健康评价，结果有利于推进生态修复和重建工作，为区域石漠化防治提供科学合理的决策依据。本书以贵州省毕节市为典型样区，结合大量野外工作对当地亚喀斯特景观开展实地验证和综合分析研究。

本书分工合作情况：贵州师范大学安裕伦提出了研究思路、基本技术路线与方法，主导整体工作；赵海兵完成了典型地区调查分析和工作总结，杨广斌参与研究并提供了贵州省生态环境十年变化(2000～2010 年)遥感调查与评价中的土地利用数据和其他相关数据；周旭承担生态修复与重建部分编写工作，周秋文承担水文水资源部分编写工作。六盘水师范学院马士彬完成了生态效应部分编写和全书主要部分文献整理。贵州师范大学硕士研究生胡锋协助理论分析、实地调查验证及典型样区工作，许璟、安宏锋、安宁、余小芳、苏琪娇、李远艳、王培彬、吕红梅等分别在生态效应、石漠化效应、土壤侵蚀、土地利用、土壤植被等方面承担了具体工作，奚世军、陈啟英承担了部分编辑工作。

稿件中的占比数据均为修约值，故其总和有可能不等于 1，在此特别说明。

由于作者水平有限，书中难免存在疏漏之处，恳请读者指正。

作者

2021 年 12 月

目　　录

第 1 章　亚喀斯特概念、景观特征的探讨——以贵州省为例 ······ 1

1.1　概述 ······ 1

1.2　亚喀斯特概念 ······ 2

1.3　亚喀斯特景观特征 ······ 3

第 2 章　亚喀斯特自然特征和景观地域分异 ······ 5

2.1　亚喀斯特的数据来源与自然特征 ······ 5

2.1.1　数据来源与处理 ······ 5

2.1.2　地质地貌特征 ······ 7

2.1.3　土壤特征 ······ 10

2.1.4　植被特征 ······ 14

2.2　亚喀斯特景观地域分异 ······ 16

2.2.1　亚喀斯特低山地 ······ 17

2.2.2　亚喀斯特低中山地 ······ 17

2.2.3　亚喀斯特中山地 ······ 18

2.2.4　亚喀斯特高中山地 ······ 18

2.2.5　亚喀斯特浅丘地 ······ 19

2.2.6　亚喀斯特深丘地 ······ 19

2.2.7　亚喀斯特盆地 ······ 19

第 3 章　亚喀斯特水文水资源效应 ······ 20

3.1　研究方法 ······ 20

3.2　数据来源与处理 ······ 20

3.2.1　数据来源 ······ 20

3.2.2　数据处理 ······ 20

3.3　亚喀斯特水源涵养功能分析 ······ 21

3.3.1　水源涵养概述 ······ 21

3.3.2　研究方法 ······ 21

3.3.3　水源涵养功能分析与评价 ······ 23

3.4　水资源效应典型样区 ······ 27

3.4.1　研究区概况 ······ 28

3.4.2　研究方法 ······ 29

3.4.3　结果与分析 ······ 34

第 4 章　亚喀斯特区域植被效应 ······ 45

4.1 亚喀斯特区域植被……45
4.2 植物资源效应……53
第5章 亚喀斯特地区土地利用现状及演化……55
5.1 土地利用现状分析……55
5.2 土地利用演变分析……55
5.3 亚喀斯特地区土地资源演变预测……60
5.4 亚喀斯特典型样区的景观特征分析——修文县……63
5.5 亚喀斯特典型样区土地利用变化的驱动因子……74
第6章 亚喀斯特景观区土壤侵蚀评价与特征分析……81
6.1 贵州省亚喀斯特地区土壤侵蚀量评价……81
6.2 贵州省亚喀斯特地区土壤保持功能评价……83
第7章 亚喀斯特地区石漠化效应……86
7.1 亚喀斯特地区石漠化现状……86
7.2 亚喀斯特黔中典型样区石漠化景观特征分析……89
第8章 亚喀斯特地区生态脆弱效应……107
8.1 概述……107
8.2 不同喀斯特发育区生态脆弱性评价……108
8.3 生态脆弱性评价结果分析……111
第9章 亚喀斯特地区生态系统健康评价及趋势分析……119
9.1 生态系统健康评价方法综述……119
9.2 生态系统健康评价方法介绍……121
9.3 黔中地区生态健康评价……123
9.4 亚喀斯特生态系统健康评价与驱动因素分析……148
第10章 亚喀斯特地区生态修复与重建……165
10.1 贵州省喀斯特复合生态系统重建紧迫性分析……165
10.1.1 喀斯特复合生态系统重建的内涵……165
10.1.2 贵州省喀斯特复合生态系统重建压力……166
10.2 贵州省喀斯特复合生态系统重建研究综述……170
10.2.1 石漠化分类与防治技术途径……170
10.2.2 喀斯特脆弱性与生态重建模式……172
10.2.3 石漠化防治案例适宜性评价……175
10.3 贵州省喀斯特复合生态系统重建措施优化……177
10.3.1 气候变化适应措施优先落实区划……177
10.3.2 自然灾害防控措施优先落实区划……178
10.3.3 水资源短缺解决措施优先落实区划……179
10.3.4 土壤退化改良措施优先落实区划……179
10.3.5 植被退化重建措施优先落实区划……180
10.3.6 水土流失防治措施优先落实区划……181

10.3.7 耕地利用优化措施优先落实区划…………182
10.3.8 绿色发展促进措施优先落实区划…………183
10.4 贵州省喀斯特复合生态系统重建模式优化…………184
10.4.1 贵州省喀斯特社会生态脆弱性评价…………184
10.4.2 基于流域脆弱性的复合生态系统重建模式构建…………188
10.4.3 贵州省喀斯特流域复合生态系统重建模式区划…………190
10.5 亚喀斯特流域复合生态系统重建案例…………191
10.5.1 亚喀斯特流域类型识别…………191
10.5.2 亚喀斯特流域问题诊断…………192
10.5.3 亚喀斯特流域重建模式选择…………193
10.5.4 亚喀斯特流域重建措施优化…………195
10.6 贵州省喀斯特流域复合生态系统重建相关法律法规与规范标准…………201
第 11 章 典型亚喀斯特样区景观差异性…………203
11.1 样区选择依据及研究区概况…………203
11.1.1 样区范围的确定…………203
11.1.2 样区位置的确定原则与方法…………204
11.1.3 毕节试验区典型样区概况…………205
11.2 地质背景的差异…………206
11.2.1 区域大地构造背景…………206
11.2.2 区域地层与岩性…………207
11.2.3 典型样区出露地层与岩性差异…………209
11.3 地形地貌的差异…………210
11.3.1 样区地形特点…………210
11.3.2 样区坡度起伏…………212
11.3.3 样区地势…………214
11.3.4 高分遥感影像形态差异…………215
11.4 水文河流的差异——贵阳花溪流域…………217
11.4.1 河流水文对比分析…………217
11.4.2 河流水文对比流程…………217
11.4.3 数据的对比…………220
11.5 土壤类型的差异…………222
11.5.1 研究区主要土壤类型…………223
11.5.2 典型样区主要土壤特点…………224
11.5.3 样区土壤对比分析…………224
11.6 样区土地利用对比分析…………226
11.6.1 土地利用概述…………226
11.6.2 土地利用结构分析…………227
11.6.3 土地利用多样性分析…………230

11.6.4 土地利用程度分析 …………231
11.7 石漠化程度的差异…………233
11.7.1 石漠化概念内涵…………233
11.7.2 典型样区石漠化数据及对比 …………233
11.7.3 典型样区石漠化数据分析 …………236
11.8 土壤侵蚀程度的差异…………237
11.8.1 土壤侵蚀概念内涵 …………237
11.8.2 土壤侵蚀比例的差异 …………237
11.8.3 土壤侵蚀比例的差异分析 …………240
11.9 居民点及社会经济发展的差异…………242
11.9.1 居民点状况…………242
11.9.2 交通路网状况…………244
参考文献 …………246
后记 …………251

第1章　亚喀斯特概念、景观特征的探讨——以贵州省为例

1.1　概　　述

喀斯特(Karst)原是位于克罗地亚和斯洛文尼亚境内的伊斯特拉半岛上的石灰岩高原的地名，意思是岩石裸露的地方，在中国又称岩溶。随着现代地学对喀斯特的认识和理解不断加深，喀斯特作为一门具有独特研究对象的地理学科分支，越来越受到重视，研究内容不断扩展，如从地貌的研究扩展到对整个喀斯特景观的研究，从理论研究扩展到对其应用和资源环境效应的研究，其内涵研究也不断细化。

全球喀斯特分布很广，面积近2200万km^2，约占陆地面积的15%，居住人口约10亿人(王世杰，2003)。集中连片的喀斯特地貌主要分布在欧洲中南部、北美东部和中国西南部地区。在国内，碳酸盐类岩石分布面积约为125万km^2，主要分布在北方的山西高原及相邻地区，以及以云南、贵州和广西为中心的西南喀斯特地貌区。中国西南喀斯特地区面积约为54万km^2，位于长江、珠江中上游，既是我国重要的生态屏障区，又是我国经济欠发达地区，曾分布有多个国家级贫困县，原贫困人口超过1000万人，还是我国重要的能源基地和生物多样性保护的重要区域。贵州省是我国喀斯特分布面积最大、发育最复杂的省份，出露碳酸盐岩面积达15万km^2，占全省面积的85%(笔者制图显示，若扣除夹层则为61.9%)，喀斯特地貌发育强烈，山地和丘陵面积占全省总面积的92.5%，是全国特有的没有平原支撑的省份(张志才 等，2008)。在喀斯特脆弱生态本底及长期不合理人类活动影响下，贵州喀斯特山区水土流失严重，并存在不同程度的石漠化问题。根据安裕伦等(2001)的遥感分析，贵州省“中度以上石漠化面积占到全省土地面积的 7%以上，标志着石漠化面积占比已经相当高；轻度以上石漠化面积占到全省土地面积的20%以上，如加上具有潜在石漠化的土地，面积可以达到45%以上”。其他学者进一步认为，中度以上石漠化面积为15441.60km^2，治理与恢复的难度非常大；潜在石漠化面积为34026.58km^2，占全省面积的19.31%，总体分布范围广、面积大，严重制约区域可持续发展与生态文明建设(熊康宁，2009)。

贵州高原山区地域分异规律复杂，喀斯特地表景观具有十分显著的异质性特征。不同喀斯特生态环境区(或流域)的地质或水文地质、地形、地貌、土壤、植被及局地小生境均存在程度不同的差异。喀斯特地表景观异质性深刻影响其地理过程与生态过程，而喀斯特环境内部差异最明显的当属典型喀斯特和亚喀斯特的差异。因此，以贵州省为例，开展亚喀斯特及其自然特征、资源环境效应与生态重建研究，是研究整个喀斯特地区资源利用和环境保护的重要基础，可以为优化景观格局、生态过程、生态环境演变及该类地区的恢复重建提供科学依据。

1.2 亚喀斯特概念

喀斯特是指地表水与地下水对可溶性岩石的溶蚀与沉淀、侵蚀与沉积，以及重力崩塌、坍陷、堆积等作用形成的一种地貌形态(伍光和 等，2008)。典型喀斯特地貌是指在可溶性岩石(如石灰岩和白云岩等含碳酸盐纯度较高的基岩)上，以溶蚀作用为主发育的地貌类型。由于岩溶作用强烈，在不同的地貌部位和气候条件下，地形表面石沟和石芽发育，形成了峰丛、峰林、溶丘、孤峰、漏斗、洼地、槽谷、溶洞、天生桥等典型的喀斯特地貌。但在广袤多样的现实环境中，或由于岩石成分的差异带来岩石可溶性差异，或由于岩石结构存在的可溶性带来岩石与不可溶岩石混合互层等现象，景观通常有相对厚的土层，植被覆盖较好，没有大量的洞穴发育，且极少有石漠化的现象。这类明显不同于典型喀斯特地貌的景观很早便引起了研究者的关注。

1926 年，南斯拉夫学者司威治(J.Cvijic)将石灰岩的地貌形态分为完全喀斯特、半喀斯特、过渡喀斯特(杨明德 等，1998)。安裕伦等(2001)提出了不纯碳酸盐区的石漠化程度划分指标，指出在不纯碳酸盐岩石组成的半喀斯特区相对于典型喀斯特区分布有较好的土被和植被，并据此完成了遥感(remote sensing，RS)、地理信息系统(geographic information system，GIS)和全球定位系统(global positioning system，GPS)(简称 3S)技术支持下的贵州省石漠化类型制图。贺中华(2004)提到了半喀斯特低中山地貌类型概念。吕红梅等(2009)认为，从喀斯特、半喀斯特到非喀斯特，自然景观镶嵌结构越来越复杂且越来越不稳定，人为景观在喀斯特地区显得较为复杂。胡锋等(2015)在大量野外考察基础上，根据概念的内涵，将半喀斯特称为亚喀斯特，特指发育在不纯碳酸盐岩及碳酸盐岩与非碳酸盐岩的夹层上、形状介于典型喀斯特和非喀斯特景观之间的景观地域综合体。

从地貌发育角度看：典型喀斯特地貌是在可溶性岩石上以高溶蚀作用发育的地貌类型，由于岩溶作用强烈，其地貌特征明显，在不同的地貌部位和气候条件下形成了石沟和石芽、峰丛、峰林、孤峰、大型负地形、大型溶洞等一套典型喀斯特地貌。亚喀斯特(非典型喀斯特)地貌发育于不纯的可溶性岩石或者可溶性岩石与不可溶岩石交互分布的基岩上，虽有相当的溶蚀作用，但综合溶蚀速率相对较低，并且由于有不可溶杂质的存在，兼有一定程度的侵蚀剥蚀作用。在溶蚀和侵蚀两种过程的共同作用下，形成了既不同于典型喀斯特地貌又不同于非喀斯特地貌的一种中间过渡类型，即亚喀斯特地貌，其上发育相应的景观。亚喀斯特地貌是发育在不纯碳酸盐岩及碳酸盐岩与非碳酸盐岩夹层之上的一种过渡地貌形态，整体而言，岩石含非碳酸质成分较高，溶蚀速率较典型喀斯特地区慢，它是介于典型喀斯特与非喀斯特之间的一种过渡形态。这种过渡形态特征表现为地貌效应、水文效应、土壤植被效应等不同于典型喀斯特地区［图 1.1(a)和图 1.1(b)］，区域岩石节理张性不如典型喀斯特地区发育，夹层区因为透水层、隔水层出现重复分布，地貌形态相对平缓，局部地段地下水出露较多；成土母质相对丰富，土层较厚，土壤保水保肥性较强，在温暖湿润的亚热带，植被生长较好，地表缺水干旱情况不如典型喀斯特地区严重，同等条件下具有比典型喀斯特地区相对高的自然生产能力，在山区能提供相对多的宜农耕地，从生态环境角度看其生态环境脆弱性优于典型喀斯特环境，石漠化的威胁程度低。上述情形在一定程度上可以缓解广义喀斯特山区尖锐的人地矛盾。同时，在亚喀斯特地区坡度较陡部分，由于长期频繁的人为干扰，垦殖率过高，水土流失、生态环境破坏的情况也较为严峻。

(a) 亚喀斯特（一）　(b) 亚喀斯特（二）

(c) 典型喀斯特　(d) 非喀斯特

图 1.1　贵州省亚喀斯特、典型喀斯特、非喀斯特林-灌植被及耕地景观

1.3　亚喀斯特景观特征

与典型喀斯特地貌相比，如图 1.1 所示，从喀斯特发育的程度上看，亚喀斯特主要发育在不纯碳酸盐岩及碳酸盐岩与非碳酸盐岩夹层之上。不纯碳酸盐岩包括泥质白云岩、泥质石灰岩，地层以中三叠统关岭组最为典型；非碳酸盐岩包括白云岩夹黏土岩、碎屑灰岩、灰岩夹黏土岩、碎屑岩夹黏土岩等，以紫云组、罗楼组互层段较为常见。岩石都含有较高的泥质成分，酸不溶物含量高，溶蚀速率相对较缓慢，成土速率较典型喀斯特地区快。因此，亚喀斯特地区往往拥有较厚的土层，土壤保水保肥性好，土被覆盖连续，自然植被生长较茂密，植被覆盖度高，宜农耕地多，土地利用价值大。

从地貌景观上看，亚喀斯特地区地貌成因有侵蚀-剥蚀和溶蚀-侵蚀，从形态类型上看，包括缓丘洼地、丘陵谷地、浅低丘、浅中丘、深中丘、低中山及中山等(地貌分类标准参照《贵州省农业地貌区划》)。以贵阳市为例，浅中丘面积为 739.97 km^2，低中丘面积为 662.59 km^2，分别占该地区亚喀斯特面积的 36.84%、32.98%；遵义等地低中山面积为 1107.47 km^2，占该地区亚喀斯特面积的比例为 69.3%，深中丘面积为 305.03 km^2；而西秀平坝则以浅中丘为主，面积为 758.22 km^2，占该地区亚喀斯特面积的比例为 59.12%。因此，亚喀斯特地区地表起伏度相对较缓，受切割程度较浅，坡度为 8°～35°，峰丛、峰林不发育。但是从喀斯特地下溶洞发育情况来看，由于亚喀斯特地区岩石本身固有的属性，地下洞穴发育程度不高、分布极少。在统计的贵阳市地下洞穴中，绝大部分洞穴分布在典型喀斯特区，而亚喀斯特地区分布甚少；同时，地下岩溶水以碳酸盐岩类岩溶水为主，产水模数相对较高，地下水资源较为丰富，地表干旱缺水情况不明显。

从土壤植被效应上看，亚喀斯特地区拥有较厚的土层，土壤以黄壤和黄色石灰土为主，土壤酸碱性适中，植被生长茂密。在酸性土壤中多生长马尾松林，在偏碱性的土壤中多生长柏树。灌木林次生性较强，土被覆盖连续，植被覆盖度较高，宜农耕地多，土地农用价值较大。因此，这类地区有别于典型的喀斯特地区，生态效应积极作用比较明显，需要对其进行保护和专门研究。

造成亚喀斯特与典型喀斯特景观区别的地域分异因素主要是岩性(包括纯度型和夹层组合型)，分异的结果既体现在构成自然地理景观的每一个要素上，也综合体现在整个景观外貌和结构上。岩性不纯型亚喀斯特景观内部相对均一；夹层组合型亚喀斯特景观结构相对复杂，从较小尺度看，其内部有异质性表现，而从较大尺度看，亚喀斯特景观效应表现明显。

亚喀斯特作为一种过渡地貌形态，与典型喀斯特在岩性发育、地貌形成、水文复杂性、土壤侵蚀等方面拥有诸多的共同点，两者同属典型的敏感区和生态脆弱区，都发育在含碳酸盐类岩石之上，地貌发育既有溶蚀又有侵蚀，地下水文特征复杂，易发生水土流失等，但是二者在度与量之间存在明显差别，表现在地貌发育、土层厚度、植被效应等方面。亚喀斯特地貌不同于非喀斯特地貌，后者以常态地貌为主，岩性以砂岩、黏土岩、页岩等沉积岩、变质岩及火成岩为主，在研究区通常具有很厚的土被覆盖，地表不透水，洼地易积水，坡度适宜时是宜农耕地的主要场所，坡度陡峻时也常为优质的林用地，植被生长茂密［图 1.1(d)］。相比之下亚喀斯特地区生态系统较脆弱，稳定性较差，对外界干扰敏感，容易遭到破坏。

第2章　亚喀斯特自然特征和景观地域分异

2.1　亚喀斯特的数据来源与自然特征

2.1.1　数据来源与处理

1. 数据来源

(1)野外调查资料。根据亚喀斯特区域不同的地质条件，选取黔中地区，毕节的纳雍、乌蒙山地区等典型研究区，开展野外调查，结合高分辨率遥感数据和 GPS 定位，进行地质地貌、水文、土壤环境、自然植被及相关土地利用、生态效应等考察。

(2)空间数据。遥感影像包括 ALOS(10m 分辨率)、ASTER(15m 分辨率)多光谱贵州省 2010 年数据、Landsat TM(thematic mapper，专题制图仪)(30m 分辨率)贵州省 2010 年数据。其他资料包括贵州省 DEM(digital elevation model，数字高程模型)(90m 分辨率)数据、1∶50 万贵州省地貌图，以及 2000 年、2005 年、2010 年土地利用数据。

(3)文献资料与统计数据。包括贵州省亚喀斯特地区各县市统计年鉴、贵州省自然资源厅出版的《贵州省自然资源地图集》等。

2. 指标体系

指标是体现区域差异的关键尺度，因此指标体系的选择至关重要。根据主导性、差异性及区域完整性原则，考虑景观的空间格局，选取地势地貌、土壤、气候、植被、土地利用、生物多样性和水文 7 类自然条件构建地域分异指标体系，如表 2.1 所示。

表 2.1　地域分异指标体系

序号	自然条件	评估指标
1	地势地貌	相对高度、形态、坡度、正负地形比例、石沟和石芽
2	土壤	土壤类型、成土母质、土层厚度、连续性、酸碱度、利用类型
3	气候	降水、温度、日照时数
4	植被	群落类型、植被结构-覆盖度、生物量
5	土地利用	适宜性、限制性因素、潜力、环境问题、土地利用时空变化
6	生物多样性	生物丰度
7	水文	水系分布、水网密度、土壤含水状况、水利条件

3. 技术路线

按照图 2.1 的技术路线对亚喀斯特地域分异规律进行研究。

贵州省亚喀斯特分布数据的图件提取，可作为分割其他图件的重要基础。

(1) 以贵州省 1∶20 万水文地质图为基础框架，结合 30m Landsat TM 影像，参考相关数据，提取亚喀斯特景观空间分布数据。

(2) 系统研究亚喀斯特景观区生态环境效应和功能，评价其生态敏感度和脆弱度，探讨生态经济协调发展的生态重建道路和对策，为区域可持续发展和石漠化防治提供科学决策依据。

(3) 以历史时期地形图和多期卫星数据作为主要数据源，用 RS 和 GIS 数据研究亚喀斯特景观的时空变化。

(4) 基于系统工程思想，以 GIS 空间分析和建模技术为主要工具，应用景观生态学、生态经济学等方法原理构建亚喀斯特景观生态重建模式和方案。尺度上分为两个层次开展研究：一是对全省做相对宏观研究；二是选取典型样区开展深入研究。

技术路线图如图 2.1 所示。

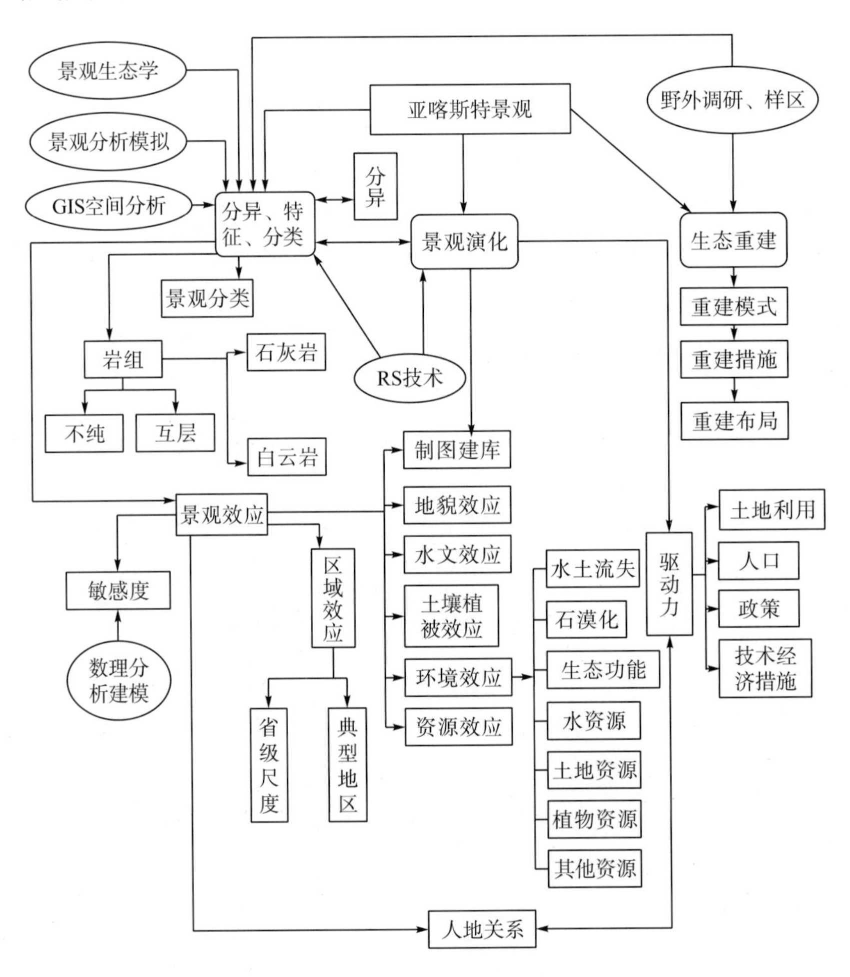

图 2.1　技术路线图

2.1.2　地质地貌特征

1. 地质特征

贵州省在大地构造上属扬子准地台，从新元古代震旦纪到古生代及新生代的古近纪和新近纪，每一个地质时代的地层都有不同面积和厚度的碳酸盐岩分布和出露，在湿热气候的外力作用下，大部分地区都有不同程度的喀斯特发育。为了让研究内容更具客观性、科学性，研究人员采取点、线、面相结合的调查方式，参照贵州省 1∶5 万地形图，1∶20 万岩性图、地质图及水文地质图，坡度图，土壤类型图，政区图，Landsat TM 及 ALOS、SPOT 等高分辨率遥感影像，进行多次省内野外调查，并记录典型样点的岩性、地层、地形地貌、土壤植被等信息，岩性构成主要是不纯碳酸盐岩及碳酸盐岩与非碳酸盐岩的夹层，前者包括泥质白云岩、泥质灰岩[如关岭组(T_2g)]，后者则以大冶组(T_1d)、罗楼组(T_1l)、紫云组(T_1z)等互层为主。

(1)不纯碳酸盐岩岩性特征。根据表 2.2 的统计，不纯碳酸盐类岩石混杂有较多的泥质成分，酸不溶物含量高，溶蚀速率相对缓慢，成土速率较典型喀斯特地区快，调查区以关岭组(T_2g)地层段发育最为明显，故这类地区土层相对较厚，土壤保水性、保肥性较好，植被生长良好，土地利用率高，生态环境相对较好，生态系统较为稳定。

表 2.2　亚喀斯特景观典型分布区地质岩性特征

调查样地	点号	地理坐标	地层	岩性结构	地形地貌	坡度/(°)
安顺西秀下哨村	1	106° 02′38″E 26° 09′47″N	紫云组 罗楼组	碎屑灰岩、泥灰岩、灰岩夹黏土岩	丘陵谷地	12
	2	106° 02′36″E 26° 10′07″N	紫云组 罗楼组	薄层灰岩夹页岩、泥质白云岩	丘陵谷地、沟谷地貌	20
贵阳市乌当区	1	106° 46′38″E 26° 38′23″N	关岭组	白云岩夹黏土岩、底部为杂色页岩	缓丘、洼地	10～15
	2	106° 47′46″E 26° 38′56″N	大冶组	薄层灰岩、黏土岩、泥质灰岩	缓丘、盆地	8～10
	3	106° 49′18″E 26° 39′34″N	关岭组	泥质白云岩、炭质页岩	丘陵谷地	10～12
	4	106° 49′58″E 26° 39′55″N	关岭组	白云岩夹黏土岩	丘陵洼地、丘陵谷地	12～30
	5	106° 49′57″E 26° 39′33″N	关岭组	上层为泥质白云岩、下层为页岩	缓丘、浅中丘、中盆地	8～17
观山湖区大关桥	1	106° 40′05″E 26° 38′14″N	关岭组	泥质灰岩、碎屑岩夹黏土岩	峰丛、丘陵、低中丘	8～12
修文县丫叉田	1	106° 47′27″E 26° 55′28″N	关岭组	泥质灰岩、白云岩夹黏土岩	缓丘、盆地	5～9

续表

调查样地	点号	地理坐标	地层	岩性结构	地形地貌	坡度/(°)
息烽县林丰村采石厂	1	106°42′50″E 27°05′38″N	关岭组	杂色白云岩夹黏土岩	丘陵谷地、深中丘	15～35
息烽县康家寨	1	106°43′05″E 27°05′38″N	关岭组	灰岩、白云岩夹黏土岩	山地、低中山	18
遵义县①阁老坝村	1	106°47′58″E 27°25′46″N	关岭组	白云岩夹黏土岩	缓丘、缓中丘	12
遵义县任召桥	1	106°53′16″E 27°35′17″N	关岭组	白云岩夹黏土岩	山地、陡坡地	14

注：根据野外实地调查资料记录、整理。
①2016 年 3 月 20 日，贵州省撤销遵义县，设立遵义市播州区。

(2) 碳酸盐岩与非碳酸盐岩夹层、互层组合岩性特征。这些区域岩石主要包括碎屑灰岩、灰岩夹黏土岩、薄层灰岩夹页岩、白云岩夹黏土岩及碎屑岩夹黏土岩等，如大冶组、罗楼组的第二段中厚层泥灰岩与页岩、紫云组的第三段薄层泥质白云岩等。由于是互层段组合，岩石间掺杂较多的其他物质，这类地区的岩石同样含有较高的泥质成分，在黔北的遵义地区分布较多，亚喀斯特景观分布也较为明显。

2. 地貌特征

杨明德等(1998)认为喀斯特地貌是一个二元三维空间地域结构体，由地表和地下地貌景观单元组成。由于亚喀斯特发育以不纯碳酸盐岩为地质基础，属于广义的喀斯特地貌，故也具有二元三维的空间结构。

1) 地表地貌特征

贵州省地处中国第二级阶梯上，新构造运动以来，经历过强烈的地壳运动，几度的间歇性抬升加之上升速度、上升量的不同，留下了不同海拔的剥夷面，是一个纬度较低、切割强烈、地表起伏悬殊、多山地丘陵的亚热带高原山区；亚喀斯特景观的地形地貌是在此基础上产生和变化的。

根据表 2.3 和图 2.2 可知，亚喀斯特区域内主要地貌形态是低中山、中山、深中丘、浅中丘、低山等，其中，低中山的面积占比较大，中山次之。

表 2.3　亚喀斯特区域地貌类型面积占比(%)

	地貌类型															
	低盆地	低丘	低山	低台地	低中山	高盆地	高台地	高中山	浅低丘	浅高丘	浅中丘	深低丘	深高丘	深中丘	中盆地	中山
占比	1.26	0.09	6.82	0.02	42.54	0.01	0.05	2.36	1.68	0.40	11.24	1.91	0.81	12.64	0.97	17.20

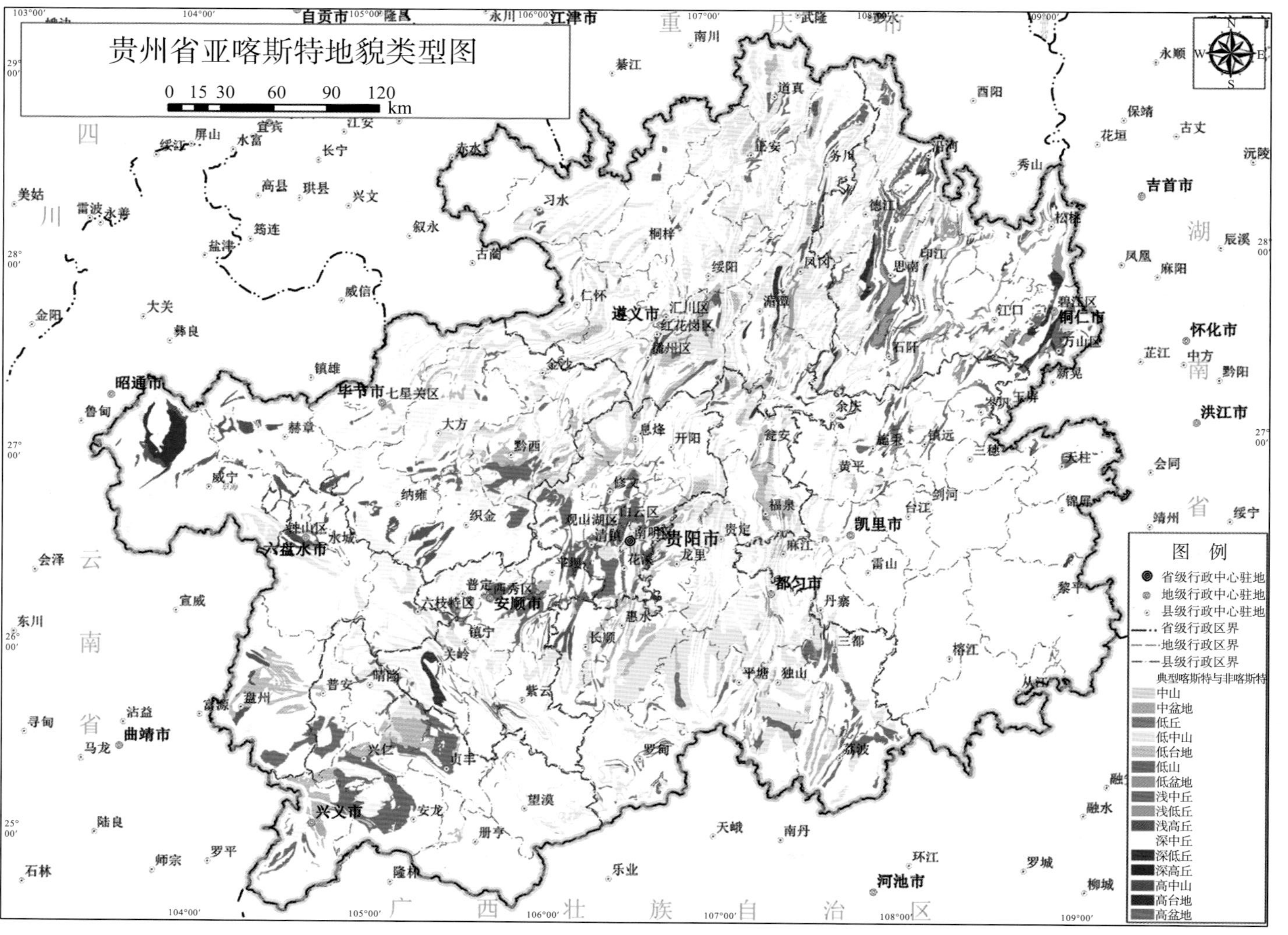

图2.2　贵州省亚喀斯特区域地貌

2)地下地貌特征

典型喀斯特地区由于碳酸盐岩纯度高，易被溶蚀、侵蚀等，地貌发育强烈，形成了诸多千姿百态的峰丛、峰林、洼地、槽谷、溶洞、暗河、竖井等喀斯特景观。但是，在岩石含泥质成分较高的亚喀斯特地区，由于酸不溶物含量高或受隔水层阻挡效应，碳酸盐岩不易被流水溶蚀带走，该地区喀斯特发育程度不及典型喀斯特地区，地下洞穴、漏斗、暗河等分布少见。在贵阳市1∶5万地形图上随机统计了92个洞穴的分布(不完全统计)，如图2.3所示。由图2.3可见，亚喀斯特地区洞穴分布较少，地下岩石受溶蚀程度小，且洞穴在高度和长度上都要比典型喀斯特地区小，这再一次证明了亚喀斯特地区的特殊性。

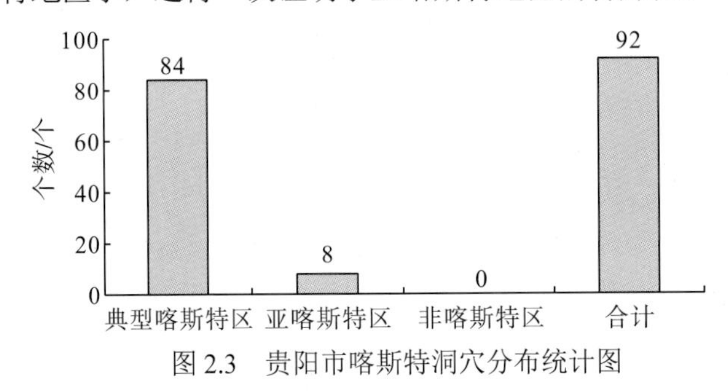

图2.3　贵阳市喀斯特洞穴分布统计图

2.1.3　土壤特征

1. 基本特征

随海拔的升高，贵州省内分布着南亚热带、中亚热带、北亚热带、温带等不同的气候与植被。在贵州省亚喀斯特区，由于生物、气候、地貌、成土母质复杂及人为生产活动的影响，土壤种类繁多。在地势平缓处，受相应气候、植被的影响，分布着黄壤、红壤、黄棕壤与棕壤等地带性土壤。坡度较大、土壤性质受成土母质影响较大的区域，形成石灰土、粗骨土等岩性土壤或非地带性土壤。由于人类活动的影响，强烈水耕熟化形成水稻土。此外还分布着石质土、山地草甸土、潮土和沼泽土，如图2.4所示。

贵州省亚喀斯特分布区的土壤在地理分布上具有垂直-水平复合分布规律，即形成了不同的土壤带，因此在水平地带性的基础上，又表现出垂直分布规律。由于土壤的地域差异，贵州省亚喀斯特区域大致分为三带：东部和中部地区主要分布黄壤，西部和西北部地区主要分布黄壤和黄棕壤，西南部地区则主要分布黄壤和红壤。其中，分布最广的为黄壤，总面积为20047.5km^2，集中分布在海拔为700～1400m的黔中高原、黔北地区、黔东地区和海拔在900～1900m的黔西北地区、黔西南地区；在黔东和黔中主要分布在海拔500～1400m的地带，而西部则分布在海拔1000～1900m的地带。红壤分布在南、北盘江流域海拔为500～700m的河谷丘陵地区。黔西北地区分布有黄棕壤，分布在海拔为1900～2200m的高原山地，在黔东、黔北也分布有黄棕壤，海拔主要为1300～1600m；石灰土为岩性土，有石灰岩层出露的地方几乎都有发育，且常与黄壤、红壤交错分布；水稻土是主要的耕作土，在全部亚喀斯特区域均有分布，主要分布在海拔1400m以下地区；山地草甸土主要分布在少数海拔1900m以上的山顶和山脊。

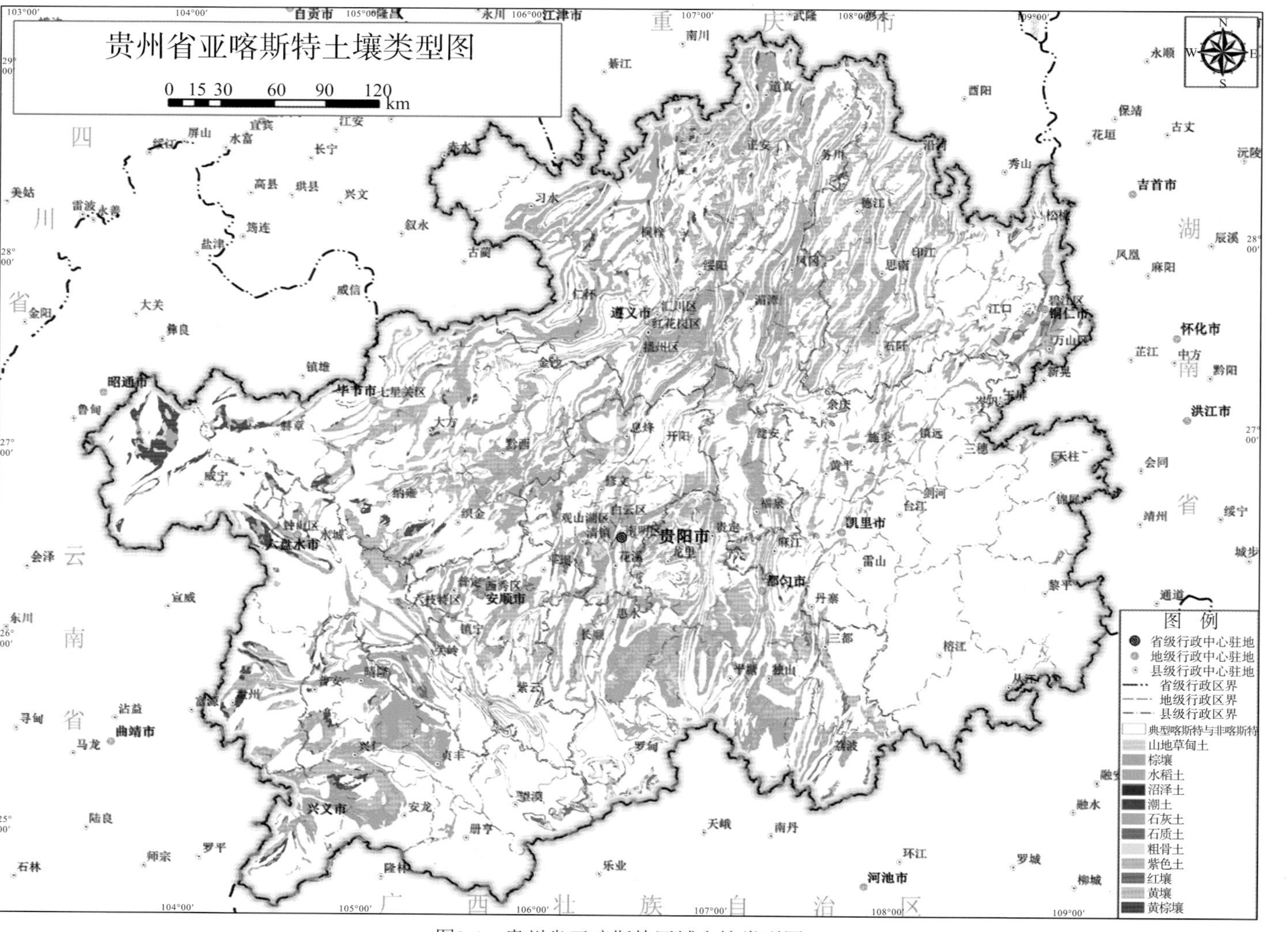

图2.4　贵州省亚喀斯特区域土壤类型图

根据表 2.4 可以看出，亚喀斯特地区土壤类型具有较显著特点：①土壤类型较典型喀斯特和非喀斯特地区缺少新积土；②地带性土壤的分布占比体现为非喀斯特地区>典型喀斯特地区≥亚喀斯特地区，岩石性土壤分布占比体现为典型喀斯特地区>亚喀斯特地区>非喀斯特地区；③由于非喀斯特面积占比较大，特殊性土壤(如沼泽土等)主要分布于非喀斯特地区。在对比亚喀斯特地区和典型喀斯特地区各土壤类型的分布占比(表 2.5)后发现，两个区域主要土壤分布类型都是黄壤和石灰土，严格受地带性和成土母质条件制约，但是亚喀斯特地区黄壤占比大于石灰土，而典型喀斯特地区则相反。

表 2.4　贵州省主要土壤类型在不同地区分布的面积占比(%)

土壤类型	不同地区面积占比		
	典型喀斯特地区	亚喀斯特地区	非喀斯特地区
潮土	5.02	14.52	80.46
粗骨土	32.91	35.30	31.79
红壤	8.71	8.38	82.91
黄壤	25.99	27.67	46.34
黄棕壤	43.53	19.90	36.57
山地草甸土	39.57	15.10	45.33
石灰土	50.15	38.19	11.66
石质土	56.64	35.40	7.96
水稻土	31.06	32.91	36.03
新积土	20.02	0.00	79.98
沼泽土	14.28	4.19	81.53
棕壤	55.59	21.10	23.31

表 2.5　各喀斯特发育区主要土壤类型面积分布占比(%)

地区	潮土	粗骨土	红壤	黄壤	黄棕壤	山地草甸土	石灰土	石质土	水稻土	新积土	沼泽土	棕壤	其他
亚喀斯特地区	0.028	5.233	1.630	38.529	4.092	0.077	33.723	0.565	11.081	0.000	0.007	0.278	4.757
典型喀斯特地区	0.009	4.429	1.537	32.857	8.126	0.182	40.197	0.821	9.495	0.003	0.021	0.664	1.659

2. 典型样区土壤特征

亚喀斯特地区由于成土母质丰富，岩石风化、植被枯枝落叶留下的残积物相对较多，成土速率较快，土层相对较厚，宜农耕地较多。

1) 土壤类型特征

从表 2.5 可以看出，亚喀斯特地区的土壤类型主要有黄壤、石灰土、水稻土、粗骨土、黄棕壤等。颗粒类型有壤土、黏土、砂土，壤土质地较均匀，能保水、保肥、适合耕种；黏土土壤粉砂多，颗粒较细，质地较为黏重，保肥能力强，但是透水、通气能力差；样本区土层厚度(指表土层)为 30～100cm(图 2.5)，其中黄壤、水稻土相对较厚。不同区域、坡度条件下，土壤厚度不一，个别地方相对较薄，只有 25cm 左右。总的来说，这类地区土壤类型多样，保水性、保肥性较好，不易发生大规模的水土侵蚀。

(a) 土层厚度

(b) 耕地-植被

图 2.5　贵州亚喀斯特地区土层厚度及耕地-植被景观

2) 土壤剖面、酸碱性特征

亚喀斯特地区土壤质地较黏重，具有土石剖面结构。部分岩石或其他物质经长期风化，形成一定厚度的土层堆积于岩石之上，在垂直剖面上呈现土层—岩石—土层结构。土壤在发育较好的地方分为表土层(A 层)、心土层(B 层)、底土层/母质层(C 层)三层，经过实测，土壤 pH 大多为 5.1～7.3(表 2.6)，土壤主要偏酸性，部分显中性、碱性。在酸性土中通常生长着马尾松林、阔叶灌丛(土壤 pH 为 5.5～6.6)；在偏中性或偏碱性的土壤中多生长柏树(pH 为 7.2 左右)。可见，该区土壤酸碱性适中，自然植被生长茂密，宜农耕地较多，生态环境效应好。

表 2.6　亚喀斯特典型样点土壤植被特征

调查样地	点号	地理位置	土壤类型	厚度/cm	pH	植被类型及土被覆盖	土地利用类型
安顺西秀下哨村	1	106°02′38″E 26°09′47″N	黄壤、石灰土	30	A:5.5，B:6.0	以常绿灌丛为主，小果蔷薇、火棘灌丛，有针阔混交林，土被覆盖率达 80%	坡耕旱地、林地
	2	106°02′36″E 26°10′07″N	黄壤、石灰土	40	A:5.3，B:6.2	以针阔混交林为主，灌草丛次之，土被覆盖率为 70%～80%	旱地、林地
贵阳市乌当区	1	106°46′38″E 26°38′23″N	黄壤	35	A:5.3，B:5.8	以玉米、麦(油)为主的旱地植被	旱地、水田
	2	106°47′46″E 26°38′56″N	石灰土	38～50	A:5.1，B:6.4	马尾松林，森林覆盖率为 60%，草坡地，大田作物	坡耕地、少量水田
	3	106°49′18″E 26°39′34″N	水稻土、石灰土	20～35	A:7.0，B:6.0	以人工植被为主，以玉米、油(麦)为主的旱地植被	旱地、部分荒草地

续表

调查样地	点号	地理位置	土壤类型	厚度/cm	pH	植被类型及土被覆盖	土地利用类型
贵阳市乌当区	4	106°49′58″E 26°39′55″N	石灰土、黄棕壤	25～45	A:5.6，B:7.3	植被以灌丛为主，乔木为辅，有少量的马尾松林	坡耕地、林地
	5	106°49′57″E 26°39′33″N	水稻土、石灰土	42	A:7.2，B:6.4	植被以灌丛为主，乔木为辅，土被覆盖率为30%～40%	荒草地、旱地等
观山湖区大关桥	1	106°40′05″E 26°38′14″N	黄壤、石灰土	25～47	A:5.4，B:6.2	针阔混交林，灌草丛，土被覆盖率在60%左右，乔灌木高3～8m	坡耕地、林地、居民地
修文县丫叉田	1	106°47′27″E 26°55′28″N	水稻土	30	—	乔木灌丛，小果蔷薇、火棘灌丛	以玉米、水稻为主的耕地
息烽县林丰村采石厂	1	106°42′50″E 27°05′38″N	石灰土	43～48	—	以玉米为主的旱地植被，森林，灌木林	旱地、林地
息烽县康家寨	1	106°43′05″E 27°05′38″N	粗骨土、石灰土	40～50	A:6.2，B:5.6	针叶马尾松林、松柏树	旱地、林地
遵义县阁老坝村	1	106°47′58″E 27°25′46″N	石灰土	30～50	—	以乔木林为主，灌草丛为辅，土被覆盖率为40%～70%	农用水田、旱地、林地
遵义县任召桥	1	106°53′16″E 27°35′17″N	黄壤、水稻土	25～50	A:5.5，B:6.3	马尾松林，树高8m左右，土被覆盖率为80%～90%，混杂有枫香、白栎、盐肤木	林地、旱地

2.1.4　植被特征

1. 基本特征

贵州省亚喀斯特地区植被具有明显的亚热带性质，而且还具有组成种类繁多、类型复杂、地域差异明显等特点。受人为活动的影响，贵州省植被具有一定的次生性。植被的地理分布在水平空间表现出较明显的纬度地带性和经度地带性的分布规律(图2.6)。在二者的共同支配下，表现出明显的过渡性特征，即从东向西的过渡和从南至北的过渡。东西向的过渡表现为东部湿润性常绿阔叶林—西部半湿润性常绿阔叶林，东部的马尾松针叶林—西部的云南松针叶林；南北向的过渡在中部高原面上，表现为南部具热带成分的常绿阔叶林—中部、北部典型的中亚热带常绿阔叶林，南部的细叶云南松林—北部山地的云南松林。

由于受不同热量条件的影响，在贵州省的中、北部地区，分布着以壳斗科、山茶科、木兰科为主的中亚热带常绿阔叶林，中亚热带常绿阔叶林遭到破坏后次生的针叶林，以马尾松、杉木为主；在贵州省的西南部部分地区，则发育了南亚热带具热带成分的常绿阔叶林及沟谷季雨林。受水分条件的制约，中部地区、东部地区为湿润性(偏湿性)常绿阔叶林，人工植被中的农田植被多以“水稻、麦(油)”或“玉米、麦(油)”一年两熟的组合为主；而西部地区则发育了半湿润常绿阔叶林，多云南松、华山松。在南部边缘地带的南、北盘江部分地区，由于热量条件较为优越，地带性植被是亚热带具热带成分的常绿阔叶林，在常绿阔叶林遭到破坏后次生的针叶林以云南松林为主。农田植被则以双季稻为主，亦有“水稻、麦(油)”一年两熟或“玉米、麦(油)”一年两熟组合。

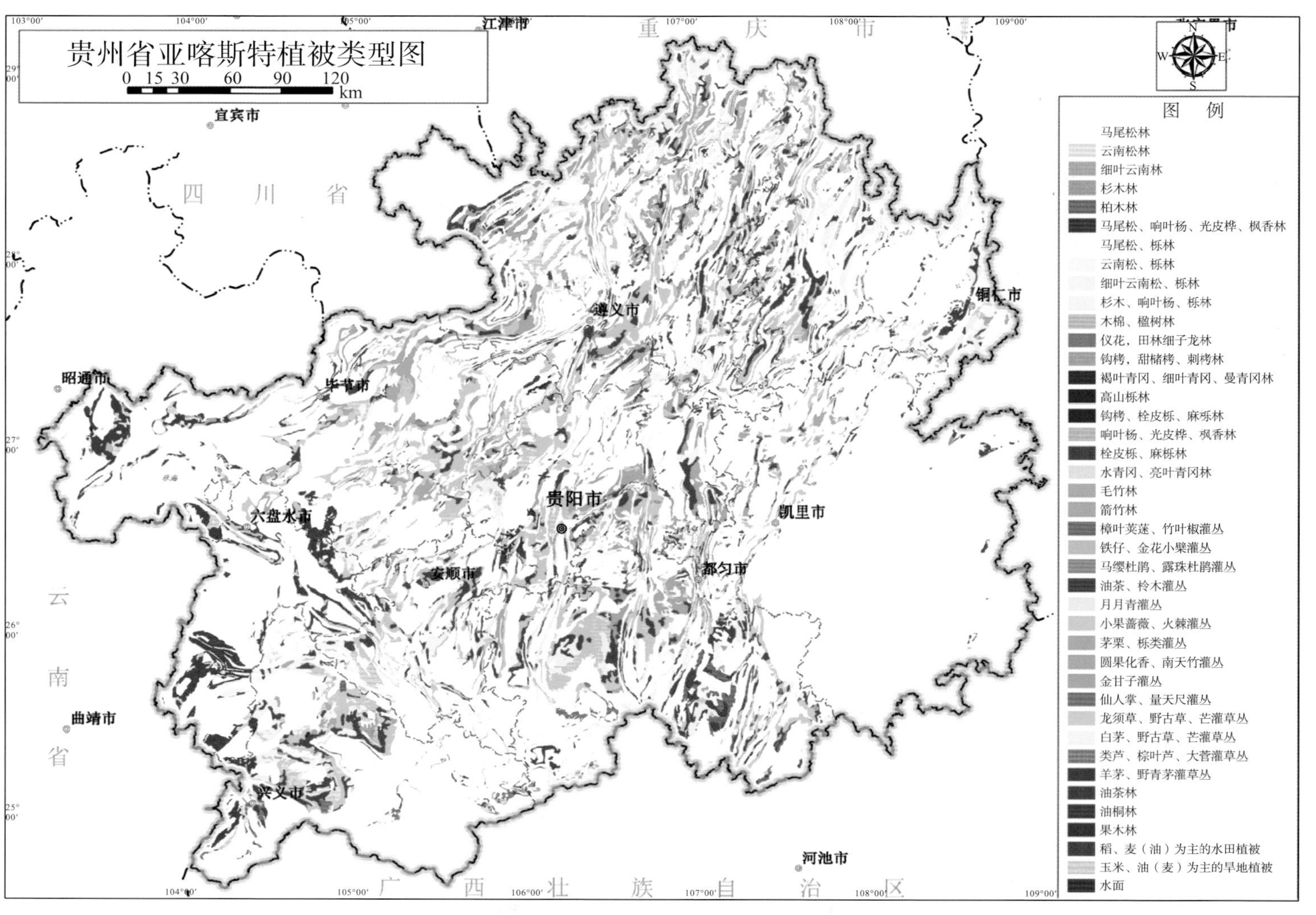

图2.6　贵州亚喀斯特区域植被类型分布

2. 典型样区植被特征

选取贵阳市和遵义市为典型样区，进行亚喀斯特区植被特征分析。典型样区内植被都以自然植被为主，人工植被为辅，自然植被以暖温性针叶林、暖性灌丛、阔叶林、针阔混交林、荒草地为主，针叶林代表有马尾松林、柏树及少量华山松（*Pinus armandii*）；灌木次生性较强，灌丛有火棘（*Pyracantha fortuneana*）、铁仔（*Myrsine africana*）、马桑（*Coriaria nepalensis*）、野漆（*Toxicodendron succedaneum*）、白栎（*Quercus fabri*）等。在耕地旁还生长一些狗尾草（*Setaria viridis*）、蒿（*Artemisia* spp.）、马鞭草（*Verbena officinalis*）、求米草（*Oplismenus undulatifolius*）等。

亚喀斯特区由于土层较厚，土壤酸碱性适中，植被生长茂密，土被覆盖率高，植被生态效应好。在以常绿阔叶林为主的西秀下哨村，土壤主要为黄壤、石灰土，pH 为 5.5～6.0，土被覆盖度达到了 70%～80%；在遵义县任召桥有大片的马尾松林，土被覆盖率达到了 80%～90%，还有枫香、白栎和盐肤木等。在贵阳市乌当区的某些耕地、荒草地，植被以灌丛为主，乔木为辅，土被覆盖率在 30%～40%。可见，在人为干扰程度不强的条件下，亚喀斯特地区植被生长茂密，植被生态系统较稳定，同时，自我调节和反馈能力也较强。

2.2 亚喀斯特景观地域分异

地域分异规律也称空间地理规律，是指自然地理环境整体及其组成要素在某个确定方向上保持特征的相对一致性，而在另一确定方向上表现出差异性，因而发生更替的规律。地域分异是地理环境各组成成分及其构成的自然综合体在地表沿一定方向分异或分布的规律性现象。地域分异规律包括地带性分异规律和非地带性分异规律。开展地域分异规律研究不仅是认识自然地理环境的重要途径，而且是自然地理类型划分和区域划分的基础工作。亚喀斯特地区的自然地域分异规律研究，需选择合适的指标，采用定性与定量结合的方法，揭示生态环境特征与生态环境敏感性的空间分异规律，在此基础上，探究亚喀斯特区域内的相似性和差异性。

贵州省地处中亚热带纬度季风湿润气候区，是一个山地高原省份。纬度地带性带来的南北热量差异、经度差异带来的东西部干湿度差异均表现明显。尤其是省内海拔差异 2000 多米带来的垂直气候变化，更是导致“一山有四季、十里不同天”的巨大地域差异。这些差异都在全省土壤植被和自然景观上有着明显表现。作为一个山地丘陵占到 92%左右的山地高原省份，地貌引起的中小尺度差异更是随处可见，它不仅重新分配了区域热量和水分条件，也导致不同地貌类型、不同地貌部位的自然生态类型和土地利用条件。

景观和土地类型都是自然地理条件的综合反映，本书采用土地系统作为土地类型的高级单位。地貌是地域景观和土地资源类型形成的固体骨架，是地域分异规律的物质和形态基础，土地系统的高级别分异主要考虑地貌因素。本书参照《贵州省农业地貌区划》，根据海拔加相对高度划分原则，将土地系统分为山地和丘陵地，即相对高度低于 200m 的称为丘陵地，200m 以上的称为山地；再根据海拔的不同，丘陵地可分为高丘陵地（海拔 1900m 以上）、中丘陵地（海拔 900～1900m）和低丘陵地（海拔 900m 以下），按丘陵地的切割程度分为深丘地(比高大于 50m)和浅丘地(比高小于 50m)。山地根据海拔又可分为低山地(600～900m)、低中山地(900～1400m)、中山地(1400～1900m)和高中山地(1900～2900m)，再根据相对高度将其切割标准定义为：极深切割(相对高度大于 1000m)、深切割(相对高度为 700～1000m)、中等切割(相对高度为 500～700m)和浅切割(相对高度为 200～500m)。其中，在自然景观上，海拔 900m 以下对应贵州省有南亚热带成分的常绿阔叶林、典型常绿阔叶林——红壤、黄红壤地带；900～1400m 对应常绿阔叶林——黄壤地带；1400m 以上自然植被则以带有落叶阔叶成分的常绿阔叶林为主，出现了黄棕壤和山地草甸土。这些自然差异深刻影响着农业生产条件和熟制相应变化，使贵州省成为一个农产品多样的地区。

上述自然条件的地域差异在贵州任何地区都不例外，亚喀斯特区同样如此。参照贵州省 1∶5 万地形图，1∶20 万岩性图、地质图及水文地质图，坡度图，土壤类型图和 ALOS、SPOT 等高分辨率遥感影像，结合多次省内野外考察，划分出全省亚喀斯特区域。在 ArcGIS 软件的技术支持下，结合全省地貌数据，叠加分析得到贵州省亚喀斯特区域土地系统图。亚喀斯特区域土地系统图中山地主要有不同切割程度的低山地、低中山地、中山地、高中山地，丘陵地有不同切割程度的高丘地、中丘地和低丘地，盆地有中盆地和低盆地。

2.2.1　亚喀斯特低山地

亚喀斯特低山地主要分布在安顺市(镇宁县和紫云县)、六盘水市、铜仁市(沿河土家族自治县、德江县、思南县)、遵义市(务川县东北部和余庆县)和黔南州(瓮安县、三都水族自治县和荔波县)等地，总面积为 4895.71 km^2。其中浅切割低山地主要分布在黔南，切割深度为 200～500m，面积为 758.66 km^2，大部分以溶蚀-侵蚀为主，坡度较缓，主要发育黄壤和红壤。中切割低山地主要分布在铜仁市、安顺市和六盘水市，切割深度为 500～700m，总面积为 3864.13 km^2，发育褐叶青冈、细叶青冈、曼青冈林等常绿阔叶林，土壤以黄壤和石灰土为主。深切割低山地主要分布在正安县、余庆县和罗甸县，切割深度为 700～1000m，面积为 272.92 km^2，发育小果蔷薇、火棘灌丛及白茅等灌草丛，土壤以黄壤和石灰土为主。

2.2.2　亚喀斯特低中山地

亚喀斯特低中山地主要分布在遵义市(除赤水市各县均有分布)、毕节市(金沙县、大方县和黔西县)、六盘水市(水城县)、铜仁市(石阡县中部、思南县、印江县西北部和沿河土家族自治县东南部)、黔南州(各县均有分布)和黔东南(麻江县)等地，总面积为 20448.35km^2。其中，浅切割低中山地主要分布在遵义市东部和黔南州东部，切割深度为 200～500m，面积为 6408.99 km^2，成因类型是以溶蚀-侵蚀和溶蚀为主两种，坡度较缓，大都分布在 25° 以下，主要发育黄壤和石灰土。中切割低中山地主要分布在遵义市西部，切割深度为 500～700m，面积为 6815.49 km^2，成因类型以溶蚀为主，坡度大都处在 8°～35°，土壤发育黄壤和石灰土，植被为白茅、野谷草、芒灌草、小果蔷薇和火棘等。深切割低中山地主要分布在遵义市中部和水城县北部，切割深度为 700～1000m，面积约为

6598.97 km^2，土壤主要发育黄壤和石灰土，植被为小果蔷薇、火棘等，深切割低中山地(陡坡)主要分布在遵义市仁怀市中部，坡度较陡，为25°～35°，面积约为340.17 km^2。极深切割低中山地主要分布在黔东南州，切割深度大于1000m，面积为284.74 km^2，发育黄壤和石灰土，成因类型以侵蚀-剥蚀为主。

2.2.3 亚喀斯特中山地

亚喀斯特中山地主要分布于遵义市中北部(道真仡佬族苗族自治县北部、桐梓县、绥阳县中部和习水县中部)、毕节市(纳雍县、大方县和织金县均有分布)、六盘水市(六枝特区、盘县)、安顺市(普定县和西秀区)、黔西南州(晴隆县中部、普安县、兴仁县南部、兴义市中部及安龙县西北部)和黔南州(贵定县、龙里县和都匀市西北部)，总面积为8046.09 km^2。其中，坡度为8°～25°的浅切割中山地主要分布在毕节市和黔南州一带，切割深度为200～500m，面积为3208.22 km^2，成因类型为溶蚀-侵蚀，土壤发育黄壤、石灰土和粗骨土，植被发育小果蔷薇、火棘等常绿灌丛，以及茅栗、栎类等落叶灌丛；坡度在25°以上的浅切割中山地主要分布在纳雍县和六盘水部分地区，坡度较陡，以溶蚀-侵蚀为主，面积为248.89 km^2，土壤主要发育黄壤和石灰土，植被以小果蔷薇、火棘等常绿灌丛为主。坡度为8°～35°的中切割中山地主要分布在遵义市北部，切割深度为500～700m，面积为3031.91 km^2，成因类型以溶蚀-侵蚀为主，土壤发育黄壤和石灰土，植被为茅栗、栎类等落叶灌丛和以水稻、麦(油)为主的水田植被。坡度为8°～35°的深切割中山地主要分布在黔西南州，切割深度为700～1000m，面积为1500.85 km^2，成因类型以溶蚀-侵蚀和侵蚀-剥蚀为主，常发育黄壤，植被以白茅、野古草、芒灌等常绿灌草丛，以及羊茅、野青茅等落叶灌草丛为主。极深切割中山地主要分布在六盘水盘县地区，切割深度大于1000m，面积为56.225 km^2，成因类型以溶蚀-侵蚀为主，主要发育黄壤和石灰土，植被以羊茅、野青茅等落叶灌草丛为主。

2.2.4 亚喀斯特高中山地

亚喀斯特高中山地主要分布于毕节市(织金县西南部，纳雍县南部和赫章县西北、东南部)、六盘水市(钟山区和盘县西部)和黔南州(长顺县西部)，总面积为1087.21 km^2。其中，坡度为8°～35°的浅切割高中山地主要分布在赫章县、钟山区和长顺县等地，切割深度为200～500m，面积为471.06 km^2，成因类型为溶蚀-侵蚀和侵蚀-剥蚀，土壤主要发育黄棕壤，植被以羊茅、野青茅等落叶灌草丛为主。坡度为8°～35°的中切割高中山地主要分布在纳雍县、盘县等地，切割深度为500～700m，面积为294.82 km^2，成因类型为溶蚀-侵蚀，土壤主要发育黄棕壤，植被以羊茅、野青茅等落叶灌草丛为主。深切割高中山地主要分布在赫章县东南部、盘县西部和织金县等地，切割深度为700～1000m，面积为321.32km^2，成因类型为溶蚀-侵蚀，坡度较陡，均在15°以上，土壤主要发育黄棕壤，植被以羊茅、野青茅等落叶灌草丛和暖性针叶林为主。

2.2.5　亚喀斯特浅丘地

亚喀斯特浅丘地主要分布于贵阳市(白云区、花溪区、南明区和息烽县)、安顺市(西秀区和普定县)、铜仁市(松桃县和思南县)、毕节市(赫章县和威宁县)和黔西南州(兴义市中部、安龙县中部、贞丰县、兴仁县中部和普安县)，总面积为 5463.35 km^2。其中，浅低丘地主要分布于铜仁市松桃县和思南县等地，面积为 512.89 km^2，海拔低于 900m，成因类型为溶蚀-侵蚀，坡度较缓，主要发育水稻土，植被以水稻、麦(油)为主。浅中丘地主要分布于贵阳市、赫章县和黔西南州西部等地，面积为 4771.60 km^2，海拔为 900～1900m，成因类型为溶蚀-侵蚀，坡度较缓，主要发育黄壤和石灰土，植被以小果蔷薇、火棘等常绿灌草丛和茅栗、栎类等落叶灌丛为主。浅高丘地主要分布于威宁县和赫章县，面积为 178.86 km^2，海拔大于 1900m，成因类型为溶蚀-侵蚀，坡度较缓，主要发育黄棕壤，植被以羊茅、野青茅等落叶灌草丛为主。

2.2.6　亚喀斯特深丘地

亚喀斯特深丘地主要分布于毕节市(威宁县北部、毕节市东南部、大方县西北部和黔西县)、遵义市(遵义市中部)、贵阳市(清镇市中部、修文县中部和乌当区北部)、安顺市(平坝区北部)、铜仁市(思南县中部和松桃县东南部)、黔南州(惠水县西北部、荔波县西北部和平塘县北部)和黔西南州(兴义市西北部和兴仁县北部)，总面积为 6981.76 km^2。其中，深低丘主要分布在铜仁市、思南县和松桃县等地，面积为 878.18 km^2，海拔低于 900m，成因类型为溶蚀-侵蚀，坡度较缓，主要发育石灰土，植被是以玉米、麦(油)为主的旱地植被为主。深中丘地主要分布在毕节市、贵阳市、黔西南、黔南等地，面积为 5722.80 km^2，海拔为 900～1900m，成因类型以溶蚀-侵蚀为主，坡度较缓，主要发育石灰土、黄壤和水稻土，植被以小果蔷薇、火棘等常绿灌丛，以及茅栗、栎类等落叶灌丛为主。深高丘地主要分布在威宁县，面积为 380.79 km^2，海拔大于 1900m，成因类型为溶蚀-侵蚀，坡度较缓，主要发育黄棕壤和棕壤，植被以羊茅、野青茅等落叶灌草丛为主。

2.2.7　亚喀斯特盆地

亚喀斯特盆地主要分布在铜仁市(印江县中部、江口县和石阡县)、安顺市西秀区和黔西南州兴义市，总面积为 630.58 km^2。其中，低盆地主要分布在铜仁市，面积为 500.13 km^2，海拔低于 900m，成因类型以溶蚀为主，主要发育石灰土和黄壤，植被以小果蔷薇、火棘等常绿灌丛为主，热量充足，适宜粮油作物生长，一年两熟，地形分布广，海拔差别大，规模小，成因类型多，适宜农耕。中盆地主要分布在安顺市西秀区和黔西南州兴义市等地，总面积为 130.45 km^2，海拔为 900～1900m，成因类型以溶蚀-侵蚀为主，主要发育黄壤、石灰土和水稻土，植被以小果蔷薇、火棘等常绿灌丛为主。

第3章　亚喀斯特水文水资源效应

3.1　研 究 方 法

贵州省位于亚热带西部云贵高原东斜坡上，由于东、西部的海拔落差在2500m以上，故随着地势从东向西逐渐增高，各种气象要素有一定差异，常年雨量充沛，时空分布不均。全省主要河川多发源于西部，由第二级阶地向东、南、北三方展布，上游河谷宽缓，下游为急流深切峡谷，在中游常见河流明、暗流转化，地下水、地表水产生互补。贵州亚喀斯特地区具有独特的水文地貌结构，亚喀斯特地貌的形态特征、地面组成物质的差异对区域内水、土、热、光等因素具有一定的制约性，对亚喀斯特河网的分布具有一定程度的影响。

本章基于土地利用数据计算贵州省亚喀斯特地区水源涵养量并分析其水源涵养功能，利用DEM提取河网，探究亚喀斯特地区河网分布规律及径流特征，并且探究亚喀斯特地区水文水资源与喀斯特地区的特征差异，分析亚喀斯特地区水资源保护基本特征。

3.2　数据来源与处理

3.2.1　数据来源

土地利用数据采用的是2000年、2005年、2010年三期TM解译数据。降水量数据根据贵州省水利厅公布的《贵州省水资源公报》进行统计，利用ArcGIS插值得到。对贵州省DEM数据进行裁切处理，得到亚喀斯特地区DEM数据，用于坡度生成与河网提取。其他资料包括1∶50万贵州省地貌图、ALOS(10m分辨率)遥感影像、CBERS-02B影像，构造单元划分图根据《贵州省区域地质志》构造分区图数字化得到。

3.2.2　数据处理

利用相关统计年鉴获得亚喀斯特地区各县三期的多年平均降水总量 J_0，在ArcGIS10.1软件中进行线性插值得出亚喀斯特地区三期的降水图；土地覆盖数据用以获取各生态系统的面积 A；通过查看文献资料确定各生态系统与裸地相比较生态系统减少径流的效益系数 R，产流量占降水总量的比例 K，以及河流、湖泊、水库等湿地生态系统平均储水(蓄水)量。在ArcGIS平台下利用栅格计算得到亚喀斯特地区三期的生态系统水源涵养图，将其标准化后按照统一的标准分为高、较高、中、较低和低五级进行评价。数据处理路线图如图3.1所示。

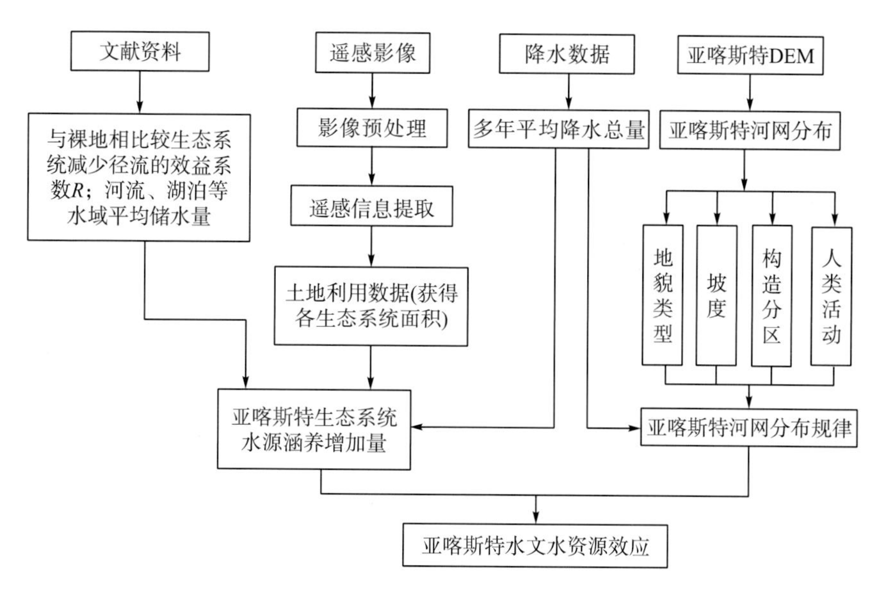

图 3.1　数据处理路线图

3.3　亚喀斯特水源涵养功能分析

3.3.1　水源涵养概述

水源涵养是生态系统的一个重要功能。不同的生态系统其水源涵养能力是不同的，森林、草地和湿地具有很强的水源涵养能力，而裸地等无植被覆盖的地区水域涵养能力则很低。植被具有水源涵养的功能，通过转化内部调节功能维系着生态系统的平衡，植被的动态变化影响水文分配和运动过程，达到调节区域水分循环、防止河流淤塞、保护水质的目的，对于调节径流，防止水、旱灾害，合理开发利用水资源具有重要意义。

生态系统涵养水分功能体现在：时间尺度上，在枯水时延长径流时间，补充河流枯水位时的水量，在洪水时减缓流量；空间尺度上，将地表径流转为土壤和地下径流，一部分通过蒸发蒸腾的方式将水分返回大气中，对大气降水在陆地进行再分配，形成水循环。

3.3.2　研究方法

本章采用降水储存量法的计算方法，即用森林生态系统的蓄水效应来衡量其涵养水分的功能。降水储存法主要以森林涵水量为研究对象，认为在林区，林冠和树干的蒸腾和扩散约占降水量的 30%，树木在蒸腾过程中又占 15%，因而森林涵水量只占林区降水量的 55%，而林区降水量可以通过平均降水量与森林覆盖率计算。这种方法主要是根据森林蒸散发的经验值计算森林涵水量，简便易行，可操作性强。由于森林生态系统的蒸散发受树种、林龄、海拔、降水量等多种因子的影响，森林涵水量占林区降水量的实际比例还难以准确估计，而且这种方法也忽略了地表径流等因素的影响。计算公式如下：

$$Q = A \cdot J \cdot R \tag{3.1}$$

$$J = J_0 \cdot K \tag{3.2}$$

$$R = R_0 - R_g \tag{3.3}$$

式中，Q 为与裸地相比较，森林、草地、湿地、耕地、荒漠等生态系统涵养水分的增加量$[\mathrm{mm} / (\mathrm{hm}^2 \cdot \mathrm{a}^{-1})]$；$A$ 为生态系统面积(hm^2)；J 为计算区多年平均产流量(P>20mm)(mm)；J_0 为计算区多年平均降水总量(mm)；K 为计算区产流量占总量的比例；R 为与裸地(或皆伐迹地)比较，生态系统减少径流的效益系数；R_0 为产流降水条件下裸地降水径流率；R_g 为产流降水条件下生态系统降水径流率。赵同谦等(2004)以秦岭—淮河一线为界限将全国划分为北方区和南方区。北方降水较少，降水主要集中于 6～9 月，甚至一年的降水量主要集中于一两次降水中。南方区降水次数多、强度大，主要集中于 4～9 月。因此，北方区 K 取 0.4，南方区 K 取 0.6。贵州省属中国南方区，K 取 0.6。根据已有的实测和研究成果，结合各种生态系统的分布、植被指数、土壤、地形特征及对应裸地的相关数据，可确定主要生态系统类型的 R 值。

降水量数据根据贵州省水利厅公布的 2000～2010 年《贵州省水资源公报》统计得到。

R 值采用相关经验数据，并对其他 R 值进行估算。植物水源涵养包括树冠截流、土壤截流及枯落物截流，以此来估算 R 值。①树冠大，截流量大。根据文献中查出的森林 R 值可知：常绿>落叶，阔叶>针叶。对灌木的 R 值进行了估算，得出 R 值大小排序：常绿阔叶灌木>常绿针叶灌木>落叶阔叶灌木。②根系大，固土量大，则截流量大，因此 R 值排序为乔木>灌木>草，由于乔木和草的 R 值是从文献中查出的，在两者之间取值得出灌木 R 值的估算结果。③对于砂土，粒径越小吸水性越强，饱水量越大，因此 R 值排序为土壤>砂砾>岩石。④城市绿地面积小，截流量小，R 值也就比较小；⑤裸岩、裸土和沙地均属于生态系统中的裸地，将其 R 值赋为 0。R 值赋值如表 3.1 所示。

表 3.1　贵州省不同生态系统类型 R 值

代码	I 级	代码	II 级	代码	III 级	R 值
1	森林	11	阔叶林	111	常绿阔叶林	0.39
				112	落叶阔叶林	0.28
		12	针叶林	121	常绿针叶林	0.36
		13	针阔混交林	131	针阔混交林	0.37
2	灌丛	21	阔叶灌丛	211	常绿阔叶灌丛	0.30
				212	落叶阔叶灌丛	0.27
		22	针叶灌丛	221	常绿针叶灌丛	0.29
		23	稀疏灌丛	231	稀疏灌丛	0.24
3	草地	31	草地	311	草丛	0.20

续表

代码	Ⅰ级	代码	Ⅱ级	代码	Ⅲ级	*R* 值
5	农田	51	耕地	511	水田	0.19
				512	旱地	0.16
		52	园地	521	乔木园地	0.14
				522	灌木园地	0.13
6	城市与建设用地	62	城市绿地	621	乔木绿地	0.12
				622	灌木绿地	0.11
				623	草本绿地	0.09
9	裸地	91	裸地	911	沙漠/沙地	0.00
				912	裸岩	0.00
				913	裸土	0.00

注：贵州省湖泊、河流、水库等湿地生态系统水源涵养量为系统平均储水(蓄水)量，其数据来源于相关文献资料，因此此处不计入 *R* 值。

3.3.3　水源涵养功能分析与评价

1. 亚喀斯特地区水源涵养功能评价

基于土地利用覆盖数据、贵州省三期降水数据，以及通过查阅文献资料确定的各生态系统与裸地相比较该生态系统减少径流的效益系数 *R* 和产流降水量占降水总量的比例 *K*，在 ArcGIS 软件中，通过栅格计算获得 2000 年、2005 年和 2010 年的亚喀斯特地区生态系统涵养功能分级特征面积柱状图和水源涵养功能图(图 3.2～图 3.5)。在同一标准上将做出的各时期水源涵养增量图进行标准化，公式如下：

$$Q_{ij} = (Q_{ijx} - Q_{ij\min}) / (Q_{ij\max} - Q_{ij\min}) \tag{3.4}$$

式中，Q_{ij} 为标准化后的各生态系统的水源涵养增加量；Q_{ijx} 为评价单元(栅格)所对应的水源涵养增加量；$Q_{ij\max}$ 为生态系统水源涵养增加量的最大值；$Q_{ij\min}$ 为生态系统水源涵养增加量的最小值；*i*、*j* 分别表示生态系统类型和评价的年份。

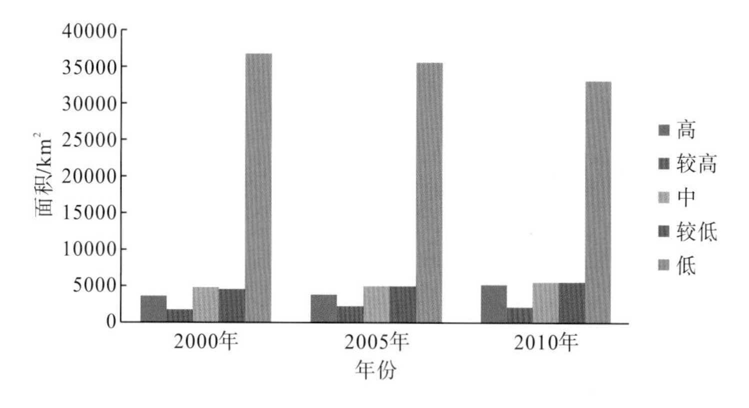

图 3.2　2000～2010 年贵州省亚喀斯特地区涵养功能分级特征面积柱状图

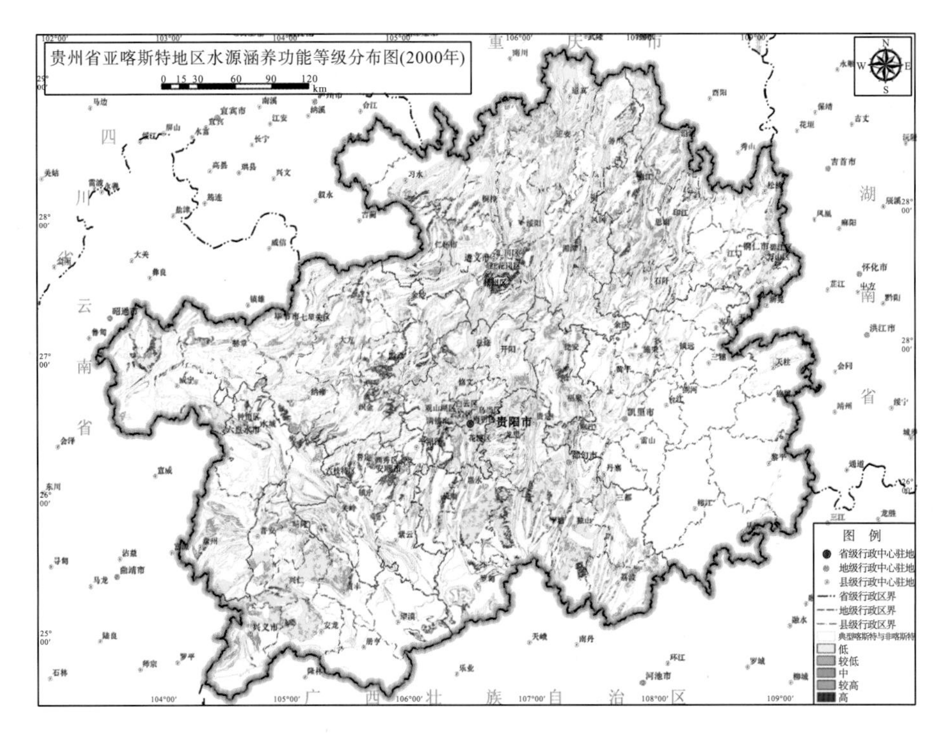

图 3.3　2000 年贵州省亚喀斯特地区水源涵养功能等级分布图

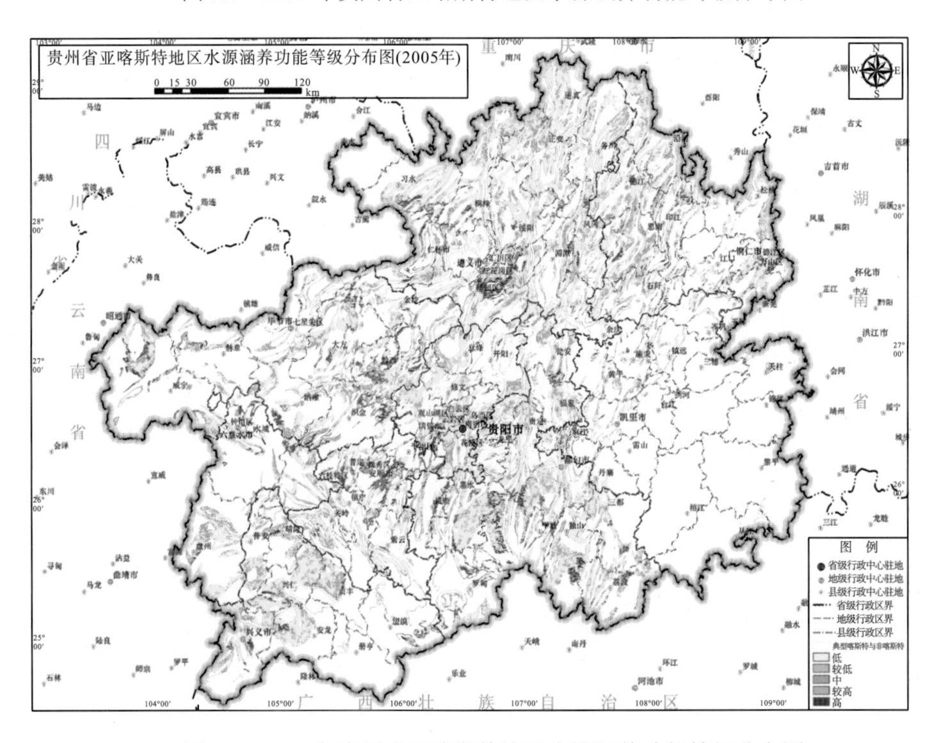

图 3.4　2005 年贵州省亚喀斯特地区水源涵养功能等级分布图

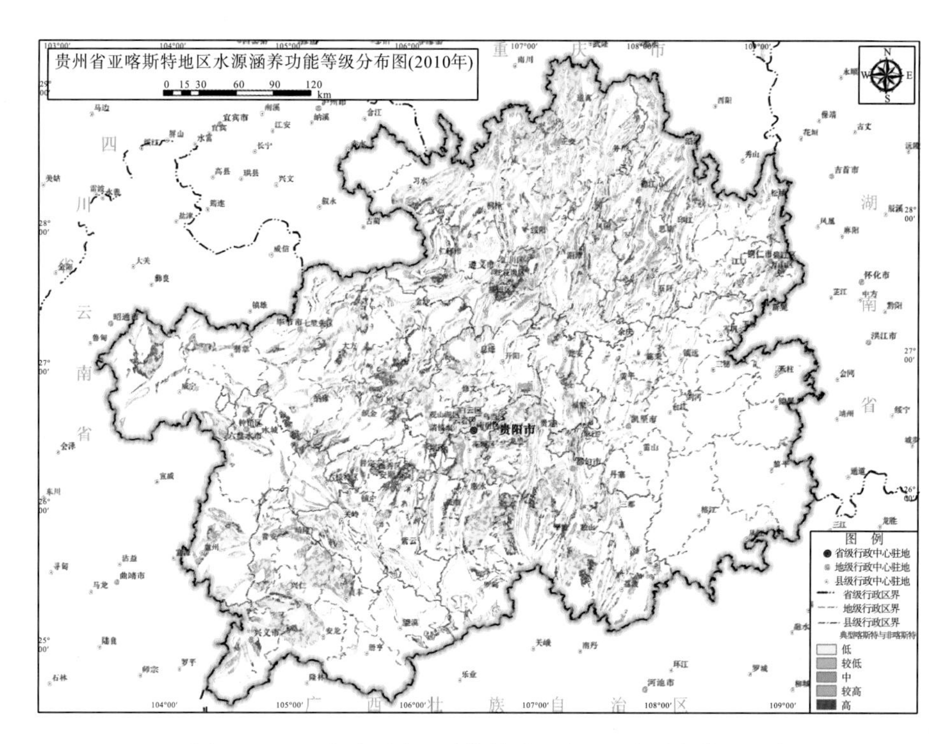

图 3.5　2010 年贵州省亚喀斯特地区水源涵养功能等级分布图

标准化后水源涵养增加量 Q_{ij} 为 0～1，根据 ArcGIS 中的分位数分类法将生态系统水源涵养增加量划分为低(0.00～0.05)、较低(0.05～0.10)、中(0.10～0.30)、较高(0.30～0.50)、高(0.50～1.00)5 个等级。统计得到三期贵州省亚喀斯特地区各等级水源涵养增加量所占面积以及比例，并绘制成表和统计柱状图。

从表 3.2 中可以看出，2000 年、2005 年和 2010 年的贵州省生态系统水源涵养增加量分级特征大致相似，呈现出分布不均、数值跨越度大的特点。由于贵州省亚喀斯特地区特殊的地质构成，地形破碎致使生态系统斑块面积普遍偏小，计算出的生态系统水源涵养增加量偏小，分级为低的这一级别所占比例很大。生态系统水源涵养增加量高的地方集中分布在遵义市红花岗区南部、遵义县北部、黔西县、安顺市西秀区、习水县西南部等地。在评价过程中发现，水源涵养增加量主要取决于生态系统的面积，其次为生态系统的类型。水源涵养增加量高的地区生态系统的主要类型为森林生态系统，因此森林生态系统是生态系统水源涵养功能的主要参与者和最大贡献者。植被对地表径流的影响是由树冠和植物群体、枯枝落叶层和土壤层综合效能决定的，在同一区域降水量一定的条件下，产流量越大，则水源涵养能力越差。森林和灌木植被覆盖度比草地和耕地都大，而且其林冠、下层植被及枯枝落叶层对降水有截持和缓冲作用，同时自身也吸收一部分水分，而且还能增加土壤下渗量，这些因素都有助于森林及灌木减少径流，而草地和耕地基本丧失了对降水动能的阻截和减弱作用，加剧了地表径流的形成，从而导致产流量的增加。

表 3.2　2000～2010 年贵州省亚喀斯特地区生态系统水源涵养功能分级特征面积统计表

年份	统计参数	水源涵养功能等级				
		高	较高	中	较低	低
2000 年	面积/km²	3850.1	2151.0	4960.6	4924.4	36838.6
	比例/%	7.17	4.00	9.23	9.17	70.43
2005 年	面积/km²	4219.6	2316.6	5241.4	5255.9	36691.2
	比例/%	7.85	4.31	9.76	9.78	68.29
2010 年	面积/km²	5729.8	2368.9	5641.6	5652.7	34231.7
	比例/%	10.67	4.41	10.69	10.52	63.72

从统计结果和转移矩阵(表 3.3)可以看出，2000～2010 年亚喀斯特地区水源涵养功能表现出逐渐转好的趋势，低等级的面积所占比例逐渐减小，而其他四个级别所占比例都有不同程度的增加，水源涵养功能向高等级别转换。低等级比例 2000 年为 70.43%，2005 年为 68.29%，而 2010 年则降到 63.72%，其他级别高等、中等级面积所占比例增幅最大(表 3.2)。促使生态系统水源涵养功能有所好转的原因主要有：①三期降水数据的不同，根据《贵州省水资源公报》统计得出，2000 年、2005 年和 2010 年的多年平均降水总量分别为 1186mm、1181mm、1183mm；②贵州省实行退耕还林政策，促使森林覆盖率不断增加，截流率增大，它是生态系统水源涵养功能逐渐转好最为主要的原因，由土地利用覆盖数据可知贵州省亚喀斯特地区 2000 年、2005 年、2010 年的森林覆盖率分别为 41.75%、43.07%、44.33%。2000～2005 年森林覆盖率的增幅大于 2005～2010 年的增幅，且 2005 年的多年平均降水量较小，因此 2005～2010 年水源涵养功能呈现出劣转良的趋势。

表 3.3　贵州省不同级别生态系统水源涵养量转移矩阵表　(单位：km^2)

年份区间	等级	高	较高	中	较低	低
2000～2005 年	高	3549.1	121.30	35.3	24.5	119.9
	较高	547.3	1271.50	291.3	2.4	38.5
	中	41.7	870.10	3716.5	114.6	217.7
	较低	15.8	11.60	1041.3	3583.4	272.3
	低	65.7	42.10	157	1531	36042.8
2005～2010 年	高	3994.9	61.80	30.4	26.6	105.9
	较高	1329.8	847.40	60.2	12.6	66.6
	中	151.7	1333.50	3487.5	93.7	175
	较低	180.4	75.30	2014.7	2788.3	197.2
	低	73	50.90	148.8	2731.5	33687
2000～2010 年	高	3423.3	86.20	69.1	34.3	237.1
	较高	1640.1	307.70	93.7	25	84.5
	中	310	1817.00	2309	152.1	372.6
	较低	173.4	49.10	2883	1463.9	355
	低	183	108.90	386.8	3977.4	33182.5

2. 亚喀斯特地区与典型喀斯特地区水源涵养功能对比分析

贵州省典型喀斯特地区的岩组构成主要是连续性灰岩、连续性白云岩及灰岩白云岩，特殊的地质构造影响其景观组成，形成了独特的景观特征，对生态功能产生一定的影响。

经统计，典型喀斯特地区 2000～2010 年水源涵养增加量分别为 9.96×10^{11} mm / (hm^2/a)、9.1×10^{11} mm / (hm^2/a)、7.8×10^{11} mm / (hm^2/a)，其水源涵养增加量逐渐降低，水源涵养功能变差。主要原因是典型喀斯特地区土层较薄，基岩裸露率相对较高，导致森林覆盖率下降，生态环境退化，植被覆盖面积减小。

亚喀斯特地区 2000～2010 年水源涵养增加量分别为 7.3×10^{11} mm / (hm^2/a)、6.6×10^{11} mm / (hm^2/a)、5.8×10^{11} mm / (hm^2/a)，相比典型喀斯特地区水源涵养增加量，亚喀斯特地区水源涵养增加量较低，且逐渐降低，水源涵养功能变差，但变幅相比典型喀斯特地区较小。亚喀斯特地区土壤厚度相比典型喀斯特地区较厚，植被覆盖状况相对较好，但人类活动对亚喀斯特地区的干扰造成生境退化，而生境的恢复与植被的自然恢复难度较大，致使森林面积减小，森林质量降低。此外，由于降水储存量法中面积对水源涵养增加量影响较大，亚喀斯特地区相比典型喀斯特地区面积较小，其水源涵养增加量低于典型喀斯特地区。

对比图 3.2 与图 3.6，亚喀斯特地区与典型喀斯特地区水源涵养功能中等以上等级面积均逐渐增加，低等级面积逐渐减少，但亚喀斯特地区水源涵养功能高、较高等级面积所占其区域面积的比例大于典型喀斯特地区，中等等级面积所占其区域的比例低于典型喀斯特地区。这主要是因为亚喀斯特地区土壤厚度相对较厚，植被覆盖度相对较高，其生境质量高于典型喀斯特地区。

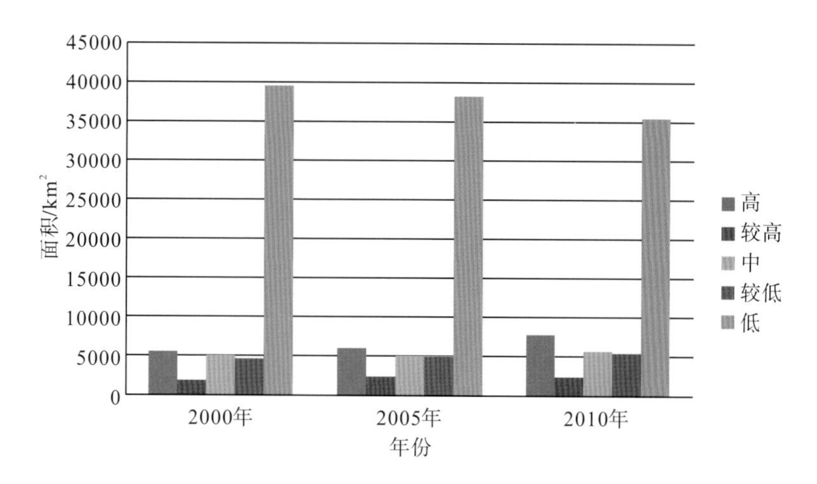

图 3.6　2000～2010 年贵州省典型喀斯特地区水源涵养功能分级特征面积柱状图

3.4　水资源效应典型样区

亚喀斯特是发育在不纯碳酸盐岩及碳酸盐岩与非碳酸盐岩夹层之上的一种过渡地貌形态(胡锋 等，2015；许璟 等，2015)。在传统的喀斯特地区水文水资源与径流过程研究中，并没有将典型喀斯特地区和亚喀斯特地区分开来。而事实上，亚喀斯特地区由于其岩性、土壤属性、地表覆盖类型等自然要素均不同于典型喀斯特地区，其水文水资源和径流过程必然表现出与典型喀斯特地区不同的特征。因此，比较不同地表景观类型条件下径流过程的特征，分析亚喀斯特地区水文水资源特点，是目前喀斯特地区水文过程研究领域亟待解决的问题。

本节以人工模拟降水实验和野外采样为研究方法，选择森林下垫面的水文过程及其侵蚀产沙效应为研究内容，试图对比不同景观条件下的径流、侵蚀产沙效应及枯落物生态水文功能，总结出亚喀斯特地区水文水资源特征。

3.4.1　研究区概况

研究区设于贵阳市花溪区(106° 27′～106° 52′E，26° 11′～26° 34′N)，平均海拔为1204.9m，如图 3.7 所示。研究区地处乌江与珠江分水岭，该区域地表景观破碎，以山地和丘陵为主。研究区内土壤以石灰土和酸性黄壤为主，石灰岩、白云岩、砂岩、页岩等交错分布。该区处在中亚热带季风湿润区，全年平均气温为 14.9℃，无霜期长，年极端最高气温为 35.1℃，年极端最低气温为-7.3℃，年降水量为 1178.3mm，蒸发量为 738mm，雨量充沛，因冬无严寒、夏无酷暑的气候，被誉为“爽爽的贵阳”。植被带属中亚热带常绿亚喀斯特地区带，原生植被主要以常绿植被为主，人类破坏后演替为次生林。

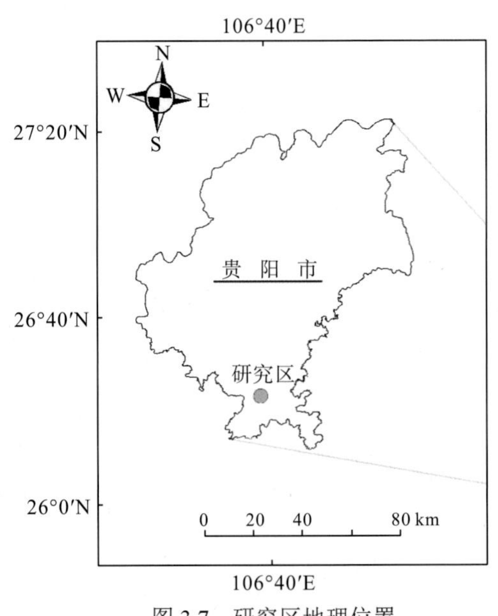

图 3.7　研究区地理位置

该区域层状地貌明显，主要有贵阳-中曹司向斜盆地和白云-花溪-青岩多级台地及溶丘洼地地貌，有峰丛与碟状洼地、漏斗、伏流等形态发育。贵阳-中曹司向斜盆地出露地层及岩性较为复杂，既有三叠系的石灰岩、白云岩，又有侏罗系的红色砂岩，此外还有泥质灰岩。由于地质条件复杂，该区域在较小的范围内，土壤、植被、地表景观等自然要素都发生了较显著的变化。本节在花溪区选择典型喀斯特、非喀斯特和亚喀斯特样地各一块(表 3.4)。典型喀斯特样地位于花溪区党武乡附近，岩性为下三叠统大冶组灰岩(106° 37′38″E，26° 23′05″N)。非喀斯特样地位于花溪区杨眉村以北(106° 42′09″E，26° 23′10″N)，岩性为侏罗系红色砂岩。亚喀斯特样地位于花溪区桐木岭，岩性为中三叠统花溪组白云岩(106° 40′47″E，26° 22′16″N)。

表 3.4　样地特征

样地名称	经纬度	岩性	土壤	植被
典型喀斯特样地(样地 1)	106° 37′38″E 26° 23′05″N	石灰岩	石灰土	马尾松
非喀斯特样地 (样地 2)	106° 42′09″E 26° 23′10″N	红色砂岩	黄壤	马尾松
亚喀斯特样地 (样地 3)	106° 40′47″E 26° 22′16″N	含杂质白云岩	黄壤	马尾松

3.4.2　研究方法

1. 样地设置

分别在典型喀斯特样地、非喀斯特样地和亚喀斯特样地内设置 60 cm×100 cm 的临时径流小区 9 个。为保证各径流小区下垫面条件均一，同一样地内的 9 个径流小区尽量连续分布。使用不锈钢板设置径流小区，该钢板一共有 3 块，其中两块带有把手的钢板的长度为 1m，另有 60cm 长的钢板 1 块及 60cm 长的 V 形不锈钢制集流槽 1 块。集流槽一端深度为 5cm，另一端深度为 10cm，较深一端开口作为出水口。设置径流小区时，首先将两块长 1m 的钢板平行楔入土壤，两块钢板间隔 60cm，在两块钢板上坡处插入 60cm 长钢板，并垂直于地面。在土层较厚的情况下插入土中 10cm，如土层中有石头，则插入到保证钢板不会倒下的深度。在两块钢板的下接口处挖一条沟槽，在该沟槽中放入集流槽。为保证有效采集地表径流和泥沙，集流槽上边略低于地面，位于枯落物层下边界，集流槽靠近径流小区一侧楔入土壤中。在集流槽的出水口处，挖一个较深的坑，用于放置容器，收集集流槽流出的水。挖沟槽的过程中，首先用较锋利的铲子切出沟槽的边界，以保证径流小区下坡处的土壤结构不被破坏，避免径流渗漏，也可避免土壤松动导致冲刷过多土壤进入水样而使侵蚀量产生误差。在设置好集流槽后，用水冲洗集流槽，清除槽内的浮土。为了确保实验所获取的水样都是地表的径流，在 V 形钢板和水样收集容器的上方用防水布盖好，但是不能覆盖径流小区承雨范围。此外，用防水布将准备试验样地两侧的其他样地盖好，避免其他样地在未开展实验前被雨水淋湿，影响土壤前期含水量。

在样地附近选择适当的位置安放整个人工降雨装置。该降雨装置是可拆卸的。喷洒系统是由 3 个带阀门的龙头组成，该设备与变压器连接，方便控制雨强。底部是 1 个三脚架，便于稳定，在三脚架的中间还有一根管道连通龙头，接上水管并通水，整个降雨装置便可以运作。设置、装载完成的试验样地和降雨装置如图 3.8 所示。

(a) 喷淋系统　(b) 人工模拟降雨场景

图 3.8　喷淋系统与人工模拟降雨场景

2. 人工降雨实验设置

雨强设置为 30ml/h、75ml/h、120ml/h，每种雨强重复 3 次，每个样地共 9 场人工降雨。降雨历时设置为 30min，喷头开始喷洒即计时，待集流槽出口开始有连续水流时，记录产流时间，同时每隔 3min 采集径流样品。更换容器的时间会损失一部分水样，因此要注意每次更换容器时动作要迅速，尽量减小误差。每次收集的水样要即刻用量筒全部量取并记录读数，再分别用瓶子装好，并在瓶子上做上样地信息、采样时间、水样体积的标记。为确保采集到所有泥沙，将水样转移到采样瓶前，将其充分摇晃，使沉淀的泥沙也一并转移。实验进行 30min 后关闭喷洒系统，将已得到的水样收集好，一块样地的实验便完成。接着在与该样地相邻的另一样地上继续实验。采集的水样在实验室静置 48h 后，倒去表面的清水，保留 100ml 左右水样。将水样放置于 105℃的烘箱中烘干，用精度为 0.0001g 的天平称取泥沙重量，并计算每个水样的含沙量。

3. 便携式野外人工模拟降雨器设计与制备

地表径流是水循环过程中的重要环节，也是地表侵蚀的动力，因此对其进行研究无论对于农业生产还是水土保持工作都具有重要意义。但是在现实研究过程中，对地表径流的研究往往存在很多困难。在利用天然降雨对土壤的地表径流进行研究时，常会遇到研究时间长、样地环境气候复杂等问题，给研究工作带来很大的阻碍。通过人工模拟降雨的方法，控制试验条件、模拟不同环境，可缩短试验周期，加速雨水入渗和土壤侵蚀规律的研究进程，有效地克服了通过天然降雨测定地表径流的缺点(包含　等，2011；王辉　等，2005；李鹏　等，2005)。

目前使用的很多模拟降雨装置普遍存在着体积比较大、搬运困难，操作复杂、设备成本较高等问题，在山地环境的实际应用中很难推广。本书设计了一种适宜于山地环境使用的便携式野外人工模拟降雨器，并用该装置进行了降雨特性试验。

1) 装置结构设计及工作原理

设计的人工模拟降雨装置如图 3.9 所示，主要由喷淋系统(喷头、闸阀、主体支架等)、供水系统(潜水泵、调速器、输水管道、数字流量计等)两大部分组成。

(a) 喷淋系统结构图

(b) 喷头与闸阀

(c) 支撑三脚架

(d) 潜水泵与调速器

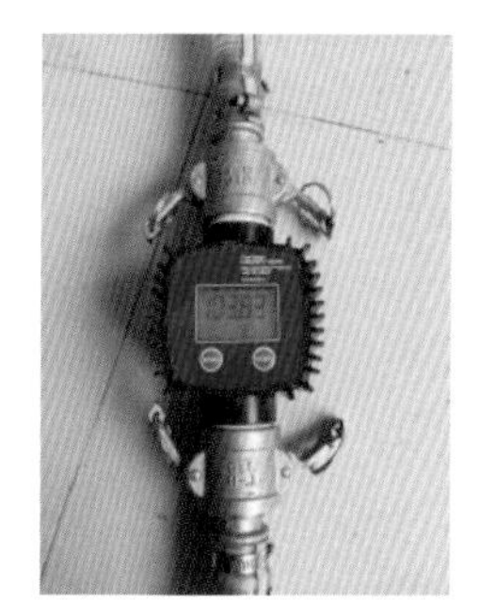

(e) 数字流量计

图 3.9　便携式野外人工模拟降雨器结构图

2) 主要部件设计及选型

(1) 喷淋系统。本装置使用的是 3 个下喷式实心锥喷头，如图 3.9(b) 所示，分为 1 号(喷嘴直径：3.2mm)、规格一致的 2 号和 3 号(喷嘴直径：2.0mm) 两种规格。喷头基本特性如下。

1 号喷头：降雨半径为 1.4m，流量为 3.9～8.9L/h。2 号喷头：降雨半径为 1.0m，流量为 1.6～3.7 L/h。

选择喷头的根据是提高降雨均匀性和效率及节约水资源等，确定喷头降雨面积为圆形。同时为使雨滴速度接近天然降雨，喷头固定在距地面 2.3m 处(倪际梁 等，2012)。

为使装置能够在不同的雨强需求下通过改变喷头的组合方式，达到不同的雨强效果，故在每个喷头的进水端都安装了一个闸阀。采用内径为 15mm 的铜质浮动球阀，闸阀与喷头之间采用螺纹连接，确保接口牢固稳定。

支架的竖立部分采用直径为 25mm 的不锈钢管制成，高度为 2.4m，为了方便携带，设计为可拆卸的两段，下段部分加上了可收放的三脚架，起支撑作用，使整个装置更加稳定。上下两段使用快接扣件连接，简单方便。水平伸出部分使用的基本材料是无规共聚聚丙烯(polypropylene random，PPR) 管和 PPR 三通管，采用热熔连接。

(2) 供水系统。水泵为供水系统提供动力源，其选型考虑 3 个因素。①工作介质。在本装置中使用的工作介质是清水，常温状态，现有水泵大部分都能在此工作介质下正常工作。②流量。水泵流量选择的依据是每次最大用水量，按有效降雨面积 $S=3.14\times R^2$（R=1m）、最大雨强为 180mm/h 计算，则每小时的用水量为 0.56m^3，再将外围的无效降雨用水量考虑进去，则装置每小时用水量约为 0.70m^3。③扬程。根据装置喷淋系统的设计情况和水泵的安装位置，并考虑装置供水系统的可靠裕量，要求潜水泵的扬程不小于 2.5m。

由于模拟降雨时需要在一定范围内调节降雨强度，而供水管道的压力是调节降雨强度的重要因素之一。因此，在选取水泵时还应注意使水泵的流量和扬程能满足调节管道压力的要求。根据此装置的设计需求，选定的水泵类型为潜水泵。

综合以上分析，本装置选用绿一牌 QDX3-20-0.75 型潜水泵，如图 3.9（d）所示，具体参数：额定电压为 220V，额定功率为 750W，扬程为 20m，额定流量为 1.5m^3/h，口径为 25mm。所选用的潜水泵扬程和流量稍微偏大，这恰好可以增加管道压力的调节范围，试验表明该水泵能够很好地满足要求，不会造成较大的浪费。

(3) 调速器。选用 4000W 大功率进口可控硅电子调速器，具体技术参数如下。使用交流电压为 220V，最大功率为 4000W（短时极限功率），电压调节为交流 0～220V 连续可调。规格尺寸：耐高温防火 FR4 电路板，电路板尺寸为 70mm×70mm，高 50mm。使用此调速器控制水泵电压进行试验发现，利用调速器降压可以到 0V，升压到 60V 左右水泵开始启动，60～220V 可以连续调节，满足试验要求。

(4) 流量表。采用一寸螺纹 K24 数字流量计，如图 3.9（e）所示。主要技术参数如下。工作介质为水、甲醇、汽油等，长度为 103mm，计量精度为±1%，流量范围为 10～120L/min，单次计数为 0.0～9999.9，计量单位为 L、加仑（GAL，1GAL≈4.55L）、品脱（PTS，1PTS≈0.57L）、夸脱（QTS，1QTS≈1.14L）。在装置的供水管道中装上此流量表，装置在不同的雨强状态下工作时能够实时记录供水管道中水流量，经过大量的降雨特性试验，以及对试验过程中不同雨强对应的流量数据进行分析，获得水泵启动状态下不同的电压-流量-雨强对照表。

本书设计的人工模拟降雨设备总高度为 2.4m，地面的三脚支架部分占地不到 1m^2，可在室内或者室外进行人工降雨；各个部件可通过手拧羊角蝶形螺栓或者快接扣件进行安装，单个部件的质量最大不超过 10kg，因此可以方便地进行拆装和运输；同时，此装置的制造成本低廉。与目前大多数人工模拟降雨装置相比，具有体积小、质量轻、容易操作、稳定性高、成本较低、拆装和运输方便等特点。

3) 降雨特性

(1) 降雨强度。根据本装置的结构特点，可使用直径为 20cm 的雨量筒率定雨强。首先将设备在水平地面上架设起来，开启降雨设备待其降雨状态稳定后，快速地将准备好的雨量筒放置到降雨中心的正下方，同时开始计时，当降雨时间达到 10min 时，立即关闭设备电源，停止降雨，再拿出雨量筒利用测量工具测出该时间段的雨量筒中水面的高度值并乘以 6 便得到此次的降雨强度。大量的试验结果表明，本装置通过选用不同型号的喷头组合及调节供水流量，可以实现 20～180mm/h 的模拟降雨。

(2) 雨滴终点速度。美国学者罗斯等关于天然降雨雨滴的研究表明，天然降雨雨滴的大小为 0.1～6.0mm，其相应的终点速度为 2.0～2.9m/s。同时根据美国、澳大利亚等国家的一些学者对雨滴下落速度的研究，具有初速度的下喷式喷头，降雨高度达到 2m 时，就可满足不同直径的雨滴获得 2.0～2.9m/s 的终点速度(陈文亮和唐克丽，2000)。本装置采用三喷头组合、下喷式的降雨结构，喷头安装在距离地面 2.3m 处，因此可满足不同体积的雨滴获得 2.0～2.9m/s 的终点速度，这与自然界的大部分雨滴具有的终点速度相符。

4) 设备特点

设计的便携式野外人工模拟降雨器体积小、质量轻、容易操作、稳定性高、成本较低、拆装和运输方便，尤其适合喀斯特山地野外人工模拟降雨实验。试验结果表明，本降雨装置可实现降雨强度为 0～180mm/h 的模拟降雨，可以满足不同直径的雨滴获得 2.0～2.9m/s 的终点速度，降雨效果与自然界降雨具有一定的相似性，可较好地实现模拟降雨。

4. 枯落物样品采集与测定

在典型喀斯特地区、亚喀斯特地区、非喀斯特地区 3 块样地上设置 10m×10m 的标准样方各 1 个，共 3 个样方，测定林木的平均胸径、郁闭度、密度等指标(表 3.5)。以每块标准样地四角及对角线中心为基准，兼顾实际地形及岩石出露情况，选定 5 个 30cm×30cm 的小样方。先测定其枯落物厚度(包括半分解层、未分解层)并记录，再将小样方内全部枯落物按各分解层分别采样，立即称取鲜重。

表 3.5　不同标准样地基本特征

地表景观类型	平均胸径/cm	平均树高/m	郁闭度	密度/(株/hm^2)	土壤类型	优势种
典喀	16.1	12.6	0.90	2150	石灰土	马尾松
亚喀	13.2	10.8	0.77	1740	黄壤	马尾松
非喀	14.4	12.1	0.87	1890	黄壤	马尾松

注：典喀为典型喀斯特地区，亚喀为亚喀斯特地区，非喀为非喀斯特地区，后同。

(1) 枯落物蓄积量测定。把采集的各层枯落物样品风干，置于 85℃的烘箱恒温烘干，称取干重，计算枯落物自然含水率和蓄积量(张卫强　等，2010)。

(2) 枯落物持水过程的测定。采用室内浸泡法测定枯落物持水量、吸水速率(王波　等，2008)，称取 50g 烘干称重后的各层枯落物，装入已称重的纱布袋(孔径为 0.2mm)中，纱布袋完全浸没于盛清水的塑料盆中，分别浸泡 5min、20min、0.5h、1 h、1.5 h、2 h、4 h、6 h、8 h、10 h、14 h、24h，取出枯落物与布袋，静置至不连续滴水，用电子天平称湿重并记录，计算各分解层枯落物不同浸水时段的持水量和吸水速率。枯落物持水性各指标的计算公式(韩路　等，2014)分别为

$$R_0 = (M_1 - M_2) / M_2 \cdot 100\% \tag{3.5}$$

$$W_1 = M_{24} - M_0 \tag{3.6}$$

$$R_1 = (M_{24} - M_0) / M_0 \cdot 100\% \tag{3.7}$$

$$W_2 = R_2 \cdot M_2 \tag{3.8}$$

$$R_2 = R_1 - R_0 \tag{3.9}$$

式中，M_0 为称取浸泡的枯落物干重(g)；M_1 为枯落物自然状态的质量(g)；M_2 为枯落物烘干状态的质量(g)；M_{24} 为枯落物浸泡 24h 的质量(g)；R_0、R_1、R_2 分别为自然含水率(%)、最大持水率(%)、最大拦蓄率(%)；W_1、W_2 分别为最大持水量(t/hm^2)、最大拦蓄量(t/hm^2)。

枯落物有效拦蓄量的测定(徐娟 等，2009)为

$$W = (0.85 \cdot R_{\mathrm{m}} - R_0) \cdot M \tag{3.10}$$

式中，W 为有效拦蓄量(t/hm^2)；R_{m} 为最大持水率(%)；R_0 为自然含水率(%)；M 为枯落物蓄积量(t/hm^2)。

3.4.3 结果与分析

1. 亚喀斯特地区地表径流特征分析

1)不同地表景观条件下的地表产流变化

雨强对坡面产流的影响主要通过坡面降水量及雨滴溅蚀结皮影响土壤入渗和下垫面对降水的分配。陈洪松和邵明安(2003)在黄土高原地区的研究表明，在下垫面一致的情况下，降雨强度越大，产流越快，产流量也越大。为了解不同喀斯特景观坡面产流效益的差异，本节将分析典型喀斯特地区、亚喀斯特地区、非喀斯特地区坡面地表径流量随降雨历时的变化规律(图 3.10)。

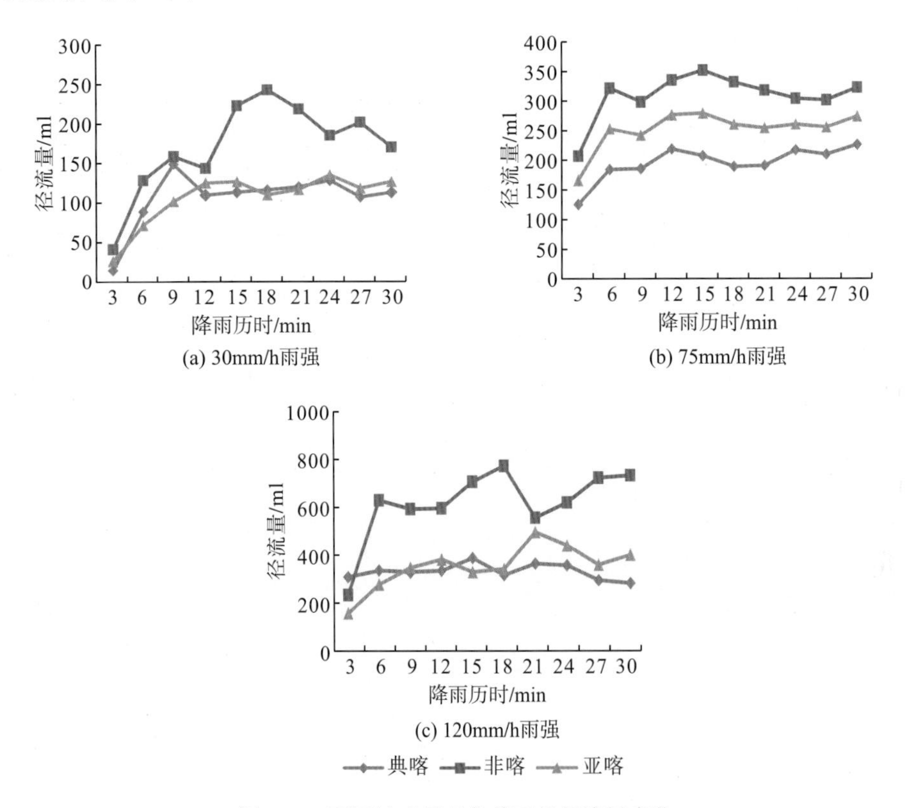

图 3.10　不同地表景观条件下的径流量变化

从图 3.10 中可以看出，非喀斯特地区的径流量在不同雨强时均大于典型喀斯特地区和亚喀斯特地区，3 个地区的径流过程相似之处均为先增加到最大值然后达到一个相对稳定状态。当雨强为 30mm/h 时，3 种不同喀斯特景观地区一开始的产流量大致相同，典型喀斯特地区在 9min 时径流量达到最大值，非喀斯特地区在 18min 时达到最大值，亚喀斯特地区在 24min 时达到最大值；非喀斯特地区在整个降雨过程中波动最大，径流量始终最大，最大值为典型喀斯特地区的 1.62 倍、亚喀斯特地区的 1.78 倍。当雨强为 75mm/h 时，3 个地区的增长趋势一致且平缓稳定，非喀斯特地区径流量最大，亚喀斯特地区次之，典型喀斯特地区最小。当雨强为 120mm/h 时，降雨初期非喀斯特地区径流量增长最快，且在 18min 时达到最大值，是亚喀斯特地区的 1.55 倍、典型喀斯特地区的 1.99 倍，典型喀斯特地区与亚喀斯特地区径流量增长平稳，差距较小，随着降雨的持续，径流量达到一个峰值，之后呈现相对稳定的状态。结果表明，非喀斯特地区在不同雨强及不同降雨历时条件下，径流量均为最大值；而典型喀斯特地区的径流量最小，且随降雨历时增加，径流增幅不大；亚喀斯特地区径流量介于两者之间。

2) 不同雨强条件下的地表产流变化

为了解不同雨强时坡面产流量的影响，本节分析了雨强分别为 30mm/h、75mm/h、120mm/h 时典型喀斯特地区、亚喀斯特地区、非喀斯特地区地表径流量的变化（图 3.11）。在典型喀斯特地区，径流量变化波动小，随着雨强的增大，径流量达到最大值的时间越长。雨强为 30mm/h 时，降雨开始后 9min 径流量达到最大值 150ml；雨强为 75mm/h 时，降雨开始后 12min 径流量达到最大值 218.3ml；雨强 120mm/h 时，降雨开始后 15min 径流量达到最大值 387ml。雨强为 120mm/h 时的径流量最大值，是雨强为 75mm/h 时的 1.77 倍，是雨强为 30mm/h 时的 2.58 倍。在喀斯特地区，大雨强条件下（120mm/h），降雨初期径流量即可达到较大值[图 3.11（a）]。相比之下，中小雨强（75mm/h、30mm/h）条件下，降水需要持续一段时间径流量才能达到较大值。在非喀斯特地区，雨强为 30mm/h 和 75mm/h 时径流量变化趋势较平稳，雨强为 120mm/h 时径流量波动较大且最大值是雨强为 75mm/h 的 2.18 倍、是雨强为 30mm/h 的 3.1 倍。非喀斯特地区大雨强条件下，降雨初期（3min）径流量与中小雨强产生的径流量差别不大，但是持续一段时间后（6min），即可达到较大值，径流量随降雨历时增加较快[图 3.11（b）]。在亚喀斯特地区，三个雨强的径流量变化趋势相似，雨强为 120mm/h 时径流量最大值是雨强为 75mm/h 时的 1.6 倍、是雨强为 30mm/h 时的 3.6 倍。可以看出，三种雨强条件下，亚喀斯特地区随着雨强的增大，径流量也随之变大，且达到最大值之后呈稳定的波动状态。雨强对亚喀斯特地区地表径流的影响仅限于数量上的变化，不同雨强产生的地表径流格局并没有明显差异[图 3.11（c）]。综上所述，不同雨强对地表径流的影响在喀斯特和非喀斯特地区表现明显，主要影响体现在大雨强条件下的降雨初期，亚喀斯特地区地表径流对不同雨强的响应差异不显著。

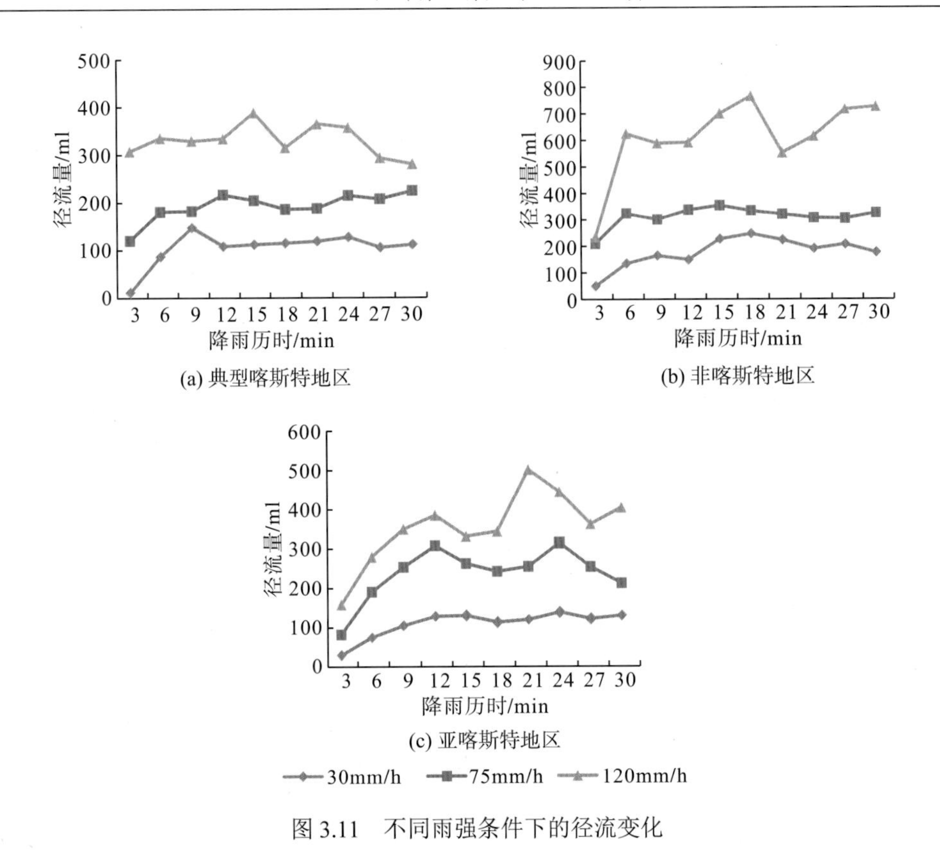

图 3.11　不同雨强条件下的径流变化

3) 不同地表景观条件下的地表产流特征

从表 3.6 可知，不同景观地区产流时间范围为 1～4min。同一雨强下，非喀斯特地区产流时间最短，120mm/h 雨强情况下，0.90min 即可产流；亚喀斯特地区次之，120mm/h 雨强情况下，1.51min 即可产流。典型喀斯特地区的产流时间最长，在 30mm/h 雨强情况下，需要 3.27min 才能产流，相同雨强情况下，非喀斯特地区和亚喀斯特地区分别为 1.70min、2.37min。随着雨强不断增大，3 个地区的产流时间逐渐变短，产流速率逐渐增大。非喀斯特地区产流速率最大，典型喀斯特地区产流速率最小。但是在 30mm/h 雨强情况下，亚喀斯特地区产流速率略低于典型喀斯特地区。总体而言，典型喀斯特地区径流系数最小，非喀斯特地区径流系数最大，但是在 30mm/h 雨强情况下，亚喀斯特地区径流系数略低于典型喀斯特地区。综上所述，非喀特地区的径流系数和产流速率明显大于典型喀斯特地区与亚喀斯特地区，产流时间明显小于典型喀斯特地区与亚喀斯特地区。

表 3.6　不同地表景观条件下的产流特征

统计指标	景观类型	雨强=30mm/h		雨强=75mm/h		雨强=120mm/h	
		平均值	标准差	平均值	标准差	平均值	标准差
产流时间/min	典喀	3.27	1.31	1.57	0.38	1.01	0.04
	亚喀	2.37	0.55	1.28	0.86	1.51	0.91
	非喀	1.70	0.58	1.00	0.10	0.90	0.24
		ANOVA=0.414		ANOVA=0.148		ANOVA=0.208	

续表

统计指标	景观类型	雨强=30mm/h		雨强=75mm/h		雨强=120mm/h	
		平均值	标准差	平均值	标准差	平均值	标准差
产流速率/(mm/h)	典喀	3.588	1.463	6.489	2.015	10.996	3.221
	亚喀	3.583	2.382	7.836	3.137	11.752	7.351
	非喀	5.761	1.411	10.367	2.947	20.556	4.298
		ANOVA=0.298		ANOVA=0.361		ANOVA=4.589	
径流系数	典喀	0.119	0.039	0.085	0.013	0.093	0.009
	亚喀	0.117	0.037	0.106	0.029	0.096	0.042
	非喀	0.192	0.065	0.138	0.018	0.167	0.026
		ANOVA=0.00		ANOVA=0.006		ANOVA=0.00	

2. 亚喀斯特地区侵蚀产沙特征分析

1)不同地表景观条件下的侵蚀产沙变化

30mm/h 雨强条件下，亚喀斯特地区含沙量最大，且波动较为明显，非喀斯特地区含沙量最小[图 3.12(a)]。非喀斯特地区在降雨初期(3min)含沙量较大，为 0.00379g/ml，但是随降雨历时增加含沙量迅速下降，在 6min 时含沙量降到 0.00079 g/ml，随降雨历时继续增加，含沙量趋于稳定。典型喀斯特地区含沙量随降雨历时的变化较为稳定，在降雨初期(3min)含沙量最小，为 0.00083 g/ml，在 6min 时含沙量达到最大值，为 0.00216 g/ml，随降雨历时继续增加，含沙量趋于稳定。75mm/h 雨强条件下，亚喀斯特地区含沙量最大，且波动较为明显[图 3.12(b)]，其次为典型喀斯特地区，非喀斯特地区的含沙量最小，并且后两种地表景观地区的含沙量较为接近。120mm/h 雨强条件下，亚喀斯特地区含沙量波动最大。其在降雨开始 3min 时含沙量仅为 0.00064 g/ml，降雨历时为 6min 时，含沙量达到 0.0075 g/ml，约增加了 11 倍，降雨历时为 9min 时，含沙量降到 0.00122 g/ml，约降低了 83.7%，从第 12min 开始，含沙量趋于稳定[图 3.12(c)]。120mm/h 雨强条件下，非喀斯特地区和典型喀斯特地区含沙量均低于亚喀斯特地区，降雨 3min 时，非喀斯特地区含沙量大于典型喀斯特地区，约为 2 倍左右；降雨 6min 时，两种景观类型区含沙量较为接近；降雨 9min 时，典型喀斯特地区含沙量开始大于非喀斯特地区，并持续到降雨结束。

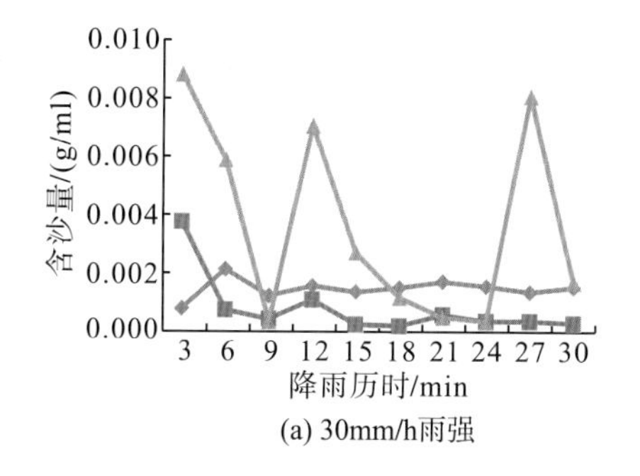

(a) 30mm/h雨强

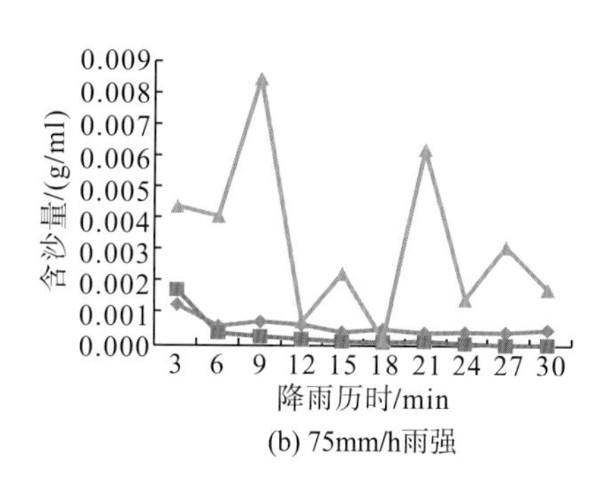

(b) 75mm/h雨强

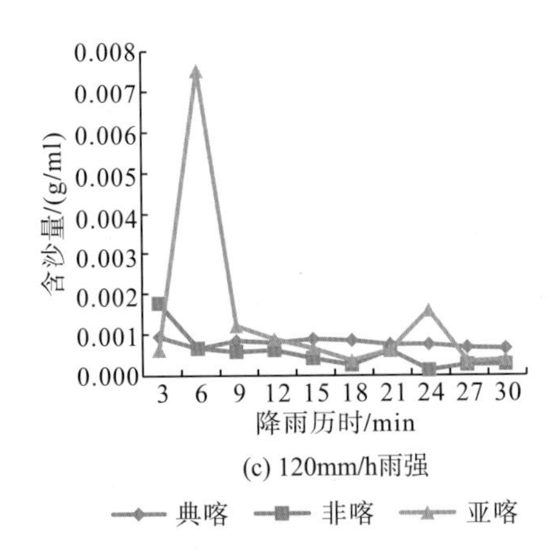

(c) 120mm/h雨强

典喀　非喀　亚喀

图 3.12　不同地表景观条件下的含沙量变化

综合分析图 3.12 可知，3 种雨强条件下，亚喀斯特地区的含沙量均处于最大值，波动最大，且最大值在 0.008g/ml 左右波动，而典型喀斯特地区与非喀斯特地区随降雨历时的变化趋势在雨强为 30mm/h 和 75mm/h 时相对平稳，且典型喀斯特地区的含沙量大于非喀斯特地区。此规律在其他雨强条件下也基本一致，最终相对稳定。非喀斯特地区含沙量较小的原因在于，表层土壤主要为地带性黄壤，黏粒含量较高，土壤颗粒抗冲刷能力相对较强。典型喀斯特地区含沙量高于非喀斯特地区的原因在于，典型喀斯特地区土壤为石灰土，表层有机质含量较高，团粒状或核粒状结构较发达，土壤较为松散，抗冲刷能力较弱。亚喀斯特地区含沙量波动较大的原因在于，该类型区土壤属性介于典型喀斯特地区和非喀斯特地区之间，土壤既不会过于黏重，也没有过于松散。径流首先选择搬运细颗粒，可被径流带走的细颗粒土壤会随着降雨时间的延长变得越来越少，到后期主要因雨滴剥离分散土壤大团聚体，在土壤大团聚体被剥离开的瞬间会有相对较多的泥沙随径流流失，这就是图中数据线有波动的主要原因。

2) 不同雨强条件下的侵蚀产沙变化

由图 3.13(a) 和图 3.13(b) 可知，在典型喀斯特地区与非喀斯特地区，雨强为 30mm/h 时含沙量最大，雨强为 120mm/h 时次之，雨强为 75mm/h 时最小。由图 3.13(c) 可知，亚喀斯特地区 3 个雨强下的含沙量变化波动均较大，雨强为 30mm/h 时波动范围最大，雨强为 75mm/h 时次之，雨强为 120mm/h 时波动范围最小。

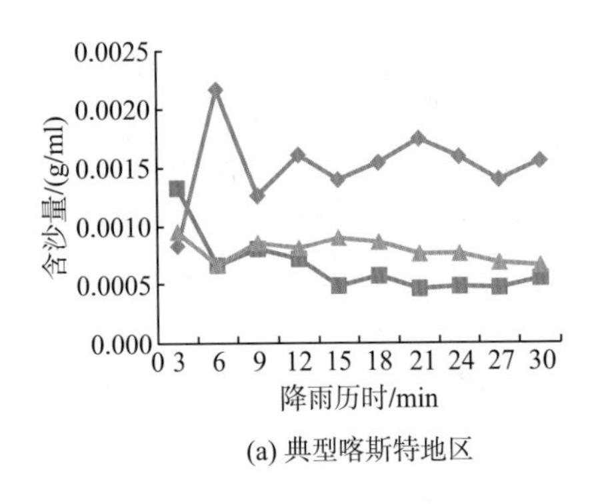

(a) 典型喀斯特地区

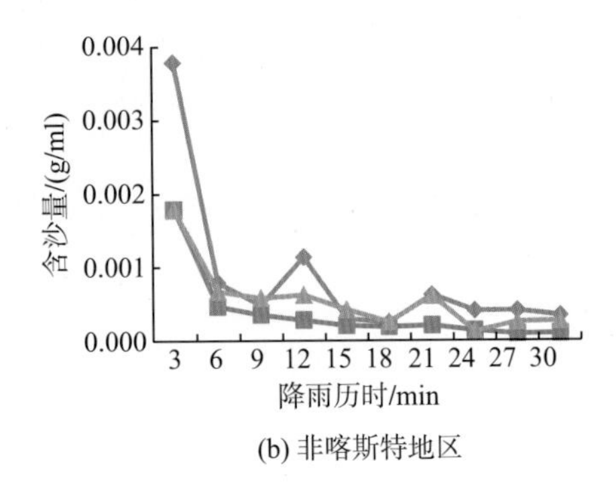

(b) 非喀斯特地区

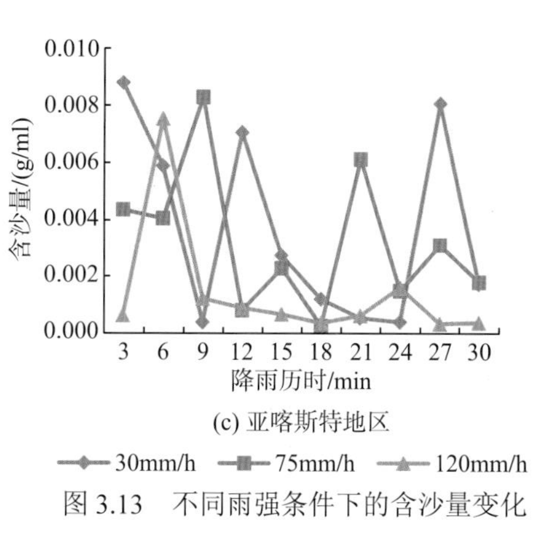

(c) 亚喀斯特地区

图 3.13　不同雨强条件下的含沙量变化

3 种雨强条件下，不同喀斯特景观坡面含沙量随径流过程表现出差异性，原因主要有两个方面。第一，在产流初期，坡面表层较为松散，土壤抗蚀能力较小，径流比较容易对其进行搬运和侵蚀。在 120mm/h 雨强条件下，降雨动能对土壤团聚体的击溅能力显著增加，在降雨初期即将可冲刷的土壤颗粒带走，后期可供冲刷的物质已经较少。第二，小雨强条件下(30mm/h)，坡面可供侵蚀的土壤颗粒会被地表径流缓慢带走，虽然产生的地表径流较小，但是降雨全过程中径流均会挟带一定量的土壤颗粒，因此小雨强条件下含沙量较高。各雨强条件下，含沙量均随降雨时间逐渐减小的原因在于：随着降雨过程的进行，松散的土壤表层颗粒逐渐减少，加上土壤结皮，在一定程度上阻碍了土壤颗粒随径流流失的速度，径流在坡面流动时粒径和质量相对较大的土壤颗粒出现沉积，导致后期含沙量出现下降，泥沙迁移量逐渐减少。降雨对坡面侵蚀作用逐渐从溅蚀转为薄层水流冲刷，由于水流冲刷可以对坡面土壤颗粒产生迁移和沉积作用，正是由于对泥沙颗粒的再分配，减小了泥沙输出坡面的机会。同时，溅蚀作用破坏了表层土壤颗粒结构，造成了土壤结皮，阻碍坡面土壤侵蚀强度继续发展，因而径流含沙量逐渐降低。

3) 不同地表景观条件下的土壤侵蚀特征

从表 3.7 可知，总体而言，侵蚀模数随雨强的增大而增大。在非喀斯特地区这一特征更为明显，120mm/h 雨强条件下，侵蚀模数是 30mm/h 雨强条件下的 3 倍左右。亚喀斯特地区侵蚀模数随雨强变化的规律不明显，雨强为 75mm/h 时侵蚀模数最大。典型喀斯特地区雨强为 75mm/h 时侵蚀模数最小，仅为 120mm/h 雨强时的 46.1%。

表 3.7　不同喀斯特景观下的土壤侵蚀响应

统计指标	喀斯特景观	雨强=30mm/h		雨强=75mm/h		雨强=120mm/h	
		平均值	标准差	平均值	标准差	平均值	标准差
侵蚀模数/[g/(s·m^2)]	典喀	0.00154	0.000010	0.00112	0.000010	0.00243	0.000003
	亚喀	0.00316	0.000102	0.00674	0.000075	0.00424	0.000066
	非喀	0.00092	0.000032	0.00095	0.000015	0.00263	0.000014
		ANOVA=0.000000		ANOVA=0.000033		ANOVA=0.000028	

3. 亚喀斯特地区枯落物生态水文特征分析

1) 枯落物生态水文功能研究概述

森林在整个生态系统中具有调控气候、改善环境、截流降雨及维护生态平衡等生态效益(卢振启 等，2014；田超 等，2011)。大气降水经森林垂直结构的林冠层重新分配后，一部分降水被林冠截留，一部分穿过林冠层，被枯落物截留，渗入土壤，完成大气降水的循环过程(贺淑霞 等，2011)。枯落物是森林生态系统的重要组成部分(郭汉清 等，2010；徐娟 等，2009)，对截流降水、涵养水源、防止土壤溅蚀、调节地表径流等具有重要意义(张卫强 等，2010；莫菲 等，2009)。

贵州省是我国喀斯特地貌发育最典型省份之一，缺水少土是其典型特征(俞月凤 等，2015；许璟 等，2015)。受水土因素的限制，贵州喀斯特地区虽然森林植被面积较小，但是其涵养水源、防止土壤流失的作用却不可忽视(刘玉国 等，2011；张喜 等，2007)。因此，研究不同地表景观类型区森林枯落物的水文效应显得尤为重要。

2) 不同地表景观区森林枯落物厚度与蓄积量

由表3.8可知，不同地表景观区森林枯落物的厚度和储量明显不同。3种森林类型枯落物总厚度大小为：典型喀斯特地区＞非喀斯特地区＞亚喀斯特地区，其中典型喀斯特地区与亚喀斯特地区间的厚度差达1.5cm；典型喀斯特地区半分解层厚度大于未分解层，而亚喀斯特地区和非喀斯特地区的半分解层厚度均小于未分解层。林分的发育状况、气候及分解状况等会影响森林枯落物的蓄积量。由表3.8可知，3种森林枯落物总蓄积量表现为典型喀斯特地区(32.98t/hm^2)＞非喀斯特地区(26.58 t/hm^2)＞亚喀斯特地区(19.77t/hm^2)，典型喀斯特地区比亚喀斯特地区的总蓄积量多13.21 t/hm^2，推断这一差异主要是由于森林类型不同，树种特性不同，使枯落物厚度和分解状况不同。森林枯落物均表现出半分解层蓄积量大于未分解层的规律，典型喀斯特地区半分解层枯落物蓄积量最大，占84.90%；非喀斯特地区次之；亚喀斯特地区最小，占74.15%。这可能是由于该地区地处中亚热带季风湿润区，水分多，热量大，亚喀斯特地区的分解程度略高于典型喀斯特地区，但是典型喀斯特地区枯落物厚度比亚喀斯特地区大得多，导致典型喀斯特地区半分解层蓄积量所占比例较大。

表3.8 不同地表景观区森林枯落物的厚度和蓄积量

景观类型	枯落物总厚度/cm	枯落物厚度/cm		总蓄积量/(t/hm^2)	未分解层枯落物		半分解层枯落物	
		未分解层	半分解层		蓄积量/(t/hm^2)	占总蓄量比例/%	蓄积量/(t/hm^2)	占总蓄量比例/%
典喀	5.6	2.5	3.1	32.98	4.98	15.10	28.00	84.90
亚喀	4.1	2.6	1.5	19.77	5.11	25.85	14.66	74.15
非喀	5.4	3.3	2.1	26.58	6.36	23.93	20.22	76.07

3) 不同地表景观区森林枯落物最大持水量

枯落物持水性能受树种构成、枯落物构成与分解特征的影响。由表3.9可知，不同森林枯落物持水能力有所不同，最大持水量表现为非喀斯特地区($46.26t/hm^2$)＞典型喀斯特地区($44.09t/hm^2$)＞亚喀斯特地区($22.88t/hm^2$)。不同林分的半分解层枯落物最大持水量均大于未分解层，其中典型喀斯特地区半分解层最大，为$35.70t/hm^2$，其次是非喀斯特地区半分解层为$31.93t/hm^2$，典型喀斯特地区未分解层的最大持水量最小，仅为$8.39t/hm^2$。不同林分枯落物未分解层的最大持水率均大于半分解层，与最大持水量的变化规律相反。未分解层表现为非喀斯特地区(224.89%)>亚喀斯特地区(199.17%)>典型喀斯特地区(178.00%)，半分解层表现为非喀斯特地区(157.62%)>典型喀斯特地区(127.37%)>亚喀斯特地区(86.78%)。最大持水率均值表现为非喀斯特地区(191.26%)>典型喀斯特地区(152.69%)>亚喀斯特地区(142.98%)。实验数据表明，在非喀斯特地区与典型喀斯特地区枯落物的持水能力大于亚喀斯特地区。由于非喀斯特地区和典型喀斯特地区均有较厚的枯落物层，同时半分解层的蓄积量远大于未分解层，使得非喀斯特地区和典型喀斯特地区枯落物持水性能比亚喀斯特地区更强。

表3.9　不同林型枯落物持水状况

景观类型	最大持水量/(t/hm^2)			最大持水率/%		
	未分解层	半分解层	总和	未分解层	半分解层	平均
典喀	8.39	35.70	44.09	178.00	127.37	152.69
亚喀	10.15	12.73	22.88	199.17	86.78	142.98
非喀	14.33	31.93	46.26	224.89	157.62	191.26

4) 不同地表景观区森林枯落物持水过程

森林枯落物吸持水过程可用各层枯落物各时段持水量变化规律和吸水速率变化趋势进行模拟。图3.14表明，不同地表景观区森林枯落物，在浸水的24h内，未分解层的持水量整体上呈现非喀斯特地区＞亚喀斯特地区＞典型喀斯特地区的趋势[图3.14(a)]，而半分解层持水量在整个吸水过程中均表现为非喀斯特地区＞典型喀斯特地区＞亚喀斯特地区[图 3.14(b)]。3 种地表景观的森林枯落物持水量与浸泡时间表现为正相关关系，0.5h内，各层枯落物持水量迅速增加，0.5h之后，持水量仍然保持增加趋势，但增加幅度减小[图3.14(c)]。未分解层持水量浸泡10h达饱和[图3.14(a)]；半分解层持水量在浸泡8h后基本饱和[图3.14(b)]，说明喀斯特地区，半分解层比未分解层表现出更好的持水性，前2h持水性更强。由图3.14(c)可看出，非喀斯特地区枯落物持水量在各时间段均远大于典型喀斯特地区和亚喀斯特地区。而典型喀斯特地区与亚喀斯特地区枯落物在各时间段的持水量趋于一致，后期典型喀斯特地区略高于亚喀斯特地区。此结果与表3.9中最大持水量的分析结果大体一致，说明非喀斯特地区林下枯落物表现出较强的持水能力。

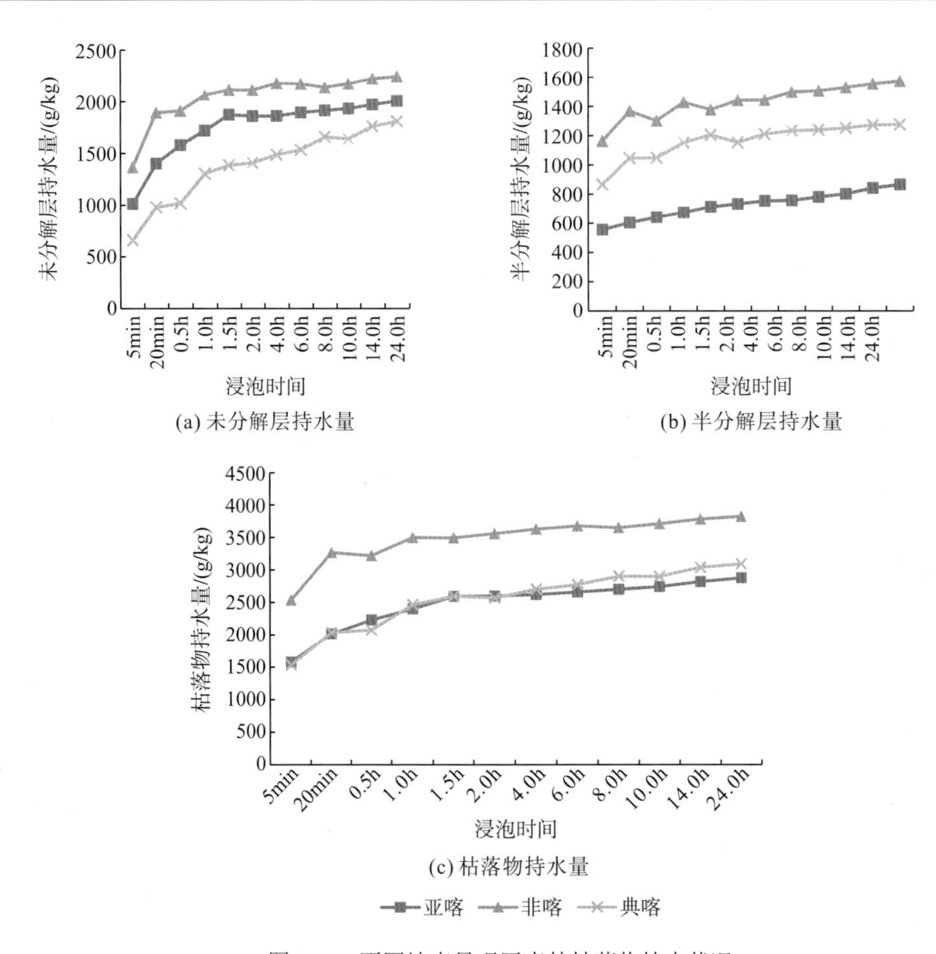

图 3.14　不同地表景观区森林枯落物持水状况

3 种林型各层枯落物持水量与浸水时间的关系，经回归拟合后，其相关系数(R^2)除非喀斯特地区未分解层为 0.8656 外，其他的均在 0.90 以上，说明不同地表景观区森林枯落物的持水量与浸泡时间有很好的相关性(表 3.10)，拟合方程为：$Q=a\ln t+b$。式中，Q 为枯落物持水量；t 为浸水时间；a 为回归系数；b 为常数项。

表 3.10　枯落物持水量、吸水速率与浸水时间的关系

分解层类型	森林类型	持水量与浸水时间		吸水速率与浸水时间	
		关系式	R^2	关系式	R^2
未分解层	典喀	Q=454.5ln t+638.2	0.9794	$Q=17052t^{-1.764}$	0.9159
	亚喀	Q=372.56 ln t+1140	0.9407	$Q=29072t^{-1.906}$	0.9135
	非喀	Q=296.92 ln t+1561.4	0.8656	$Q=40531t^{-1.992}$	0.9205
半分解层	典喀	Q=156.62 ln t+904.06	0.9493	$Q=24326t^{-2.02}$	0.9313
	亚喀	Q=121.48 ln t+526.33	0.9532	$Q=13943t^{-1.981}$	0.9403
	非喀	Q=147.06 ln t+1188.4	0.9055	$Q=31444t^{-2.046}$	0.9369

5) 不同地表景观区森林枯落物吸水速率

图 3.15 表明，不同地表景观区各层枯落物吸水速率与浸水时间存在一定规律：无论是未分解层还是半分解层枯落物，在浸水初期，吸水速率均很大[图 3.15(a)、图 3.15(b)]。枯落物浸水前 0.5h，各分解层立即吸水，0.5～2h，吸水速率减小，2h 后，吸水速率变化不大，至 24h 时，吸水速率接近 0g/(kg·h)。由图 3.15 还能看出，各林型枯落物开始浸水时，吸水速率差距较远，2h 后吸水速率差距减小。浸水前 2h，非喀斯特地区和亚喀斯特地区吸水速率未分解层＞半分解层，典型喀斯特地区吸水速率半分解层＞未分解层，这可能与各层枯落物的量有关。未分解层吸水速率大致呈现非喀斯特地区＞亚喀斯特地区＞典型喀斯特地区的规律[图 3.15(a)]，半分解层呈现非喀斯特地区＞典型喀斯特地区＞亚喀斯特地区的趋势[图 3.15(b)]。

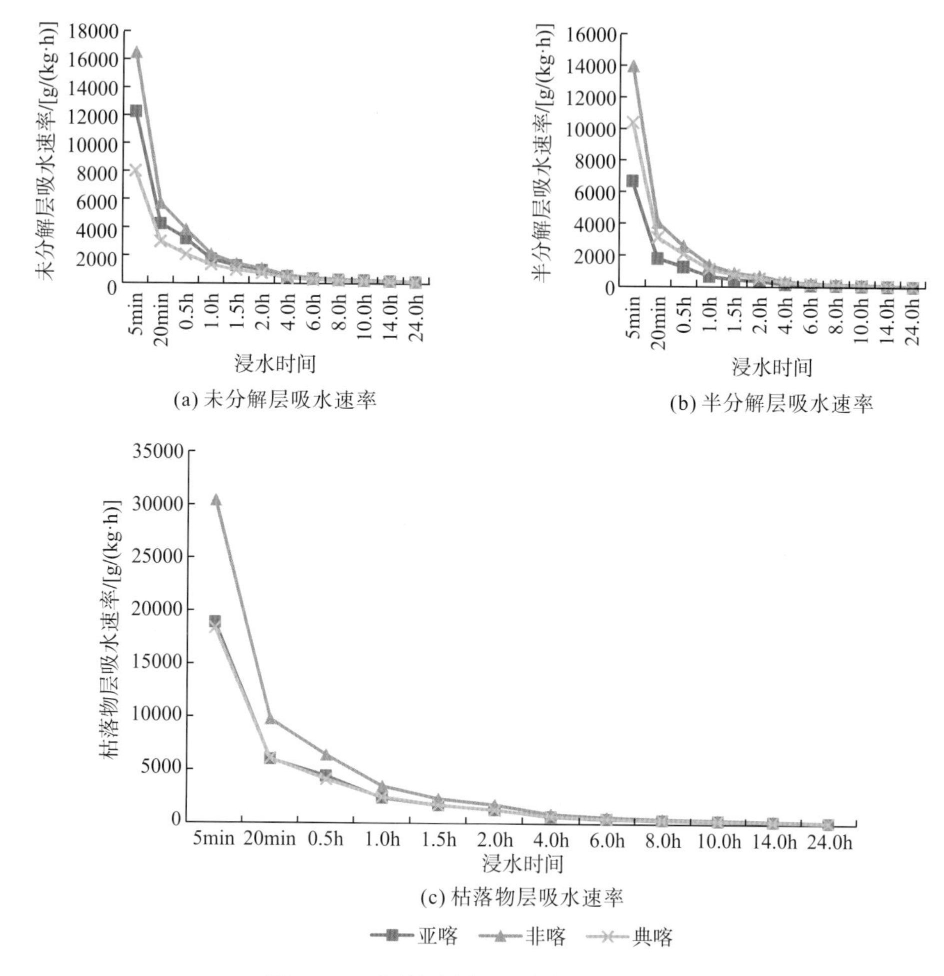

(a) 未分解层吸水速率

(b) 半分解层吸水速率

(c) 枯落物层吸水速率

图 3.15　不同地表景观区森林枯落物吸水状况

对 3 种林型各层枯落物吸水速率与浸水时间的关系进行拟合，相关系数(R^2)均在 0.91 以上，拟合较好(表 3.10)，拟合方程：$V=kt^n$。式中，V 表示吸水速率；t 表示浸水时间；k 为回归系数；n 为指数。

表 3.11　不同地表景观区森林枯落物拦蓄能力

枯落物层	景观类型	自然含水率/%	最大拦蓄率/%	最大拦蓄量/(t/hm^2)	有效拦蓄率/%	有效拦蓄量/(t/hm^2)	有效拦蓄深/mm
未分解层	典喀	34.62	143.37	7.14	116.67	5.81	0.58
	亚喀	37.59	161.58	8.26	131.71	6.73	0.67
	非喀	49.74	175.15	11.14	141.42	9.00	0.90
半分解层	典喀	46.56	80.81	22.62	61.70	17.27	1.73
	亚喀	43.59	43.19	6.33	30.18	4.42	0.44
	非喀	46.82	110.80	22.40	87.16	17.62	1.76

6)不同地表景观区森林枯落物的有效拦蓄量

通常用枯落物有效拦蓄量来估算枯落物对一次降水实际拦蓄降雨的量。实验结果表明，不同地表景观区森林枯落物各分解层的拦蓄能力不同(表 3.11)。各层枯落物有效拦蓄率变化趋势不同，未分解层有效拦蓄率变化为非喀斯特地区(141.42%)＞亚喀斯特地区(131.71%)＞典型喀斯特地区(116.67%)，半分解层变化趋势为非喀斯特地区(87.16%)＞典型喀斯特地区(61.70%)＞亚喀斯特地区(30.18%)。半分解层枯落物有效拦蓄量大小排序：非喀斯特地区(17.62 t/hm^2)＞典型喀斯特地区(17.27t/hm^2)＞亚喀斯特地区(4.42t/hm^2)，未分解层有效拦蓄量表现为非喀斯特地区(9.00t/hm^2)＞亚喀斯特地区(6.73t/hm^2)＞典型喀斯特地区(5.81t/hm^2)，二者排序不同，主要与枯落物的量有关。综合分析可知，非喀斯特地区有效拦蓄能力最强，为 26.62 t/hm^2，相当于 2.662mm 的降雨，亚喀斯特地区有效拦蓄能力最弱，为 11.15 t/hm^2，相当于 1.115mm 的降雨，非喀斯特地区未分解层和半分解层枯落物量比亚喀斯特地区多很多，表明较多较厚的枯落物能更有效地截持降雨。

第4章　亚喀斯特区域植被效应

4.1　亚喀斯特区域植被

1. 研究区概况

研究区位于贵州高原中部二级阶梯上，地处105°36～106°46′E，25°56～26°38′N，东西长110.74km，南北宽74.44km，周长为471.17km，总面积为3670km^2，占全省面积的2.08%(图4.1)。研究区地势较为平缓，海拔在800～1900m。研究区常年受季风的控制，降水充沛，是一个典型的湿润中亚热带季风常绿阔叶林黄壤丘陵性高原。行政区划上包括安顺市、平坝区和花溪区，选取这些地区是因为岩组包括关岭组和安顺组，分别代表亚喀斯特和典型喀斯特，便于更好地进行对比分析。

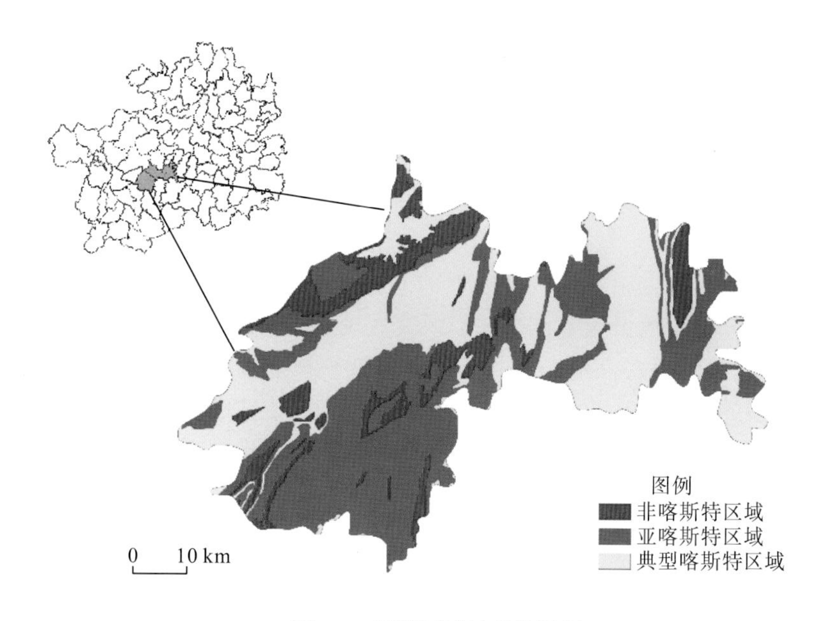

图4.1　研究区域地理位置图

2. 数据来源

研究区亚喀斯特和典型喀斯特的识别和划分是借助贵州省岩性数据，以典型喀斯特地区、非喀斯特地区及含有泥质白云岩、泥质灰岩、碳酸盐岩和非碳酸盐岩夹层的亚喀斯特地区为分类标准完成的，数据组成(包括源数据、参考数据、输出数据)见表4.1。

表 4.1　研究数据来源表

类型	源数据	参考数据	输出数据
数据来源	2010 年 4 月上旬空间分辨率为 30m 的 Landsat TM 遥感影像	1∶5 万地形图，贵州省岩性图，行政边界矢量数据	2010 年 4 月上旬覆盖贵州省省域的土地利用图/数据
	2010 年 4 月上旬空间分辨率为 250m 的 MODIS-NPP 遥感影像数据		2010 年 4 月上旬覆盖贵州省省域的植被净初级生产力(net primary productivity，NPP)图/数据
			2010 年 4 月上旬覆盖贵州省省域的植被覆盖度数据

3. 研究方法

土地利用情况、植被覆盖度情况、景观多样性情况和植被净初级生产力分别作为反映人类对于土地的使用状况、陆地植被受区域环境地质影响的覆盖状况、陆地植被景观受人类活动影响的频繁度和变迁状况、土地生产力/承载力情况的因子，在 3S 技术和地理信息平台的支持下，通过单因子分析、叠加分析和多因子综合分析，为本书探究亚喀斯特景观内独特的生态环境提供支持。

1)土地利用

根据解译得到贵州省 2010 年 4 月上旬土地利用图，以研究区 1∶5 万地形图为参考，采用阿尔伯斯投影，利用二次多项式拟合和双线性方程进行精校正，在 ArcGIS 和 ERDAS IMAGINE 软件支持下，利用岩性数据进行裁剪，得到亚喀斯特和典型喀斯特景观各自的土地利用信息。

2)植被覆盖度

采用像元二分模型植被指数法来估算研究区植被覆盖度。该方法的优势在于：①计算简便、结果可靠，应用广泛；②与利用 NDVI 来反映植被覆盖相比，该方法能减少大气和植被类型等因素的干扰和影响，增强植被因子信息。这一技术优点对于地处高原山地，大气对遥感数据影响较大的贵州尤其重要。根据像元二分模型原理，假设一个像元代表的信息 I 由植被和裸土两部分构成，分别记做 I_v 和 I_s。其计算公式如下：

$$I = I_v + I_s \tag{4.1}$$

$$I_v = F_c \times I_{veg} \tag{4.2}$$

$$I_s = (1 - F_c) \times I_{soil} \tag{4.3}$$

$$F_c = (I - I_{soil}) / (I_{veg} - I_{soil}) \tag{4.4}$$

式中，F_c 为像元中植被部分的面积占比；$1-F_c$ 为像元中土壤部分的面积占比；I_{veg} 为纯植被覆盖信息；I_{soil} 为裸土信息。

为了将植被覆盖度和其他地理环境因子进行比较分析，将植被覆盖情况划分为 5 个区间，分别是：<20%，低植被覆盖度；20%～40%，中低植被覆盖度；40%～60%，中植被覆盖度；60%～80%，中高植被覆盖度；>80%，高植被覆盖度。衍生的植被覆盖度是经过野外验证的，分别在研究区域的亚喀斯特和典型喀斯特景观内各设置 15 个采样点，一共得到 30 个采样数据，并针对采样数据和相对应二分模型计算平均误差：在亚喀斯特景观内的平均误差为 6.67%，而在典型喀斯特景观内平均误差为 13.33%。所以植被覆盖度的计算精度为 90%。由此说明，由二分模型计算的植被覆盖度是准确的。

3) 香农多样性指数

香农多样性指数(Shannon' s diversity index，SHDI)作为景观异质性的一个敏感指标，常被用于反映区域的景观构成。SHDI 作为环境生态学因子，随着 SHDI 值的增加、景观结构组成的复杂性也趋于增加的特性，对于分析景观变迁、植被受人类活动干扰的频繁度、脆弱性，生态景观的合理构建具有支撑作用(王佳 等，2008)，其计算公式如下：

$$\mathrm{SHDI}=-\sum_{i=1}^{m}P_i\ln P_i \tag{4.5}$$

式中，m 为景观生态系统中斑块的类型总数；P_i 为第 i 个斑块类型所占的百分比。

4) 破碎度指数

破碎度指数表示景观被分割的破碎程度，同样在一定程度上也能够体现外界对景观格局的干扰程度，其计算公式如下(田光进 等，2002)：

$$FN=\left(N_{\mathrm{s}}-1\right)N_{\mathrm{c}} \tag{4.6}$$

式中，N_{s} 为景观内各类型总数；N_{c} 为景观总面积。

4. 结果分析

1) 基于空间结构的总体特征

根据植被覆盖等级划分标准，基于 ArcGIS 空间分析模块生成植被覆盖等级图(图 4.2)。整体来看，中高植被覆盖和高植被覆盖广泛且连片集中分布是亚喀斯特地区植被的主要覆盖特征，尤其是高植被覆盖分布表现更加明显。亚喀斯特地区的植被覆盖率高于典型喀斯特地区，高植被覆盖典型喀斯特地区面积更大且分布更为集中，而中低植被覆盖、低植被覆盖的地区在亚喀斯特地区和典型喀斯特地区的分布同样明显。

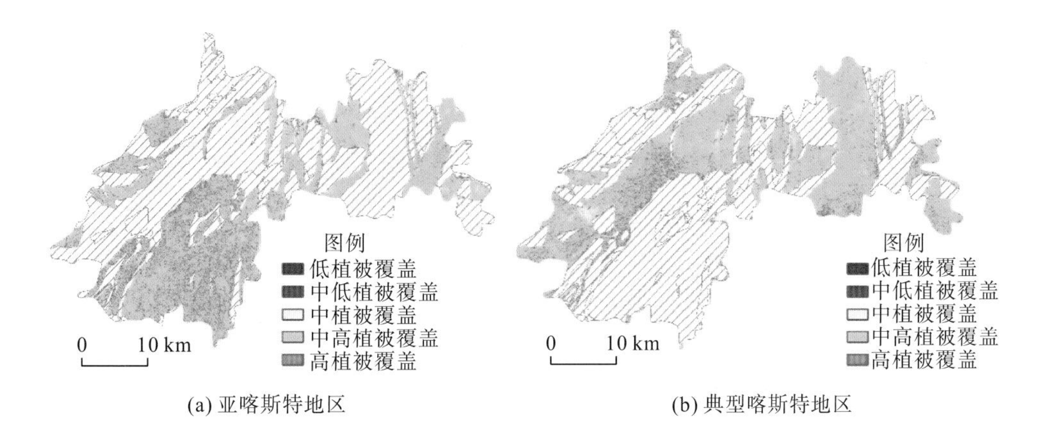

图 4.2 研究区亚喀斯特地区和典型喀斯特地区植被覆盖等级空间分布

从亚喀斯特地区内部植被覆盖度和土地利用的分布情况来看(图 4.2、图 4.3)，高植被覆盖和中高植被覆盖主要分布在研究区的西南部和西部，对应的土地利用/覆被类型多为林地和灌丛；除中部偏北分布的湿地和东北部的城镇用地植被覆盖度较低外，呈现出从东北到西南逐渐增加的态势。典型喀斯特地区中高植被覆盖主要分布在研究区东部和东北部，土地利用/覆被类型主要为灌丛，并呈现由东向西逐步减少的变化。

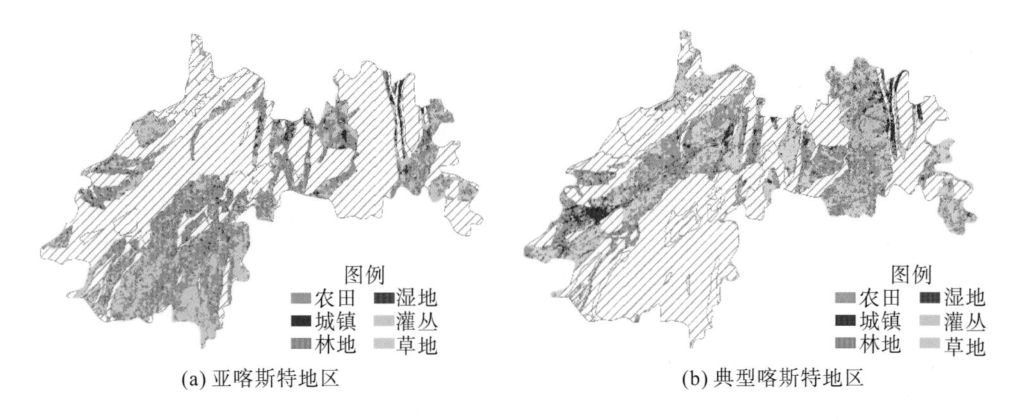

图 4.3　研究区亚喀斯特地区和典型喀斯特地区土地利用空间分布

2) 亚喀斯特植被覆盖度与土地利用

格网化空间数据，尤其结合生态单元对空间数据进行分类和分析是近年来生态学、干扰生态学研究的重要趋势。通过对比发现，500m×500m 的生态单元格网较 1km×1km 在当前影像的时空分辨率、土地利用分类框架下更适合统计和分析研究区亚喀斯特与典型喀斯特景观内植被覆盖的平均特征。格网化后的植被覆盖度平均值(生态本底)与土地利用类型(生态单元)之间的对应关系如图 4.4 所示。

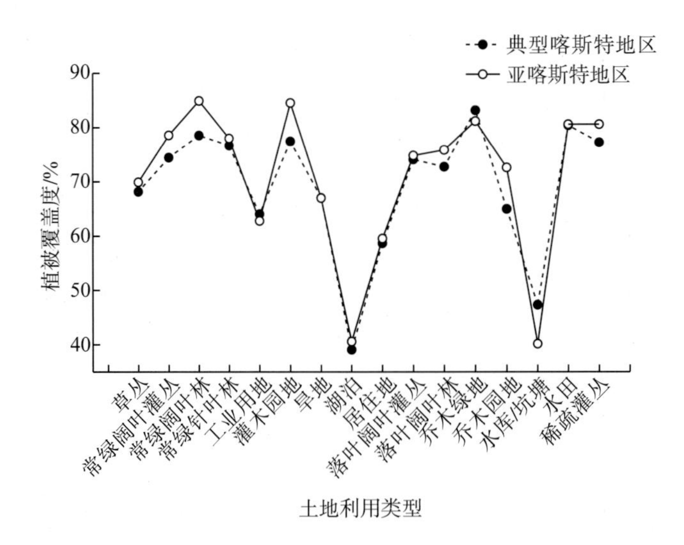

图 4.4　不同土地利用类型的植被覆盖度比较

生态单元对应曲线的趋势显示出亚喀斯特景观内的不同土地利用类型的植被覆盖度平均值大部分高于典型喀斯特景观。例如，在一级分类森林和灌丛类型中，包括常绿阔叶灌丛、常绿阔叶林、常绿针叶林、落叶阔叶灌丛、落叶阔叶林和稀疏灌丛，亚喀斯特地区对应的植被覆盖度平均值分别为 78.56%、84.93%、77.99%、74.82%、75.87%和 80.60%，而典型喀斯特景观对应的值则分别为 74.44%、78.55%、76.67%、74.09%、72.75%和 77.24%。通过定量数据和其对应的类别关系表明亚喀斯特地区较典型喀斯特地区的各类生态单元相对应的植被覆盖度更高。

需注意的是，土地利用类型(生态类型)中，典型喀斯特地区的工业用地、乔木绿地、水库/坑塘 3 类植被覆盖度较亚喀斯特地区更高；亚喀斯特地区常绿阔叶灌丛、常绿阔叶林、常绿针叶林的植被覆盖度高于典型喀斯特地区；其灌木园地和乔木园地的植被覆盖度显著高于典型喀斯特地区；亚喀斯特地区旱地和水田植被覆盖度与典型喀斯特地区几乎无差别。

3)植被覆盖景观格局变化分析

景观指数对于定量描述景观格局和景观空间配置与动态变化，揭示景观结构功能与过程具有重要作用(王兮之 等，2002)，对于土地利用变化过程和植被覆盖度的叠加分析是一种有效的补充和支持。本书选取斑块数、斑块平均面积、破碎度指数和香农多样性指数 4 种景观指数，从景观空间结构角度分析亚喀斯特地区植被覆盖空间格局的变化和景观异质性(表 4.2)。

表 4.2　研究区亚喀斯特地区和典型喀斯特地区等级景观特征表

类型	等级	斑块数/个	斑块平均面积/km^2	破碎度指数	香农多样性指数
典型喀斯特	低植被覆盖	2	0.14	1.00	1.01
	中低植被覆盖	618	0.53	1.00	
	中植被覆盖	16289	0.95	1.04	
	中高植被覆盖	3801	30.66	1.04	
	高植被覆盖	18750	1.48	1.05	
亚喀斯特	低植被覆盖	9	0.11	1.02	1.07
	中低植被覆盖	575	1.02	1.03	
	中植被覆盖	12516	0.81	1.05	
	中高植被覆盖	5735	18.27	1.06	
	高植被覆盖	18002	2.29	1.05	

中高植被覆盖和高植被覆盖均在亚喀斯特地区和典型喀斯特地区各等级植被覆盖中所占比例突出，对区域景观格局的构成起主导作用，亚喀斯特的景观格局表现出独特性(图 4.5)。亚喀斯特地区与典型喀斯特地区在高、中及其他植被覆盖等级上具有近似的分布格局，在中高植被覆盖上比典型喀斯特地区具有数量更多、更破碎的板块，其面积也更小更细碎；亚喀斯特地区具有高和中低植被覆盖度的斑块平均面积显著高于典型喀斯特地区，其他植被覆盖度的斑块平均面积显著低于典型喀斯特地区，以上同样可以从破碎度指数得到验证；亚喀斯特地区植被香农多样性指数大于典型喀斯特地区，表明亚喀斯特地区景观异质性程度较大、景观结构更加复杂。

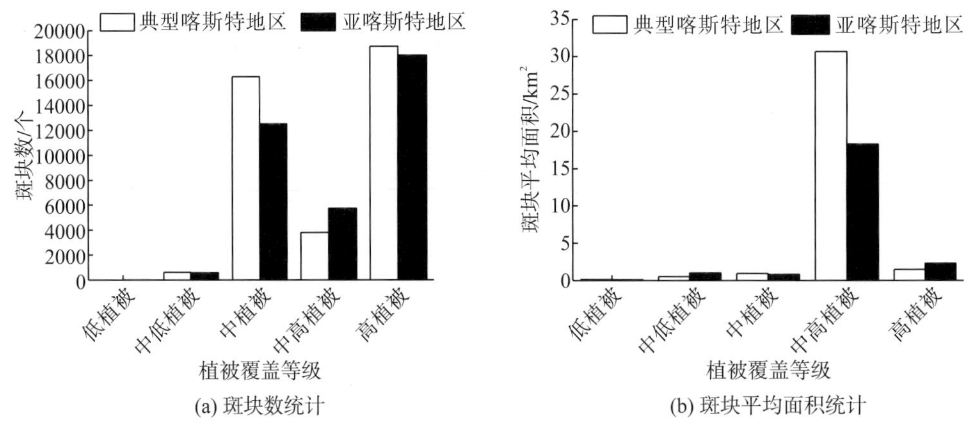

(a) 斑块数统计　　(b) 斑块平均面积统计

图 4.5　研究区植被覆盖景观斑块数、斑块平均面积对比图

4)净初级生产力分布特征

基于本书的研究目的，本节更关注亚喀斯特和典型喀斯特这两个不同地质背景的地区，其土地利用(变化)传递出土地承载力和陆地植被生产力的特征。

基于 MODIS-NPP 数据(图 4.6)，总体上亚喀斯特地区的净初级生产力(NPP)上限和下限都大于典型喀斯特地区，但研究区的亚喀斯特地区和典型喀斯特地区，NPP 高值出现的地方对应的均为林地或灌丛，而土地利用类型为农田、工业用地、城镇湿地、湖泊等地方的 NPP 值都相对较低。这种相似性反映出在前述区域尺度上，NPP 受控因子差异相对较小的情况下，NPP 的值特征和分布特征具有相似之处，同时，它们之间出现的规律性差别正支持了亚喀斯特地区与典型喀斯特地区这两个基于不同地质构成背景的地理分区(geographical zone)同样具有生态分区(ecological zone)的意义。

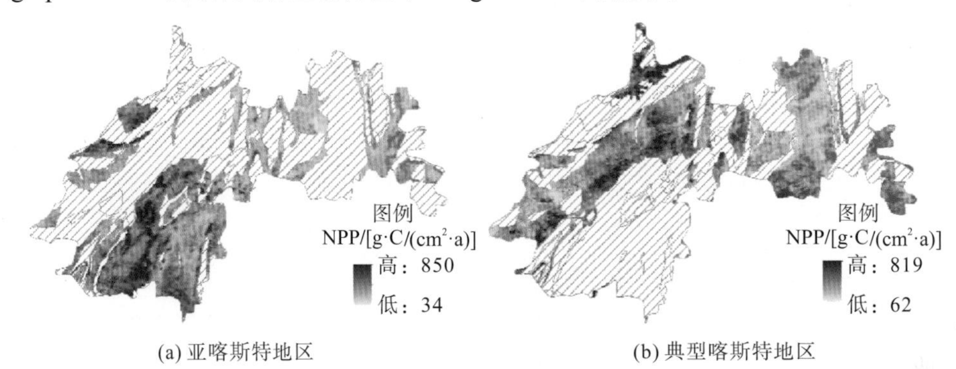

(a) 亚喀斯特地区　　(b) 典型喀斯特地区

图 4.6　研究区亚喀斯特地区和典型喀斯特地区 NPP 分布图

以 500m×500m 的网格定量统计两地区不同土地利用类型的 NPP 平均值。如图 4.7 所示，亚喀斯特地区 NPP 较高的林地和灌丛平均值普遍高于典型喀斯特地区，如常绿阔叶灌丛、常绿阔叶林、常绿针叶林、灌木园地、落叶阔叶林亚喀斯特地区的 NPP 值分别为 418.27g·C/(m^2·a)、593.00g·C/(m^2·a)、518.27g·C/(m^2·a)、504.58g·C/(m^2·a)、419.25g·C/(m^2·a)，都分别大于典型喀斯特地区的 409.63g·C/(m^2·a)、578.00g·C/(m^2·a)、393.78g·C/(m^2·a)、412.83g·C/(m^2·a)、303.47g·C/(m^2·a)。

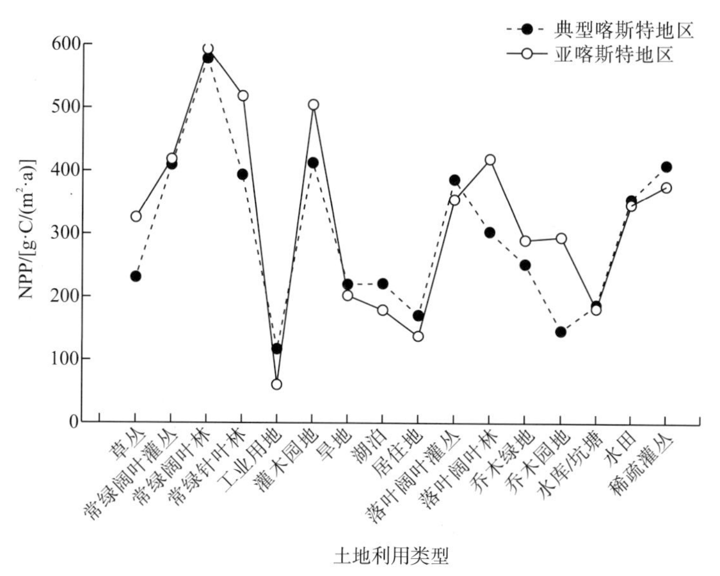

图 4.7 不同土地利用类型的 NPP 比较

两个区域 NPP 的差异显著高于植被覆盖度的差异。亚喀斯特地区的常绿阔叶灌丛、常绿阔叶林、常绿针叶林的 NPP 显著高于典型喀斯特地区；其灌木园地、乔木绿地、乔木园地的 NPP 也显著高于喀斯特地区。

5）NPP 和植被覆盖度的拟合

从 OriginPro 软件获取的参数统计表中得出，显著性检验中 F 统计量的显著值都等于 0.00，远远小于 0.01，说明两个模型都显著。选择二次多项式是因为两个地区的“二次曲线模型的拟合度”都高于“线性模型拟合度”（亚喀斯特地区为 0.582 >0.580，典型喀斯特地区为 0.472 > 0.456）。

采用的二次曲线方程因变量为 NPP，自变量为 FC，在亚喀斯特和典型喀斯特区域的二次线性方程分别为：$NPP = 0.274 \times FC^2 - 26.774 \times FC + 852.204$ 和 $NPP = 0.307 \times FC^2 - 32.659 \times FC + 1032.553$（图 4.8）。

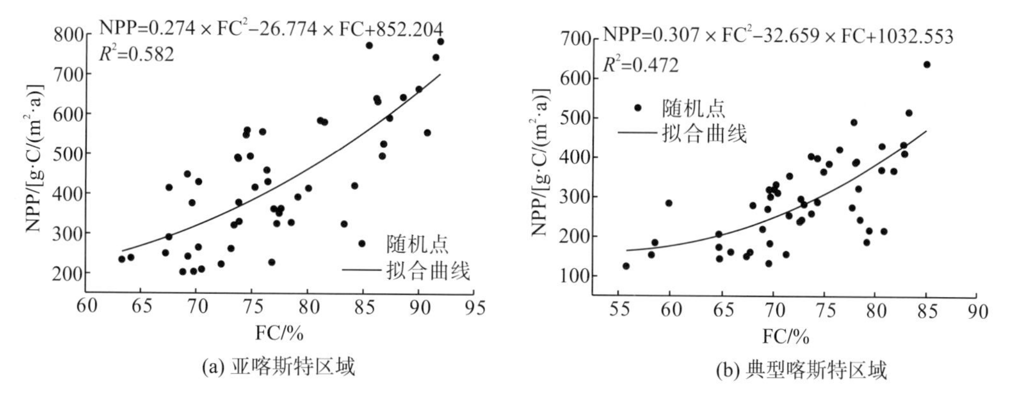

图 4.8 研究区阔叶林植被覆盖与 NPP 回归曲线

研究区域的植被覆盖和 NPP 存在一定正相关关系，随着植被覆盖度的增加，亚喀斯特地区和典型喀斯特地区的 NPP 值都呈现增加趋势。在亚喀斯特地区，NPP 增长相对快速，主要集中于植被覆盖度 FC 为 70～80 和 85～90 的区间，在高于 85 的覆盖率范围内仍呈现出具有较高生产力水平的态势，而典型喀斯特地区 NPP 值主要对应植被覆盖度为 65～75。在 60～70 较低植被覆盖度范围内，亚喀斯特地区的 NPP 值主要分布在 200～300，超过 400 的点只是个别出现，而典型喀斯特地区绝大部分集中在 100～200，超过 200 的值很少；在 70～80 的范围内，亚喀斯特地区的 NPP 值主要集中在 300～600，典型喀斯特地区的 NPP 值主要集中在 200～500；在 80～90 的范围内，亚喀斯特地区仍拥有 600～800 较高的净初级第一生产力，典型喀斯特地区 NPP 值相对较低，主要集中在 400～650。

6) 区域生态保护对策与建议

NPP 分析显示出的亚喀斯特地区传统农业地类(如水田和旱地)生产力较低，与地质灾害频发、土地贫瘠、人地矛盾突出的典型喀斯特地区的农田生产力基本一致，但农业技术变革后出现的园地、园林地仍然保持了较高的土地承载和生产力水平。亚喀斯特最为脆弱和敏感的生态单元是农用地等具有较低植被覆盖度的生态斑块，由于人为因素的介入，整体呈现破碎的点状分布态势，斑块种类和生态类型相对独立，需要进行分类整治与管理，包括以退耕还林还草为代表的生态恢复措施和农林/农牧、园林/园木新型混合农业产业的转型。

亚喀斯特地区具有较好的生态本底，农业生产条件相对优越。近年来随着人口膨胀和经济发展的需要，加之传统落后、粗放的生产方式，不少亚喀斯特地区已经显示出较为突出的生态脆弱特性和明显的生态退化趋势，并导致农业生产力的下降。农业活动还应有针对性地借鉴适用于典型喀斯特地区的防治土地石漠化、水土流失、植被退化的成功经验；在自然植被的保护方面，虽然亚喀斯特地区 NPP 高，但存在着高等级植被覆盖度偏低的现象，说明有着向低级植被退化演化的趋势。相比之下，典型喀斯特地区虽然植被覆盖度较低，生态状况堪忧，但随着近年来各界对其生态环境的高度关注和生态恢复/保护措施力度的不断加强，高级植被有稳定增加的趋势，生产力和土地承载力得到明显改善，生态环境有了明显的改善。

通过研究发现，亚喀斯特地区的常绿阔叶灌丛、常绿阔叶林、常绿针叶林和灌木园地、乔木绿地、乔木园地具有很高的 NPP，而且 NPP 与植被覆盖度的拟合表明了在相同水热条件下，亚喀斯特地区具有更为可观、稳定的植被生产力。亚喀斯特地区和典型喀斯特地区的植被覆盖种类、覆盖度和 NPP 的对比分析显示出亚喀斯特地区不仅具有良好的植被恢复潜力，在引导新型产业模式，生态经济平衡有序发展方面具有较强的环境基础优势。亚喀斯特地区的土地利用、农业生产、退耕还林、生态工程建设在可持续发展战略的引导下都能达到生态-经济双赢发展。相比典型喀斯特地区，其周期更短、效果更显著、投入/产出的生态获益更明显。因此可以得出，无论是基于林业建设，还是农业建设及综合生态产业发展，亚喀斯特地区都具有典型喀斯特地区无法比拟的环境基础优势，区域产业发展前景更为广阔，在区域生态恢复重建等方面理应得到更多的关注。

4.2　植物资源效应

亚喀斯特地区自然环境较复杂，水热条件良好，植被具有明显的亚热带性质，而且还具有组成种类繁多、类型复杂、地域差异明显等特点。受人为活动的影响，贵州植被又具有较强的次生性。受不同热量条件的影响，在亚喀斯特中部地区，地带性植被是中亚热带常绿阔叶林；在亚喀斯特西南部分地区，则发育了南亚热带具有热带成分的常绿阔叶林和河谷季雨林。受水分条件的制约，亚喀斯特中部地区为湿润性(偏湿性)常绿阔叶林，而亚喀斯特西部地区则发育了半湿润(偏干性)常绿阔叶林。在垂直空间上，由于亚喀斯特地区垂直落差大于 2000m，在本地区垂直空间上，植被具有较明显的垂直地带性分异规律，在亚喀斯特西部地区，形成了典型的亚热带山地垂直带谱。

亚喀斯特地区植物资源丰富，根据植物的用途，可将植物资源分为食用植物资源、药用植物资源、工业用植物资源、保护和改造环境用植物资源 4 类。亚喀斯特地区植物资源概况如下。

1. 食物植物资源

食物植物资源主要指可直接或间接供人食用的植物，主要包括以下四类。

1) 淀粉植物

野生淀粉植物在亚喀斯特各地区都有分布，精加工后代替粮食食用，或供酿酒，也可作为牲畜饲料，主要包括毛栗子、锥栗、栓皮栎、钩栲、黔椆、小叶青冈，葛藤、薯蓣等。

2) 油脂植物

油脂植物主要以山茶科植物油茶为主，包括亚喀斯特西部的匹他山茶，油质清香，出油率为 23%～30%；威宁短柱油茶，出油率高达 42%；此外还有尖叶山茶、长毛红山茶和南山茶等山茶科植物。另外亚喀斯特地区南部的蝴蝶果，油中含有较高的油酸和亚油酸，可作为优良的食用油。

3) 维生素植物

维生素植物以各种水果为主，主要包括刺梨、余甘子、猕猴桃、野山楂、金樱子等含有较多维生素的植物。

4) 饲料性植物

作为人类间接食物的饲料、饵料，饲料性植物主要为各种禾本科植物，主要包括：五节芒、野古草、细柄草、白茅、狗牙根、野青茅、红车轴草等。

2. 药用植物资源

亚喀斯特地区药用资源极其丰富，约有 1000 余种，主要包括天麻、杜仲、三七、黄连、党参、石斛、木蝴蝶、防风、黄芩、藜芦、柴胡、杜仲、水田七、毛冬青、白花蛇舌草、余甘子、黄柏等中草药。

3. 工业用植物资源

植物体或其副产品直接为工业生产所用的植物也很多，主要可分为以下两类。

1) 木材资料

亚喀斯特地区生长迅速、成材早的植物有马尾松、杉木、华山松、云南松、细叶云南松、泡桐、滇楸、梓木、云南樟、香樟、黄樟、响叶杨、光皮桦、刺槐、合欢树、苦木、青榜、喜树、八角枫和赤楠等。

2) 纤维植物

一些植物的茎皮纤维细长，韧性强，为良好的工业用纤维，主要种类有小杨树、构树、瑞香、水麻、山麻杆、枫杨、梧桐、葛藤、花香树、圆果化香、榕树等。

4. 保护和改善环境用植物资源

(1) 抗污染植物：对工业废气(HF、SO_2、Cl_2等)及重金属、生活污水等污染物有较强抗性的植物，可以用在工矿污染区栽植以减轻污染。其中，抗 HF 的植物有侧柏、南方红豆杉、大构树、无花果、刺槐等；抗 SO_2 的植物有宽叶粗榧、多穗石栎、杨梅、广玉兰、樟叶槭、黄连木等；抗 Cl_2 的植物有银杏、中华石楠、小叶石楠、青冈栎、石楠、椤木石楠、中华石楠、木槿、灯台树等。

(2) 适宜喀斯特地区种植的喜钙、耐贫瘠、耐干旱植物，如柏木、滇柏、黄枝油杉、柔毛油杉、麻栎、白栎、棕榈、光皮桦、大果冬青、榉树、云南樟等。

(3) 绿化、美化、观赏植物：园林绿化行道树，有多种树干高大挺拔的裸子植物，如铁杉、秃杉、水杉、红豆杉、三尖杉、穗花杉等。观赏植物，木本的如我国特产的珍贵树种珙桐、光叶珙桐、香果树等花形奇特美丽，为珍贵的观赏植物；杜鹃属植物也是可供观赏的植物种类；盆景植物，如春兰、蕙兰、多花兰、建兰、隔距兰、虎头兰等兰花属，以及蔷薇科栒子属的小叶栒子、平枝栒子、厚叶栒子等都可作为观赏盆景。

亚喀斯特地区植被类型复杂，组成种类繁多，不仅可以直接提供大量野生植物资源，而且还形成多种多样的生态环境，为多种不同性质的生物有机体的生长发育提供了条件，从而为开发利用多种生物资源提供了可能。但是，也要看到亚喀斯特地区森林植被长期以来受到人类活动的严重影响，已遭到严重破坏，森林覆盖率有下降的趋势，而且森林分布不均，因而生态防护效应较差。

第 5 章　亚喀斯特地区土地利用现状及演化

5.1　土地利用现状分析

由于亚喀斯特地貌形成的原因主要是碳酸盐岩的侵蚀与溶蚀，土层虽然与典型喀斯特相比较厚，但因为土壤质地原因，也易于“石化”，而且土被一旦流失就很难恢复。该地区成为典型的生态脆弱区和欠发达地区，而且由于人们长期掠夺式的开发利用，土地资源退化严重，生态环境日益恶化，对土地资源利用的可持续性构成巨大威胁。本章着重讨论亚喀斯特地区农用地等级划分及产生的效应问题。

5.2　土地利用演变分析

1. 数据来源与研究方法

1) 数据获取及处理

本章所用数据基于贵州省 1960 年土地利用数据制作，采用该期航拍的 1∶5 万地形图提取。首先对全省的 1∶5 万地形图进行扫描，然后进行几何校正、定义投影，通过图形镶嵌获得全省 1∶5 万地形图，最后根据不同土地利用分类对应的图例及符号采用数字化提取贵州省 1960 年的土地利用数据。1960 年土地利用数据根据地形图实际绘制，误差小、精度可靠，因此，提取的土地利用数据可以直接使用。2010 年土地利用数据利用 2010 年空间分辨率为 30m×30m 的 Landsat TM 遥感影像解译获得。首先对遥感影像进行大气校正，几何校正，投影变换，波段融合(4、3、2 波段融合为标准假彩色影像)，在 ERDAS IMAGINE 中进行监督分类产生土地利用数据，最后转换为矢量数据。2010 年 Landsat TM 影像分类总精度为 85.4%，Kappa 系数为 0.80，分类数据精度较高，可以直接使用。本书中所用的投影均为阿尔伯斯等面积圆锥(Albers conical equal area)投影，采用全国统一的中央经线和双标准纬线，中央经线为 105° E，双标准纬线为 25° N 和 47° N，坐标原点为(105° E，0°)。土地利用类型共分为 9 类，分别为：有林地、灌木林、疏林地、草地、水域、水田、旱地、建设用地及未利用地。

以贵州省 1960 年及 2010 年土地利用数据、贵州省亚喀斯特界线数据为基础，在 ArcGIS 软件中裁切出贵州省亚喀斯特区 1960 年、2010 年土地利用数据，利用 ArcGIS 叠加分析模块和统计分析模块，分析 1960～2010 年贵州省亚喀斯特区土地利用的时空变化特征。具体流程如图 5.1 所示。

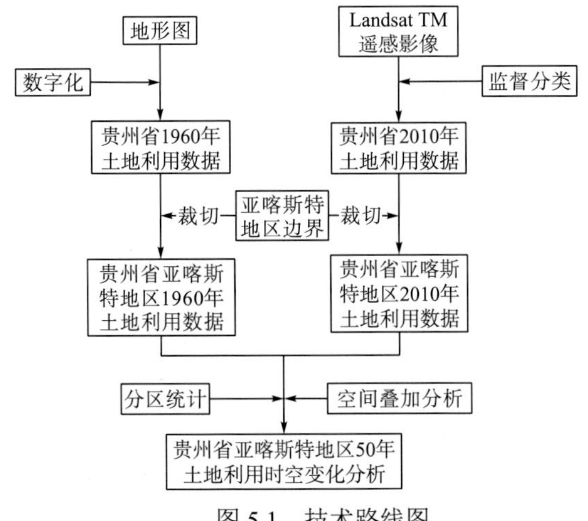

图 5.1　技术路线图

2) 研究方法

(1) 单一土地利用动态度。单一土地利用动态度指的是研究区在一定的研究时间范围内某种土地利用类型在数量上的变化，可以表征研究区的土地利用变化的速度与类型差异(李鑫 等，2014；张静 等，2012)。计算公式如下：

$$K = \frac{U_b - U_a}{U_a} \times \frac{1}{T} \times 100\% \tag{5.1}$$

式中，K 为研究区时间段内某一土地利用类型动态度；U_a、U_b 分别为研究初期与末期某一种土地利用类型的面积；T 为研究时间段，当 T 设定为年时，就表示该研究区某一种土地利用类型的年变化率。

(2) 土地利用类型转移矩阵。土地利用类型转移矩阵可以表征研究区土地利用结构特征及其变化方向，进而定量地阐明土地利用类型之间的转移情况及转移的具体细节，从而了解土地利用的时空变化规律。土地利用类型转移矩阵数学形式如下(蒲智，2015)：

$$S_{ij} = \begin{bmatrix} S_{11} & S_{12} & S_{13} & \cdots & S_{1j} \\ S_{21} & S_{22} & S_{23} & \cdots & S_{2j} \\ S_{31} & S_{32} & S_{33} & \cdots & S_{3j} \\ \vdots & \vdots & \vdots & & \vdots \\ S_{i1} & S_{i2} & S_{i3} & \cdots & S_{ij} \end{bmatrix} \tag{5.2}$$

式中，i、j 分别为研究初期与末期的土地利用类型(i、$j = 1,2,3,4,\cdots$)，S_{ij} 为研究初期土地利用类型转化为末期各土地利用类型的面积，行元素之和表示土地利用类型在研究初期的面积，列元素之和表示土地利用类型在研究末期的面积。

2. 结果与分析

1) 土地利用结构分析

贵州省亚喀斯特地区 1960 年、2010 年两时期的土地利用图如图 5.2 所示，两个时期的土地利用结构特征存在很大差异(表 5.1)。1960 年，土地利用类型以灌木林、旱地为主，分别占研究区面积的 41.71%、20.05%，而其他土地利用类型所占比例较小。2010 年，土地利用类型主要以有林地、旱地、草地、灌木林为主，分别占研究区总面积的 28.17%、24.88%、18.56%、16.34%，而其他土地利用类型所占比例较小。1960～2010 年，9 种土地利用类型变化呈现出不同的态势。草地、旱地、建设用地、水域及有林地呈增长态势，其中，有林地变化最明显，由 1960 年的 14.84%增加到 2010 年 28.17%；草地次之，由 1960 年的 7.29%增加到 2010 年的 18.56%；而水域面积的变化不大。灌木林、疏林地、水田及未利用地呈现减少态势，其中灌木林面积的变化最明显，由 1960 年的 41.71%减少到 2010 年 16.34%；未利用地由 1960 年的 0.27%减少到 2010 年的 0.15%，变化不明显。总体来看，不同土地利用类型的占比都有所变化，灌木林的变化最为明显。

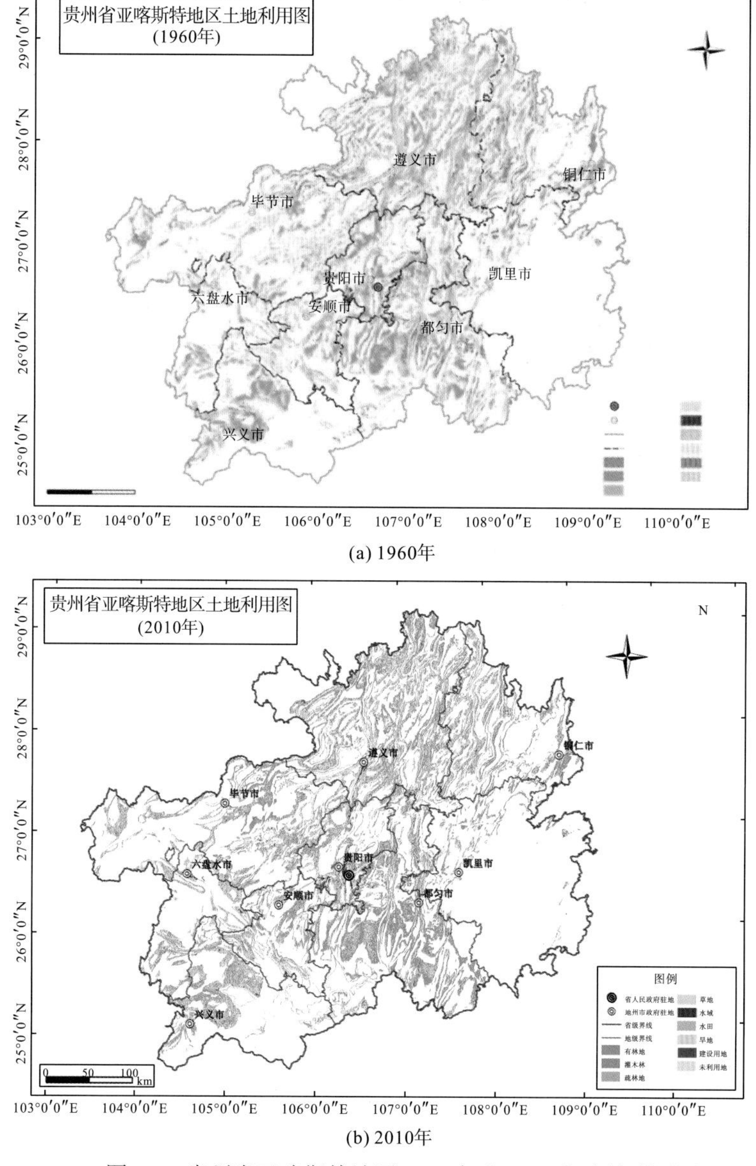

图 5.2　贵州省亚喀斯特地区 1960 年和 2010 年土地利用图

表 5.1　贵州省亚喀斯特地区 1960 年和 2010 年土地利用类型结构表

年份		草地	灌木林	旱地	建设用地	疏林地	水田	水域	未利用地	有林地
1960 年	面积/km^2	3347.88	19157.89	9206.73	200.59	1616.14	5329.09	127.60	123.12	6817.60
	比例/%	7.29	41.71	20.05	0.44	3.52	11.60	0.28	0.27	14.84
2010 年	面积/km^2	8525.70	7503.90	11424.93	953.78	896.03	3365.92	249.73	68.83	12937.82
	比例/%	18.56	16.34	24.88	2.08	1.95	7.33	0.54	0.15	28.17

2)单一土地利用动态度分析

根据式(5.1)得出研究区 1960～2010 年单一土地利用动态度，如图 5.3 所示。1960～2010 年，建设用地变化最快，动态度达到 7.51%，人口增加与经济增长导致城市化的进程加剧，建设用地动态度大，但增加的绝对面积不多；草地的变化次之，动态度为 3.09%，研究区草地一直呈正增长趋势；有林地的动态度为 1.80%，呈现出持续增长的趋势，表明亚喀斯特地区内土层较厚，土壤酸碱性适中，适合植被生长，也是退耕还林(草)的结果；水域、旱地也呈现出增长趋势。而与此相反，在这 50 年间，灌木林、疏林地、水田、未利用地的动态度为负值，表明这几类土地利用类型面积逐渐减少。其中，灌木林减少的速率最快，疏林地次之，水田减少的速率最慢。

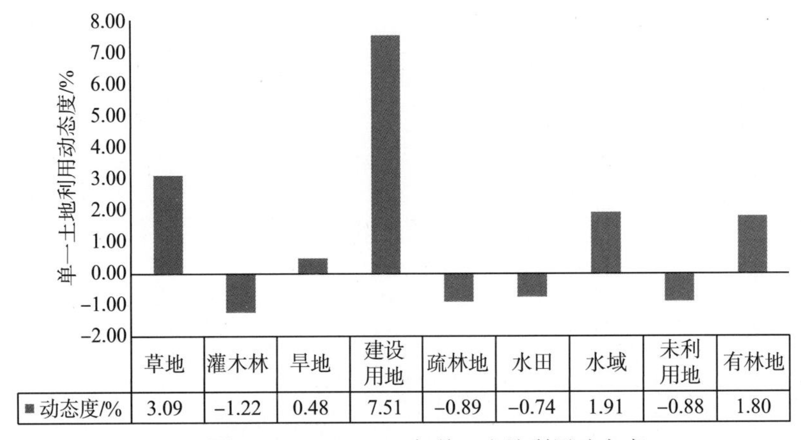

图 5.3　1960～2010 年单一土地利用动态度

3)土地利用类型转移分析

由式(5.2)得到贵州省亚喀斯特地区 1960～2010 年不同土地利用类型转移矩阵，如表 5.2 所示。1960～2010 年，贵州省亚喀斯特地区由于自身因素与人为因素的影响，不同土地利用类型之间发生了较大的转换。草地主要转变为有林地、旱地、灌木林，转化面积分别为 842.61km^2、745.67 km^2、637.43 km^2，人类干扰和植被自然生长是影响草地资源转化的主要原因。灌木林主要转变为有林地、旱地、草地，转化面积分别为 5992.64km^2、4032.78km^2、3573.90km^2，除了一部分灌木林自然生长，其余大部分灌木林由于人类活动的影响而退化。疏林地主要转变为有林地、草地、旱地、灌木林，转化面积分别为 532.81km^2、356.73km^2、339.88km^2、234.53km^2，表明疏林地资源快速退化。有林地主要转变为草地、旱地、灌木林，转化面积为 1293.53km²、1173.34km²、1008.20km²，但有林地资源面积逐渐增加。旱地主要转变为有林地、草地、灌木林、水田，转化面积分别为 1683.16km²、1602.88km²、1208.55km²、1066.48km²；水田主要转变为旱地、有林地、草地、灌木林，转化面积分别为 1823.30km²、969.88km²、824.90km²、506.37km²；旱地、水田主要向有林地、草地、灌木林转变，是退耕还林(草)的结果。建设用地、水域、未利用地整体转化量较小。不同土地利用类型之间的转化量是不同的。

表 5.2　1960～2010 年不同土地利用类型转移矩阵　（单位：km²）

类型	草地	灌木林	旱地	建设用地	疏林地	水田	水域	未利用地	有林地	1960 年代总计
草地	834.14	637.43	745.67	38.53	44.74	182.26	13.39	9.11	842.61	3347.88
灌木林	3573.90	3842.23	4032.78	227.97	462.57	906.35	86.28	33.17	5992.64	19157.89
旱地	1602.88	1208.55	3219.86	222.23	153.20	1066.48	44.12	6.25	1683.16	9206.73
建设用地	13.62	9.78	27.32	103.27	3.30	13.00	1.29	0.10	28.91	200.59
疏林地	356.73	234.53	339.88	24.65	33.16	82.95	7.92	3.51	532.81	1616.14
水田	824.90	506.37	1823.30	261.87	46.28	861.89	26.71	7.89	969.88	5329.09
水域	11.84	9.42	27.97	7.34	1.75	8.12	47.62	0.38	13.16	127.60
未利用地	14.16	47.39	34.81	3.14	3.29	5.90	0.84	0.00	13.59	123.12
有林地	1293.53	1008.20	1173.34	64.78	147.74	238.97	21.56	8.42	2861.06	6817.60
2010 年总计	8525.70	7503.90	11424.93	953.78	896.03	3365.92	249.73	68.83	12937.82	45926.64

3. 小结

基于 RS 与 GIS 技术，从单一土地利用动态度及土地利用类型转移矩阵分析 1960～2010 年贵州省亚喀斯特地区土地利用时空变化。

(1) 50 年间，9 种土地利用变化呈现出不同的态势。草地、旱地、建设用地、水域及有林地呈增长态势，其中，草地最明显，增长了 1.55 倍；灌木林、疏林地、水田及未利用地呈现减少态势，其中灌木林变化最明显。

(2) 1960～2010 年，建设用地变化最快，动态度达到 7.51%，人口增加与经济增长导致城市化的进程加剧，建设用地动态度大，但增加的绝对面积不多。灌木林减少的速率最快，动态度为-1.22%。

(3) 1960～2010 年，不同土地利用类型之间的转化比较复杂，其中最明显的转化过程有灌木林-有林地、灌木林-旱地、灌木林-草地等，研究区灌木林的面积持续减少，而有林地、旱地面积持续增加，表明亚喀斯特地区土层较厚，水热条件较好，适合植被生长和人类居住，也表明该研究区的生态环境有所改善。

(4) 总之，近 50 年来贵州省亚喀斯特地区生态环境有所改善，但由于人口的增长及政策的影响，建设用地的增长速度最快。其次，由于亚喀斯特地区自然环境特征和人类活动的影响，草地、灌木林和旱地仍占有重要地位。但与典型喀斯特地区相比，亚喀斯特地区较适合人类居住，受人类活动影响较大，因此，在控制人类活动影响条件下，还应该加强退耕还林。

5.3　亚喀斯特地区土地资源演变预测

1. 情景预测方法简介

马尔可夫过程是一种具有“无后效性”的特殊随机运动过程，运动系统在 T+1 时刻的状态和 T 时刻的状态有关，而与以前的状态无关。土地利用概率转移矩阵能定量地说明土地利用之间的相互转移情况，表示事件从初始时刻的某一状态转移到下一时刻其他状态的可能性，状态是指土地利用，用 $\boldsymbol{P}$ 表示土地利用 i 转化为土地利用 j 的转移概率，n 指土地利用，转移概率矩阵可表示如下：

$$\boldsymbol{P}=\begin{bmatrix} p_{11} & p_{12} & p_{13} & \cdots & p_{1j} \\ p_{21} & p_{22} & p_{23} & \cdots & p_{2j} \\ p_{31} & p_{32} & p_{33} & \cdots & p_{3j} \\ \vdots & \vdots & \vdots & & \vdots \\ p_{i1} & p_{i2} & p_{i3} & \cdots & p_{ij} \end{bmatrix} \tag{5.3}$$

式中，需满足两个条件：① $\boldsymbol{P}\in[0,1]$；② $\sum_{i,j=1}^{n} p_{ij}=1$，　$(i、j=1,2,3,\cdots,n)$。

2. 马尔可夫概率转移矩阵计算

为了预测2010年之后的亚喀斯特地区土地利用类型面积，根据2000～2005年、2005～2010 年两个时段的转移概率矩阵求出这两期土地利用类型的多年加权转移概率矩阵，该矩阵即为初始状态的转移概率矩阵 $\boldsymbol{M}$，计算公式为

$$\boldsymbol{M}=\frac{n_1\times\boldsymbol{M}_1+n_2\times\boldsymbol{M}_2}{n_1+n_2} \tag{5.4}$$

式中，n_1、n_2为土地利用数据的间隔时间，各为 5 年，$\boldsymbol{M}_1$和 $\boldsymbol{M}_2$分别是 2000～2005 年和 2005～2010 年土地利用类型转移概率矩阵，如表 5.3～表 5.5 所示。

表 5.3　2000～2005 年亚喀斯特地区土地利用转移概率矩阵(%)

类型	草地	耕地	建设用地	林地	水域	未利用地
草地	99.99	0.00	0.00	0.00	0.00	0.00
耕地	2.36	93.51	0.38	3.69	0.05	0.00
建设用地	0.00	0.00	100.00	0.00	0.00	0.00
林地	0.00	0.00	0.02	99.96	0.02	0.00
水域	0.00	0.00	0.00	0.00	100.00	0.00
未利用地	0.00	0.00	0.00	0.00	0.00	100.00

表 5.4　2005～2010 年亚喀斯特地区土地利用转移概率矩阵(%)

类型	草地	耕地	建设用地	林地	水域	未利用地
草地	98.28	0.00	0.05	1.67	0.00	0.00
耕地	1.87	94.23	0.89	2.93	0.04	0.04

续表

类型	草地	耕地	建设用地	林地	水域	未利用地
建设用地	0.00	0.00	99.99	0.01	0.00	0.00
林地	0.00	0.00	0.04	99.89	0.07	0.00
水域	0.00	0.00	0.01	0.00	99.99	0.00
未利用地	0.00	0.00	0.00	0.00	0.00	100.00

表 5.5　初始转移概率矩阵(%)

类型	草地	耕地	建设用地	林地	水域	未利用地
草地	99.14	0.00	0.03	0.83	0.00	0.00
耕地	2.12	93.87	0.63	3.31	0.04	0.02
建设用地	0.00	0.00	100.00	0.00	0.00	0.00
林地	0.00	0.00	0.03	99.92	0.04	0.00
水域	0.00	0.00	0.00	0.00	99.99	0.00
未利用地	0.00	0.00	0.00	0.00	0.00	100.00

3. 不同情境下土地利用预测

1) 自然发展情境

自然发展情境条件下，土地利用需求不会受到较大规模的政策调整的影响，土地需求依然按照原始的转移概率矩阵发展，计算得到 2015～2030 年各地类的面积。由图 5.4 可知，在自然发展条件下，只有耕地面积是持续下降的，其他地类面积均呈现增加的趋势，其中草地和建设用地面积增加比较明显。

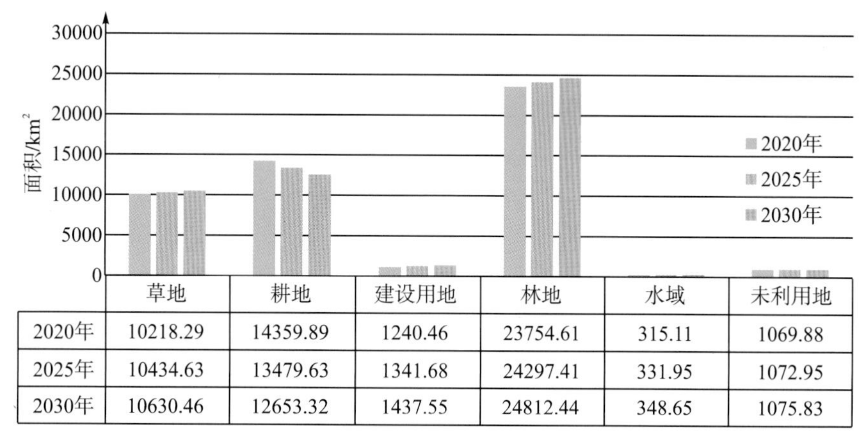

	草地	耕地	建设用地	林地	水域	未利用地
2020年	10218.29	14359.89	1240.46	23754.61	315.11	1069.88
2025年	10434.63	13479.63	1341.68	24297.41	331.95	1072.95
2030年	10630.46	12653.32	1437.55	24812.44	348.65	1075.83

图 5.4　自然发展情境下亚喀斯特地区土地利用类型模拟

2) 经济发展情境

经济发展情境条件下主要追求的是经济的高速发展，根据情境需要将林地、耕地和草地转化为建设用地的概率分别提高 30%、20%和 10%，其他不变，根据经济发展情境下的概率转移矩阵进行预测。由图 5.5 可知，建设用地增加幅度加大，林地虽有增加但是较自然发展情境幅度略有减少，耕地面积减少较多。

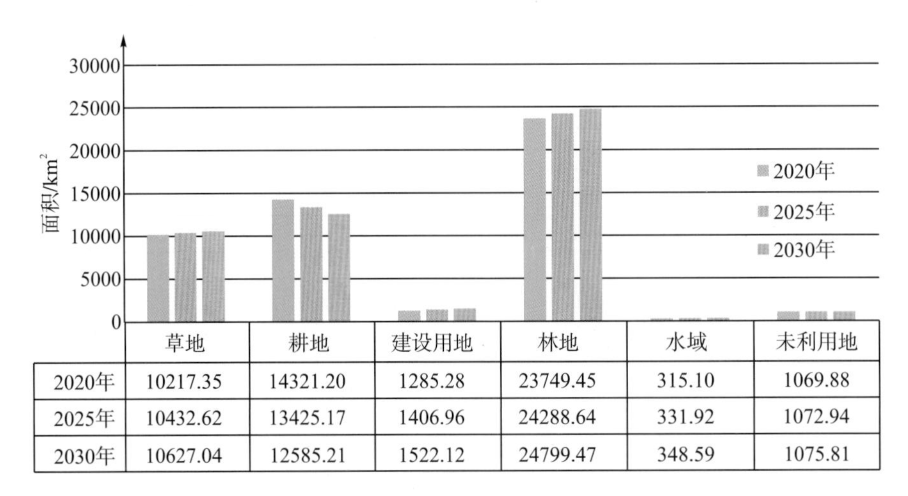

	草地	耕地	建设用地	林地	水域	未利用地
2020年	10217.35	14321.20	1285.28	23749.45	315.10	1069.88
2025年	10432.62	13425.17	1406.96	24288.64	331.92	1072.94
2030年	10627.04	12585.21	1522.12	24799.47	348.59	1075.81

图 5.5　经济发展情境下亚喀斯特地区土地利用类型模拟

3) 生态保护情境

生态保护情境条件下，林地和水域这两种生态用地需要严加保护，耕地和建设用地向其转移概率加大，故将耕地到建设用地的转化概率降低 10%，耕地到水域的转化概率提高 10%，耕地到林地的转化概率提高 20%；林地到建设用地的转化概率降低 20%；建设用地到林地的转化概率提高 10%；水域到建设用地的转化概率降低 10%，水域到耕地的转化概率降低 10%，根据生态保护情境下的初始转移矩阵进行预测。由图 5.6 可知，林地和水域增加幅度加大，两地类得到了很好的保护，但是建设用地向林地转变的概率变大，故增加幅度略小，耕地面积减少较快。

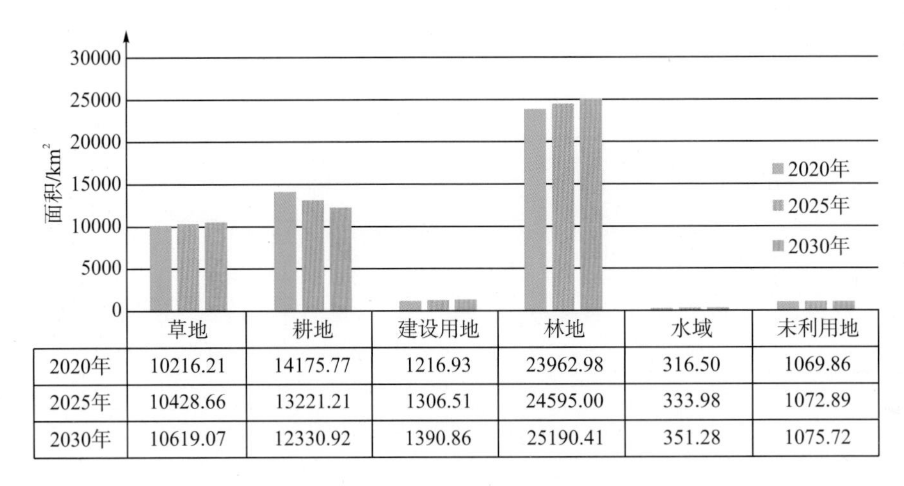

	草地	耕地	建设用地	林地	水域	未利用地
2020年	10216.21	14175.77	1216.93	23962.98	316.50	1069.86
2025年	10428.66	13221.21	1306.51	24595.00	333.98	1072.89
2030年	10619.07	12330.92	1390.86	25190.41	351.28	1075.72

图 5.6　生态保护情境下亚喀斯特区域土地利用类型模拟

4) 土地优化情境

在土地优化情景条件下，综合考虑社会、经济和环境保护之间的相互利益，引入生态系统的整体服务意识，既不过分强调经济发展，也不因为保护生态环境而使经济止步不前，要在实现 GDP 稳步增长的同时保住青山绿水。设置条件为：耕地到建设用地的转化概率降低 10%，林地到建设用地的转化概率降低 10%，水域到建设用地的转化概率降低 10%，水域到耕地的转化概率降低 10%，建设用地到林地的转化概率提高 10%，根据土地优化情境下状态转移矩阵进行预测。由图 5.7 可知，由于是综合考虑社会、经济和环境三者之间的均衡性，各地类变化较均衡，耕地面积减小幅度较大，其他地类均有增加。

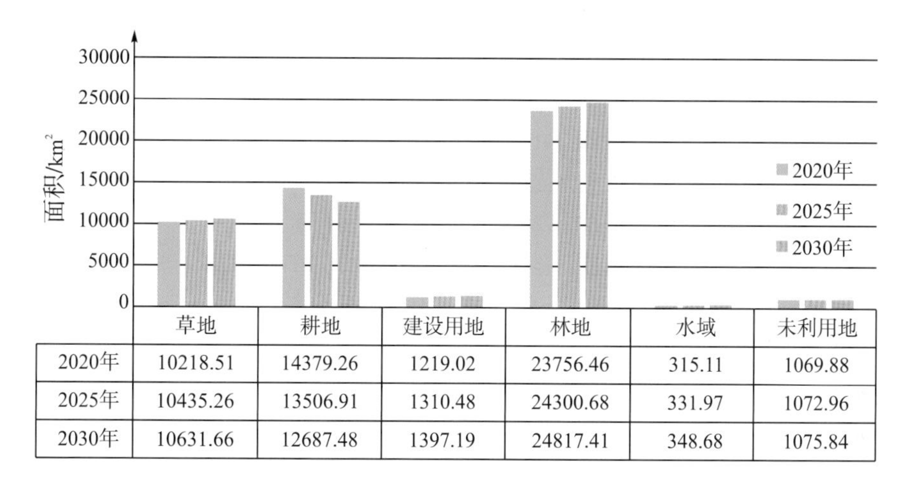

	草地	耕地	建设用地	林地	水域	未利用地
2020年	10218.51	14379.26	1219.02	23756.46	315.11	1069.88
2025年	10435.26	13506.91	1310.48	24300.68	331.97	1072.96
2030年	10631.66	12687.48	1397.19	24817.41	348.68	1075.84

图 5.7　土地优化情境下亚喀斯特区域土地利用类型模拟

5.4　亚喀斯特典型样区的景观特征分析——修文县

1. 修文县自然与社会经济概况

由于黔中地区在地质沉积的同时伴随着地质构造运动，地质背景复杂。亚喀斯特是喀斯特地貌的一种亚类景观，在黔中地区呈环状和狭长的条带状及部分大斑块状分布，不利于在分区中运用景观概念进行研究。为了更好地运用景观指数对比各分区的差异，本节选择修文县为县域代表，以乡镇为基本统计单元，按各分区类型面积占优的方法，划分典型喀斯特乡镇、亚喀斯特乡镇、非喀斯特乡镇和混合型乡镇(表 5.6)，然后进行景观指数计算和相关的对比分析。

表 5.6　修文县乡镇喀斯特类型划分表

乡镇	典型喀斯特区域		亚喀斯特区域		非喀斯特区域		乡镇类型
	面积/hm^2	面积比例/%	面积/hm^2	面积比例/%	面积/hm^2	面积比例/%	
大石乡	1020.93	18.35	4542.27	81.65	—	—	亚喀斯特乡镇
谷堡镇	10322.40	79.76	2217.86	17.14	401.77	3.10	典型喀斯特乡镇
久长镇	1699.28	16.24	5183.85	49.54	3581.28	34.22	混合型乡镇
六广镇	2819.98	34.28	5405.88	65.72	—	—	亚喀斯特乡镇
六桶镇	4110.90	38.61	6537.27	61.39	—	—	亚喀斯特乡镇
六屯镇	2431.97	27.40	—	—	6442.43	72.60	非喀斯特乡镇

续表

乡镇	典型喀斯特区域		亚喀斯特区域		非喀斯特区域		乡镇类型
	面积/hm^2	面积比例/%	面积/hm^2	面积比例/%	面积/hm^2	面积比例/%	
龙场镇	11881.55	63.55	5622.45	30.07	1192.60	6.38	典型喀斯特乡镇
洒坪镇	5866.38	64.82	2836.29	31.34	347.67	3.84	典型喀斯特乡镇
小箐镇	5377.88	53.99	1256.81	12.62	3325.71	33.39	混合型乡镇
扎佐镇	4469.92	35.02	5514.50	43.20	2779.64	21.78	混合型乡镇

本节通过将修文县的乡镇行政图和喀斯特分区图进行叠加，进行面积统计。当一个乡镇中的某一喀斯特分区面积所占的比例大于60%时，该乡镇即为此类喀斯特乡镇，当一个乡镇中没有任何类型喀斯特分区面积所占的比例大于60%时，则该乡镇为混合型乡镇。按上述划分方法，由表5.6可知，修文县可划分为3个典型喀斯特乡镇(谷堡镇、龙场镇、洒坪镇)、3个亚喀斯特乡镇(大石乡、六广镇、六桶镇)、1个非喀斯特乡镇(六屯镇)以及3个混合型乡镇(久长镇、小箐镇、扎佐镇)，具体的空间分布如图5.8所示。

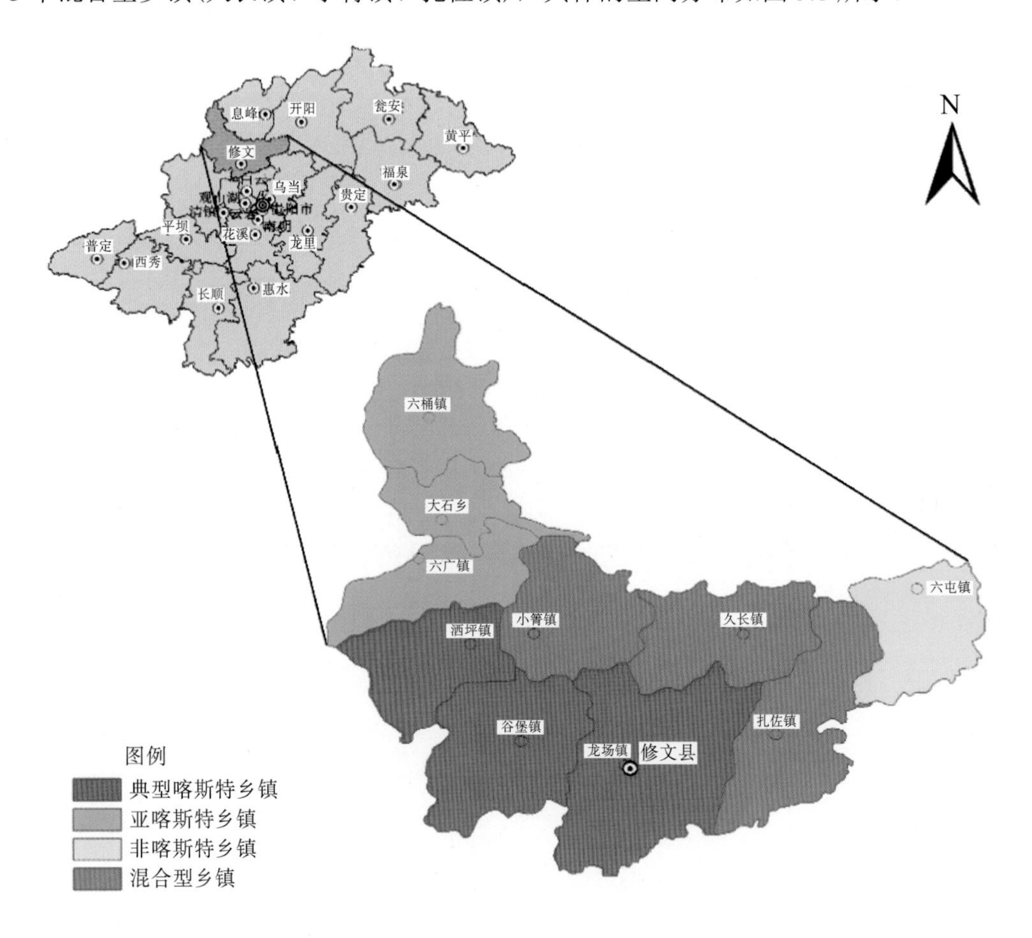

图5.8　修文县喀斯特乡镇类型分布图

2. 主要数据源

1) 遥感影像数据

遥感影像数据由于具有多时相、大尺度、时效性及经济价值高等优势，常在环境监测和土地利用调查等工作中发挥着重要作用。本节使用 2015 年 Landsat 8 的 ETM+影像数据(可从 USGS 网站 http://glovis.usgs.gov/ 下载得到行列编号分别为 126/41-42 和 127/41-42 及 128/42 的 5 景影像)。

2) 地理基础数据

地理基础数据为描述地表基本属性的自然数据，包括 DEM、坡度(slope)和土壤厚度等基础地理信息数据等。其中，空间分辨率为 30m 的 DEM 数据可从中国科学院科学数据中心(网址 http://www.csdb.cn)下载得到，然后在 ArcGIS 软件中用 slope 工具生成坡度数据。土壤厚度数据则通过查询《贵州省土种志》统计得到各土壤类型的土壤平均厚度值，然后赋值给现有的贵州省土壤类型图从而得到贵州省土壤厚度图。此外，三期(2000 年、2005 年和 2010 年)土地利用数据来自全国生态环境十年(2000～2010 年)变化遥感调查与评估贵州专题项目。

3) 统计数据

统计数据主要包括反映人口数量的人口密度数据和区域经济的人均 GDP 数据。通过查询 2010 年第六次人口普查数据，以乡镇为单位统计并生成人口密度图层，通过查询 2010 年《中国区域经济统计年鉴》得到县域的人均 GDP 数据，并以县政府驻地进行空间插值得到人均 GDP 图层。

3. 景观格局的演变分析

1) 研究方法

景观指数作为定量化描述土地利用景观格局特征和其变化过程的重要指标，在地学研究中被广泛地运用。本节从景观类型水平和景观水平两方面选取相关景观指数来描述研究区景观变化的特征。

(1) 斑块类型百分比和斑块密度。斑块类型百分比(percentage of landscape，PLAND)是指某一斑块类型的总面积占整个景观面积的百分比，其公式为

$$\mathrm{PLAND}=\frac{\sum_{i,j=1}^{n}a_{ij}}{A}\times 100\% \tag{5.5}$$

式中，a_{ij} 为斑块 ij 的面积；A 为整个景观的面积。PLAND 的值域为(0,100]，某土地利用类型的 PLAND 值越大，表示该斑块类型占景观的面积越多，为优势种类，反之，斑块类型稀少。PLAND 反映了某一斑块类型在景观中的丰度比，是衡量优势景观类型的重要因子之一。

斑块密度(patch density，PD)则是景观区域内所有斑块总数与整个研究景观区域的总

面积之比，反映斑块的密集程度，其公式为

$$\mathrm{PD}=\frac{\sum_{i=1}^{m}N_i}{A} \tag{5.6}$$

式中，N_i等于在景观中一种斑块类型的斑块总数；A是景观的总面积；m为景观丰富度指数(即土地利用类型的总数)。

(2) 景观类型聚合度。景观类型聚合度(aggregation index，AI)计算公式为

$$\mathrm{AI}=\left[\frac{g_{ij}}{\max\to g_{ij}}\right]\times 100\% \tag{5.7}$$

式中，g_{ij}为相应景观类型的相似邻接斑块数量；AI 由基于同类型斑块像元间公共边界长度计算得到，其值域为[0,100]。当某类型中所有像元间不存在公共边界时，该类型的聚合程度最低；类型中所有像元间存在的公共边界达到最大值时，聚合度的值也最大，即 AI 随着类型斑块的聚集而增大，当只有一种斑块类型时 AI 达到 100。

(3) 景观稳定性(平均斑块分维数)。对于单个斑块而言，其形状的复杂程度可以用其分维数来量度。斑块分维数(patch fractal dimension，PFD)可用下式求得

$$\mathrm{PFD}=2\frac{\ln\frac{p}{k}}{\ln A} \tag{5.8}$$

式中，p是斑块的周长；A是斑块的面积；PFD 为分维数；k是常数，对于栅格景观而言，$k=4$。一般来说，欧几里得几何形状的分维数为 1，具有复杂边界斑块的分维数则大于 1，但小于 2。而对于一类斑块的分维数则用平均斑块分维数(mean patch fractal dimension，MPFD)表示，也就是景观中各个斑块的分维数相加后求算数平均值，其公式如下：

$$\mathrm{MPFD}=\frac{\sum_{i=1}^{n}\sum_{j=1}^{m}\left[\frac{2\ln(0.25p_{ij})}{\ln(a_{ij})}\right]}{N} \tag{5.9}$$

式中，p_{ij}为每一个斑块的周长；0.25 为校正常数；a_{ij}为各斑块的面积大小；N为研究区斑块总数，且 MPFD 的值域为[1,1.5]。当 MPFD 越趋向 1，景观类型的自相似性越大，即景观类型斑块的形状趋于简单，受人为影响较大；反之，景观类型斑块形状复杂，受人为影响较小，呈自然分布状态。

(4) 最大斑块指数。最大斑块指数(largest patch index，LPI)是景观中的某一斑块类别中面积最大的斑块与整个研究景观系统区域面积之比，有助于确定景观中的优势类型，反映人类活动的方向和强弱，其公式为

$$\mathrm{LPI}=\frac{\max(a_i)}{A}\times 100\% \tag{5.10}$$

式中，LPI 为最大斑块指数；i为某类斑块类型编号；$\max(a_i)$为i类斑块中最大斑块的面积；A为整个景观的总面积。

(5) 景观优势度。景观优势度是指在整个景观系统中占据主导地位的某种景观类型，用于测定景观结构中一种或几种景观组分支配景观的程度。景观优势度可以用景观多样性

的最大值与实际值之差来表示，其公式为

$$\begin{cases} D = H_{\max} + \sum_{i=1}^{m} P_i \ln P_i \\ H_{\max} = \ln m \end{cases} \tag{5.11}$$

式中，$H_{\max}$ 为最大多样性指数；m 为景观生态系统中斑块的类型数；P_i 为第 i 类斑块在景观系统中所占面积比例；D 为景观优势度指数，D 越大，说明一个或者少数几个斑块类型占主导地位。

(6) 香农多样性指数。香农多样性指数 SHDI 是一种基于信息理论的测量指数，在生态学中应用较为广泛。该指标能反映景观异质性，特别对景观中各斑块类型非均衡分布状况较为敏感，即强调稀有斑块类型对信息的贡献。在比较和分析不同景观或同一景观不同时期的多样性与异质性变化时，SHDI 是一个敏感指标，其公式为

$$\text{SHDI} = -\sum_{i=1}^{m} (P_i \ln P_i) \tag{5.12}$$

(7) 香农均匀度指数。香农均匀度指数(Shannon′s evenness index，SHEI)即多样性指数除以景观类型数的自然指数，能反映景观组成的均匀度和优势度，是多样性指标中的一个重要性指标，其计算公式为

$$\text{SHEI} = \frac{-\sum_{i=1}^{m} (P_i \ln P_i)}{\ln m} \tag{5.13}$$

(8) 蔓延度指数。蔓延度指数(contagion index，CONTAG)可用于描述景观中不同斑块类型的团聚程度或延展趋势，包含空间信息，是在相关景观格局描述中一个重要的和运用较广泛的指数。当 CONTAG 较大时，说明景观中的优势斑块类型形成了良好的连接；反之，则表明景观是多个类型要素散布的格局，景观的破碎化程度较高。CONTAG 与边缘密度呈负相关，与优势度和多样性指数高度相关，其公式为

$$\text{CONTAG} = \left(1 + \frac{\sum_{i}^{m} \sum_{j}^{m} \left\{ \left[p_i \left(\frac{g_{ik}}{\sum_{k=1}^{m} g_{ik}} \right) \right] \left[\ln p_j \left(\frac{g_{jk}}{\sum_{k=1}^{m} g_{ik}} \right) \right] \right\}}{2 \ln m} \right) \times 100 \tag{5.14}$$

式中，g_{jk} 为 i 类型斑块和 k 类型斑块毗邻的数目。

2) 结果分析

本节以乡镇为基本的统计单元，用景观软件 Fragatats 对修文县乡镇的景观类型指数进行计算。为了更直观地展现各个景观类型指数的变化情况，本节采用各时间段景观指数两两相减的统计方法，结合乡镇类型划分得到各景观类型的指数变化图。

(1) 斑块密度和斑块类型百分比。由图 5.9 和统计表(表 5.7、表 5.8)可知，在 2000～2010 年修文县各乡镇有林地、草地、耕地的景观指数变化比较大，总体呈现出斑块数增加，斑块密度值增大的趋势，而灌木林地、草地、水域和工业建设用地(简称工建用地)则基本没有变化。各乡镇有林地、灌木林地和耕地的斑块类型百分比比较大，属于优势种。其中，有林地和耕地的斑块类型百分比变化最大，且前者呈上升趋势，而后者呈现出减小趋势；草地、耕地和工建用地的斑块类型百分比小幅度反复变化；水域受降水影响斑块类型百分比出现阶段性上升；灌木林地的斑块类型百分比变化则不是很明显。这说明随着国家退耕还林还草和石漠化治理及水保措施等环境保护工程的实施，耕地(坡耕地)退耕变成有林地和草地，使得有林地和草地的面积增大，斑块数增多，景观斑块密度增大，同时有林地的斑块类型百分比相对有所上升，但草地的斑块类型百分比总体上保持不变。由于近年来建设项目的陆续上马，工建用地的面积也有所增加。

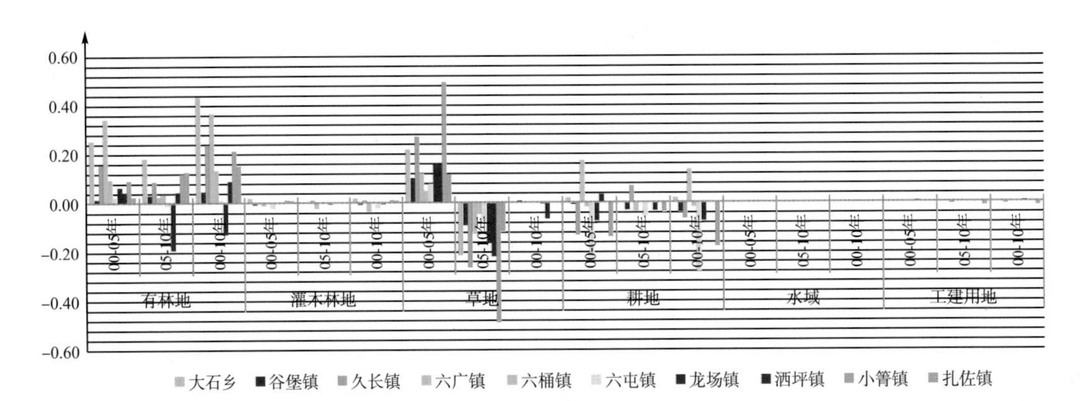

图 5.9　修文县斑块类型百分比变化

注：红色属于典型喀斯特乡镇，绿色属于亚喀斯特乡镇，蓝色属于混合型乡镇，黄色属于非喀斯特乡镇；00-05 年表示 2000～2005 年，05-10 年表示 2005～2010 年，00-10 年表示 2000～2010 年。

表 5.7　修文县乡镇景观类型斑块密度统计表

乡镇	2000 年						2005 年						2010 年					
	有林地	灌木林地	草地	耕地	水域	工建用地	有林地	灌木林地	草地	耕地	水域	工建用地	有林地	灌木林地	草地	耕地	水域	工建用地
大石乡	0.52	0.92	0.63	0.70	0.20	0.36	0.77	0.93	0.84	0.72	0.20	0.36	0.95	0.93	0.63	0.72	0.20	0.36
谷堡镇	1.17	0.86	1.04	1.19	0.19	0.15	1.18	0.85	1.14	1.18	0.19	0.15	1.21	0.85	1.05	1.15	0.19	0.15
久长镇	1.16	0.99	1.01	1.14	0.05	0.23	1.31	0.99	1.28	1.00	0.05	0.23	1.40	1.00	1.01	1.07	0.05	0.22
六广镇	0.96	1.23	0.91	1.01	0.16	0.39	1.30	1.22	1.03	1.18	0.16	0.39	1.33	1.19	0.91	1.14	0.16	0.39
六桶镇	0.79	0.57	0.38	0.54	0.06	0.27	0.88	0.57	0.42	0.53	0.06	0.27	0.92	0.57	0.38	0.53	0.06	0.27
六屯镇	1.42	1.18	0.87	1.21	0.07	0.14	1.44	1.16	0.95	0.98	0.07	0.14	1.43	1.16	0.87	0.92	0.07	0.14
龙场镇	1.06	0.94	0.80	0.97	0.06	0.25	1.13	0.94	0.96	0.90	0.06	0.26	0.94	0.93	0.79	0.90	0.06	0.26
洒坪镇	1.18	1.21	0.77	0.96	0.13	0.25	1.23	1.21	0.93	1.00	0.13	0.25	1.27	1.21	0.71	0.96	0.13	0.25
小箐镇	1.70	1.21	0.73	1.12	0.03	0.26	1.79	1.22	1.22	1.12	0.03	0.26	1.91	1.22	0.73	1.12	0.03	0.26
扎佐镇	0.81	1.08	1.19	1.25	0.09	0.19	0.84	1.09	1.31	1.11	0.09	0.19	0.96	1.09	1.19	1.07	0.09	0.17

表 5.8　修文县各乡镇斑块类型百分比统计表(%)

乡镇	2000 年						2005 年						2010 年					
	有林地	灌木林地	草地	耕地	水域	工建用地	有林地	灌木林地	草地	耕地	水域	工建用地	有林地	灌木林地	草地	耕地	水域	工建用地
大石乡	16.44	27.83	6.52	47.40	0.83	0.98	22.02	27.84	7.12	41.21	0.83	0.98	23.19	27.84	6.52	40.63	0.83	0.98
谷堡镇	26.92	25.30	13.05	33.64	0.55	0.55	29.30	24.96	13.59	31.06	0.55	0.55	30.37	24.97	13.06	30.51	0.55	0.55
久长镇	23.66	11.33	12.27	49.53	0.42	2.79	25.96	11.33	14.32	45.18	0.42	2.79	29.95	11.34	12.52	42.16	0.42	3.61
六广镇	14.78	25.42	9.88	46.00	1.91	2.01	20.96	25.53	10.24	39.35	1.91	2.01	21.94	25.66	9.88	38.60	1.91	2.01
六桶镇	14.80	25.01	4.33	52.27	2.42	1.17	15.80	25.05	4.63	50.94	2.42	1.17	16.10	25.05	4.33	50.94	2.42	1.17
六屯镇	28.93	22.57	7.81	39.92	0.31	0.46	31.06	22.24	8.27	37.66	0.31	0.46	32.30	22.24	7.81	36.88	0.31	0.46
龙场镇	20.84	15.75	8.21	52.20	0.35	2.65	21.61	15.75	10.20	49.41	0.35	2.67	27.96	15.79	8.39	44.84	0.35	2.67
洒坪镇	20.16	25.04	9.18	43.62	0.90	1.11	21.57	25.06	10.24	41.12	0.90	1.11	26.51	25.07	10.32	36.09	0.90	1.11
小箐镇	20.51	18.55	6.08	53.11	0.72	1.03	29.12	18.55	7.49	43.08	0.72	1.03	33.21	18.55	6.08	40.40	0.72	1.03
扎佐镇	31.98	14.05	8.70	39.70	0.39	5.18	32.63	14.00	9.54	38.27	0.39	5.18	34.02	14.02	8.70	36.75	0.39	6.13

从乡镇分类来看，在亚喀斯特乡镇的有林地景观斑块密度的增加变化比较明显；不同喀斯特乡镇类型的草地景观斑块密度在 2000～2005 年都是先增加，然后在 2005～2010 年减小，且在混合型乡镇的变化幅度明显，但整体没变化。相对于斑块密度的变化，混合型乡镇的斑块类型百分比整体上变化最大，典型喀斯特乡镇和亚喀斯特乡镇次之，非喀斯特乡镇最小。这是因为混合型乡镇中没有任何类型喀斯特分区面积所占的比例具有绝对优势，作为多种地貌景观发育的混合体，地表、地貌特征复杂，使得可变性增多，各种地类的面积变化最大。由于退耕政策主要落实在农业环境较差的典型喀斯特地区和亚喀斯特地区及坡度较大的非喀斯特地区的坡耕地，因而非喀斯特乡镇地类景观斑块类型百分比变化最小。

(2)平均斑块分维数。由表 5.9 可知，修文县各类型乡镇的景观类型平均斑块分维数均较小，介于 1.07～1.13，并且差异都不是很大，说明修文县各类型乡镇土地利用类型斑块的形状较为简单，受人为影响较大。从图 5.10 中可看出，2000～2010 年有林地、草地、耕地和工建用地 4 种土地利用类型在修文县各类型乡镇中的土地利用类型平均斑块分维数变化较大。其中，有林地的平均斑块分维数值总体变化最大，斑块形状最为复杂，且景观类型以典型喀斯特和亚喀斯特为主的乡镇中，有林地的平均斑块分维数变化较明显；而耕地和工建用地的平均斑块分维数值总体在减小，其中工建用地的平均斑块分维数减小趋势主要发生在混合型乡镇，耕地平均斑块分维数在亚喀斯特乡镇的减小幅度表现得最为明显；草地经过两个阶段的往复变化，其平均斑块分维数值总体无明显变化；灌木林地和水域的平均斑块分维数值十年间也无明显变化，说明耕地和工建用地受人类活动的影响在逐步地增大。同时由于退耕还林等相关环境保护措施的实施使得人类活动对有林地的影响在不断地减弱，其中耕地在亚喀斯特地区受人为影响最大，人们在土壤、水热条件较好的亚喀斯特地区对耕地的生产利用加强，使得斑块形状变得较为简单和规整。

表 5.9　修文县乡镇景观类型平均斑块分维数统计表

乡镇	2000 年						2005 年						2010 年					
	有林地	灌木林地	草地	耕地	水域	工建用地	有林地	灌木林地	草地	耕地	水域	工建用地	有林地	灌木林地	草地	耕地	水域	工建用地
大石乡	1.08	1.08	1.10	1.11	1.11	1.07	1.09	1.08	1.10	1.09	1.11	1.07	1.09	1.08	1.10	1.09	1.11	1.07
谷堡镇	1.08	1.09	1.08	1.08	1.10	1.07	1.08	1.09	1.08	1.08	1.10	1.07	1.08	1.09	1.08	1.08	1.10	1.07
久长镇	1.08	1.08	1.09	1.08	1.08	1.10	1.08	1.08	1.08	1.08	1.08	1.10	1.08	1.08	1.09	1.08	1.08	1.09
六广镇	1.08	1.09	1.08	1.09	1.13	1.10	1.09	1.09	1.08	1.09	1.13	1.10	1.09	1.09	1.08	1.09	1.13	1.10
六桶镇	1.08	1.10	1.09	1.07	1.09	1.08	1.08	1.10	1.09	1.07	1.09	1.08	1.08	1.10	1.09	1.07	1.09	1.08
六屯镇	1.08	1.08	1.08	1.08	1.07	1.08	1.08	1.08	1.08	1.07	1.07	1.08	1.08	1.08	1.08	1.08	1.07	1.08
龙场镇	1.08	1.08	1.08	1.08	1.11	1.09	1.08	1.08	1.08	1.08	1.11	1.10	1.09	1.08	1.08	1.08	1.11	1.10
洒坪镇	1.08	1.09	1.09	1.08	1.10	1.10	1.09	1.09	1.09	1.08	1.10	1.10	1.09	1.09	1.09	1.08	1.10	1.10
小箐镇	1.08	1.09	1.09	1.09	1.11	1.11	1.09	1.09	1.09	1.09	1.11	1.11	1.09	1.09	1.09	1.08	1.11	1.11
扎佐镇	1.09	1.09	1.08	1.08	1.07	1.10	1.09	1.09	1.08	1.07	1.07	1.10	1.09	1.09	1.08	1.07	1.07	1.09

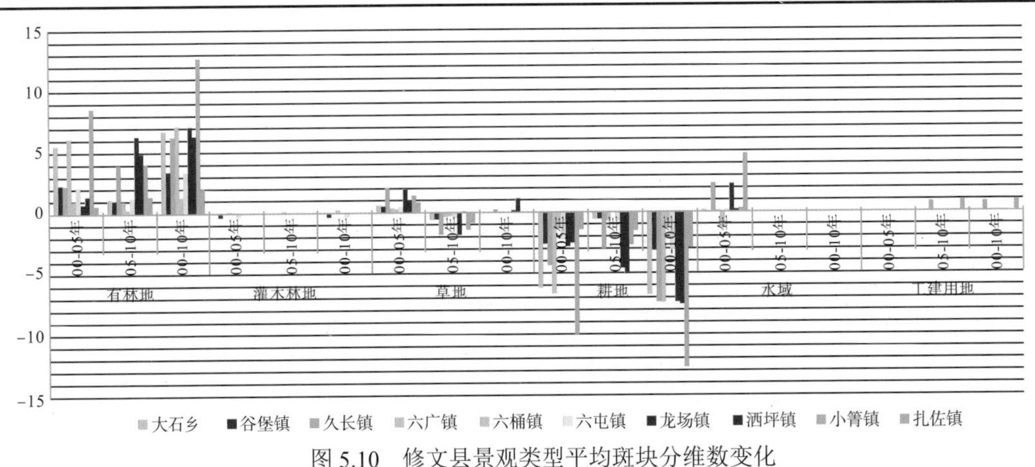

图 5.10　修文县景观类型平均斑块分维数变化

注：红色属于典型喀斯特乡镇，绿色属于亚喀斯特乡镇，蓝色属于混合型乡镇，黄色属于非喀斯特乡镇；00-05 年表示 2000～2005 年，05-10 年表示 2005～2010 年，00-10 年表示 2000～2010 年。

(3) 景观类型聚合度。由表 5.10 可知，修文县各类型乡镇景观类型聚合度值均大于 70，说明修文县乡镇各土地利用类型斑块的聚合程度均较大。从图 5.11 中可看出，修文县各类型乡镇的有林地、草地、工建用地在 2000～2010 年的聚合度值变化较大；耕地的聚合度值变化相对较小；灌木林地和水域的聚合度几乎没有变化。亚喀斯特乡镇的有林地聚合度呈减小趋势，而在典型喀斯特乡镇、非喀斯特乡镇和混合型乡镇的有林地聚合度都呈增加趋势。各乡镇草地的聚合度值在十年间的变化都是先减后增，总体只在典型喀斯特乡镇区域呈增大趋势，其他类型乡镇区域草地的聚合度值基本没有变化；工建用地的聚合度值变化主要发生在混合型乡镇，呈增长趋势；而耕地的聚合度值变化总体没区域性差异。这表明人们有意识地进行环境保护(实施退耕还林还草和重点区域“封山育林”等保护措施)取得了一定的成效，有林地面积增加，斑块由于退耕增多，特别在亚喀斯特乡镇，耕地退耕后种植树木可以在相对较短时间内生长成为林地，且各斑块较为分散，趋于破碎。由于

2005 年以来贵州省城镇化建设的加快，建设面积规模不断增加，工建用地斑块趋于集中(混合型乡镇区域的工建用地表现得最为明显)，工建用地的聚合度值不断增大。

表 5.10　修文县乡镇景观类型聚合度指数统计表

乡镇	2000 年						2005 年						2010 年					
	有林地	灌木林地	草地	耕地	水域	工建用地	有林地	灌木林地	草地	耕地	水域	工建用地	有林地	灌木林地	草地	耕地	水域	工建用地
大石乡	91.70	92.27	85.97	92.42	75.86	77.80	91.56	92.25	85.07	92.77	75.86	77.80	91.28	92.25	85.97	92.66	75.86	77.80
谷堡镇	90.08	91.94	87.26	90.68	71.49	80.62	90.40	91.96	87.19	90.66	71.49	80.62	90.44	91.97	87.24	90.71	71.49	80.62
久长镇	89.84	87.87	87.51	93.61	87.73	81.17	89.80	87.87	87.47	93.53	87.73	81.17	89.84	87.86	87.53	93.19	87.73	84.33
六广镇	88.61	89.53	88.24	91.51	82.70	74.30	87.78	89.53	87.68	91.55	82.70	74.44	87.78	89.60	88.24	91.44	82.70	74.44
六桶镇	90.00	92.18	87.88	94.96	88.38	80.22	89.68	92.22	87.52	94.90	88.38	80.22	89.55	92.22	87.88	94.90	88.38	80.22
六屯镇	89.98	90.07	85.49	91.67	85.62	78.68	90.30	90.28	85.41	92.27	85.62	78.68	90.28	90.28	85.49	92.35	85.62	78.68
龙场镇	89.61	89.03	87.11	93.41	77.98	81.95	89.52	89.03	87.22	93.45	77.98	82.16	90.89	89.05	87.31	93.58	77.98	82.16
洒坪镇	89.79	88.97	86.69	91.82	81.97	79.03	89.55	88.96	85.98	91.55	81.97	79.03	89.53	88.97	88.04	91.40	81.97	79.03
小箐镇	87.34	87.45	84.32	91.56	88.64	70.89	88.69	87.44	82.68	91.09	88.64	70.89	88.77	87.44	84.32	91.34	88.64	70.89
扎佐镇	91.67	87.76	84.46	92.84	81.66	86.72	91.70	87.75	84.43	93.02	81.66	86.72	91.67	87.76	84.46	92.82	81.66	88.22

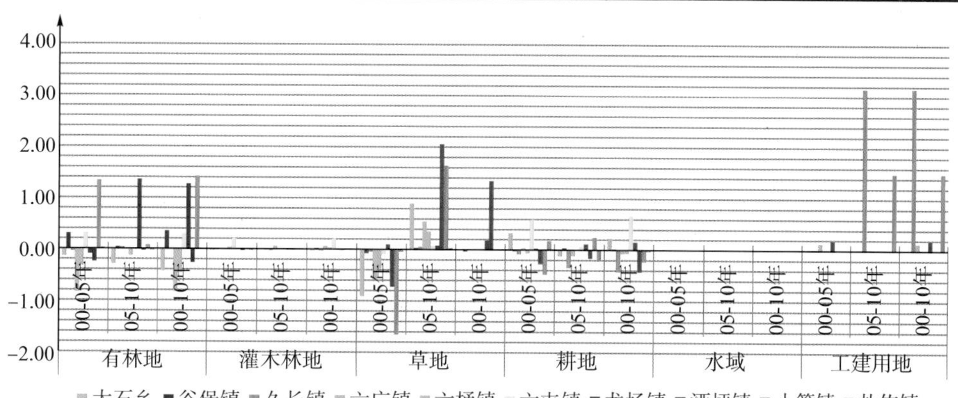

注：红色属于典型喀斯特乡镇，绿色属于亚喀斯特乡镇，蓝色属于混合型乡镇，黄色属于非喀斯特乡镇；00-05 年表示 2000～2005 年，05-10 年表示 2005～2010 年，00-10 年表示 2000～2010 年。

图 5.11　修文县景观类型聚合度变化

(4) 景观指数。从表 5.11 中可以看出，修文县各乡镇的景观指数均不是很大，其中各乡镇的最大斑块指数均未超过 50，蔓延度指数也全在 60 以下，且各乡镇的香农多样性指数处于 1.23～1.43，其值在较低位徘徊，而香农均匀度指数大部分在 0.75 左右，说明修文县各乡镇景观中没有明显的优势类型且各斑块类型在景观中分布较为均匀，因而各乡镇景观优势度较小，均未超过 0.6。同时，由于各乡镇景观的平均斑块分维数的值为 1.08 或 1.09，接近 1，即修文县各乡镇景观类型斑块形状简单，受人为影响较大。由图 5.12 可知，修文县各乡镇景观指数中的斑块密度在十年间先增后减，总体呈上升趋势(以亚喀斯特乡镇的斑块密度增加为主)，而最大斑块指数和香农多样性指数整体在不断减小(整体数值变化为典型喀斯特乡镇>混合型乡镇>亚喀斯特乡镇>非喀斯特乡镇)，其他景观指数(如：香农均匀度指数、平均斑块分维数、景观优势度指数、蔓延度指数)在十年间基本没有变化。说明由于人为影响(工程建设、退耕还林等)，且贵州正处于经济建设快速发展阶段，建设开发方式从粗放型向规划性转变，使得各乡镇的景观斑块先增多后减少，整体微量增长。由于各乡镇的最大斑块指数呈持续下降趋势，景观趋于破碎，其中以典型喀斯特乡镇和亚喀斯特乡镇及混合型乡镇表现得较为明显，说明有规划、合理的开发建设工作还有待进一步加强。

表 5.11　修文县乡镇景观指数表

年份	景观指数	大石乡	谷堡镇	久长镇	六广镇	六桶镇	六屯镇	龙场镇	洒坪镇	小箐镇	扎佐镇
2000年	PD	3.33	4.60	4.58	4.66	2.61	4.88	4.09	4.51	5.06	4.62
	LPI	13.98	10.04	25.96	15.11	45.55	14.80	38.41	22.96	27.63	16.73
	MPFD	1.09	1.08	1.08	1.09	1.08	1.08	1.08	1.09	1.09	1.08
	CONTAG	54.20	49.08	51.87	49.23	55.95	51.77	53.16	50.30	53.26	49.36
	SHDI	1.27	1.39	1.32	1.37	1.25	1.30	1.28	1.34	1.23	1.39
	SHEI	0.71	0.78	0.73	0.77	0.70	0.73	0.71	0.75	0.68	0.78
	D	0.52	0.40	0.48	0.42	0.55	0.49	0.51	0.45	0.57	0.40
2005年	PD	3.83	4.70	4.86	5.28	2.73	4.73	4.24	4.75	5.65	4.63
	LPI	13.51	10.04	24.02	12.36	44.49	14.28	34.91	19.78	16.10	16.64
	MPFD	1.09	1.08	1.08	1.09	1.08	1.08	1.08	1.09	1.09	1.08
	CONTAG	52.25	48.88	50.39	46.89	55.18	51.69	51.73	49.18	50.17	48.98
	SHDI	1.33	1.40	1.36	1.43	1.27	1.31	1.32	1.37	1.31	1.41
	SHEI	0.74	0.78	0.76	0.80	0.71	0.73	0.74	0.76	0.73	0.79
	D	0.46	0.39	0.43	0.36	0.53	0.48	0.47	0.42	0.48	0.38
2010年	PD	3.79	4.60	4.75	5.12	2.72	4.59	3.88	4.54	5.28	4.58
	LPI	13.55	10.05	22.79	12.26	44.49	14.22	21.35	19.24	15.43	13.06
	MPFD	1.09	1.08	1.08	1.09	1.08	1.08	1.08	1.09	1.09	1.08
	CONTAG	52.37	49.06	49.78	46.88	55.31	51.90	51.70	48.50	50.92	48.78
	SHDI	1.32	1.39	1.38	1.43	1.26	1.31	1.33	1.39	1.30	1.42
	SHEI	0.74	0.78	0.77	0.80	0.70	0.73	0.74	0.78	0.72	0.79
	D	0.47	0.40	0.42	0.36	0.53	0.48	0.46	0.40	0.49	0.38

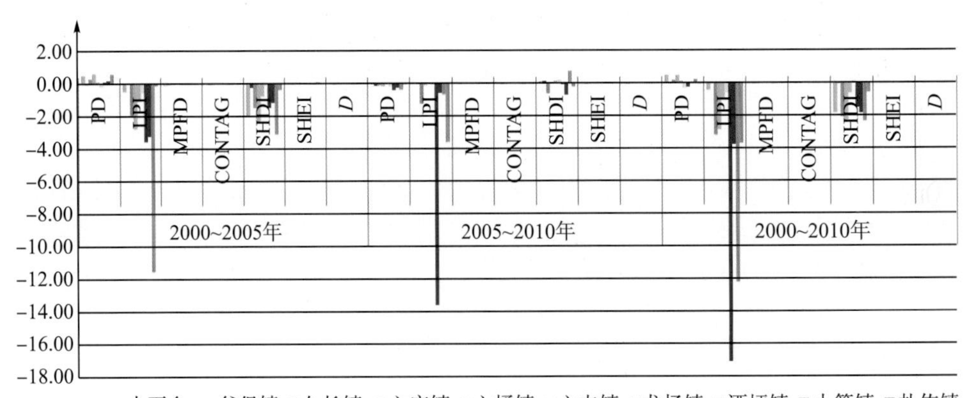

图 5.12　修文县 2000～2010 年各乡镇阶段性景观指数差值图

(5)景观变化分析。对比修文县各喀斯特乡镇类型的土地利用景观指数，在十年内各喀斯特分区的土地利用景观指数的变化是有明显差异的。

①典型喀斯特乡镇有林地的斑块密度、斑块类型百分比和平均斑块分维数及类型聚合度总体逐年上升；草地的斑块密度和平均斑块分维数先升后降，聚合度先降后升，斑块类型百分比先升后降，整体细微上升；耕地的斑块密度、斑块类型百分比和平均斑块分维数及聚合度总体在减小；工建用地的斑块密度、斑块类型百分比保持不变，平均斑块分维数和聚合度有微小的上升，同时工建用地的平均斑块分维数均较小；而灌木林地和水域的景观指数均无明显变化。说明受退耕还林和畜牧业区域重点发展政策的影响，在典型喀斯特地区土壤沉积的地方多退耕为有林地，耕地面积减小，有林地面积增大，斑块数增多，斑块间聚合增强，斑块形状复杂，受人类影响较小；草地从自然生长向受人类影响的区域性聚合生长转变；工建用地受集聚效应的影响，整体趋于聚集。因为典型喀斯特溶蚀较强，地表储水较弱，因而其水域变化不大，同时典型喀斯特地区的灌木林多生长在石山之上，受人类影响较小，几乎没有变化。

②亚喀斯特乡镇有林地的斑块密度、斑块类型百分比和平均斑块分维数总体上升，斑块聚合度下降；草地的斑块密度先升后降，平均斑块分维数和聚合度先降后升，整体无变化，最大斑块指数无明显变化；耕地的斑块密度和聚合度整体无明显变化，最大斑块指数下降后保持不变，平均斑块分维数下降后略有回升，总体在减小；灌木林地、水域和工建用地的景观类型指数均无明显变化，说明亚喀斯特区域耕地受退耕项目的影响，虽然面积和平均斑块分维数都在减小，但由于亚喀斯特区域的农业条件相对较好(于典型喀斯特区域而言土壤相对较厚，保水能力相对较强)，人们对耕地的利用和影响不断加深；有林地斑块数增多，斑块形状变得复杂，且分布的集聚程度减小，受人为影响减小；草地受人类活动影响较大，反复变化，但总体保持在相对平衡的范围。由于亚喀斯特地区的灌木林多生长在坡度较大、岩石裸露的喀斯特山体上，不宜农业生产，人类活动较小，且多年降雨变化不大，使得灌木林地、水域的景观类型指数没有发生变化。由于修文县亚喀斯特乡镇地理位置偏远(距离县政府驻地较远)，工程建设相对较少，工建用地的景观类型指数也没有明显变化。

③非喀斯特乡镇有林地的斑块类型百分比上升，聚合度和斑块密度变化不明显；耕地斑块密度和斑块类型百分比逐年减小，平均斑块分维数先减少后增加，整体增加，聚合度上升后保持不变；灌木林地、水域及工建用地的景观指数几乎没有变化，说明非喀斯特区域的土地利用变化较小，除退耕的坡耕地转化为有林地外，其他地类景观指数基本没变化，是因为非喀斯特区域农业条件最好，在山区的非喀斯特土地(俗称“土山”)作为基本的农业用地源备受珍惜，土地利用状态相对比较稳定。

④混合型乡镇有林地的斑块密度、斑块类型百分比和聚合度均逐年上升，平均斑块分维数整体下降；草地斑块密度、斑块类型百分比先增后减，整体无变化，平均斑块分维数和聚合度先减后增，整体无变化；耕地斑块密度和聚合度先降后升，整体减小，斑块类型百分比和平均斑块分维数逐年减小；工建用地的斑块类型面积百分比细微上升，平均斑块分维数在 2005～2010 年减小，而聚合度在 2005～2010 年增加。这是因为混合型乡镇由各喀斯特分区共同镶嵌组成，如缩小版的黔中整体地貌景观，兼具上述各喀斯特分区的景观变化特点，同时由于特殊的地理位置(县政府所在的乡镇为混合型乡镇)，工建用地面积增加，聚合度上升，受人类影响较强，表明工建用地分布更多的是受政策和地理位置影响。

⑤修文县各喀斯特乡镇的平均斑块分维数、景观优势度、香农均匀度指数和蔓延度指数在十年间均无明显变化，说明各喀斯特分区仍然以耕地、有林地和灌木林地为优势土地利用景观，受人类活动的影响没有差别及整体景观的破碎程度和各景观斑块散布情况没有发生实质的变化。此外，典型喀斯特乡镇的斑块密度先增后减，整体减小，最大斑块指数和香农多样性指数逐年减小；亚喀斯特乡镇的斑块密度增加后保持不变，最大斑块指数和香农多样性指数下降后保持不变；非喀斯特乡镇最大斑块指数降低后保持不变，斑块密度和香农多样性指数保持不变；混合型乡镇的斑块密度先增后减，整体增加，最大斑块指数下降后保持不变，香农多样性指数先减后增，整体减小。这表明由于人类活动(退耕还林还草、工程建设等)的影响，退耕变成草地或林地，典型喀斯特地区和亚喀斯特地区的斑块类型的聚合度和分布的均衡性均降低。其中，典型喀斯特地区的斑块数减少，而亚喀斯特地区凭借适宜的地貌和土壤条件，区域景观斑块数有所增加，斑块破碎增强，受人类活动影响较大，土地利用变化相对比较频繁；只有地形地貌、土壤等自然条件最好的非喀斯特地区景观保持良好，各类型斑块分布均衡。

5.5　亚喀斯特典型样区土地利用变化的驱动因子

土地利用作为地理学研究的重要课题之一，其变化发展受到多方面因素的影响和制约，因而土地利用变化的驱动因子也受到广泛的探讨。影响土地利用变化的因素总体上可分为自然和社会人文两个部分，其中自然的影响因子包括地形地貌(海拔、坡度、坡向等)、降水、温度、土壤厚度，而人文影响因子则包括人口情况(人口数量、人口密度、年龄层次结构情况、受教育程度等)和经济情况(GDP、人均GDP、社会产业结构等)。此外，土地利用变化还受地类自身距离和政治决策的影响。例如，政府划定经济开发区会促使区域内的工建用地面积在短时间内迅速增加，而在政府划定的自然保护区和基本农田保护区等重点区域内则以保护为主，土地利用类型几乎不发生变化。同时，人类社会是一个分工合作的聚集型社会，城镇和公路(连接城镇间的纽带)及水源对人类活动都具有较强的吸引力，因而与城镇中心、主要公路和水源的距离也对土地利用变化方向有着一定的影响。

1. 驱动力因子选择原则

鉴于影响土地利用变化各因子的多样性、冗余性和复杂性及各因子影响程度的大小差异性，为了更好地判定土地利用变化的驱动力因子，其驱动力因子的选取应具备一定的条件。

(1)因子材料易于收集，具有可量化性。材料数据是分析的基础，只有能通过历史文献或相关统计数据查询易于获取并且能够数量化的因子才能纳入选择范围。

(2)因子具有代表性和独立性。影响土地利用变化的因子很多，一些因子之间具有相似性和重复性，为了降低处理数据的难度，减小数据间的冗余度，驱动力因子的选取必须具有代表性和独立性。

(3)社会人文、经济因子和自然因子并重。土地利用变化是自然和人为活动共同作用的结果，因而选择因子时要兼顾社会人文、经济因子和自然因子。

(4) 因子自身的空间差异性。因子的数值应随着地理位置的变化有所不同，要具有空间差异，凸显空间位置对土地利用变化的影响。

(5) 因子对土地利用变化影响的重要性。驱动力因子的选取必须本着对土地利用变化影响较大的原则，对土地利用变化影响较小的因子可以通过筛选剔除(如降水、温度在短时间内对土地利用变化的影响不显著，因而不纳入驱动力因子)。

2. 驱动力因子体系

依循上述土地利用变化驱动力因子的选取原则，结合前人的相关研究及对贵州黔中地区相关数据的收集情况，本节从自然，社会人文、经济，近距性三个方面选取 8 个驱动力因子，如表 5.12 所示。各因子具有很强的代表性、独立性和稳定性，且覆盖较为全面，对土地利用变化的影响具有延续性，可以作为土地利用变化研究的主要驱动力因子。

表 5.12 黔中地区土地利用变化驱动力因子及其描述

属性	因子	描述
自然	土壤厚度	栅格像元的土壤厚度值
	高程	栅格像元的高程值
	坡度	每个栅格像元的坡度值
社会人文、经济	人口密度	栅格像元的人口密度值
	人均 GDP	栅格像元的人均 GDP 值
近距性	与主要道路距离	每个栅格像元的中心与主要道路的距离值
	与城镇中心距离	每个栅格像元的中心与城镇中心的距离值
	与水域距离	每个栅格像元的中心与水域的距离值

通过查询《贵州省土种志》获取土壤类型的平均厚度生成土壤厚度因子，而人口密度因子和人均 GDP 因子则通过查询 2010 年第六次人口普查数据和经济数据获得，然后进行空间插值得到。至于 3 个近距性因子，则是利用主要道路(县道、省道、国道、高速公路及铁路)、政府驻地和水域(从土地利用中提取)数据，然后通过 ArcGIS 软件中的 Euclidean distance 工具生成对应的距离因子。坡度因子以 30m 分辨率 DEM 为基础生成。为了便于后期数据处理，上述数据均以 30m 分辨率的像元大小采样输出，如图 5.13 所示。

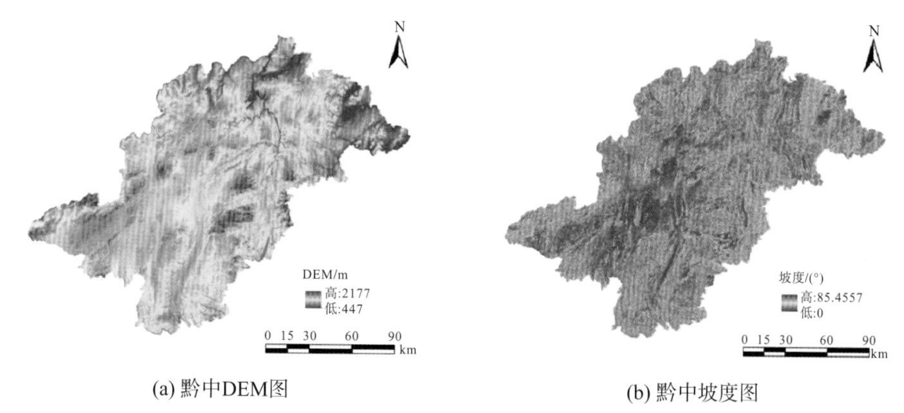

(a) 黔中DEM图 (b) 黔中坡度图

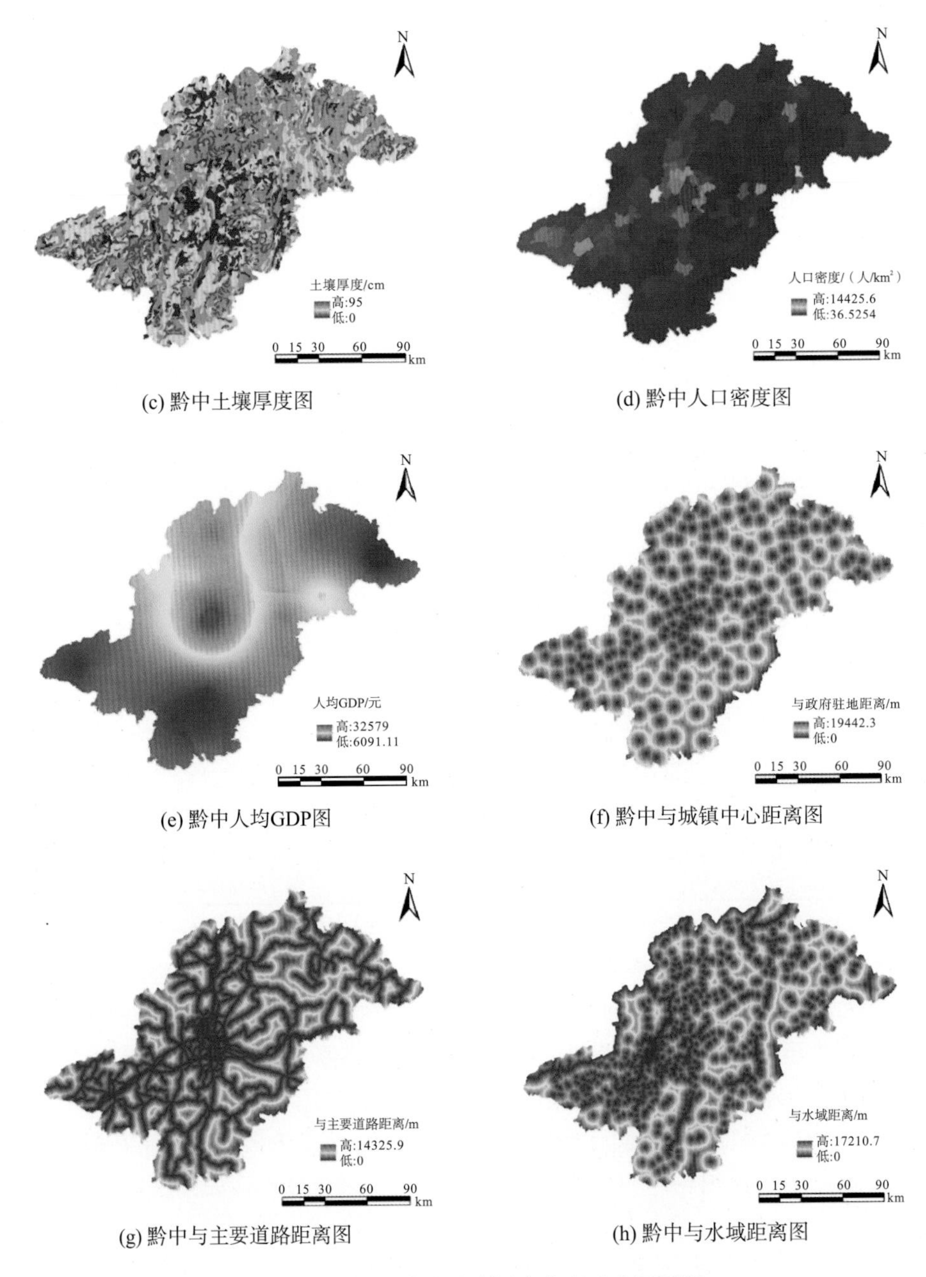

(c) 黔中土壤厚度图　(d) 黔中人口密度图

(e) 黔中人均GDP图　(f) 黔中与城镇中心距离图

(g) 黔中与主要道路距离图　(h) 黔中与水域距离图

图 5.13　黔中土地利用变化驱动力因子图

3. 土地利用与驱动因子的 Logistic 回归处理

1) Logistic 回归模型与检验

Logistic 回归模型可分为二分类和多分类回归分析，其中以二分类即二值分类变量 0 和 1 分析较为常用。通过变量间数理统计建立因变量和自变量间的多元回归函数模型实现对事件发生的概率的预测。Logistic 回归分析对变量没有特定的要求，既可以是线性变量，也可以是非线性变量，这也是 Logistic 二元分析得到广泛运用的一个重要的优势。对于土地利用栅格数据，当属于某一土地利用类型时，将其赋值为 1，非该类型的土地利用则赋值为 0，作为因变量，其他的驱动力因子作为自变量，各变量全都以相同空间分辨率的栅格数据表示，则每个栅格出现该土地利用类型和各驱动力因子的逻辑回归方程为

$$\ln\frac{p_i}{1-p_i}=\beta_0+\beta_1x_1+\beta_2x_2+\beta_3x_3+\cdots+\beta_nx_n \tag{5.15}$$

式中，p_i 为每个栅格出现该土地利用类型的概率；β_0 为常数项；$\beta_1,\beta_2,\beta_3,\cdots,\beta_n$ 为对应驱动力因子 $x_1,x_2,x_3,\cdots,x_n$ 的回归系数，反映各驱动力因子与因变量的相关关系的大小程度(徐建华，2017)。

Logistic 回归模型的拟合效果通常用相对操作特征(relative operating characteristic，ROC)曲线来检验。通过计算 ROC 曲线下部分的面积大小即 ROC 值，来判定模型拟合的程度，其数学计算公式为

$$\mathrm{ROC}=\frac{1}{n_an_n}\sum_{j=1}^{n_n}\sum_{i=1}^{n_a}\Psi\left(x_{ai},x_{nj}\right) \tag{5.16}$$

$$\Psi\left(x_{ai},x_{nj}\right)=\begin{cases}1, & x_{ai}>x_{nj}\\ 0.5, & x_{ai}=x_{nj}\\ 0, & x_{ai}<x_{nj}\end{cases} \tag{5.17}$$

式中，$x_{ai}(i=1,2,3,\cdots,n_a)$ 为异常组中 n_a 个观察值中的一个；$x_{nj}(j=1,2,3,\cdots,n_n)$ 为异常组中 n_n 个观察值中的一个，观察值中其值较大者为异常。面积 ROC 的范围一般在 0.5～1，其值越小，拟合效果越差，等于 0.5 时拟合完全趋于随机，反之，其值越大，拟合精度越高，即拟合模型模拟的效果越好(Pontius and Schneider，2001)。

2) 数据处理

在 ArcGIS 软件中分别提取各土地利用类型形成单独的图层，每一图层中只有是该类土地利用类型时其属性值为 1，其他土地利用类型的属性值为 0，并转化为分辨率为 30m 的栅格数据。为了实现数据间的 Logistic 回归分析，要将上述各土地利用类型单独图层和各驱动力因子图层转化为 ASCII 数据。通过 ArcGIS 软件把栅格数据转成 ASCII 数据时，栅格数据的 NODATA(即背景值)会变成-9999，而 Logistic 分析要求数据不能为负数。因此，先要在 ArcGIS 软件中用 CON(ISNULL[layer],0,[layer])语句将 NODATA 部分改成 0 值后再转为 ASCII 数据。最后，将上述所有的 ASCII 图层数据导入 IDRISI 软件中，并转换成.rst 格式的数据，然后运用 IDRISI 软件中的 LOGISTICRE 工具分别进行回归分析。

4. 数据结果及分析

1) 黔中地区 Logistic 回归结果及分析

运用 IDRISI 中的 LOGISTICRE 分析工具分别对各土地利用类型(由于其他用地类型在 2000 年、2005 年和 2010 年 3 个时间段的面积都没发生变化，即长时间不会发生变化，因而对于其他用地类型不考虑其变化的驱动力因子)和驱动力因子进行逻辑回归分析，得到回归系数如表 5.13 所示。

表 5.13　黔中地区各地类与驱动力因子的回归系数及其 ROC 值

地类	x_1	x_2	x_3	x_4	x_5	x_6	x_7	x_8	x_9	ROC
有林地	−5.3948	0.0005	0.0339	0.0281	−0.0001	−0.0001	—	—	0.0001	0.847
灌木林地	−5.7845	0.0025	0.0665	−0.0001	—	—	—	0.0001	—	0.878
草地	−5.7307	0.0015	0.0071	0.0205	—	—	—	—	0.0001	0.801
耕地	−4.8791	0.0012	−0.0763	0.0436	—	−0.0002	—	—	—	0.879
工建用地	−7.5359	0.0016	−0.0943	0.0286	0.0001	0.0002	−0.0004	−0.0001	−0.0001	0.925
水域	−8.4456	0.0007	−0.0021	0.0749	0.0001	−0.0001	0.0001	0.0002	−0.0439	0.973

注：x_1～x_9 分别表示常数、高程、坡度、土壤厚度、人均 GDP、人口密度、与主要道路距离、与城镇中心距离、与水域距离；“—”表示该自变量的回归系数过小(即$|\beta_i|$<0.00005)，在回归过程中影响不显著的因子，不参与回归方程的构建，后同。

促使土地利用类型变化的驱动力影响情况可以通过 Logistic 回归方程中的回归系数 β_i 的大小得以表现，即回归系数 β_i 表示自变量(驱动力因子 x_i)对因变量 y 出现的概率 P_i 影响的大小。当 β_i<0 时，呈负相关，而 β_i>0 时，呈正相关，且$|\beta_i|$值越大，相应的影响也越大。从表 5.14 中可以看出，黔中地区土地利用变化总体受自然因子影响>近距性因子影响>社会人文、经济因子影响，且由于黔中地区海拔较高，多为山地区域，因而各土地利用类型都受高程的影响，具体如下。

黔中地区对绿色植被覆盖(有林地、灌木林地和草地)的变化影响较大的因子为高程、坡度、土壤厚度，说明绿色植被覆盖用地大多分布在高程较大、坡度较陡的区域，同时区域土壤厚度不同绿色植被覆盖的种类有所差异。此外，有林地和草地的分布还受土壤厚度和与水域距离的正向影响，其中人类活动较少、人均 GDP 较小(与人口密度和人均 GDP 因子呈负相关关系)的区域常分布有林地。然而灌木林地则多分布在土壤较为贫瘠(与土壤厚度因子呈负相关关系)、与城镇中心距离较远的区域，多为藤刺、栎树等灌丛。

耕地的主要驱动力因子是高程、坡度、土壤厚度和人口密度。耕地多分布于高程较大、土壤较厚、坡度和人口密度较小的区域。

工建用地和水域的主要驱动力是高程、坡度、土壤厚度、人均 GDP、人口密度、与主要道路距离、与城镇中心距离和与水域距离。工建用地多分布在坡度较小，与道路、城镇中心和水域较近，人均 GDP 较高，人口密度较大的区域，同时土壤相对较厚，其中以坡度的影响最为突出。而水域多分布于海拔较高、坡度较低，人口密度和人均 GDP 偏高，与主要道路距离，与城镇距离较远和与水域距离较近的区域，因为水域分布区域相对高程较小，便于土壤淤积，使得该区域土壤一般较厚。

由表 5.13 可以看出，各土地利用类型的 ROC 值分别为：有林地 0.847、灌木林地 0.878、草地 0.801、耕地 0.879、工建用地 0.925 和水域 0.973，各地类的 ROC 值全都大于 0.8，说明回归模型具有很高的模拟精度，能很好地拟合贵州省黔中地区各土地利用空间分布与其驱动力因子间的相互关系。

2) 黔中各喀斯特分区的 Logistic 回归结果及分析

由表 5.14 可知，各喀斯特分区内部土地利用都以受自然驱动力(高程、坡度、土壤厚度)因子影响为主，但受各驱动力的影响程度却各不相同。

表 5.14　黔中喀斯特分区各地类与驱动力因子的回归系数及其 ROC 值

分区	地类	x_1	x_2	x_3	x_4	x_5	x_6	x_7	x_8	x_9	ROC
典型喀斯特地区	有林地	−6.0882	0.0005	0.0278	0.0312	0.0001	−0.0002	—	0.0001	0.0001	0.909
	灌木林地	−6.3173	0.0028	0.0693	0.0055	—	—	—	0.0001	—	0.933
	草地	−6.3909	0.0018	0.0064	0.0212	—	—	−0.0001	0.0001	0.0001	0.877
	耕地	−5.6198	0.0016	−0.0790	0.0445	0.0001	−0.0002	—	—	—	0.929
	工建用地	−8.3738	0.0024	−0.0916	0.0293	0.0001	0.0002	−0.0005	−0.0001	−0.0001	0.954
	水域	−9.2738	0.0020	−0.0034	0.0645	0.0001	—	0.0002	0.0001	−0.0387	0.616
亚喀斯特地区	有林地	−6.8444	0.0018	0.0474	0.0263	—	—	—	0.0001	—	0.950
	灌木林地	−7.6304	0.0031	0.0751	0.0006	—	−0.0001	0.0001	—	—	0.960
	草地	−7.3859	0.0027	0.0157	0.0209	—	—	0.0001	—	—	0.940
	耕地	−6.4159	0.0025	−0.0764	0.0411	0.0001	−0.0002	—	—	—	0.962
	工建用地	−8.8109	0.0021	−0.0881	0.0249	0.0002	0.0001	−0.0003	−0.0001	−0.0001	0.978
	水域	−10.5506	0.0038	0.0258	0.0680	0.0002	−0.0001	0.0003	0.0001	−0.1260	0.500
非喀斯特地区	有林地	−7.2445	0.0015	0.0553	0.0406	0.0001	−0.0002	—	—	0.0001	0.965
	灌木林地	−7.9194	0.0020	0.0443	0.0259	—	0.0001	0.0001	—	—	0.945
	草地	−7.7013	0.0010	0.0085	0.0509	—	0.0001	0.0001	—	0.0001	0.943
	耕地	−7.1918	0.0001	−0.0541	0.0828	0.0001	−0.0002	−0.0001	—	—	0.955
	工建用地	−9.8573	0.0001	−0.1133	0.0749	0.0001	0.0003	−0.0002	−0.0002	—	0.978
	水域	−10.6458	−0.0023	−0.0024	0.1001	0.0002	−0.0001	0.0001	0.0004	−0.0172	0.500

有林地在典型喀斯特地区的分布受高程、坡度、土壤厚度、人均 GDP、人口密度、与城镇中心距离和与水域距离影响；在亚喀斯特地区的分布则只受高程、坡度、土壤厚度、与城镇中心距离的影响；而在非喀斯特地区的分布受高程、坡度、土壤厚度、人均 GDP、人口密度及与水域距离的影响，说明有林地在亚喀斯特地区的分布受人类影响较其他区域要小。此外，通过对比回归系数可知，有林地分布受坡度影响从大到小为非喀斯特地区>亚喀斯特地区>典型喀斯特地区，而有林地分布受土壤厚度影响从大到小为非喀斯特地区>典型喀斯特地区>亚喀斯特地区。

灌木林地在典型喀斯特地区的分布受高程、坡度、土壤厚度和与城镇中心距离影响；在亚喀斯特地区和非喀斯特地区的分布则受高程、坡度、土壤厚度、人口密度和与主要道路距离影响。其中，通过对比回归系数可知，灌木林地分布受坡度影响从大到小为亚喀斯特地区>典型喀斯特地区>非喀斯特地区，而灌木林地分布受土壤厚度影响从大到小为非喀斯特地区>典型喀斯特地区>亚喀斯特地区。

草地在典型喀斯特地区的分布受高程、坡度、土壤厚度、与主要道路距离、与城镇中心距离和与水域距离影响；在亚喀斯特地区分布受高程、坡度、土壤厚度和与主要道路距离的影响；而在非喀斯特地区的分布受高程、坡度、土壤厚度、人口密度、与主要道路距离和与水域距离的影响。通过对比回归系数可知，草地分布受坡度影响从大到小为亚喀斯特地区>非喀斯特地区>典型喀斯特地区，而草地分布受土壤厚度影响从大到小为非喀斯特地区>典型喀斯特地区>亚喀斯特地区。

出现上述情况是因为典型喀斯特地区岩溶作用较为突出，土壤发育很难在原地保留下来。随着坡度的增大，保留的土壤变薄，生长林地的可能性反而较小，林地大多分布于山脚或山腰，山顶大多分布藤、灌或草地甚至为石头裸露地；而非喀斯特地区土壤厚度几乎不受坡度的影响，林地的分布不局限于一处，由于平坦的地方多为耕地，常分布于山上，从上往下依次分布有林地、灌木林地、草地和耕地等，其中灌木林地和草地的分布范围相对比较狭窄。亚喀斯特地区的发育因介于二者之间，所以兼具典型喀斯特地区和非喀斯特地区的相关特性。

耕地在典型喀斯特地区和亚喀斯特地区的分布受高程、坡度、土壤厚度、人均 GDP 和人口密度的影响；在非喀斯特地区分布受高程、坡度、土壤厚度、人均 GDP、人口密度以及与主要道路距离的影响。耕地在典型喀斯特地区和亚喀斯特地区受坡度的影响大于土壤厚度，且耕地受坡度和土壤厚度的影响为典型喀斯特地区>亚喀斯特地区，而耕地在非喀斯特地区受坡度的影响小于土壤厚度，工建用地在典型喀斯特地区和亚喀斯特地区的分布受高程、坡度、土壤厚度、人均 GDP、人口密度、与主要道路距离、与城镇中心距离和与水域距离影响，在非喀斯特地区的分布则少了与水域距离因子的影响。通过对比回归系数可知，工建用地受坡度的影响大于土壤厚度，且工建用地受坡度、土壤厚度的影响从大到小都是非喀斯特地区>典型喀斯特地区>亚喀斯特地区。由于分区把原本相对面积较小的水域进一步划分，水域变得更加破碎，使得在各分区水域 Logistic 回归的 ROC 值为 0.500～0.611，拟合效果较差，趋于随机，因而对于水域没有分区域讨论的必要。黔中各喀斯特分区中各土地利用的驱动力相对于整个黔中地区各土地利用驱动力的 Logistic 拟合方程有所不同，是因为随着区域的划分，各土地利用类型被相应的区域所割裂，从而使得割裂的土地利用和驱动因子在各分区内部达成新的耦合关系，由于割裂后面积变小，拟合效果变差，各分区中水域 Logistic 回归的 ROC 值趋于 0.5 就是很好的证明。但土地利用整体受自然因子影响>近距性因子影响>社会人文、经济因子影响的主要趋势没有变化，说明黔中各喀斯特分区内的土地利用类型分布主要是由自然构造、地貌发育大背景的物质基础所影响，人类活动更多的只是因势利导利用和改造着地表景观的状态。

第6章　亚喀斯特景观区土壤侵蚀评价与特征分析

6.1　贵州省亚喀斯特地区土壤侵蚀量评价

1. 概述

土壤侵蚀是自然过程，但过量的土壤侵蚀将导致土层变薄、肥力衰退、含蓄水能力降低，从而导致耕地荒芜、气候恶劣和生态环境恶化等自然灾害。在喀斯特环境中，土壤与母岩层间往往是一个较光滑的石灰岩层面，母质母岩表层与土壤上层的接触面界限分明，不存在过渡结构，二者相互依存关系低(万国江，1995)。在亚喀斯特环境中，由于母质表层石灰岩中杂质含量高，光滑度较典型喀斯特石灰岩较低，具有较强的附着力，较薄的土层与母质母岩之间有一个较紧实的接触面，当地表水下渗后，在接触面上径流冲刷作用下，与典型喀斯特石灰岩上的土壤相比，水土流失程度较轻。本章应用土壤侵蚀方程来计算亚喀斯特地区土壤侵蚀量，并应用《土壤侵蚀分类分级标准》(SL 190—2007)来进行土壤侵蚀分级，以此来评价亚喀斯特地区水土流失效应。

2. 土壤侵蚀量评价方法

单位面积土壤现实侵蚀量 A_r：

$$A_r = R \cdot K \cdot L \cdot S \cdot C \cdot P \tag{6.1}$$

单位面积土壤潜在侵蚀量 A_p：

$$A_p = R \cdot K \cdot L \cdot S \tag{6.2}$$

式中，R 为降雨-径流因子，用多年平均年降雨侵蚀力指数表示；K 为土壤可蚀性因子，表示为标准小区单位降雨侵蚀力形成的单位面积上的土壤流失量，标准小区定义为22.13m(72.6英尺)长、9%坡度、连续保持清耕休闲状态，且实行顺坡耕作的小区；L 为坡长因子(无量纲)；S 为坡度因子(无量纲)；C 为植被覆盖因子(无量纲)；P 为水土保持措施因子(无量纲)。其中，L、S、C、P 分别表示为各自实际条件下的土壤流失量与对应标准小区条件下土壤流失量的比值。

水土流失强度通过土壤侵蚀强度来评价，计算土壤侵蚀强度指标，本章采用全国生态系统服务功能评价中所获取的土壤侵蚀模数数据，评价区域的土地特征信息参考全国生态系统格局、全国1∶100万数字化土壤图中的数据，分级标准基于《土壤侵蚀分类分级标准》(SL 190—2007)，并进一步将其中的六级分类合并为微度、轻度、中度、重度(强度、极强度)与极重度五个等级，评价标准具体如表6.1所示。

表 6.1　土壤侵蚀强度分级标准表

级别	平均侵蚀模数/[t/(km²·a)]		
区域	西北黄土高原区	东北黑土区/北方土石山区	南方红壤丘陵区/西南土石山区
微度	<1000	<200	<500
轻度	1000～2500	200～2500	500～2500
中度	2500～5000		
重度	5000～15000		
极重度	>15000		

3. 技术路线

土壤侵蚀量评价技术路线如图 6.1 所示。

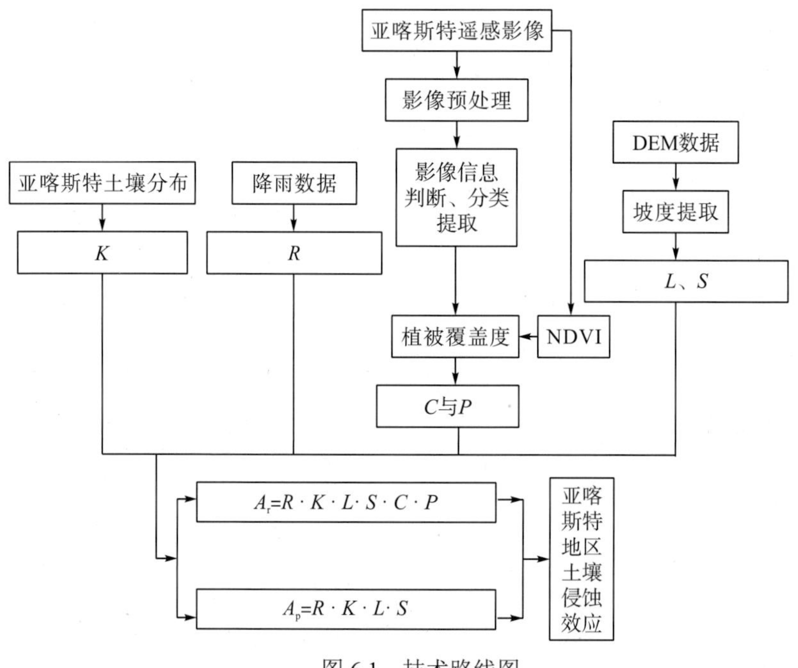

图 6.1　技术路线图

4. 土壤侵蚀量评价结果

根据本章方法进行计算得出，贵州省亚喀斯特地区土壤现实侵蚀量为 3.9×10^7 t/a，平均土壤现实侵蚀量为 753.89 t/(km²·a)，土壤潜在侵蚀量为 7.2×10^8 t/a，平均潜在土壤侵蚀量为 13797.21 t/(km²·a)。土壤现实侵蚀和土壤潜在侵蚀程度分级如表 6.2、图 6.2、图 6.3 所示。

表 6.2　亚喀斯特生态系统土壤保持功能分级特征面积统计表

侵蚀量	统计参数	微度	轻度	中度	重度	极重度
土壤现实侵蚀量	面积/km²	28832.97	17403.18	4640.01	860.80	201.03
	比例/%	55.50	33.51	8.90	1.70	0.39
土壤潜在侵蚀量	面积/km²	1149.95	7056.43	6844.77	16984.86	18759.93
	比例/%	2.26	13.89	13.48	33.44	36.93

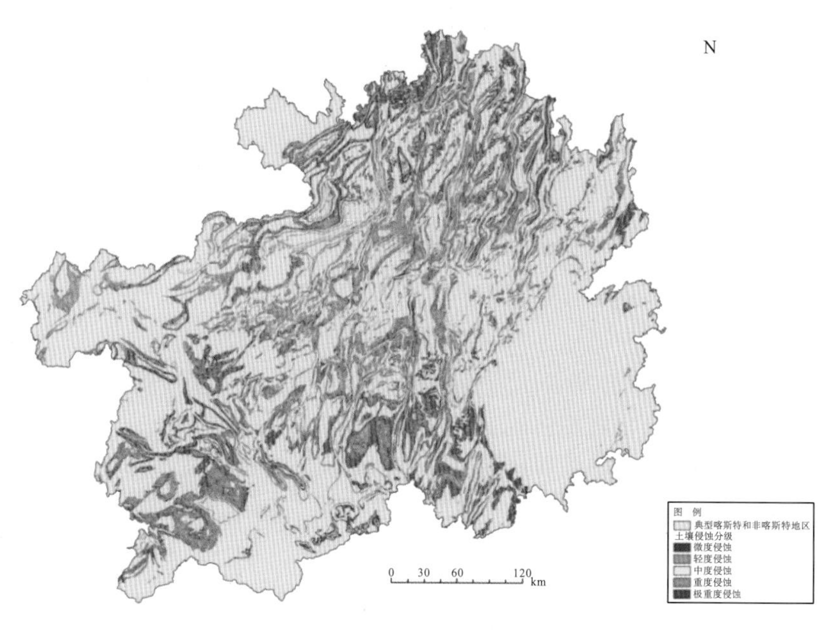

图6.2　亚喀斯特地区土壤潜在侵蚀分级特征分布图

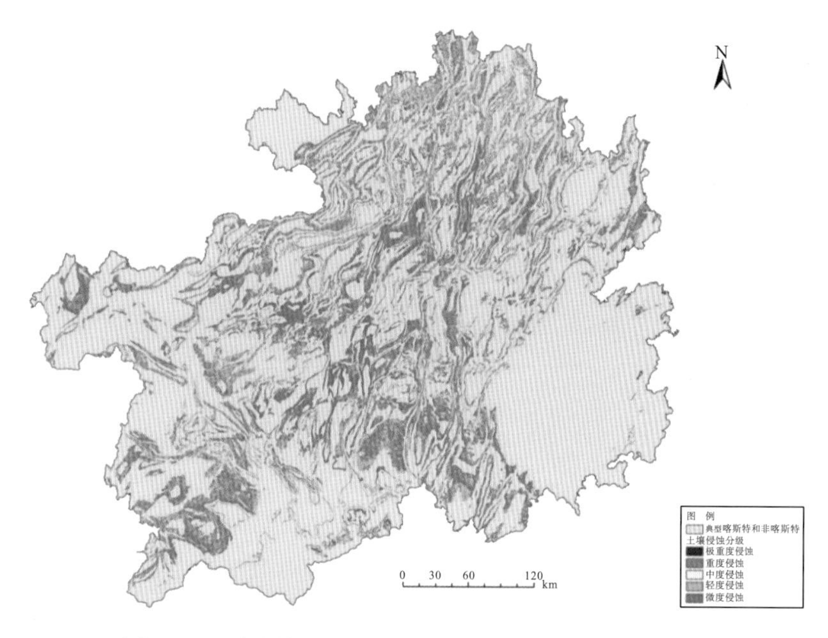

图6.3　亚喀斯特地区土壤现实侵蚀分级特征分布图

6.2　贵州省亚喀斯特地区土壤保持功能评价

1. 概述

土壤保持功能是生态系统的一项重要服务功能，土壤保持是亚喀斯特地区所面临的环境问题之一，本书根据我国 2003 年 5 月开始实施的《生态功能区划暂行规程》中提出的指导意见，采用包括降雨侵蚀力(R)、土壤可蚀性因子(K)、坡度因子(L)、坡长因子(S)、地表覆盖因子(C)和水土保持措施因子(P) 6 个因素的通用土壤流失方程(universal soil loss equation，USLE)进行土壤保持量的定量计算。

2. 土壤保持功能评价方法

单位面积土壤保持量 A_c 为

$$A_c = R \cdot K \cdot L \cdot S(1 - C \cdot P) \tag{6.3}$$

式中，L、S、C、P 因子分别表示为各自实际条件下的土壤流失量与对应标准小区条件下土壤流失量的比值，可根据相应的公式进行计算。

将 USLE 模型应用到土壤保持量评价中，实质是以 GIS 技术为支撑，将整个区域离散化为规则的栅格单元，以单个栅格单元为研究对象分别计算其土壤侵蚀量和土壤保持量，最后经过统计得到区域土壤侵蚀和土壤保持量数据。

土壤保持功能评价技术路线图如图 6.4 所示。

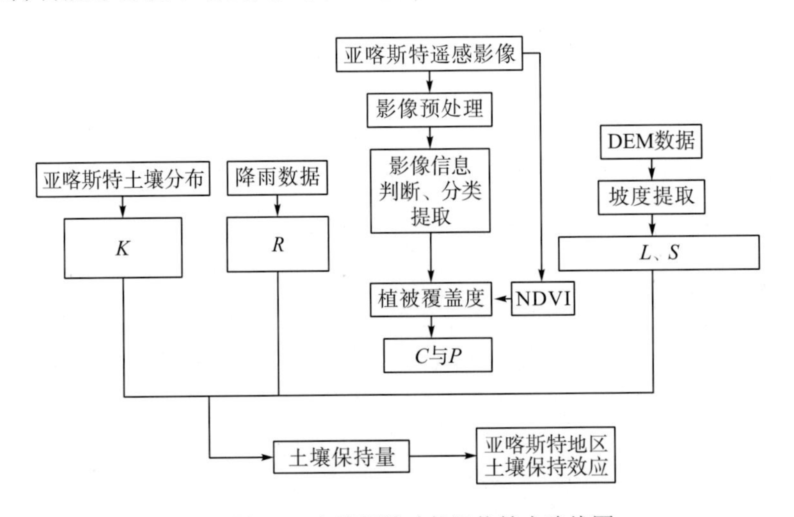

图 6.4　土壤保持功能评价技术路线图

3. 土壤保持功能评价结果

根据式(6.3)计算得到亚喀斯特地区单位面积土壤保持量为 67.33×10^7 t/a，平均土壤保持量为 12935.09 t/(km^2·a)，再将生态系统土壤保持功能的物质量评价结果进行标准化：

$$SSC_i = \frac{SC_x - SC_{min}}{SC_{max} - SC_{min}} \tag{6.4}$$

式中，SSC_i 为标准化之后的生态系统土壤保持功能值；i 为年份；SC_x 为各评价单元(此处为栅格)生态系统土壤保持量；SC_{max} 和 SC_{min} 为生态系统土壤保持量的最大值和最小值。将标准化后的生态系统土壤保持功能评价单元划分为高(0.8～1.0]、较高(0.6～0.8]、中(0.4～0.6]、较低(0.2～0.4]、低(0～0.2]5 个等级。统计贵州省不同级别土壤保持功能生态系统的面积及比例(表 6.3)。

表 6.3　亚喀斯特生态系统土壤保持功能分级特征面积统计表

统计参数	高	较高	中	较低	低
面积/km^2	0.12	2.71	38.25	904.9	51062.36
比例/%	0.0	0.0	0.0	1.9	98.1

如图 6.5 所示，贵州省土壤侵蚀破坏地面完整性，降低土壤肥力，造成土地硬石化、沙化，影响农业生产，威胁城镇安全，加剧干旱等自然灾害的发生、发展，导致群众生活困难、生产条件恶化，阻碍经济、社会的可持续发展。针对贵州省现阶段土壤侵蚀状况，只有从根本出发，改善亚喀斯特地区土壤侵蚀的现实侵蚀量，才能提高土壤保持功能的强度。①综合治理土壤侵蚀，从亚喀斯特地表径流形成地段开始，沿径流运动路线，因地制宜，步步设防治理，实行预防和治理相结合，以预防为主；治坡与治沟相结合，以治坡为主；工程措施与生物措施相结合，以生物措施为主。只有采取各种措施进行综合治理，才能更有效地治理贵州的土壤侵蚀现象。②加强对亚喀斯特地区林草植被建设的力度，要采取最严厉措施，严格控制森林采伐、毁林开荒、坡地种植农作物、过度放牧，开矿采石和人为破坏生态环境的行为，以保护和培育好现有植被和水土保持设施为重点，遵循适地适树的原则，加强整地措施，搞好封育管护，全面提高造林种草的成活率和保存率。退耕还林还草和荒山荒坡造林种草相结合进行。③合理配置亚喀斯特地区水土资源，化解土壤侵蚀防治政策实施中出现的问题，进一步优化土地资源综合整治措施体系。改善用地条件，不合理的地区应退耕还林还草，提高植被覆盖度。

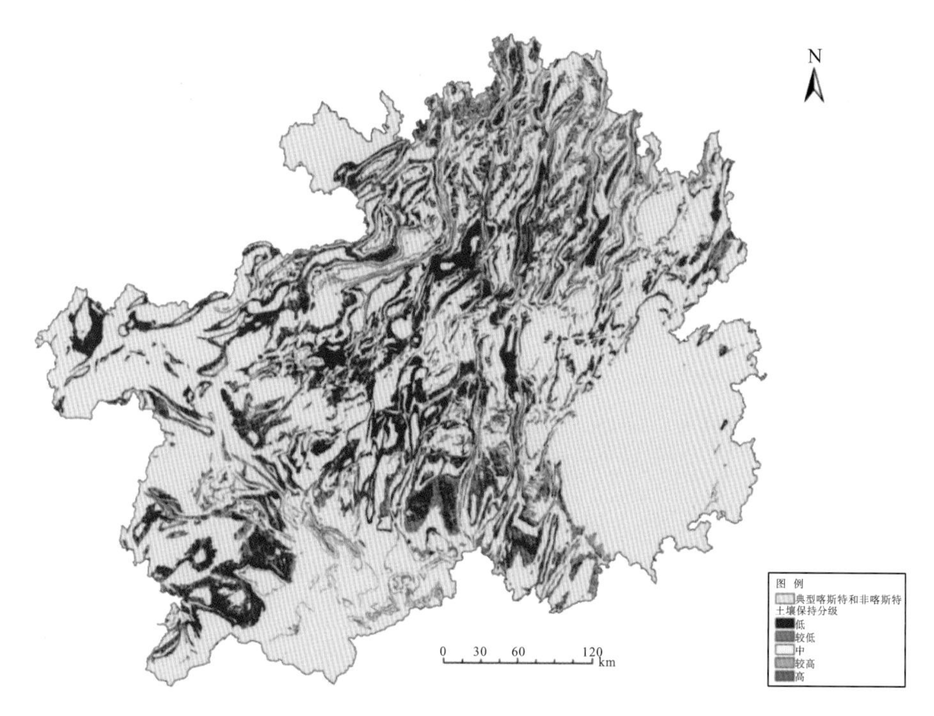

图 6.5　亚喀斯特地区土壤保持功能分级特征分布图

第7章　亚喀斯特地区石漠化效应

7.1　亚喀斯特地区石漠化现状

1. 概述

贵州省属于亚热带喀斯特高原山区，地处世界三大连片喀斯特发育区之一的东亚片区中心，是世界上喀斯特相对面积最大、形态最典型、发育最复杂、景观类型最多样的地区。石漠化是指在喀斯特脆弱生态环境下，人类不合理的社会经济活动造成人地矛盾突出，植被破坏，土壤侵蚀，岩石逐渐裸露，土地生产力衰退甚至丧失，地表在视觉上呈现类似于荒漠景观的过程。本章根据贵州省实际，采用定量和定性的方式分析、提取并制作贵州省亚喀斯特地区石漠化数据，通过统计分析等方式对贵州省亚喀斯特地区空间分异格局进行分析。

2. 石漠化分级评价方法

1）评价指标及权重

通过贵州省地质图得出全省的岩性图，再根据亚喀斯特的定义及其形成原因，将亚喀斯特地区岩石分为：白云岩碎屑岩互层、白云岩夹碎屑岩组合、灰岩碎屑岩互层、灰岩夹碎屑岩组合、灰岩白云岩混合岩类。在亚喀斯特地区选取岩性、土地覆被类型、坡度、植被覆盖度、基岩裸露率这5个关键因子来判定石漠化定级。通过不同方式计算得出5个关键因子的石漠化权重图，并用专家打分法对5个关键因子划分不同等级且赋予不同的权重值，各个因子的等级和权重如表7.1～表7.5所示。

表7.1　岩性分级及分值表

岩性	白云岩碎屑岩互层	白云岩夹碎屑岩组合	灰岩碎屑岩互层	灰岩夹碎屑岩组合	灰岩白云岩混合岩类
分值	2	3	5	6	7

表7.2　土地覆被类型分级及分值表

土地覆被类型	33、34、35、36、41、51、52、53、54	101、102、103、104、105、111	106、107、108、112、24	109、110、42	23、61、62、63、66、67	65
分值	0	1	3	5	7	9

注：数据来自全国遥感监测土地利用/覆盖分类体系。

表7.3　坡度分级及分值表

坡度	<5°	5°～15°	15°～25°	25°～35°	>35°
分值	1	3	5	7	9

表 7.4　植被覆盖度分级及分值表

植被覆盖度	<0.2	0.2～0.35	0.35～0.5	0.5～0.7	>0.7
分值	9	7	5	3	1

表 7.5　基岩裸露率分级及分值表

基岩裸露率	<0.1	0.1～0.3	0.3～0.5	0.5～0.7	>0.7
分值	1	3	5	7	9

通过表 7.1～表 7.5 可知，对各因子进行权重赋值并制图，其中岩性图、土地覆被类型图是在矢量数据的基础上进行赋值，然后对赋好值的矢量图进行栅格化，得出岩性和土地覆被类型的权重图；而坡度权重图是采用贵州省 DEM 数据直接提取坡度，然后通过表 7.3 对坡度进行等级划分并赋予权重值；植被覆盖度和基岩裸露率的权重图是通过上述指标体系方法算出的植被覆盖图和基岩裸露率图进行等级划分后赋权重所得。

石漠化分级评价技术路线如图 7.1 所示。

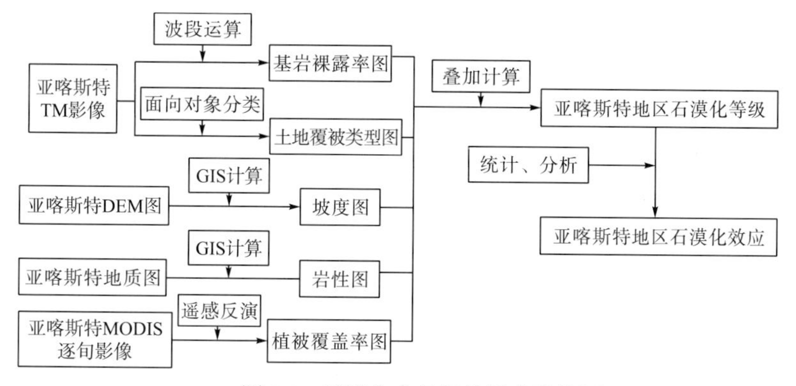

图 7.1　石漠化分级评价技术路线图

2) 评价方法及分级标准

根据以上数据，制作出五大关键因子栅格图，再通过 ArcGIS 的栅格计算器，利用下面公式计算亚喀斯特地区石漠化数据：

$$SS_j = \sqrt[5]{\prod_{i=1}^{5} C_i} \tag{7.1}$$

式中，SS_j 为 j 空间单元石漠化指标度；C_i 为 i 因子的石漠化等级值。通过式(7.1)计算出亚喀斯特地区石漠化指标图，这是一个 0～10 的栅格图，再通过石漠化地区和非石漠化地区图对石漠化指标图进行空间掩膜处理，对处理后的图再通过 Reclassify 功能将石漠化指标图分级赋值，最终得出无石漠化、轻度石漠化、中度石漠化、重度石漠化、极重度石漠化 5 个级别。分级赋值标准如表 7.6 所示。

表 7.6　亚喀斯特地区石漠化分级及分值

石漠化等级	无石漠化	轻度石漠化	中度石漠化	重度石漠化	极重度石漠化
分值	0～5	5～6	6～7	7～8	8～9

3. 石漠化分级评价结果

根据上述研究方法，计算得出贵州省亚喀斯特地区石漠化等级分布及各等级分布面积，如图 7.2 和表 7.7 所示。

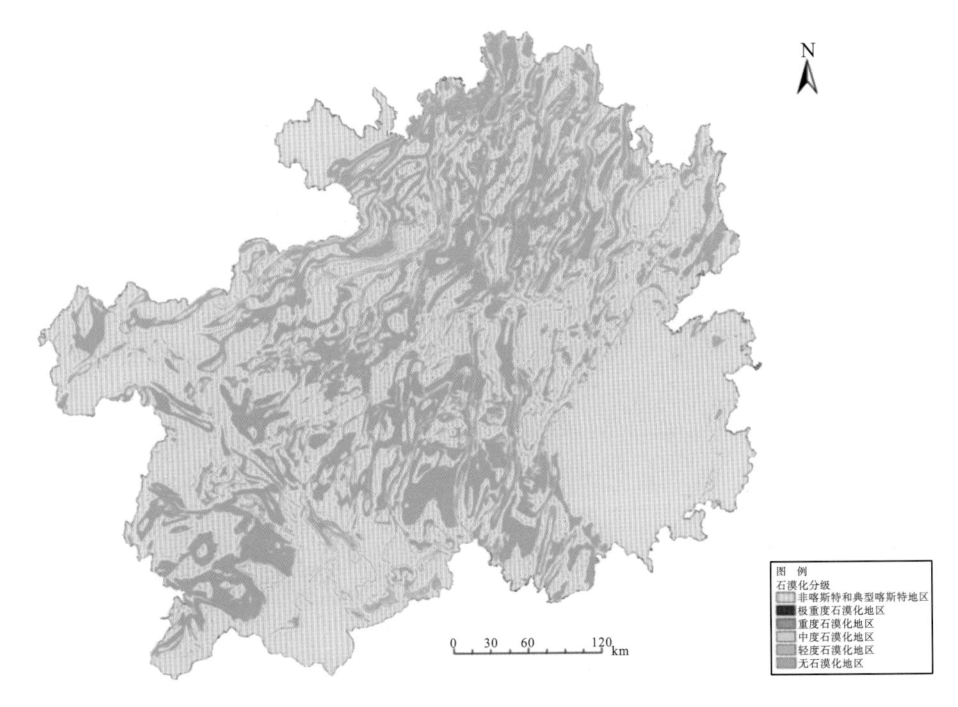

图 7.2　亚喀斯特地区石漠化等级分布图

表 7.7　贵州省不同喀斯特分区石漠化等级统计

喀斯特分区	等级	极重度石漠化	重度石漠化	中度石漠化	轻度石漠化	无石漠化
亚喀斯特地区	面积/km^2	1.10	9.59	309.91	310253.00	48597.95
	比例/%	0.00	0.00	0.09	86.38	13.53
典型喀斯特地区	面积/km^2	484.73	3690.31	13941.86	10503.86	28673.44
	比例/%	0.85	6.44	24.33	18.33	50.05

综上可知，贵州省典型喀斯特地区和亚喀斯特地区的石漠化等级分布是有明显差异的，贵州省亚喀斯特地区主要以轻度石漠化为主；典型喀斯特地区极重度石漠化和重度石漠化所占比例接近 7.3%，而且中度石漠化和轻度石漠化等级所占比例较高。与亚喀斯特地区相比，典型喀斯特地区极重度石漠化和重度石漠化的面积多，是因为典型喀斯特地区岩石主要是由纯的连续性石灰岩和白云岩及灰岩白云岩互层组成，这类岩石极容易受到水的侵蚀和腐蚀，在人为等外力作用下，极易发生石漠化，且程度较深；而亚喀斯特地区岩石组成主要是由不纯的灰岩-碎屑岩和白云岩-碎屑岩组成，其中含有较多杂质，而且大多数杂质不溶于水，因此在外力影响因素下，石漠化发育程度极低。

7.2　亚喀斯特黔中典型样区石漠化景观特征分析

1. 研究区概况

典型样区黔中地区位于贵州省中部，处于 105° 43′25.641″E～108° 11′47.184″E，25° 39′3.534″N～27° 30′58.187″N，其范围包括贵州省贵阳市，安顺市的西秀区、平坝区和普定县，黔南州的福泉市、贵定县、瓮安县、长顺县、惠水县和龙里县，黔东南州的黄平县等，共计 20 个县(市、区)/250 个镇(乡)。区域面积为 53724.72km^2，约占贵州省总面积的 30.5%，大部分属于贵州高原的喀斯特丘陵地貌发育区域。

2. 喀斯特分区

喀斯特地貌作为一种在碳酸盐岩上发育的岩溶景观，基岩可溶性碳酸盐岩的纯度和种类不同，导致其地表发育的景观有所差异。为了准确地探讨喀斯特发育情况与地表景观间的相互关系，本节依据 1963 年《广西地貌区划》中同一区域内由于有一两个指标不同而不能划分为同一区域时可划分亚区的观点，国家 1∶20 万地质图中岩性的划分及夹层、互层情况，对研究区内的喀斯特区域进行典型喀斯特和亚喀斯特二次划分，其分类体系如表 7.8 所示，结合矢量化的 1∶20 万贵州省地质图得到黔中喀斯特分区图，如图 7.3 所示。

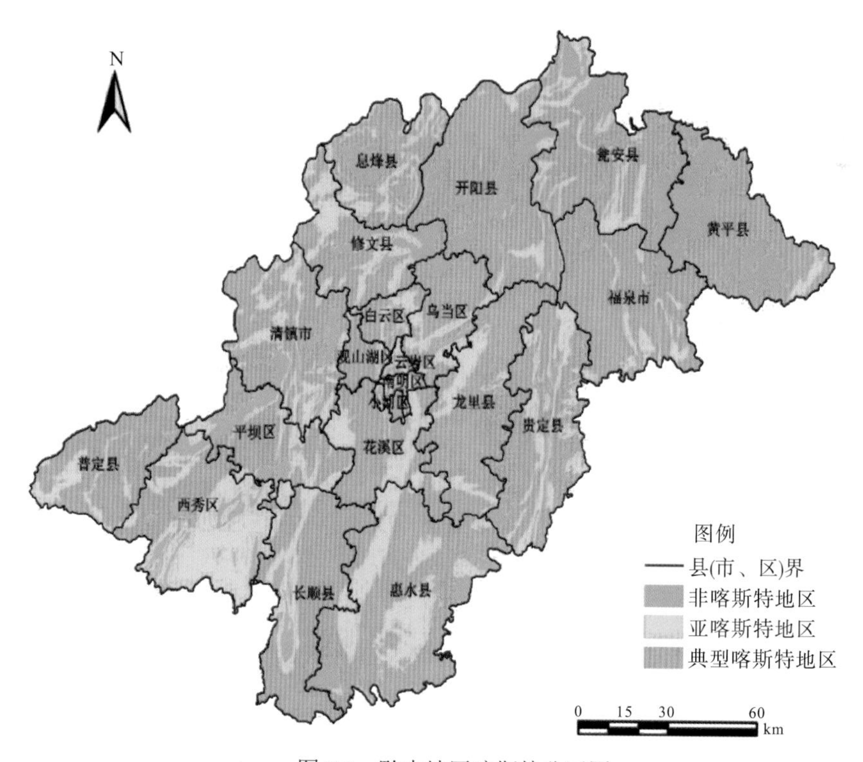

图 7.3　黔中地区喀斯特分区图

表 7.8　喀斯特类型划分体系表

喀斯特类型	岩性	地貌发育特征说明
典型喀斯特	石灰岩 白云岩	岩石可溶性较高，常发育峰林、峰丛、洼地、谷地、峰丛洼地、峰林谷地等典型喀斯特地貌，地表较为复杂
亚喀斯特	泥质石灰岩 泥质白云岩 碳酸盐岩与非碳酸盐岩的夹层和互层	岩石含可溶性成分较低，峰林、峰丛等典型岩溶地貌特征发育不明显，总体地表复杂度较典型喀斯特区域小

3. 主要数据源

1) 遥感影像数据

本节使用 2015 年 Landsat 8 的 ETM+影像数据（可从 USGS 网站 http://glovis.usgs.gov/ 下载得到行列编号分别为 126/41-42 和 127/41-42 及 128/42 的 5 景影像）。

2) 地理基础数据

地理基础数据为描述地表基本属性的自然数据，包括 DEM、坡度(slope)和土壤厚度等基础地理信息数据等。其中，空间分辨率为 30m 的 DEM 数据（图 7.4）从中国科学院科学数据中心(http://www.csdb.cn)下载得到，然后在 ArcGIS 软件中用 slope 工具生成坡度数据（图 7.5）。土壤厚度数据则通过查询《贵州省土种志》统计得到各土壤类型的土壤平均厚度值，然后赋值给现有的贵州省土壤类型图从而得到贵州省土壤厚度图（图 7.6）。

3) 统计数据

统计数据主要包括反映人口数量的人口密度数据和反映区域经济的人均 GDP 数据。通过查询 2010 年第六次人口普查数据，以乡镇为单位统计并生成人口密度图层（图 7.7）。

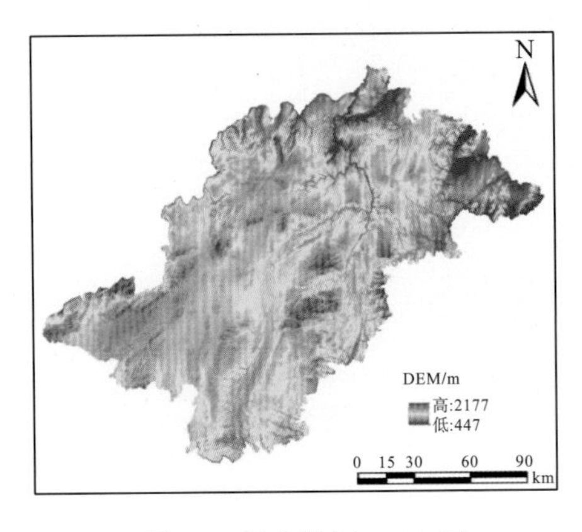

图 7.4　黔中地区 DEM 图

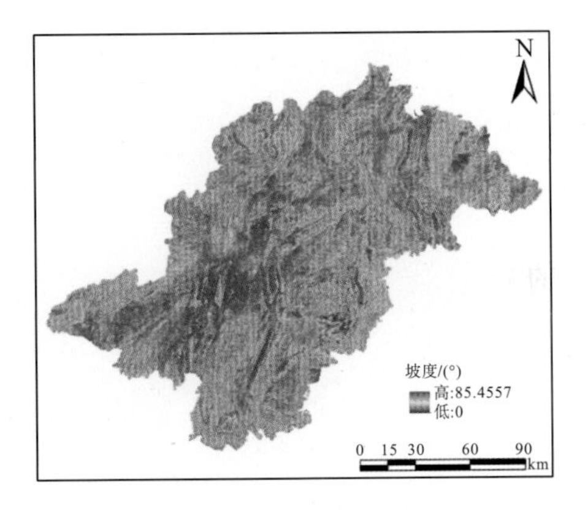

图 7.5　黔中地区坡度图

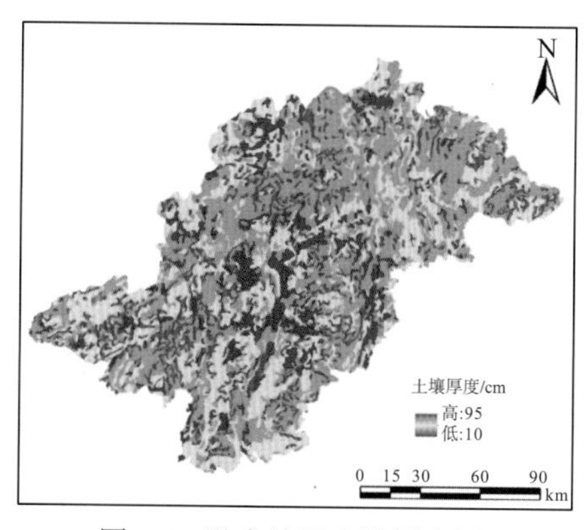

图 7.6　黔中地区土壤厚度图

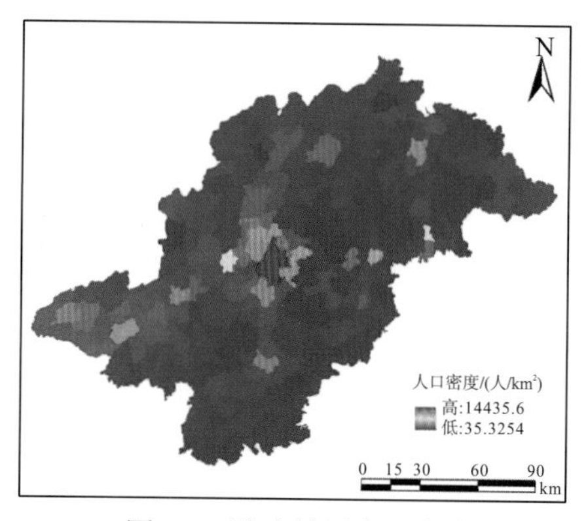

图 7.7　黔中地区人口密度图

4. 研究方法

1) 石漠化指数 K 计算方法

为了更加方便地用一种直观简洁的方式来描述石漠化的空间分布状况和等级程度，并且能够进一步从生态单元的角度进行评价，将石漠化数据与生态单元进行叠置，得到石漠化生态单元数据，引进石漠化指数，其计算公式(李阳兵 等，2010)如下：

$$K = \sum_{i=1}^{n} C_i P_i \tag{7.2}$$

式中，C_i 为第 i 类景观的石漠化强度的分级值，将非喀斯特、无石漠化、轻度石漠化、中度石漠化、重度石漠化和极重度石漠化分等定级赋值为 0、0、2、4、6 和 8；P_i 代表第 i 类石漠化景观所占的面积比例；石漠化指数 K 值越大表明石漠化等级越高，石漠化发育程度越严重。

2) 探索性空间数据分析手段

探索性空间数据分析(exploratory spatial data analysis，ESDA)手段是一种对空间信息进行分析的“数据驱动”的统计方法，主要是利用统计学原理和图形及图表等相互结合来描述并揭示对象的空间分布，进而分析数据的空间联系等其他异质性(吕韬和曹有挥，2010)。最常见的表征指标是莫兰 I 数(Moran I)，主要包括全局 Moran I 和局部 Moran I (关伟和朱海飞，2011；邱炳文 等，2007)。空间自相关分析是分析空间格局的重要手段，属于定量研究空间关系问题的重要方法，可以通过运用此种地学统计方法，研究区域石漠化指数的空间分布格局，揭示不同喀斯特分区石漠化分布的空间异质性，探查相应的热点区和冷点区(胡艳兴 等，2015)。

(1) 全局空间自相关指标计算。全局 Moran I 用于探测整个研究区域空间相关性的总体空间模式，是属性值在空间上的聚集或分散程度，Moran I 介于−1 和 1。若 Moran I 越接近 1，则表示石漠化程度较高(或较低)的区域在空间上越显著集聚；相反，当 Moran I 为负值，则表明区域与相邻区域的石漠化发育水平有明显的空间差异。值越接近−1，表明总体空间差异越大；当 Moran I 取值为 0 时，可以表征区域在空间上不相关，其计算公式(陈斐和杜道生，2002)如下：

$$\text{Moran I} = \frac{n\sum_{i=1}^{n}\sum_{j=1}^{n}\boldsymbol{w}_{ij}\left[\boldsymbol{w}_{ij}\left(x_i-\overline{x}\right)\left(x_j-\overline{x}\right)\right]}{\left(\sum_{i=1}^{n}\sum_{j=1}^{n}\boldsymbol{w}_{ij}\right)\sum_{i=1}^{n}\left(x_i-\overline{x}\right)^2} \tag{7.3}$$

式中，n 为研究空间区域单元个数；x_i 和 x_j 为单元 i 和单元 j 的观测值；$\boldsymbol{w}_{ij}$ 为空间权重矩阵；$\overline{x}$ 为 x 的均值，在 x_i 和 x_j 相邻时值为 1，否则值为 0。

(2) 局部空间自相关指标计算。由于全局自相关分析不能很好反映变量聚集的具体地理空间，为了探查黔中地区石漠化程度高聚集和低聚集的分布状况，通过引入局部空间自相关指标(local indicators of spatial association，LISA)反映局部区域单元的空间差异，它是描述相似单元之间空间聚集程度的指标(用 Local Moran I 表示)。Local Moran I 的值为正值表明区域单元存在正的局部空间自相关，否则表明存在负的局部空间自相关。计算公式(Anselin，1995)如下：

$$\text{Local Moran I} = \frac{\left(x_i-\overline{x}\right)}{m_{\text{o}}}\sum_{j}\boldsymbol{w}_{ij}\left(x_i-\overline{x}\right) \tag{7.4}$$

式中，$m_{\text{o}}=\sum\left(x_i-\overline{x}\right)^2/n$；其他指标含义同前。

(3) 热点分析统计指标计算。热点分析统计指标 G_i 可以进一步说明局部空间自相关的聚集性的特征，用以识别区域的高值簇与低值簇，即热点区与冷点区的空间分布。其计算公式(靳诚和陆玉麒，2009)为

$$G_i = \frac{\sum_{j}\boldsymbol{w}_{ij}x_i}{\sum_{j}x_j} \tag{7.5}$$

式中，各参数含义同前。

3) 景观指数

景观指数如表 7.9 所示。

表 7.9　景观指数表

景观指数	指数公式	指数含义
斑块平均面积 $\left(\text{AREA\_MN}/\text{hm}^2\right)$	$\text{AREA\_MN}=\left(10000n_i\right)^{-1}\max\sum_{i=1}^{n}a_{ij}$	某一斑块类型中斑块的平均面积
斑块面积极差 $\left(\text{RA}_a\right)$	$\text{RA}_a=a_{\max}-a_{\min}$	某一斑块类型中斑块的面积极差
斑块面积标准差 $\left(\text{AREA\_SD}\right)$	$\text{AREA\_SD}=\sqrt{\frac{1}{n_i}\sum_{j=1}^{n}\left[x_{ij}-\left(\frac{1}{n}\sum_{j=1}^{n}x_{ij}\right)\right]^2}$	某一斑块类型中斑块的面积标准差
景观形状指数 (LSI)	$\text{LSI}=\frac{0.25E}{\sqrt{A}}$	斑块类型的复杂程度

续表

景观指数	指数公式	指数含义
周长-面积分维数(PAFRAC)	$\mathrm{PAFRAC}=\dfrac{2\left(n_i\sum_{i=1}^{n}\ln p_{ij}{}^2-\sum_{i=1}^{n}\ln p_{ij}\right)}{n_i\sum_{i=1}^{n}\left(\ln p_{ij}-\ln a_{ij}\right)-\sum_{i=1}^{n}\ln p_{ij}\sum_{i=1}^{n}\ln a_{ij}}$	斑块类型的边界褶皱程度
香农多样性指数(SHDI)	$\mathrm{SHDI}=-\sum_{i=1}^{n}p_i\log_2 p_i$	景观斑块的数量和单个要素所占比例的变化
香农均匀度指数(SHEI)	$\mathrm{SHEI}=-\sum_{i=1}^{n}p_i\log_2 p\left(\log_2 n\right)^{-1}$	斑块类型各组分的均匀程度
蔓延度指数(CONTAG)	$\mathrm{CONTAG}=1+\dfrac{\sum_{i=1}^{n}\sum_{j=1}^{n}\left[p_i\left(\dfrac{g_{ij}}{\sum_{j=1}^{n}g_{ij}}\right)\right]\left[\ln\left(p_i\right)\left(\dfrac{g_{ij}}{\sum_{j=1}^{n}g_{ij}}\right)\right]}{2\ln\left(n\right)}100$	不同斑块类型的团聚程度或延展趋势
分离度指数(SPLIT)	$\mathrm{SPLIT}=\dfrac{A^2}{\sum_{i=1}^{n}a_{ij}{}^2}$	斑块面积的累计分布

各指数的具体计算公式和含义见 FRAGSTATS 官网上的详细介绍。

各等级石漠化组成统计表(表 7.10)定量统计各等级石漠化所占面积，无石漠化区域占研究区面积约 60.70%，在石漠化面积中，轻度石漠化面积比例最大，所占比例为 9.11%，其次是中度石漠化、重度石漠化，分别占研究区面积的 8.59%、1.40%，极重度石漠化所占面积仅有 0.07%。

表 7.10　各等级石漠化组成百分比

石漠化类型	面积/km^2	面积比例/%
非喀斯特	10811.41	20.12
无石漠化	32612.72	60.70
轻度石漠化	4893.41	9.11
中度石漠化	4615.61	8.59
重度石漠化	751.27	1.40
极重度石漠化	40.28	0.07

根据研究区的实际情况及所使用数据的图斑大小，选取 3 种类型的生态单元格网大小为 250m×250m、500m×500m 和 1000m×1000m。将得到的 K 值，按照表 7.11 的划分标准分级，对应不同等级的石漠化强度(图 7.8)。

表 7.11　石漠化等级的 K 值范围

K 值	石漠化等级
0～0.2	非喀斯特
0.2～0.5	无石漠化
0.5～2	轻度石漠化
2～4	中度石漠化
4～6	重度石漠化
6～8	极重度石漠化

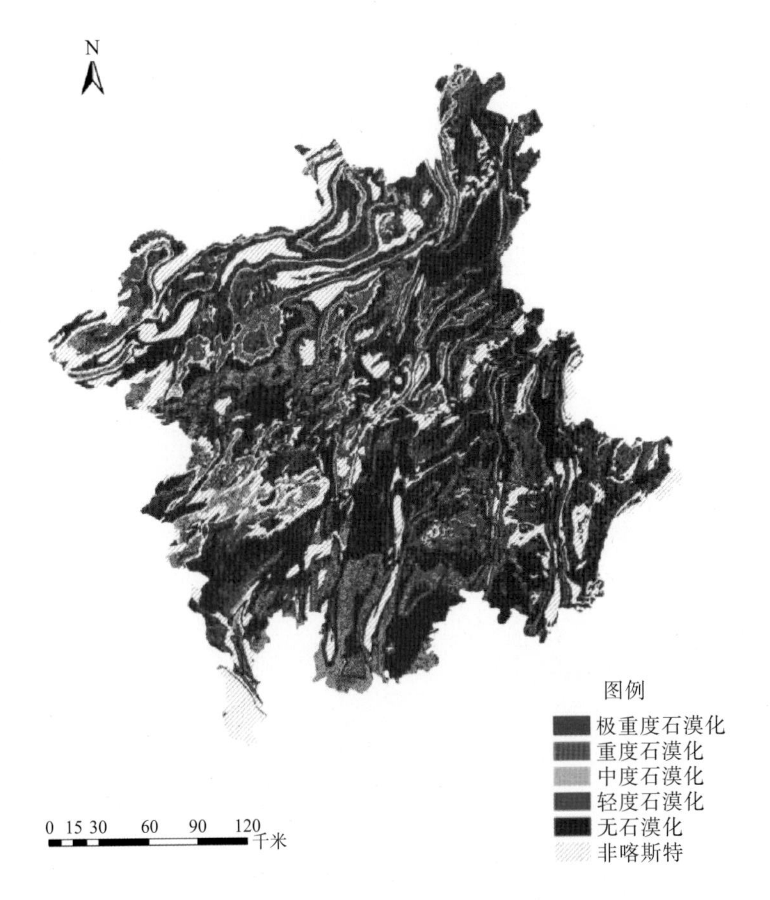

图 7.8　石漠化等级空间分布图

在 3 种生态单元条件下得出的结论大体一致，选择更接近实际情况的 250m×250m 生态单元进行分析，需要说明的是，在后文的统计及论述中不讨论 K 值为 0～0.2 和 0.2～0.5 的范围，前者视为非喀斯特地区，后者视为无石漠化。

由图 7.9 可看出，轻度石漠化的比例在石漠化等级中都是最大的，且在每一种岩性类别中都占到了平均石漠化面积的 50%以上，重度石漠化和极重度石漠化所占面积相对较小。

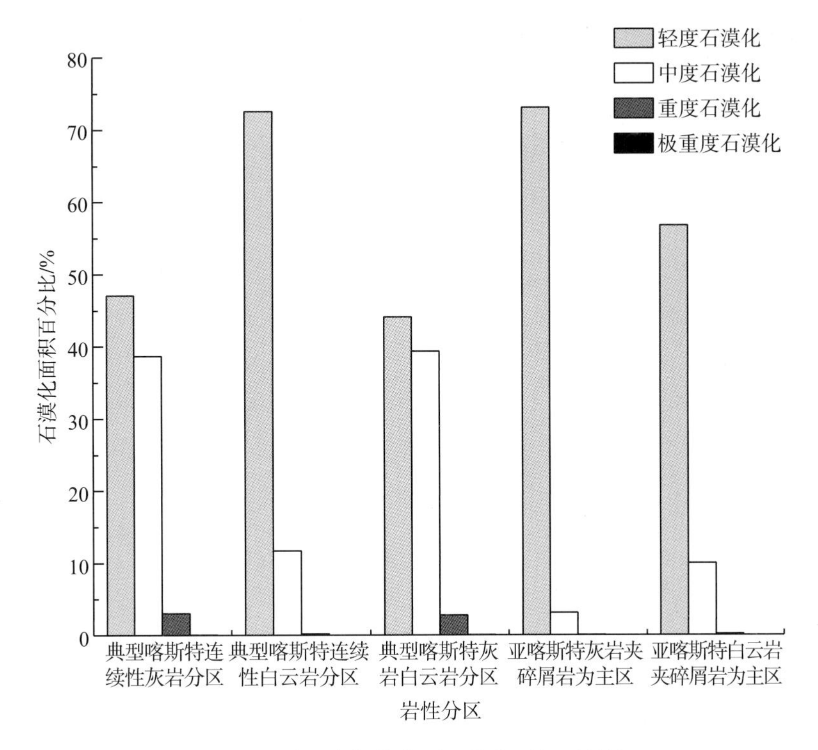

图 7.9　不同喀斯特分区石漠化面积百分比

重度石漠化在典型喀斯特连续性灰岩分区中所占比例最大，所占比例为所有石漠化面积的 3.01%，在典型喀斯特连续性白云岩分区中占 0.19%，在典型喀斯特灰岩白云岩分区中也有 2.75%的比例，相对来看在亚喀斯特分区中重度石漠化占总石漠化面积的比例都较小，如在亚喀斯特灰岩夹碎屑岩为主区和亚喀斯特白云岩夹碎屑岩为主区中分别占 0.06%、0.18%，因为所占比例太少，所以图上没有显示。由此可以得出重度石漠化主要分布在典型喀斯特分区，并且主要以其中的连续性灰岩分区为主。

中度石漠化同样主要分布在典型喀斯特连续性石灰岩分区和连续性白云岩分区，以及典型喀斯特灰岩白云岩分区中，所占比例分别为 38.66%、11.72%和 39.30%，而在亚喀斯特灰岩夹碎屑岩为主区和白云岩夹碎屑岩为主区中分别为 3.09%和 9.99%。

轻度石漠化在亚喀斯特分区中所占的比例相对典型喀斯特分区更大，特别是在亚喀斯特灰岩夹碎屑岩为主区中比例最大，达到了 73.04%，其次是典型喀斯特连续性白云岩分区中占 72.56%，在亚喀斯特白云岩夹碎屑岩为主区中为 56.71%，比例稍小的是典型喀斯特连续性灰岩和白云岩分区，分别为 47.07%和 44.10%。

极重度石漠化占所有石漠化类型的比例都很小并且只分布在典型喀斯特分区中，在典型喀斯特连续性石灰岩和连续性白云岩分区，以及灰岩白云岩分区中，比例分别为 0.06%、0.02%和 0.04%。

石漠化指数 K (图 7.10) 是随着生态单元大小变化呈现规律性变化的。在典型喀斯特分区中，对于轻度石漠化评价差异最大，对极重度石漠化评价差异最小，从石漠化等级方面看，无石漠化和轻度石漠化都以 1000m×1000m 的格网值最大，500m×500m 次之，250m×250m 最小，中度石漠化则以 500m×500m 格网值最大，250m×250m 次之，1000m×1000m 最小，等级较高的重度石漠化和极重度石漠化随着格网的增大，*K* 值逐渐减小。在亚喀斯特分区中，不同格网间以无石漠化差异最大，其余等级石漠化都较接近，差异最小的同典型喀斯特分区一致，均为极重度石漠化。无论在哪个分区，格网对总体的变化趋势没有影响。

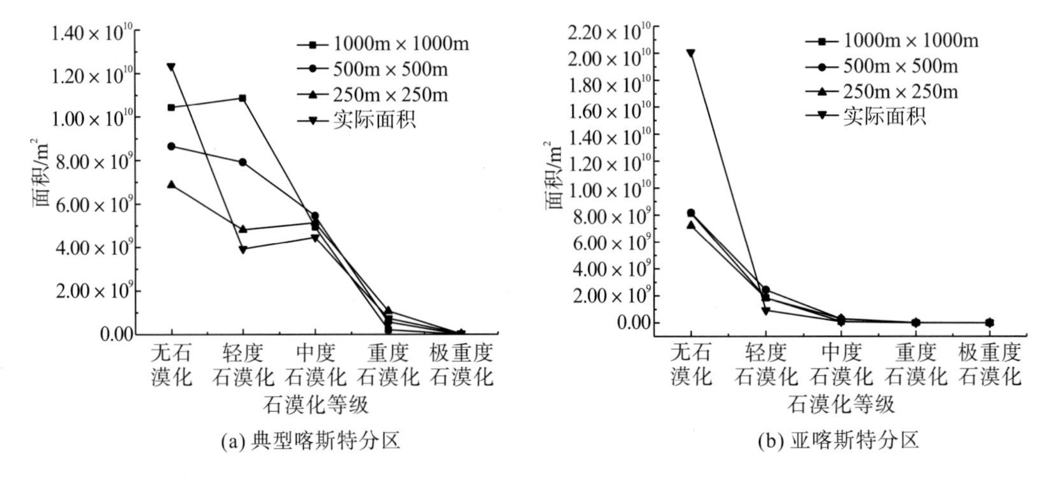

(a) 典型喀斯特分区　　(b) 亚喀斯特分区

图 7.10　不同喀斯特分区石漠化指数 *K* 与网格大小

不同喀斯特分区 *K* 平均值如图 7.11 所示。综合图 7.12 比较结果可知，250m×250m 格网的石漠化 *K* 值与石漠化现状最为相符，故后文选取 250m×250m 为分析的基础生态单元。

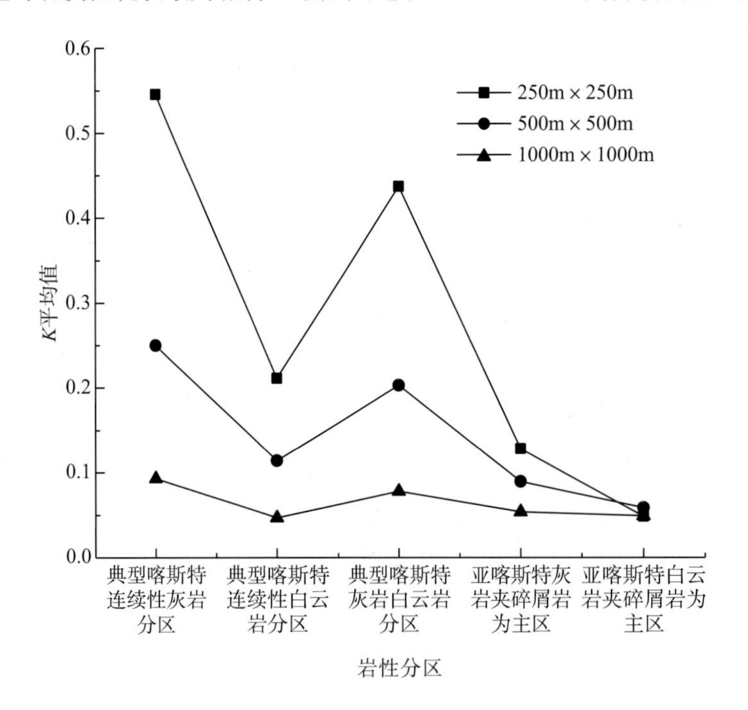

图 7.11　不同喀斯特分区 *K* 平均值

统计不同种类分区的 K 平均值，也能够从石漠化等级指数这一角度分析不同分区的石漠化发育程度。在 3 种不同尺度的格网大小下，呈现的总体特点是相似的：在典型喀斯特分区中，K 平均值在典型喀斯特连续性灰岩分区最大，说明此分区的石漠化的发育程度最强烈，这和前文分析结果一致；其次为典型喀斯特灰岩白云岩分区和连续性白云岩分区。亚喀斯特分区的 K 平均值都较小，灰岩夹碎屑岩为主区高于白云岩夹碎屑岩为主区。从 K 平均值角度也能够表明典型喀斯特分区的石漠化发育程度比亚喀斯特分区严重。由此可得出以下结论。

(1) 不同喀斯特分区的石漠化发育状况有着明显区别。从统计的面积比例数据可知，不同岩性分区中的 K 平均值，以及各类岩性石漠化等级分布都能得出典型喀斯特分区的石漠化发育程度总体较亚喀斯特分区严重，石漠化等级空间分布图和统计数据都能体现极重度石漠化在研究区所占面积很小且只分布在典型喀斯特分区中。碳酸盐岩的流失速率高于其成土速率，从而导致土壤流失进而造成基岩裸露，这是形成石漠化的一个重要原因，石漠化的发育程度同样与碳酸盐岩中的酸不溶物的含量密切相关(王世杰和季宏兵，1999)。亚喀斯特分区主要位于不纯碳酸盐岩及碳酸盐岩与非碳酸盐岩夹层之上，如前文的亚喀斯特灰岩夹碎屑岩为主区和白云岩夹碎屑岩为主区，主要包括泥质灰岩、泥质白云岩、白云岩夹黏土岩、灰岩夹黏土岩、灰岩夹碎屑岩互层和白云岩夹碎屑岩互层等，其岩石组成成分相比较纯的连续性碳酸盐岩分区，即典型喀斯特分区，含有更多的酸不溶物，导致成土速率比连续碳酸盐岩分区快，自然其石漠化程度较轻。

(2) 在所有分区中，典型喀斯特连续性灰岩分区是最易发生石漠化的，且发育程度最为严重，其强度和中度石漠化也都较严重，其次是典型喀斯特连续性白云岩分区。从岩石组成机理来看，灰岩中方解石含量比白云岩大很多，前者可以达到 95%以上，而后者含量低于 5%(周忠发和黄路迦，2003)，总体比较，白云岩中酸不溶物含量高于灰岩，较不易受到溶蚀作用。再加上白云岩表面更粗糙，构成矿物颗粒不均匀(孙承兴和周德全，2002)，导致整体硬度大，容易破碎，机械作用又使得山坡平缓，易保持水土，这些特征综合起来有利于土壤的保持和植被的生长发育。因此，典型喀斯特白云岩分区的石漠化发育程度较灰岩分区低。

(3) 在灰岩分区中，随着碎屑岩成分的增加，石漠化发生率呈现降低趋势，但在白云岩分区中，情况是相反的，石漠化发生率是随着碎屑岩成分增加而增大的。例如，在亚喀斯特分区的灰岩夹碎屑岩为主区和白云岩夹碎屑岩为主区，后者的石漠化情况较前者严重。这是因为从野外调查的工作统计数据来看，白云岩夹碎屑岩为主区的土壤覆被情况一般较灰岩夹碎屑岩为主区较厚，人们对于此分区的利用程度也较高，这也是导致其石漠化发生率较高的原因之一。

构成亚喀斯特分区的岩石组分所含泥质成分较多，易发育土壤和植被，不易发生溶蚀和水土流失，所以其覆被土层较厚，植被土壤发育良好，土地利用率高，但也正因为如此，良好的耕作利用条件使得土地更易受到人为活动的干扰，虽然极端石漠化现象较少，石漠化程度较低，但研究区的轻度石漠化主要分布在此分区。

4) 自相关分析

(1) 全局空间自相关指标。由计算出的黔中地区石漠化指数的全局空间自相关指标均为正值(z>0)可以看出，在这两个分区中，研究区的石漠化程度在空间上并非随机分布，而是呈现一定的空间聚集性，存在着空间正相关关联。总体上，典型喀斯特分区的自相关关联程度要大于亚喀斯特分区，说明前者的石漠化程度较高(或较低)的区域在空间上较后者更加显著聚集，且空间差异更大。讨论在 250m×250m、500m×500m 和 1000m×1000m 3 种不同生态单元尺度下的 Moran I 值(表 7.12)，发现随着生态单元的减小，全局空间自相关指标显著增大，表现出空间的尺度效应。

表 7.12　不同喀斯特分区的 Moran I 值

格网大小	典型喀斯特分区的 Moran I 值	亚喀斯特分区的 Moran I 值
1000m×1000m	0.565	0.327
500m×500m	0.784	0.328
250m×250m	0.860	0.446

(2) 局部空间自相关指标。对单元的石漠化指数进行局域空间关联格局分析，并用来分析石漠化程度的空间关联关系，根据计算出的 LISA 集聚图(图 7.12)，将石漠化指数单元划分为 4 类：①高-高自相关，各单元与相邻单元的石漠化程度均较高，二者表现出空间显著正相关关联；②低-低自相关，各单元与相邻单元的石漠化程度均较低，二者表现出空间显著正相关关联；③高-低自相关，各单元的石漠化指数较大，而相邻单元的石漠化指数较小，二者表现出空间显著负相关关联，在空间位置上呈现中心石漠化程度较高、周围石漠化程度较低的态势；④低-高自相关，各单元的石漠化指数较小，而相邻单元的石漠化指数较大，二者表现出空间显著负相关关联，在空间位置上呈现中心石漠化程度较低、周围石漠化程度较高的态势。

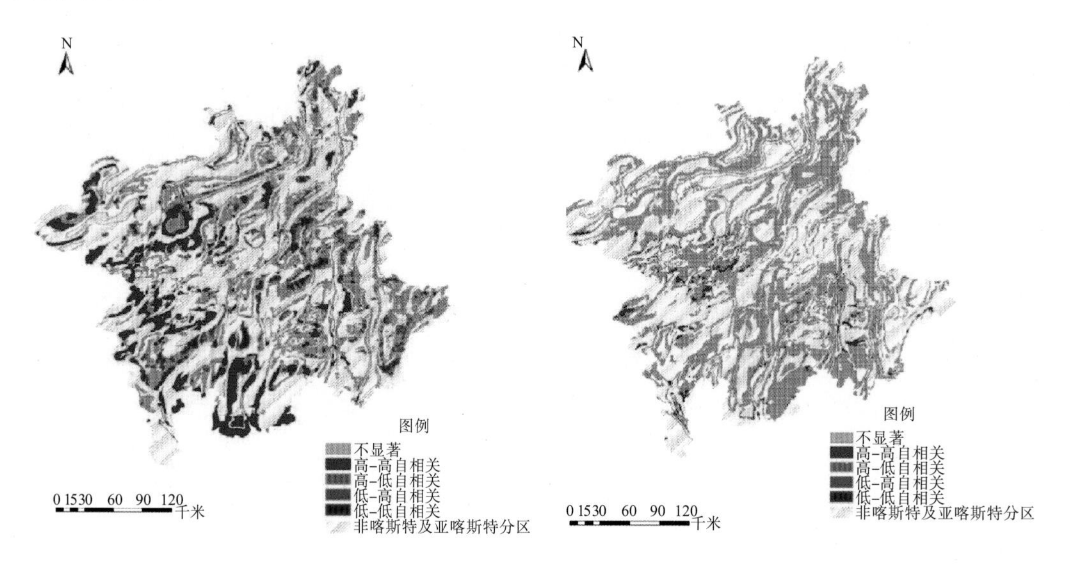

图 7.12　不同喀斯特分区石漠化指数 LISA 聚集图

从总体来看，相较于亚喀斯特分区，典型喀斯特分区的石漠化等级分布空间格局不平衡，高-高自相关区在空间分布上又与石漠化等级高的区域吻合，主要位于研究区的西部和西南部，由于亚喀斯特分区的重度石漠化等级分布较少，其高-高自相关区面积同样较少，主要都是不显著区域大量分布，这和其全局自相关系数较小、空间聚集性较弱等特点也相符。

(3) 小结。

①典型喀斯特分区的低-低自相关区主要分布在以金沙县—息烽县—修文县—贵阳市沿线东北方位的区域，说明这些区域的石漠化及其周边区域的石漠化发育程度都较轻，这些区域通过建设坡改梯水土保持设施，恢复林草植被等措施所实施的石漠化综合治理工程还是取得了一定的成效。高-低和低-高自相关区主要夹杂分布在高-高和低-低相关区的部分边缘，说明这些区域和相邻区域的石漠化发展水平具有一定的差异性。

②亚喀斯特分区的石漠化指数分布，大部分属于不显著的空间格局，高-低、低-高自相关这两种空间分布几乎不存在，分布整体均匀，属于空间上的离散分布格局，石漠化发育状况不严重且在空间分布上较平衡，而在典型喀斯特分区，高-高、低-低、高-低、低-高自相关 4 种空间格局均有分布，说明其石漠化发育空间分布的多样性和复杂性，整体与亚喀斯特分区相比破碎性较强，空间异质性较明显。

5) 热点分析

利用区域空间热点分析，并使用 Jenks 最佳自然断裂法进行空间聚类，将关联系数分为 4 类，按照热点分析统计指标的大小排列分为热点区、热冷点区、冷热点区和冷点区(图 7.13)。从总体上看，典型喀斯特分区的热点区面积要大于亚喀斯特分区，从另一层面也能说明前者的石漠化空间聚集程度要高于后者。

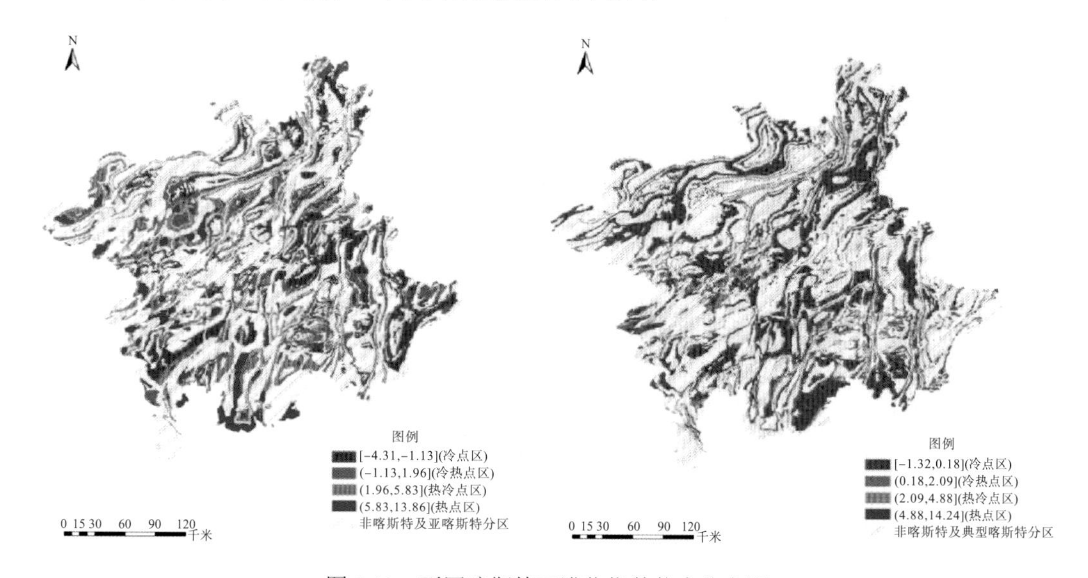

图 7.13　不同喀斯特石漠化指数热点分布图

典型喀斯特分区的热点区集中分布在研究区的西部和西南部，其空间分布同样和重度石漠化的分布情况总体趋势吻合，冷点区主要大片集中在研究区的西北部和西部，热冷点区主要夹杂分布在热点区的边缘及附近地区，同样，冷热点区主要夹杂分布在冷点区的边缘以及附近地区。

相比较，亚喀斯特分区的热点区面积较小，冷点区大片分布，热冷点区和冷热点区面积也不显著。

比较典型喀斯特分区的 LISA 集聚图和热点分布图，发现石漠化指数空间分布高-高自相关区和热点区域在空间上存在显著的一致性，主要都位于黔中地区的西部和西南部，包含一些石漠化较严重的县市，如安顺市、长顺县、惠水县和黔西县等，其余零星分布在西北部的毕节市、大方县等少量地区，也可视作石漠化的“高值聚集区”，这和等级较高石漠化空间分布相似，说明这些石漠化严重地区的周边地区同样存在着较严重的石漠化问题。这片地区主要地处长江、珠江两大水系中上游分水岭地带，其典型的喀斯特生态环境极为敏感和脆弱，再加上独特的水热条件极易导致土地退化和基岩裸露，形成较严重的石漠化，不合理的耕作开垦方式更是加速了生态环境的恶化。对比亚喀斯特分区的情况，发现在此分区的高-高自相关区有分布但所占面积极小，呈条带状分布在石漠化较严重的县市的边缘部分，说明其从一定程度上受到典型喀斯特分区的空间影响，其本身石漠化整体情况较良好。

5. 不同岩性石漠化的景观指数

对比研究区不同岩性条件控制下的不同分区的石漠化景观指数(表 7.13)，选取合适的指标进行石漠化景观空间形态分析、空间关系分析及空间构型分析。

表 7.13　不同岩性石漠化景观指数表

代号	斑块个数(NP)/个	斑块面积(CA)/hm^2	景观形状指数(LSI)	斑块平均面积(AREA_MN)/hm^2	斑块面积标准差(AREA_SD)	斑块密度(PD)/(个/hm^2)	边界密度(ED)	周长-面积分维数(PAFRAC)
1	170995	1054981.26	237.20	6.17	42.37	16.21	74.65	1.35
2	81358	1038023.91	139.62	12.76	502.58	7.84	41.04	1.36
3	12072	69403.23	62.04	5.75	47.938	17.39	74.65	1.38
4	43748	1727390.61	93.65	39.48	2230.65	2.53	12.72	1.34
5	2096	394497.54	34.28	188.21	1889.11	0.53	0.99	1.28

代号	香农多样性指数(SHDI)	香农均匀度指数(SHEI)	分离度指数(SPLIT)	聚集度指数(COHESION)	蔓延度指数(CONTAG)
1	1.28	0.69	3550.37	86.87	37.04
2	0.66	0.36	52.40	98.15	67.35
3	1.13	0.63	171.20	87.89	43.27
4	0.26	0.12	13.70	99.44	87.34
5	0.04	0.01	20.60	99.19	98.39

注：1 为典型喀斯特连续性灰岩分区；2 为典型喀斯特连续性白云岩分区；3 为典型喀斯特灰岩白云岩分区；4 为亚喀斯特灰岩夹碎屑岩为主区；5 为亚喀斯特白云岩夹碎屑岩为主区。

1) 景观空间形态分析

各岩性分区的石漠化斑块个数(NP)分布不均匀，由多到少排列依次是典型喀斯特连续性灰岩分区>典型喀斯特连续性白云岩分区>亚喀斯特灰岩夹碎屑岩为主区>典型喀斯特灰岩白云岩分区>亚喀斯特白云岩夹碎屑岩为主区。斑块面积表明亚喀斯特灰岩夹碎屑岩为主区石漠化斑块面积是最大的，其次是典型喀斯特连续性灰岩分区和白云岩分区，虽然这两类分区面积较大，但其斑块数较多，整体相对还是较破碎。而亚喀斯特分区中的灰岩夹碎屑岩为主区类型面积和斑块数都较大，白云岩夹碎屑岩为主区类型面积和斑块数都较小，导致整体破碎度不高。

景观形状指数(LSI)代表斑块的复杂程度，形状指数越大，不仅说明景观斑块形状越不规则，也从另一个角度反映了人为因素对景观的影响程度。典型喀斯特分区的形状指数整体高于亚喀斯特分区，并且随着岩石中灰岩成分的增加，石漠化景观更趋于不规则，也间接说明了人为因素在亚喀斯特分区的干扰更大。

2) 景观空间关系分析

斑块平均面积(AREA_MN)和斑块面积标准差(AREA_SD)显示亚喀斯特两个分区的平均面积大，说明它们在空间分布上表现为相对聚集，典型喀斯特灰岩白云岩分区平均面积最小，体现了其石漠化景观所占比例较少的特征。斑块密度可以反映斑块的破碎化和空间异质性程度，边界密度越大，所反映的景观破碎度越高，同时也表明景观的边缘效应显著，易于同周围其他类型的景观进行物质和能量的流通。典型喀斯特分区呈现的破碎度较大，空间异质性高，而亚喀斯特分区的破碎度较小，空间异质性低，这和计算出来的景观形状指数反映的情况一致。边界密度直接影响边缘效应，典型喀斯特分区的值明显高于亚喀斯特分区，前者破碎程度大，斑块间镶嵌复杂，后者斑块间镶嵌较简单且聚集度指数(COHESION)较高。

3) 景观空间构型分析

香农多样性指数(SHDI)和香农均匀度指数(SHEI)反映了斑块面积均衡度和破碎度。SHDI 以典型喀斯特连续性灰岩分区最高，说明此分区的石漠化景观最不稳定，破碎化程度最高，其次是典型喀斯特灰岩白云岩分区，然后是典型喀斯特连续性白云岩分区和亚喀斯特灰岩夹碎屑岩为主区，亚喀斯特白云岩夹碎屑岩为主区最为稳定。整体比较，亚喀斯特分区的石漠化景观比典型喀斯特地区稳定，也从另一方面说明典型喀斯特景观更易发生石漠化。SHEI 代表各分区石漠化景观在面积上分布的均匀程度，取值范围在 0～1，数值接近 1，说明各类型景观面积比例越接近。研究区各分区的石漠化景观从统计数值分析，典型喀斯特连续性灰岩分区和灰岩白云岩分区的香农均匀度指数均超过了 0.5，说明这两者的景观面积比例相对接近，而亚喀斯特灰岩夹碎屑岩为主区和白云岩夹碎屑岩为主区景观面积比例相差较大，从另一角度说明亚喀斯特分区发生石漠化的潜在可能性。

周长-面积分维数(PAFRAC)反映不同空间尺度的性状的复杂性，得出典型喀斯特地区石漠化景观的复杂程度要高于亚喀斯特分区，典型喀斯特灰岩白云岩分区最为复杂，其次是典型喀斯特连续性白云岩分区和连续性灰岩分区，亚喀斯特灰岩夹碎屑岩为主区和白云岩夹碎屑岩为主区景观复杂度相对较小。

蔓延度指数(CONTAG)描述的是景观中不同斑块之间的团聚程度或延展趋势。一般来说，CONTAG 较小说明景观存在许多小斑块，并包含多种要素，整体格局较密集；指数值接近 100 时表明景观中有连通度极高的优势斑块类型存在。亚喀斯特白云岩夹碎屑岩为主区的 CONTAG 达到 98.39，接近 100，其次为亚喀斯特灰岩夹碎屑岩为主区、典型喀斯特连续性白云岩分区和典型喀斯特灰岩白云岩分区，从另一个角度说明亚喀斯特分区石漠化景观类型较典型喀斯特分区稳定。

4) 小结

(1) 在典型喀斯特和亚喀斯特两种分区中，石漠化景观的复杂程度存在一定程度的差异。对比分析表明，典型喀斯特分区的石漠化景观明显比亚喀斯特分区更加破碎、复杂和多样。前者的斑块数目、香农多样性指数、周长-面积分维数等指数均高于后者，这和前文分析得到的结论是一致的，这样的石漠化空间结构使得其治理和恢复的需求更加迫切。

(2) 亚喀斯特分区总体石漠化景观斑块较少，斑块平均面积较大且斑块密度小，这样的特点构成粗粒化景观格局，这种格局特点的景观内部斑块更加稳定，使得整个景观结构稳定，亚喀斯特具有的这种景观结构特征说明了该分区的生态环境具有先天的优越性，一定的生态抗干扰能力维持了该分区的生态格局，在石漠化的生态治理恢复上相比较典型喀斯特分区具有较小的难度。

(3) 景观格局发生变化的一个重要的自然驱动力因素来自斑块的边缘效应，而边界密度(ED) 直接影响边缘效应，若无人为因素的影响，优势斑块在自然条件下的同化作用将增强，具体表现为会将本身具有的属性传递给邻近斑块。亚喀斯特分区的石漠化景观在自然条件下更加容易被典型喀斯特分区同化，这说明了亚喀斯特分区发生石漠化的潜在可能性，其生态环境在不同水平、不同强度的人类活动干扰下，响应较为敏感。

(4) 在生态学中，自然活动使得景观斑块呈现不规则的复杂形状，而人为活动的影响则造就规则的几何形状(邬建国，2007)。亚喀斯特分区的石漠化景观形状指数表明该分区的生态环境已经出现一定的退化趋势，这种趋势以原本稳固的景观斑块变得分割孤立、破碎的方式进行，即便亚喀斯特分区具有较好的生态本底，但其石漠化的防治和治理工作仍不容忽视。

6. 不同等级石漠化景观指数(表 7.14)

1) 景观空间形态分析

研究区的 4 种石漠化等级斑块中，除去无石漠化这种类型，属轻度石漠化的斑块个数(NP) 最大，其次按照石漠化等级的加重，逐渐递减。从斑块面积(CA) 来看，轻度石漠化和中度石漠化面积相近，但轻度石漠化斑块个数接近于中度石漠化斑块个数的两倍，自然整体破碎度较中度石漠化高，而重度石漠化和极重度石漠化由于斑块面积较小，斑块个数也很少，整体破碎度也较高。随着石漠化程度的减弱，景观形状指数(LSI) 基本趋向增大，斑块面积和周长的标准差(AREA_SD 和 PERI_SD) 也趋向于增大，说明其景观斑块形状越加不规则，反而是石漠化程度越高，表现出的形状越规则，在数值上表示为景观形状指数越小，说明人类活动越强烈，所造成的景观越破碎，石漠化状况越严重。

表 7.14　不同等级石漠化景观指数表

代号	斑块个数(NP)/个	斑块面积(CA)/hm²	景观形状指数(LSI)	斑块平均面积(AREA_MN)/hm²	斑块面积标准差(AREA_SD)	斑块平均周长(PERI_MN)	斑块周长标准差(PERI_SD)	斑块密度(PD)/(个/hm²)	周长-面积分维数(PAFRAC)
1	120084	461255.31	356.88	5.42	25.62	352.65	99.74	26.03	1.32
2	66222	458138.43	281.46	11.28	108.43	337.11	104.96	14.45	1.36
3	25271	72296.55	161.72	3.70	7.57	349.95	95.93	34.95	1.28
4	2151	3875.04	46.01	2.07	3.29	341.06	81.92	55.51	1.26

代号	香农多样性指数(SHDI)	香农均匀度指数(SHEI)	分离度指数(SPLIT)	聚集度指数(COHESION)	蔓延度指数(CONTAG)
1	1.85	0.99	8584.01	74.32	76.10
2	1.58	0.98	2462.72	87.07	68.95
3	1.13	0.97	5546.38	60.33	87.58
4	0.52	0.96	666.63	45.05	95.34

注：1 为轻度石漠化；2 为中度石漠化；3 为重度石漠化；4 为极重度石漠化。

2) 景观空间关系分析

从极重度石漠化的斑块平均面积(AREA_MN)和斑块面积标准差(AREA_SD)最小可以得出其在空间上呈现零星分布的格局，这从石漠化等级分布图中也能得到证实，随着石漠化等级的减小，基本保持分布相对集中的态势。

斑块密度显示极重度石漠化和重度石漠化的空间异质性很大，基本呈现空间异质性随着石漠化程度的增大而增大的趋势。聚集度指数(COHESION)同样呈现一定的规律，由于石漠化程度高，斑块间的复杂性增大，斑块间连通性下降，其中，极重度石漠化斑块连通性较差，分布较广泛，中度石漠化所表现出的聚集度指数最高，斑块间连通性最好，斑块最集中。

3) 景观空间构型分析

从香农多样性指数(SHDI)和香农均匀度指数(SHEI)来看，和景观形状指数反映的情况一致，随着石漠化程度的降低，表现出斑块形状越不规则的形态，轻度石漠化景观破碎度最大，同时也是最不稳定的一种石漠化景观。周长-面积分维数(PAFRAC)反映中度石漠化在空间尺度上表现出最大的复杂性，随着石漠化程度的增加，这种复杂性相对慢慢变小。极重度石漠化分离度指数(SPLIT)最小，并且其蔓延度指数(CONTAG)接近 100，说明其在所有石漠化类型分布中最为广泛，这和前文分析所得的分布特点同样保持一致。

4) 小结

(1) 整个研究区的石漠化状况分布情况不均匀，结合前文的石漠化等级空间分布图，除去无石漠化不讨论外，轻度石漠化斑块的分布最为连续且所占面积相对较大，而石漠化等级较高的重度石漠化和极重度石漠化的单个斑块面积是很小的，特别是极重度石漠化，呈现零星分布的零散状态，破碎度较高，这种分布特点也说明研究区的石漠化景观整体破碎度较低。曾经人类频繁的不合理活动导致了程度高的石漠化景观的发育(杨晓英　等，2010)，造成基岩裸露，土地退化很严重，生产力降低以致不能满足基本的农耕活动需要，这种情况很容易使得人们把目光转向石漠化程度较低的区域，在这种情况下，需要对研究区进行合理的石漠化防治规划，防止低等级石漠化向高等级石漠化恶化。

(2) 人的外力作用是景观斑块变化的一个重要的外力因素，而这种外力作用既有积极的一面，也有消极的一面，这取决于作用的方式。不合理的作用方式，必然会导致景观格局的失衡，景观结构的变化进而导致相应功能的缺失，景观多样性也会降低，合理的作用方式，可以使景观格局向着良好的态势发展，促进其越来越稳定。因此对于不同等级的石漠化地区，应当采取不同的石漠化防治和恢复措施，因地制宜，进行科学的规划和指导。

(3) 景观生态学可以反映自然和人为活动相互作用对景观造成的影响，但有一点不能忽视，景观指数的分析方法也存在一定的局限性，因为造成并影响喀斯特地区的石漠化现象的因素较为复杂，气候、水文、土壤等多方面因素都可能对其造成不同程度的影响，所以在使用景观指数的同时，应结合各方面的动态监测资料等更为全面的数据来进行分析，才能使石漠化的各类分析研究更为精确，这对于现实具有更大的指导意义。

7. 不同粒度条件下的喀斯特分区石漠化格局分析

分析石漠化景观格局的粒度效应(图 7.14)，亚喀斯特和典型喀斯特分区的整体变化趋势是一致的。在几种变化中，基本呈现 4 种变化趋势，分别如下。

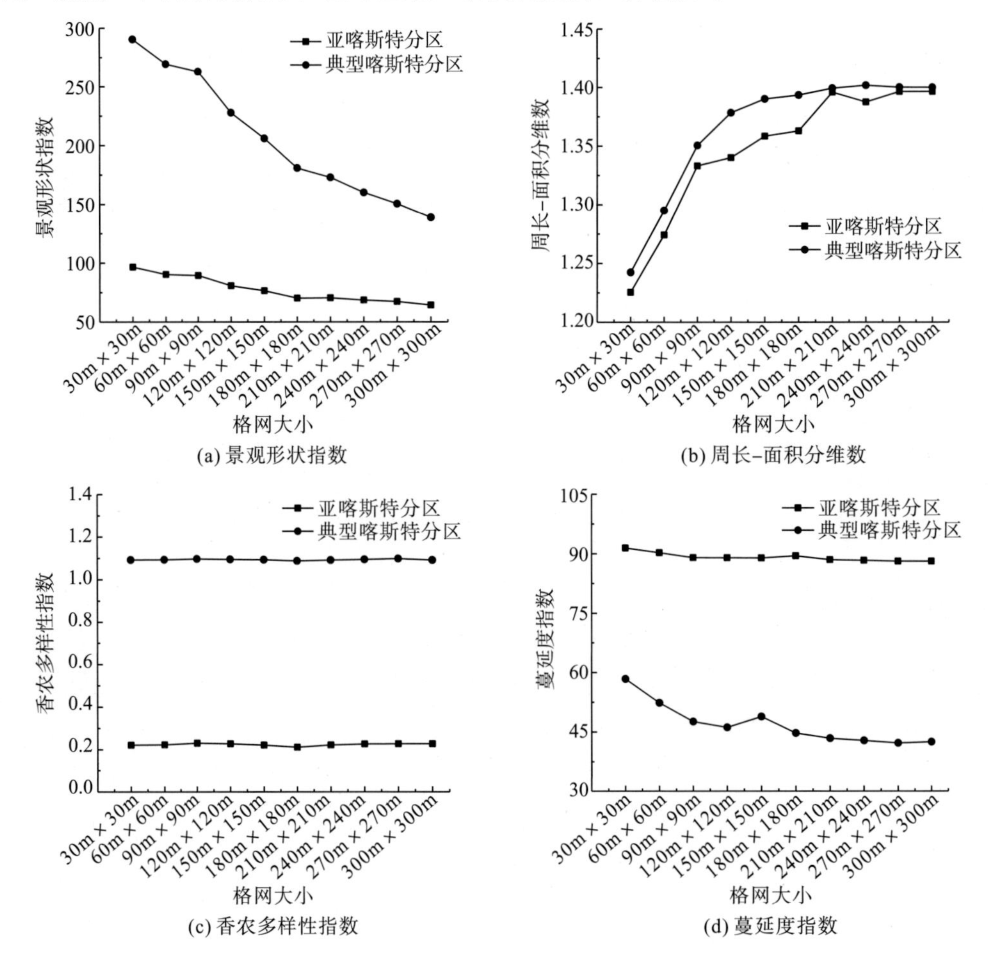

(a) 景观形状指数　(b) 周长-面积分维数

(c) 香农多样性指数　(d) 蔓延度指数

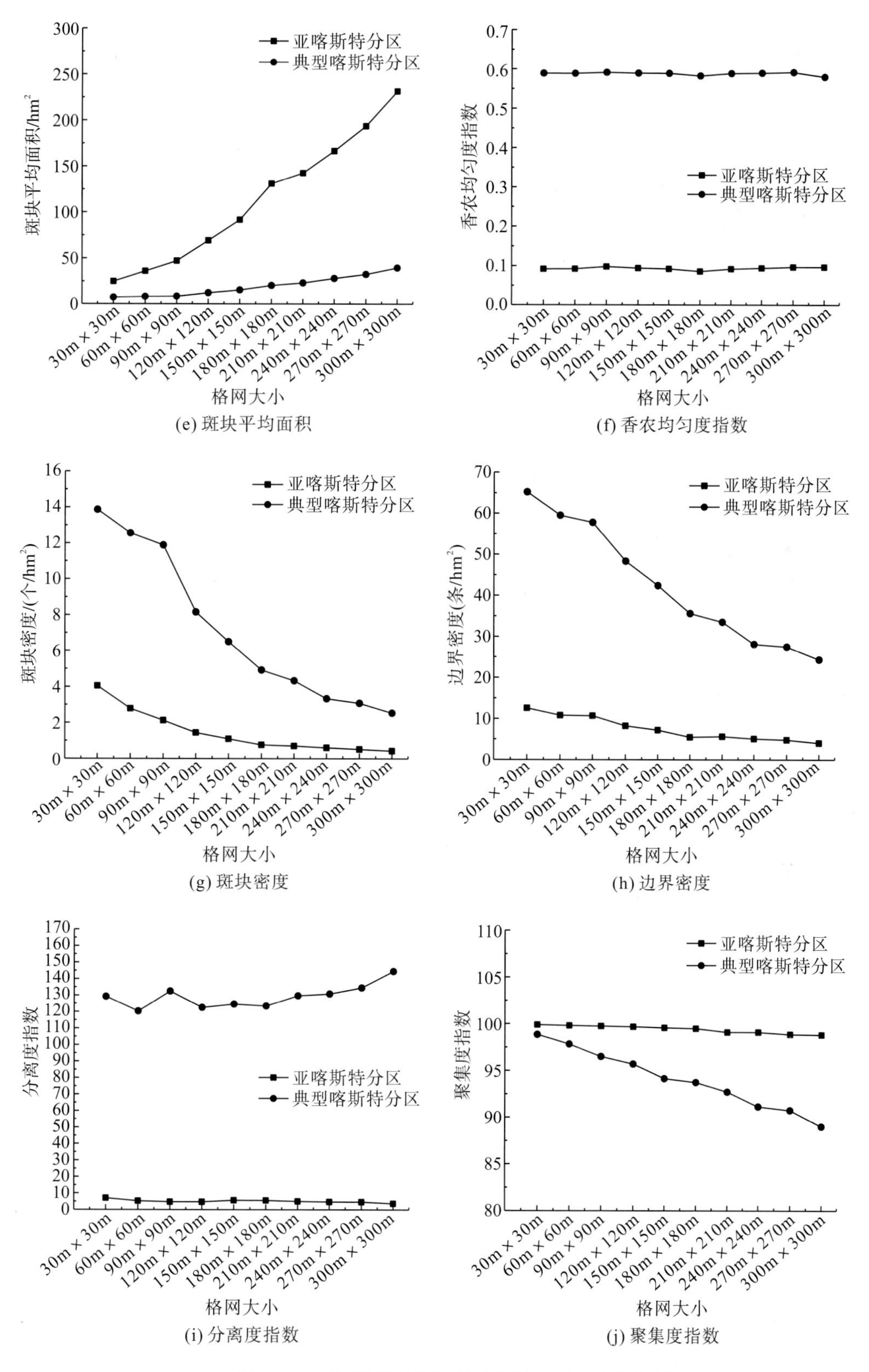

图 7.14　不同粒度条件下的喀斯特分区石漠化格局

(1) 随粒度增加，呈单调增加趋势，且未出现转折点。遵循这种变化的有斑块平均面积和周长-面积分维数。由于格网单元面积在逐渐增大，自然斑块平均面积随之逐渐增大。周长-面积分维数在典型喀斯特分区由 1.2423 逐渐增大到 1.4000，亚喀斯特分区则从 1.2254 增大到 1.3964，变化率分别为 12.69%和 13.95%。

(2) 随粒度增加，呈单调增加趋势，具有不太明显的转折点。符合这种趋势的指数为分离度指数，在典型喀斯特分区，在 30m×30m 至 180m×180m 格网大小区间内，变化如同一个 N 字形，直到 180m×180m 之后该指数逐步稳定上升，而亚喀斯特分区的变化不是很明显。

(3) 随粒度增加，呈单调减小趋势，且未出现转折点。景观形状指数、斑块密度、边界密度和聚集度指数都基本符合这种变化。在景观形状指数变化趋势中，典型喀斯特分区由 290.4387 下降至 138.7854，变化率为 52.22%，亚喀斯特分区次之，由 96.6048 下降至 64.4007，变化率为 33.34%；斑块密度在所有指数中的变化是最大的，在典型喀斯特和亚喀斯特分区中，分别从 13.8706 个/hm^2 到 2.5324 个/hm^2 和 4.0441 个/hm^2 到 0.4321 个/hm^2，变化率都分别达到了 81.74%和 89.32%，而边界密度分别由 65.2145 条/hm^2 到 24.3715 条/hm^2 和 13.8706 条/hm^2 到 2.5324 条/hm^2，变化率分别为 62.63%和 81.74%。聚集度指数的变化小得多，典型喀斯特分区由 98.8393 下降到 88.9757，变化率为 9.98%，相比较典型喀斯特分区，亚喀斯特分区的变化率更小，由 99.8791 下降到 98.8061，变化率仅为 1.07%。

(4) 随粒度增加，呈单调减小趋势，具有不太明显的转折点。蔓延度指数在典型喀斯特和亚喀斯特分区都各有一个转折点，分别位于 150m×150m 和 180m×180m 的网格上，其余则是呈一定规律平稳下降。

(5) 随粒度增加，未发生明显的变化。遵循这种变化的有香农均匀度指数、香农多样性指数。香农多样性指数和香农均匀度指数在曲线上表现为随着格网的增大，基本保持不变，这说明这两种指数几乎很少受粒度变化的影响。

3 个地区的景观形状指数为典型喀斯特分区最大，其次是亚喀斯特分区，说明喀斯特分区的石漠化情况相比较其他分区更为破碎和不规则，这点从破碎度指数能够得到验证，典型喀斯特分区的多样性指数越大，说明其石漠化景观最不稳定，接下来是亚喀斯特分区。典型喀斯特分区的蔓延度指数也最小，说明其景观组成的小斑块数越多，也从另一个方面说明了其景观越破碎，其次是亚喀斯特分区。

第8章　亚喀斯特地区生态脆弱效应

8.1　概　　述

生态脆弱性是一个十分复杂的学术概念，与生态系统的环境因子、生态位、第一性生产力等有密切关系(赵平　等，1998)。乔青等(2008)认为，生态脆弱性是指生态环境对外界干扰抵抗力弱，在被干扰后恢复能力低，容易由一种状态转变为另一种状态，而且一经改变很难恢复到初始状态的性质。周劲松(1997)指出，所谓生态系统的脆弱性，即指生态系统在一定机制作用下，容易由一种状态演变成另一种状态，遭变后又缺乏恢复到初始状态的能力；如果这种机制来自生态系统内部，属于自然脆弱性，如果来自人为压力，就属于人为影响脆弱性。目前联合国政府间气候变化专门委员会(Intergovernmental Panel on Climate Change，IPCC)的定义相对权威，认为生态脆弱性评价的基本内容包括系统变化的评估、系统响应变化的敏感性评价、变化对系统造成的潜在影响估测，以及系统对变化及其可能影响的适应性评价。

1. 生态脆弱性评价方法

生态脆弱性评价是指在一定尺度空间内，对生态环境的脆弱程度做出定量或者半定量的分析、描绘和鉴定。评价的目的是明确生态环境的脆弱性特征，用以规范人类活动的方式和强度，维护区域社会经济发展下的生态安全(乔青　等，2008)。

由于生态脆弱性问题的复杂性，在评价时应注意三个方面(周嘉慧和黄晓霞，2008)：①生态系统是一个结构功能耦合的复杂系统，应综合分析多个互相联系的评价因子才能说明生态脆弱性客观状态；②生态系统脆弱性是在一定生态基础上由外界人类活动引起的，评价中应当综合考虑系统内部和外部因素；③不同尺度的生态系统有着不同的特征，评价时需要不同的指标体系和评价方法。遵循综合性、主导性、因地制宜及可操作性等原则建立生态脆弱性评价指标体系。生态脆弱性评价指标体系主要分为单一类型指标体系和综合性指标体系(常学礼　等，1999)。单一类型指标体系是通过选取特定地理条件下的典型脆弱性因子而建立的，其结构简单、针对性强，能够准确表征区域环境脆弱的关键因子。综合性指标体系选取的指标涉及的内容比较全面，能够反映生态系统脆弱性的自然状况、社会发展状况和经济发展状况等各个方面，既考虑环境系统内在功能与结构的特点，又考虑生态系统与外界之间的联系。目前，勒毅和蒙吉军(2011)将综合性指标体系分为4种：①成因-结果表现指标体系；②压力-状态-响应指标体系；③敏感性-弹性-压力体系；④多系统评价指标体系。

2. 指标权重的确定

确定指标权重常用的方法有：①层次分析(analytic hierarchy process，AHP)法，该方法是基于系统论中的系统层次性原理建立起来的，其计算过程简单，是一种将决策者对复杂系统的决策思维过程模型化、数理化的过程；②生态系统脆弱度关联评价法，该方法可以在生态系统内部各子区域脆弱性的比较基础上，进行相邻生态系统之间的脆弱性程度比较；③模糊评价-隶属函数法，该方法适合多尺度生态脆弱性评价，计算方法简单，但对单个脆弱性因子的反映不明显；④主成分分析法，在多指标体系中，各指标存在一定的相关性，可以通过主成分分析去除植被间自相关。

8.2　不同喀斯特发育区生态脆弱性评价

1. 评价模型及流程

1) 生态脆弱性综合评价模型

常用的生态脆弱性评价方法有综合指数法、模糊综合评价法、主成分分析法、层次分析法等(乔青　等，2008)。本节采用综合指数法进行不同喀斯特发育区的生态脆弱性评价，该方法适用于区域生态环境脆弱性设计多要素因子的特点，能够较好地将指标体系的主导性和综合性相结合。该方法的主导思想是：生态环境脆弱度是建立在生态敏感性和生态压力基础上的，可以通过生态敏感性指数(ecological sensitivity index，ESI)和生态压力指数(ecological pressure index，EPI)两个评价指标来综合构建生态脆弱性综合指数，ESI和EPI都为正向指标，即生态敏感性越高，生态压力越大，生态环境越脆弱，受人类干扰越大。生态脆弱性指数(ecological fragility index，EFI)计算公式为

$$\mathrm{EFI}=\sum_{i=1}^{j} B_i \cdot W_i \tag{8.1}$$

式中，B_i为标准值；W_i为指标权重；j为指标个数，本节中j=2。

2) 生态敏感性评价模型

生态敏感性是指生态系统对人类活动干扰和自然环境变化的反映程度，反映发生区域的生态环境。生态敏感性评价实质就是在不考虑人类活动影响的前提下，评价具体的生态过程在自然状况下潜在的产生生态环境问题的可能性，或者可以表述为在同样的人类活动强度影响或外力作用下，各生态系统出现区域生态环境问题的概率。生态敏感性评价首先需要对区域的生态环境现状进行调查，分析存在的主要环境问题和形成机制，然后根据这些问题进行敏感性评价和综合分析。

根据贵州省生态环境十年变化(2000～2010年)遥感调查与评价结果显示，贵州省存在的主要生态环境问题包括土壤侵蚀、石漠化和地质灾害三大类，综合分析三类生态问题形成的机制和驱动因素发现，这些问题的发生受多个因子控制，因此敏感性评价可以表达为

$$\mathrm{ESI}=f(x_1,x_2,x_3,\cdots,x_i) \tag{8.2}$$

$$\text{ESI} = \sum_{i=1}^{n} S_i \cdot W_i \tag{8.3}$$

式中，x_i 为第 i 个生态敏感性评价因子；S_i 为生态系统中可能发生的生态问题的易发生程度；W_i 为指标权重。

3) 生态压力评价模型

生态压力指生态系统在发挥生态服务功能时，所面临的外来压力的大小。因为人类是环境的主体和核心，生态环境面临的压力与人类活动方式、强度及规模等因素密切相关。假设生态系统的压力有 $z_1 \sim z_n$ 个因子，则生态系统的压力指数可以用数学公式表达为

$$\text{EPI} = f(z_1, z_2, z_3, \cdots, z_n) \tag{8.4}$$

随着人口的增加和人类活动的加剧，区域生态系统的水、土壤、生物和矿产资源等构成要素所承受的压力越来越大。因此，生态压力指数可以通过区域生态环境承载的人口数据、资源利用方式和利用度来反映，表达为

$$\text{EPI} = \sum_{i=1}^{n} P_i \cdot W_i \tag{8.5}$$

式中，P_i 为生态系统压力因子；W_i 为指标权重。

4) 生态脆弱性评价流程

生态脆弱性评价流程如图 8.1 所示。

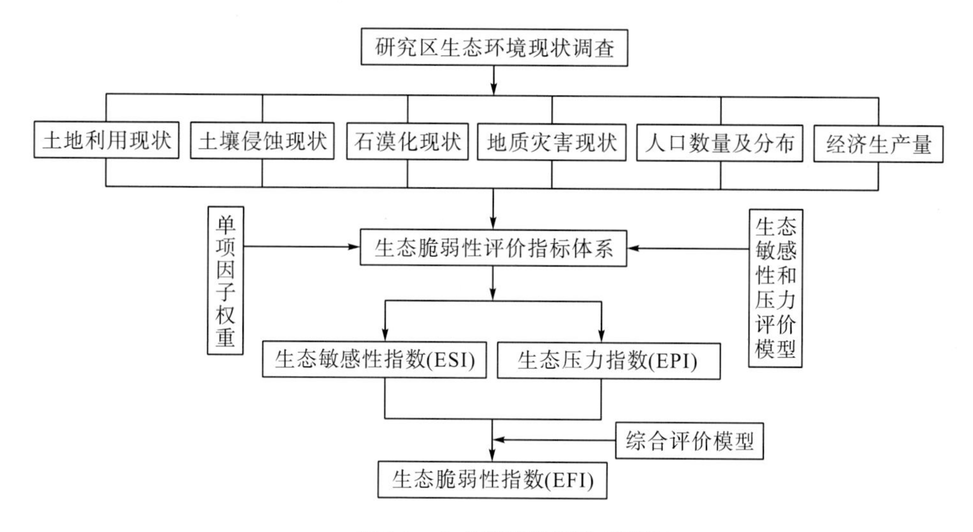

图 8.1　生态脆弱性评价流程图

2. 生态脆弱性评价指标体系及权重

1) 指标体系框架结构

在构建指标体系时，根据综合性、主导性、科学性、因地制宜及可操作性等原则，在总结前人的研究基础之上，通过对贵州省生态环境现状进行调查，分析不同喀斯特发育区生态敏感性和生态压力控制指标，构建生态脆弱性综合评价的 4 级指标体系。

第一级为区域生态脆弱性状况；第二级包括两个生态脆弱性的基本判定指标，即生态敏感性和生态压力；第三级为生态敏感性和生态压力的判定准则，根据区域生态环境现状反映出的主要生态问题和压力来源，确定生态敏感性和生态压力衡量的方向；第四级为具体计算指标，针对生态敏感性和生态压力确定的衡量角度选取每个方面可操作的控制指标(表 8.1)。

表 8.1　研究区生态脆弱性评价指标体系

第一级	第二级	第三级	第四级
生态脆弱性 A	生态敏感性 B_1	土壤侵蚀敏感性指数 C_{11}	地形坡度 D_{111}
			植被类型 D_{112}
			土壤质地 D_{113}
			降雨侵蚀力 D_{114}
		石漠化敏感性指数 C_{12}	基岩裸露率 D_{121}
			地形坡度 D_{122}
			岩性 D_{123}
			植被覆盖度 D_{124}
		地质灾害敏感性指数 C_{13}	地质灾害发生频度 D_{131}
	生态压力 B_2	人口压力指数 C_{21}	人口密度 D_{211}
		经济压力指数 C_{22}	GDP 密度 D_{221}
		资源压力指数 C_{23}	陡坡垦殖率 D_{231}

2)指标权重及标准化

本节参照乔青等(2008)的研究，采用专家打分的方式对指标权重进行赋值。因为贵州省喀斯特区域土壤侵蚀和石漠化是两个非常突出的生态环境问题，土壤侵蚀敏感性指数和石漠化敏感性指数的权重加大，而地质灾害中去掉了地震灾害频度指标后整体权重降低。具体见表 8.2。

表 8.2　研究区生态脆弱性评价指标权重

第一级	第二级(权重)	第三级(权重)	第四级(权重)
生态脆弱性 A	生态敏感性 B_1 (0.6)	土壤侵蚀敏感性指数 C_{11} (0.60)	地形坡度 D_{111}(0.4)
			植被类型 D_{112}(0.3)
			土壤质地 D_{113}(0.1)
			降雨侵蚀力 D_{114}(0.2)
		石漠化敏感度指数 C_{12} (0.35)	基岩裸露率 D_{121}(0.2)
			地形坡度 D_{122}(0.2)
			岩性 D_{123}(0.3)
			植被覆盖度 D_{124}(0.3)
		地质灾害敏感性指数 C_{13}(0.05)	地质灾害发生频度 D_{131}(1.0)
	生态压力度 B_2 (0.4)	人口压力指数 C_{21}(0.30)	人口密度 D_{211}(1.0)
		经济压力指数 C_{22}(0.30)	GDP 密度 D_{221}(1.0)
		资源压力指数 C_{23}(0.30)	陡坡垦殖率 D_{231}(1.0)

指标体系中的各项评价指标类型多样，包括定性数据(如岩性、植被类型)、空间数据(如地形坡度、植被覆盖度等)，还包括统计数据(如人口、GDP)。这样数据单位不统一，概念多样模糊，很难进行比较和进入模型计算，因此需要进行量化和标准化处理。

(1)专家打分量化处理。对于定性描述数据，根据数据对所描述对象的贡献进行专家打分。例如，岩性数据是石漠化敏感性指数的计算指标，根据李瑞玲等(2004)的研究，对不同岩性不同等级石漠化的发生率进行打分；植被类型是土壤侵蚀敏感性指数的计算指标，根据国家土壤侵蚀标准及贵州省喀斯特区域环境特征，进行专家打分赋值。

(2)极差化处理。为了将不同量纲的数据进行比较和计算，需要对数据进行标准化处理，主要方法之一为极差化。极差化的思想是将指标规范化到统一的取值范围内，从而去除各指标的量纲。本节将各指标规范化到[0,90]范围内，计算公式如下：

$$f_i = \frac{X - X_{\min}}{X_{\max} - X_{\min}} \times 90 \tag{8.6}$$

式中，f_i 为指标标准化值；$X_{\min}$ 为第 i 个指标的最小值；$X_{\max}$ 为第 i 个指标的最大值；$X_{\min} < X < X_{\max}$。

8.3　生态脆弱性评价结果分析

1. 区域生态脆弱性分析

1)生态敏感性分析

(1)土壤侵蚀敏感性分析。贵州省土壤侵蚀敏感性总体水平较高，中度敏感和高度敏感占比最大，分别达到 48.09%和 44.11%。一般敏感和极度敏感比例较小，尤其是一般敏感占比最小，说明贵州省土壤侵蚀对生态环境脆弱性贡献较高，是生态环境问题的主要方面(表 8.3)。

表 8.3　土壤侵蚀敏感性分布统计表

项目	分级标准				
	一般敏感	轻度敏感	中度敏感	高度敏感	极度敏感
面积/km^2	2.87	13599.87	84721.65	77707.43	135.21
占总面积比例/%	0.00	7.72	48.09	44.11	0.08

从空间分布(图 8.2)上看，土壤侵蚀高度敏感区主要分布于贵州省北部赤水—习水—桐梓—道真—德江—务川—沿河一带、东南部的剑河—雷山—榕江—从江一带及南部的罗甸—望谟—册亨一带。这些区域基本属于深切割低中山、中山区域，地表起伏大，坡度陡峭，且陡坡垦殖率较高。土壤侵蚀轻度敏感区主要分布在贵州省中部遵义—贵阳—安顺一带、西南部兴仁—兴义一带及西部威宁地区。

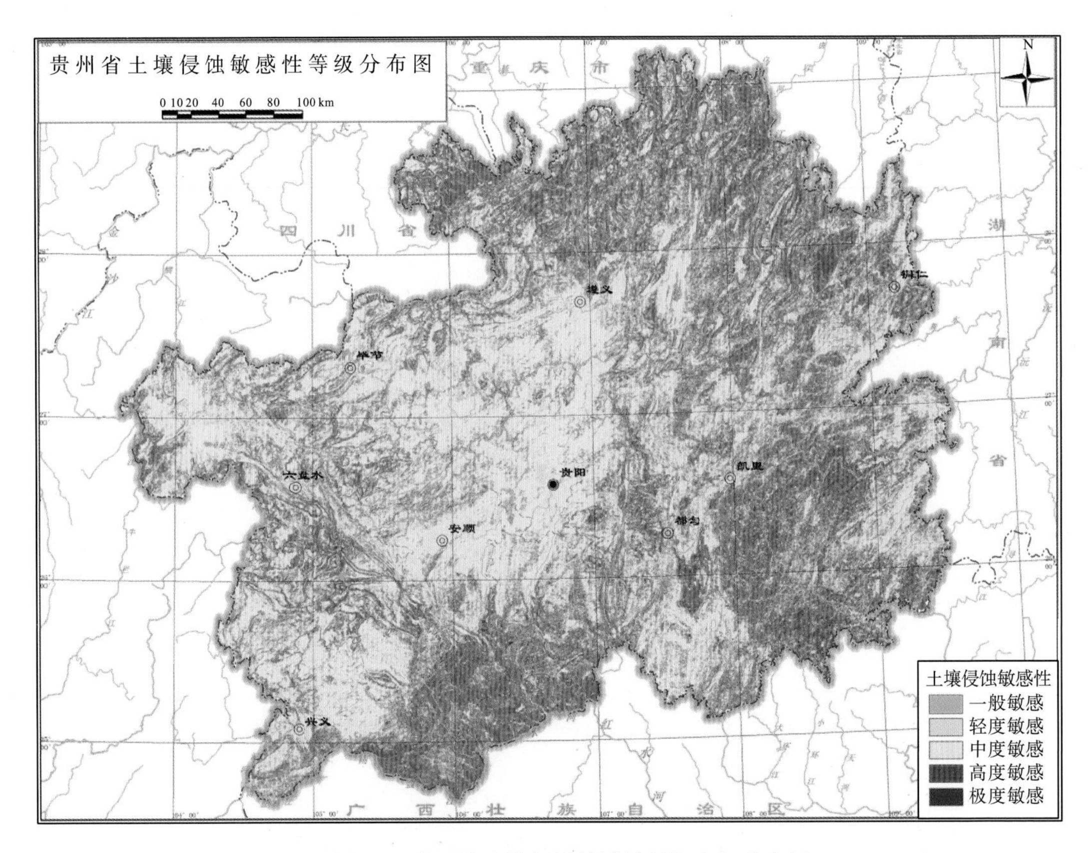

图 8.2　贵州省土壤侵蚀敏感性等级空间分布图

通过对比不同岩性土壤侵蚀敏感性等级统计情况（图 8.3）可以看出，非喀斯特地区土壤侵蚀敏感性最高，其次是典型喀斯特地区，土壤侵蚀敏感性最低的是亚喀斯特地区，尤其是碎屑岩夹白云岩分布区。该区域土壤侵蚀轻度敏感区面积占岩性分布总面积的 19%，中度敏感区面积占 58.5%。

(2) 石漠化敏感性分析。石漠化是贵州省的主要生态问题之一，贵州省石漠化敏感性以中度敏感为主，占贵州省总面积的 59.80%，其次是高度敏感，为 25.19%，如表 8.4 所示。

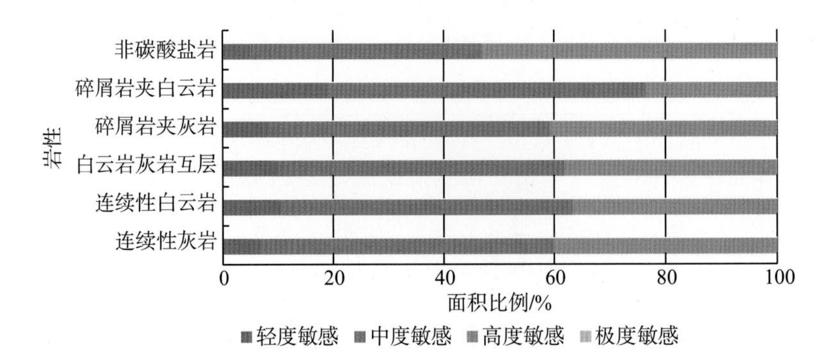

图 8.3　贵州省不同岩性土壤侵蚀敏感性分布

表 8.4　贵州省石漠化敏感性统计表

项目	分级标准				
	一般敏感	轻度敏感	中度敏感	高度敏感	极度敏感
面积/km^2	465.93	21393.40	105352.24	44377.64	4577.82
占总面积比例/%	0.26	12.14	59.80	25.19	2.60

从图 8.4 可以看出，石漠化的发生与地质岩性分布有密切关系，主要分布在贵州省北部的正安、务川、沿河一带，中部和南部的福泉、贵定、都匀、长顺、独山、荔波一带，西部的水城、六枝、晴隆一带。

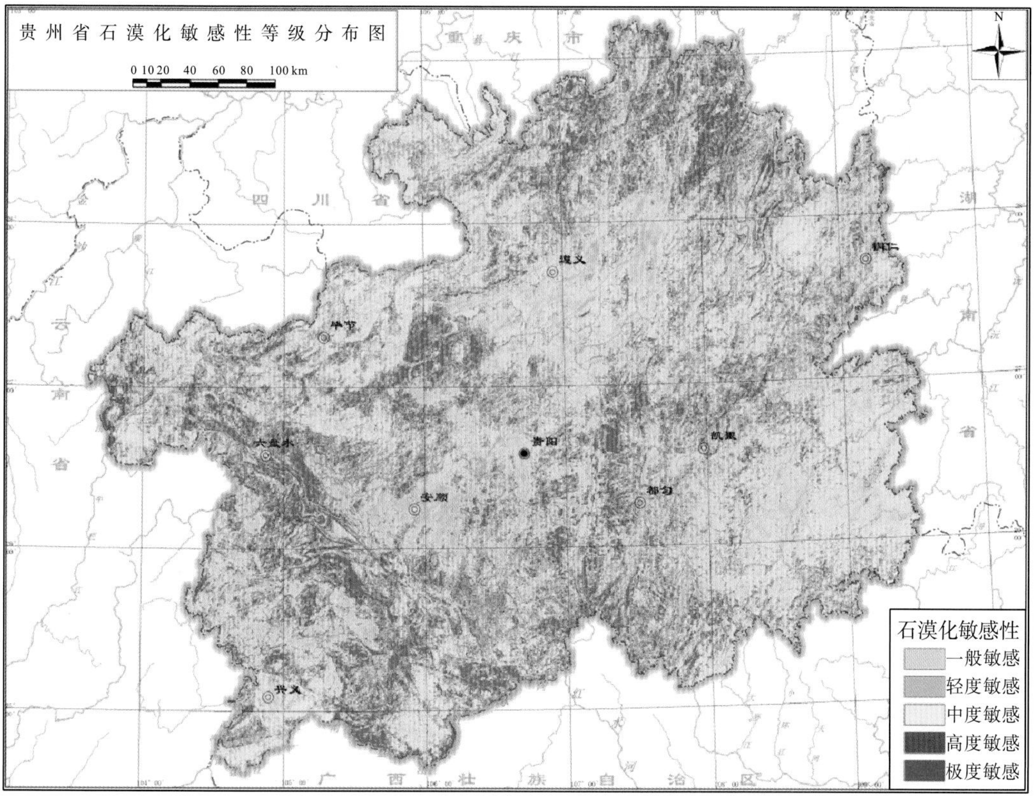

图 8.4　贵州省石漠化敏感性等级空间分布图

通过图 8.5 可以看出，亚喀斯特地区石漠化敏感性低于典型喀斯特地区，尤其是碎屑岩夹白云岩分布区，不仅存在一般敏感区，而且轻度敏感和中度敏感比例低于其他岩性区。连续性灰岩分布区石漠化敏感性最高。

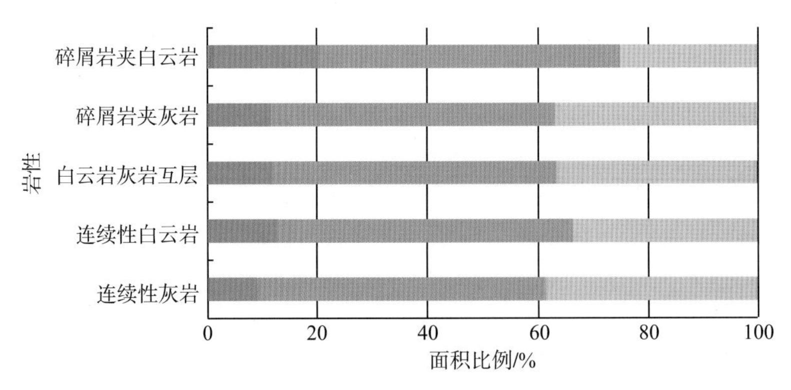

图 8.5　贵州省不同岩性石漠化敏感性等级分布图

(3) 生态敏感性综合分析。贵州省生态敏感性评价结果及生态敏感性分布图分别见表 8.5 和图 8.6。

表 8.5　贵州省生态敏感性评价结果

项目	分级标准				
	一般敏感	轻度敏感	中度敏感	高度敏感	极度敏感
面积/km^2	0.02	9010.01	97727.23	69176.53	253.24
占总面积比例/%	0.00	5.11	55.47	39.27	0.14

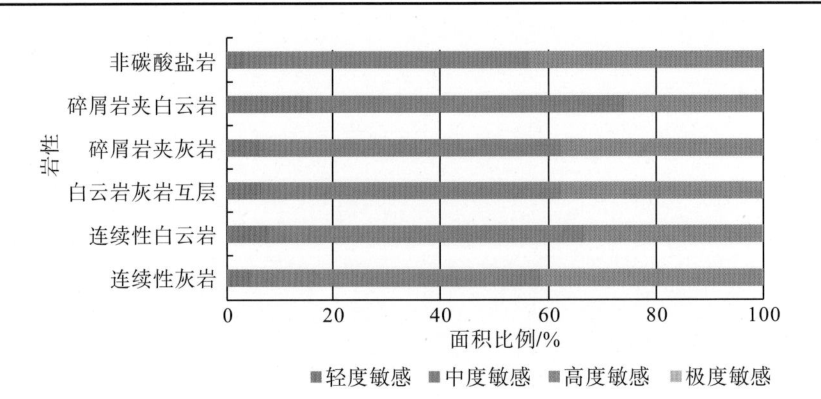

图 8.6　不同岩性生态敏感性分布图

贵州省生态高度敏感区占全省总面积的 39.27%，主要分布在贵州省四周，集中分布区为北部和东北部赤水、习水、桐梓、正安、道真、务川、沿河、德江、铜仁一带，东南部为都匀、雷山、榕江、荔波一带，南部为紫云、罗甸、望谟一带，西部和西北部六枝、水城、纳雍、赫章一带。不同区域生态敏感性有一定的差异，北部、东北部、东南部区域地貌以深切割中丘、中山、低中山为主，地质岩性中非碳酸盐岩和不纯碳酸盐岩占一定比例，土壤侵蚀敏感性较大。西南部、西部、西北部地貌类型以深切割中丘和中山为主，岩性以碳酸盐岩为主，地表坡度大，土层薄，植被覆盖度低，石漠化敏感性高。

贵州省生态中度敏感区和轻度敏感区的面积分别占全省总面积的 55.51%和 5.12%。其中，中度敏感区在全省大部分范围都有分布，是贵州省主要生态敏感类型。轻度敏感区主要分布在贵州省中部区域，以遵义、贵阳、安顺 3 个地区为主，这些区域地势较为平坦，植被覆盖度较高，土壤侵蚀和石漠化敏感性都较低。

贵州省生态一般敏感区和极度敏感区面积都非常小，可以忽略。整体可以看出，贵州省生态敏感性较高，易受到人类活动等外界条件的干扰。

不同岩性基础上，生态敏感性存在一定的差异(图 8.6)。碎屑岩夹白云岩生态敏感性最低，轻度敏感和中度敏感占岩性区面积的 18%和 55%，高度敏感区仅占 23%。非碳酸盐岩和纯碳酸盐岩高度敏感区面积比例都超过 30%，尤其是非碳酸盐岩区达到 44%，如图 8.7 所示。

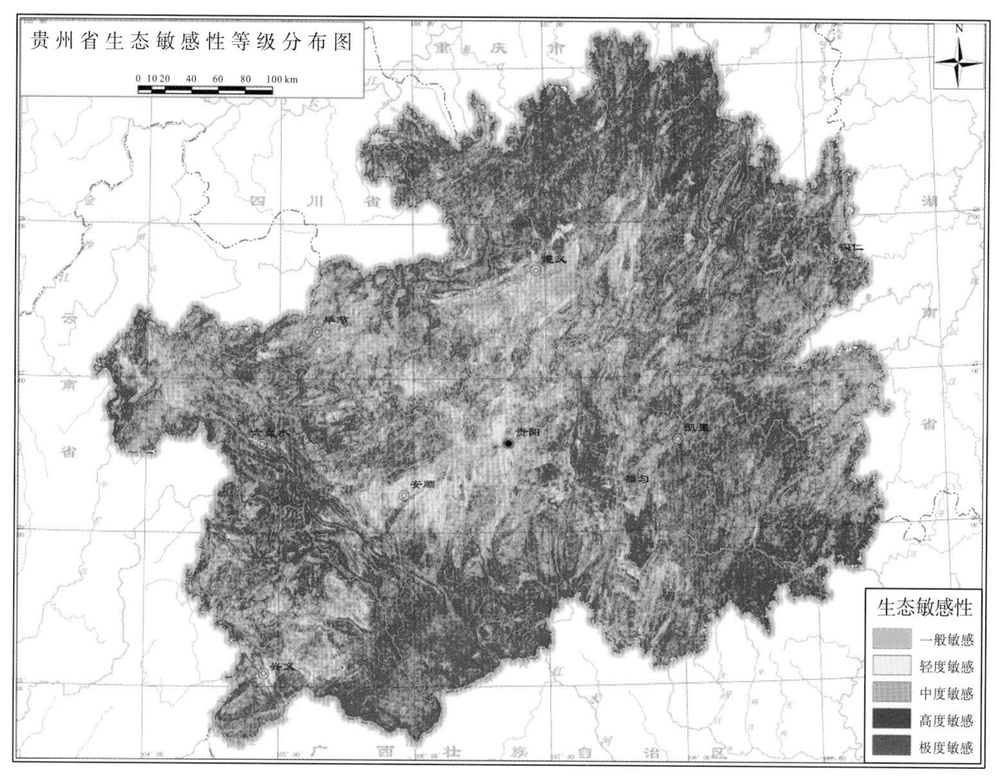

图 8.7　贵州省生态敏感性等级分布图

2) 生态压力分析

应用 GIS 内插及空间分析功能，对以县为单位进行统计的人口密度、GDP 密度、陡坡垦殖率 3 个数据进行空间内插，空间分辨率为 90m×90m。在空间叠加计算模块中计算每个栅格的生态压力指数，并按照<10(一般压力)，10～30(轻度压力)，30～50(中度压力)，50～70(高度压力)，70～90(极度压力)分为 5 个等级。

计算结果(表 8.6)显示，贵州省生态压力整体水平较低。其中，一般压力和轻度压力的面积分别占全省总面积的 86.48%和 13.35%，以一般压力为主。高度压力仅占 0.05%，无极度压力分布区。这是由于贵州省 GDP 密度较小，平均仅为 405 万元/km^2，人口密度较低，平均为 200 人/km^2，陡坡垦殖率较低，平均为 11%。

表 8.6　贵州省生态压力分级统计表

项目	分级标准				
	一般压力	轻度压力	中度压力	高度压力	极度压力
面积/km^2	152342.11	23522.03	213.20	89.69	0.00
占全省面积比例/%	86.48	13.35	0.12	0.05	0.00

全省生态压力空间分布不均匀，高度压力区集中分布在贵阳市，导致这样空间格局的原因是贵州省 GDP 和人口空间分布差异大，GDP 密度最大值为贵阳市的 58133.9 万元/km^2，最小值为丹寨县的 21.68 万元/km^2；人口密度最大值为贵阳市的 3312 人/km^2，最小值为荔波县的 59 人/km^2。

3) 生态脆弱性综合评价分析

利用上述生态敏感性指数和生态压力指数，通过生态脆弱性综合评价模型计算得出贵州省生态脆弱性指数，空间分布和等级统计见图 8.8 和表 8.7。

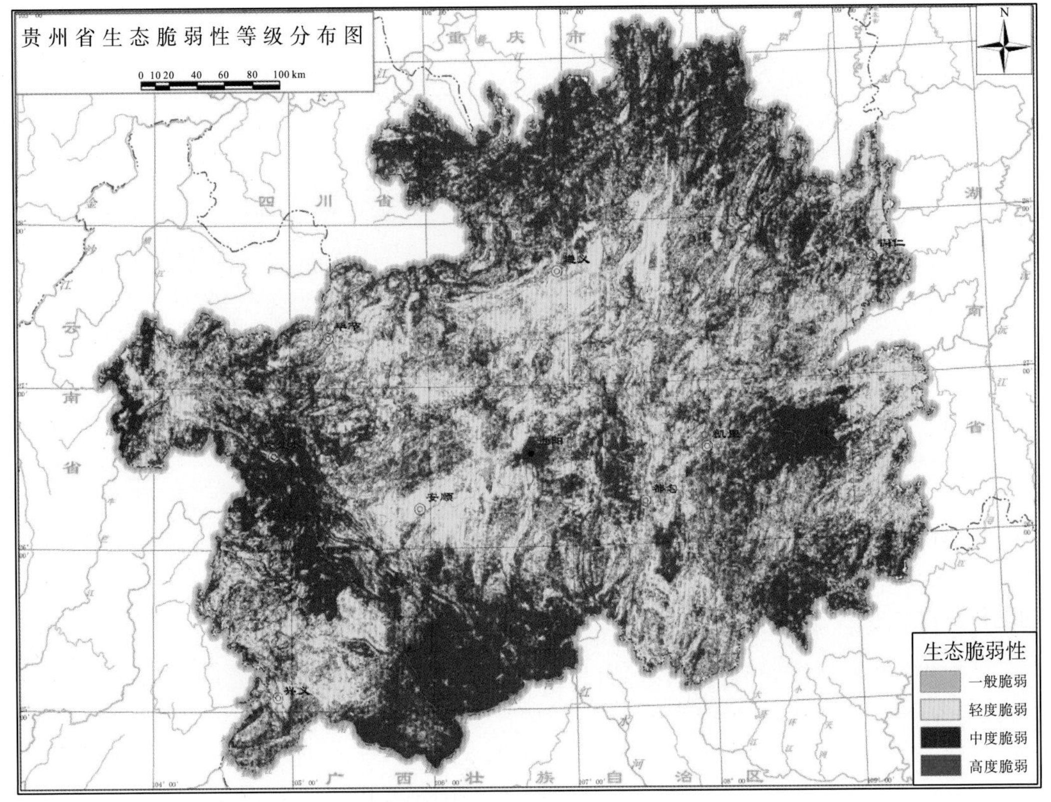

图 8.8　贵州省生态脆弱性等级分布图

表 8.7　贵州省生态脆弱性统计表

项目	分级标准				
	一般脆弱	轻度脆弱	中度脆弱	高度脆弱	极度脆弱
面积/km^2	0.01	78525.80	97621.02	20.20	0.00
占总面积比例/%	0.00	44.57	55.41	0.01	0.00

从生态脆弱性等级统计结果可以看出，贵州省生态脆弱性整体处于中等偏下水平，中度脆弱区分布比例最大，占全省总面积的 55.41%，其次是轻度脆弱区(44.59%)。高度脆弱区仅占 0.01%，一般脆弱区占比可忽略不计，无极度脆弱区。说明贵州省生态环境处于可开发但必须进行保护的状态，人地矛盾突出。

从图 8.8 可以看出，中度脆弱区主要分布在贵州省北部、东南部、南部及西部，轻度脆弱区主要分布在中部，这种分布与地形地貌分布规律较吻合。北部生态脆弱区主要分布于赤水—习水—桐梓—道真—沿河—务川—德江—松桃一带，为极深-深切割低中山、中山区，平均海拔为 800～1400m，坡度为 15°～25°和 25°～35°，面积分别占全省总面积的 5.06%和 7.22%。地面高程差为 500～700m，切割深度大。东南部中度脆弱区主要分布于台江—雷山—丹寨—独山—榕江一带，属黔东南低中山、中山地貌区，西部和南部平均海拔为 1000m 以上，15°～25°和 25°以上坡度地表面积占全省总面积的 5.9%和 6.2%。高程差在 400m 以上；南部的荔波、独山、平塘为主要喀斯特地质区，土壤侵蚀和石漠化敏感性高。南部中度脆弱区属黔南中山区，主要分布于罗甸—望谟—册亨一带，平均海拔为 800～1000m，15°～25°和 25°以上坡度地表面积占全省总面积的 3.8%和 6%。高程差为 400～500m，紫云—长顺—惠水一带为主要喀斯特地质区，石漠化敏感性高。西部中等脆弱区属西部中山-丘原区，主要分布在赫章—水城—六枝—晴隆一带，海拔在 1600～2200m，高程差在 500m 以上，地表坡度大，切割强烈、岩溶地质发育，土壤侵蚀和石漠化敏感性高。轻度脆弱区主要分布于遵义—贵阳—安顺一带，属黔中丘原-盆地区，海拔为 800～1400m，地表坡度较平缓，土壤侵蚀和石漠化敏感性不高。

2. 不同喀斯特发育区生态脆弱性对比分析

从物质循环的角度看，岩石是土壤矿物质的主要来源，由于不同岩性的岩石所含有的矿物种类及含量不同，其所提供的养分元素含量差异很大，岩性对土壤发育有较大影响；而土壤的理化性质对植被的类型、生长态势具有关键作用，因此岩性是控制生态环境质量的基础。贵州省喀斯特地区的显著地质特征就是内部碳酸盐岩岩性存在差异，从而导致不同发育程度的喀斯特地貌区域在地貌类型、土壤、植被、水文及生态生产力等方面存在差异。

通过本节的分析，证明在生态脆弱性方面，非喀斯特地区、典型喀斯特地区与亚喀斯特地区之间也存在一定的差异。由图 8.9 可知，非碳酸盐岩区域中度脆弱区面积最大达到 61%，其次是连续性灰岩区达到 59%，亚喀斯特地区的碎屑岩夹白云岩区最小，为 40%。可以看出，生态脆弱性排序为非喀斯特地区>典型喀斯特地区>亚喀斯特地区。

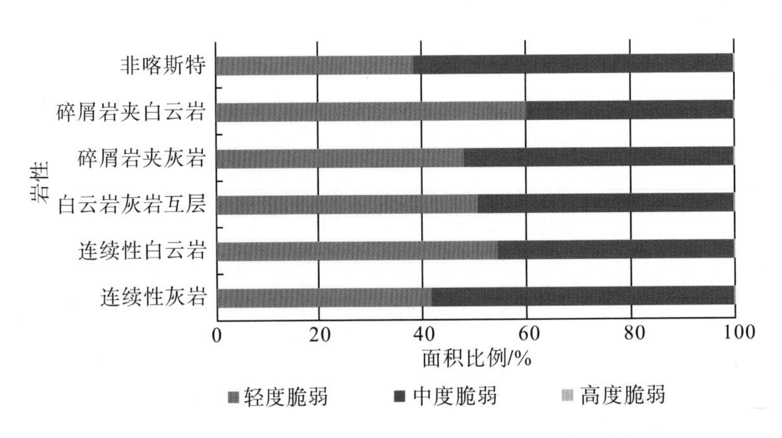

图 8.9　贵州省不同岩性生态脆弱性统计图

形成这种差异性的主要原因是，贵州省非喀斯特地区主要分布在西北部赤水、东南部雷山、榕江、黎平一带，以及南部的望谟—册亨一带，这些区域都为深切割中山、低中山，地表切割强烈，坡度大，土层厚，但植被覆盖较低，土壤侵蚀严重。同时区域人地矛盾突出，陡坡垦殖率望谟达到 19.1%，剑河达到 20%，赤水达到 10.7%，所以生态脆弱性较高。纯碳酸盐岩的连续性灰岩区主要分布在贵州省南部和西部，地形坡度大、植被覆盖率低、土层薄，石漠化敏感性高，导致生态脆弱度高，相比亚喀斯特地区的碎屑岩夹白云岩区，其主要分布在贵州省中部及西南部，地形相对平坦，岩性导致区域土层较厚，植被覆盖率较高，生态脆弱性低于连续性灰岩区、连续性白云岩区、灰岩白云岩互层区及碎屑岩夹灰岩区。

第9章　亚喀斯特地区生态系统健康评价及趋势分析

地貌是地球上所有生物生存的载体，是人类活动的基础，是土地利用方式的限制性因素，而不同地貌景观的生态环境存在差异。生态系统的健康程度直接反映了生态环境的优劣状况，关系经济发展的可持续性。生态系统健康评价是从系统组织、恢复力和活力的健康程度评价生态系统的稳定性和可持续性，是对生态系统状态特征的一种系统诊断方式，它的提出为生态建设成果的检验提供了方法。为寻求科学有效的生态文明建设途径，环境保护部(现生态环境部)于2013年发布《关于印发〈国家生态文明建设试点示范区指标(试行)的通知》(环发〔2013〕58号)，从经济、制度、文化等方面划定了污染物排放量、森林覆盖率等环境指标的新标准。

亚喀斯特有两种表现形式，即不纯碳酸盐岩与非碳酸盐岩互层型，由于非碳酸盐岩的存在，使土壤、植被产生了分异，促使亚喀斯特自然景观与典型喀斯特自然景观之间存在差异，不能将其与典型喀斯特地区一概而论。以地质岩性数据为基础，结合地貌数据进行亚喀斯特地区生态系统健康评价及趋势研究，旨在探索亚喀斯特生态系统健康特征及其地貌分异规律，对了解区域生态环境状况、实现因地制宜、提高土地利用率具有重要意义；有利于检验区域土地利用结构的合理性，推进生态修复和重建工作，为区域性生态管理体制的建立、环境保护措施的制定和解决区域性环境问题提供依据。

9.1　生态系统健康评价方法综述

生态系统健康评价研究于20世纪80年代在北美兴起，我国21世纪初才开展了关于生态系统健康评价的大量研究，起步较晚，但是发展快速。目前，国内外对于生态系统健康评价的研究大致可以分为三类：生态系统健康的概念和发展、生态系统评价方法和评价指标体系的构建、各类生态系统健康评价研究。

1. 生态系统健康的概念和发展

1992年，Costanza等所著的*Ecosystem Health：New Goals for Environmental Management*一书详细阐述了“什么是生态系统健康”“我们需要生态系统健康的原因”及“生态环境管理”等问题(周燕峰，2010)。国际生态系统健康学会(International Society for Ecosystem Health，ISEH)于1994年成立，推动了生态系统健康的发展。加拿大是生态系统健康研究的发源地，对于这一方面的研究自然名列前茅。由于工业废水和生活污水常常富营养化并含有多种有毒物质，对生态系统健康产生严重威胁，为了实时监测其作用强度和范围，并解决它们带来的环境问题，1994～2000年，加拿大卫生部、环保部和海洋渔业部门合作斥资1.5亿加元在北美大湖区进行了为期6年的污染防治、退化生境修复、生态系统健康维护工作，以生态系统恢复对人类健康是否有益为题，论述了生态系统健康的重要性(Speldewinde et al.，2015)。国外的研究更多的是关注生态系统健康的概念，而我国更侧重于研究生态系统健康的论述和发展史。刘建军等(2002)阐述了生态系统概念的发展和评价模型的类型，他是我国较早开展关于生态系统健康的综述性研究人员；王敏等(2012)概括了生态系统健康评价的内容，并研究了其与生态服务功能评价、生态风险评价之间的关系问题，论述了生态系统评价常用方法之一的指示物种法的优缺点。

2. 生态系统评价方法和评价指标体系的构建

生态系统评价方法和评价指标体系的构建一直是生态系统健康研究领域的热点问题。1985年，Hanon 把生态系统总产量(gross ecosystem product，GEP)作为生态指标用来监测潮汐湿地生态系统的健康状况(段国兵，2011)； Karr 等(1986)与 Ulanowicz(1986)分别提出生物完整性指数(index of biological integrity，IBI)和网络优势指数(index of network ascendency)评价水质和生态系统健康程度；Costanza 等(1992)提出了最早的生态系统健康评价指标体系：生态系统健康指数(HI)=系统活力(V)×系统组织力(O)×外界胁迫弹性(R)；Rapport 等(1999)将物理化学指标、生态学指标、社会经济指标作为生态健康评价指标体系组成部分；Brazner 等(2007)沿着北美五大湖岸线的450个采样点收集了大量的生物，作为分析受到人类干扰的区域范围内生态系统评价的生物指标；北美学者评价海岸带湿地质量时，选取了来自北美五大湖 40 个湿地的资料数据，建立了湿地鱼类指数(wetlands-fish index) (Seilheimer and Chow-Fraser，2007)；Baek 等(2014)基于浮游生物完整性指数评估了韩国光阳和镇海海湾生态系统健康状况；John 等(2014)以概念生态模型为基础在佛罗里达州南部的沿海海洋栖息地，将越冬水鸟相关数据作为生态系统健康指标进行了研究。我国对于生态系统的研究更集中于权重赋值方法的研究及生态系统健康评价手段的探索。左婵等(2014)对生态系统健康评价指标体系的构建进行了研究；赵帅等(2013)研究了城市生态系统健康评价的新模型，并做出了应用的相关介绍和分析；蔡霞等(2013)以医生治病的概念基于诊断学进行了详细的生态系统健康评价案例分析和研究。随着科学技术的发展，学科领域间的相互借鉴和结合现象日益凸显。20世纪后期地理信息系统(GIS)和遥感(RS)技术的出现，实现了各类研究成果的可视化表达，生态系统健康评价研究与GIS与RS技术的结合，不仅使生态系统健康评价的过程更加简易，还使原本的定性描述变成了定量的、可视的表达。刘明华和董贵华(2006)、陈鹏(2007)、徐明德等(2010)、张哲等(2012)及杨宇等(2014)从2006年到2014年，先后分别利用GIS技术进行了秦皇岛、翔安区、高平市、洞庭湖区、绛县的生态系统健康评价。

3. 各类生态系统健康评价

生态系统健康评价研究的发展时间虽然不长，但是发展的速度却很快，几十年的时间里，其研究方法不断创新、评价指标不断更新、评价对象和评价单元逐渐丰富。如今，学者们选择的生态系统健康研究对象逐步细化，产生了森林、农业、湿地、湖泊、河流、城市、草地等生态系统健康评价。在森林生态系统健康研究方面，Festus 等(2015)在肯尼亚进行了有效诊断自然森林生态系统健康状况的抽样方法的比较研究；袁菲等(2013)从生态系统健康的干扰因素出发，研究了汪清林区森林生态系统的健康水平；而刘素芝等(2014)则是研究了森林生态系统健康评价的指标体系。研究最为广泛深入的是水域(包括湿地、湖泊、河流等)生态系统健康，如：Kim 和 Xu(2014)进行了韩国沿海水域海洋生态系统健康评估；Sharon(2014)论述了生物标志物在水生生态系统健康评估中的作用；谭娟等(2014)、何逢志等(2014)评价了湿地与河流生态系统健康，并阐释了影响因子的相关分析。生态系统的健康评价已不再局限于传统意义上的自然生态系统，已向人类-社会组成的系统评价迈进。薛卫双(2014)和张仕廉等(2014)分别以高效图书馆信息、区域建筑产业作为生态系统，打破了传统的研究格局。

4. 喀斯特区域生态系统健康评价

喀斯特地区受自然条件的限制，生态环境脆弱，区域发展滞后。脆弱的生态环境吸引了不少学者的目光，他们对喀斯特地区土地适宜性、生态敏感性、生态承载力、水土流失/石漠化治理、环境变化等问题进行了大量的研究，希望能从中找到有助于这些地区科学、有效发展的方法，生态系统健康评价自然也包含在其中，但喀斯特地区生态系统健康评价研究案例并不是很多。曹欢和苏维词(2010，2009)、曹欢等(2008)研究了喀斯特地区生态健康影响因子、基于模糊数学法的生态系统健康评价和评价方法的比较。周文龙等(2013)评价了云台山生态系统的健康水平。喀斯特生态系统健康的评价还需要更进一步、更加深入地结合喀斯特发展的自身特点进行评价。

9.2　生态系统健康评价方法介绍

对于生态系统健康的评价，现在采用的方法主要有指标体系法和指示物种法(马克明等，2001)，而有的学者根据评价对象的不同，又衍生出了其他方法。

1. 指标体系法

指标体系法是目前应用最广泛的评价方法，它是根据生态系统的服务功能和生态系统特有的特征进行评价指标的选取，建立评价指标体系，能够结合社会经济因素与自然因素较为全面地进行生态系统健康评价。指标体系法的两个关键要素就是评价模型的选择和权重分配。评价模型主要有活力-组织力-恢复力(vitality-organization-resilience，VOR)模型，压力-状态-响应(pressure-state-response，PSR)模型及驱动力-压力-状态-暴露-影响-响应(driving force-pressure-state-expose-effect-response，DPSEER)模型。VOR 模型是依照 Rapport 等(1999)对生态系统健康的定义基于生态系统自身状况提出的，由于选取指标来源较为单一，没有考虑外界因素的影响，评价结果不够全面；PSR 模型是 20 世纪 90 年代中后期，经济合作与发展组织(Organization for Economic Co-operation and Development，OECD)在综合考虑社会、经济和生态环境因素的基础上提出的评价模型，从外界予以生态系统的压力、生态系统现状和生态系统受外界作用后产生的响应三个方面进行生态系统健康评价，该模型赋予了评价者更多的灵活性，评价者可根据评价对象的特征选取评价指标，评价结果更具有典型性和全面性；Briggs 和 Field(2000)认为生态系统的健康问题应该考虑具体的社会、经济、文化和生态环境因素，如社会因素(包括人口统计、公共卫生设施条件、固体废弃物处理、食品安全、垃圾管理等)、经济因素(人口居住条件、产业结构、人均收入等)、文化因素(传染性疾病、职业与非职业健康风险、受教育情况等)、生态环境因素(水环境质量、威胁人类健康的有毒物质的传播、辐射、空气污染及放射性物质污染等)，从而提出 DPSEER 模型，该模型相当于 VOR 模型与 PSR 模型的结合。

指标权重分配的正确与否关系评价结果的科学性和可靠性，因此，对于权重分配的方法，众多学者做了诸多研究。现有生态系统健康评价中的权重分配方法主要有主成分分析(principal components analysis，PCA)法(按照主成分贡献率进行权重分配，贡献率大的权重值大，贡献率小的权重值小)、层次分析法(评价指标之间分别进行两两对比，比较后按照 9 分位比例以各评价指标相对优越性顺序，建立评价指标判断矩阵进行权重赋值)；北京大学的程乾生教授于 1997 年在层次分析法的基础上提出了全新的系统分析和决策的综合评价方法，即属性层次模型(attribute hierarchical model，AHM)(刘丽丽 等，2010)、专家打分法(研究该领域的专家对各评价指标进行打分，分值越高则权重越大)、熵赋值法(如果指标的信息熵越小，该指标变异程度越大，在综合评价中影响力就越大，权重就应该越高)、变异系数法(该方法以评价指标的标准差为基础，变异系数越大，则该指标作用力越强，权重值越高)。熵赋值法和变异系数赋值法都属于客观赋值法，而主成分分析法、专家打分法和属性层次模型均带有很强的主观性，赋值结果常常是因人而异。

2. 指示物种法

指示物种法比较简单，容易操作，是通过统计生态系统的特有种、关键种、濒危种、敏感物种、指示种等能体现该生态系统典型性特征的物种数量、生产力、活力、结构功能指标等来进行生态系统的健康评价，选取各指示物种的过程具有明显的主观性，由于没有一个统一的标准，评价者之间的个体差异将会导致指示物种筛选结果的差异，而指示物种对生态系统健康作用力强弱的判定亦会不同(李晓文 等，2001)。指示物种法选择的评价指标全部为来自被评价生态系统的内部因素，缺乏对社会、人类活动、经济、周围环境等外部因素作用力的思考，不能全面反映生态系统的健康程度，因此，该方法存在严重的不足之处，只适用于自然生态系统健康评价研究，不适合用来评价受到人类活动影响较大的复杂的生态系统健康状况(戴全厚 等，2006)。

3. 健康距离法

健康距离法就是通过判断生态系统现状与健康状态之间的差距进行生态系统健康评价。在评价过程中需要设定一个生态系统处于健康状态时的指标值(即生态系统未受到干扰时的健康状态)作为参考标准，通过生态系统健康现状与未受干扰的生态系统健康标准状态的对比得到评价结果，评价结果偏离健康标准越多，说明该生态系统越不健康。但是由于受到众多来自外界的不可控因素的影响，标准值的设定存在差异，没有也不能以统一的标准替代，此方法具有明显的片面性，目前主要应用于森林生态系统健康评价。

4. 生态风险评估法

生态风险评估法所选的评价指标基本来自生态系统外部，通过统计对生态系统健康造成威胁的各种干扰因素所造成不良后果的概率及在不同概率下这些不良后果危害生态系统健康的严重性进行生态系统健康评价。此方法属于预见性评价方法，其关键在于对生态系统风险源的调查，预测风险出现的概率及所造成的不良后果，对于生态系统健康的预测及由人类活动引起的生态系统的负向变化有积极作用，有利于制定风险应对措施方案，但是风险源的选取和危害程度评定缺乏参考标准，评价结果会存在较大争议。

5. 能量分析法

从能量角度出发，通过使用活化能、结构活化能和生态缓冲能来评价生态系统的健康状况。活化能是指当生态系统与外界环境达到平衡状态时，生态系统能够做出的功，所做的功越多，活化能越大，则生态系统活力越强，它主要由生态系统进行有序化过程的能力来体现；结构活化能是指生态系统中的某一种有机体成分相对于整个系统所具有的活化能，间接体现了生态系统结构的稳定性；生态缓冲能则是指生态系统的强制函数与状态变量，生态系统恢复力可通过生态缓冲能得以体现。

9.3　黔中地区生态健康评价

1. 研究区概况

黔中地区指贵州省中部地区，是《全国主体功能区规划》中的贵州省重点经济开发区，范围包括整个贵阳市、毕节 5 县(区)、遵义 5 县(区)、黔南州 7 县(市)、黔东南 2 县(市)、安顺 4 县(区)，共计 33 个县(市、区)(图 9.1)，面积为 53724.72km^2，占贵州省总面积的 30.50%。黔中地区是贵州省经济、政治、文化中心，也是《全国主体功能区规划》中明确规划的重点经济开发区，经济和环境状况良莠不齐。该区域地貌类型多样，地形破碎，中低产田土覆盖面积较大，加上人为因素对生态环境产生的负面影响，水土流失、石漠化等环境问题突出。作为贵州省重要经济圈，黔中地区承载了推动全省经济发展的重任，但只有协调好经济和环境的平衡关系，才能做到真正意义上的可持续发展。

2. 数据处理与技术路线

1) 数据来源及处理

(1) 基础数据。生态系统健康评价是对生态系统多因素多指标的综合性研究，所涉及的数据资料比较多，按照数据资料的类型，可分为图件资料和文字资料。图件资料包括遥感影像、DEM、净初级生产力(NPP)、生物量及地貌图、岩性图、行政区划图、交通图等专题地图；文字资料则包括国内生产总值(GDP)、降水量、人口数量等。研究中所用遥感影像是分辨率为 30m 的 Landsat TM 影像，主要用于土地利用数据提取和基岩裸露率、归一化植被指数(normalized vegetation index，NDVI)的遥感反演。土地利用数据是对影像进行大气校正和几何精校正后，采用人机交互方式对其进行监督分类，结合野外调查实测

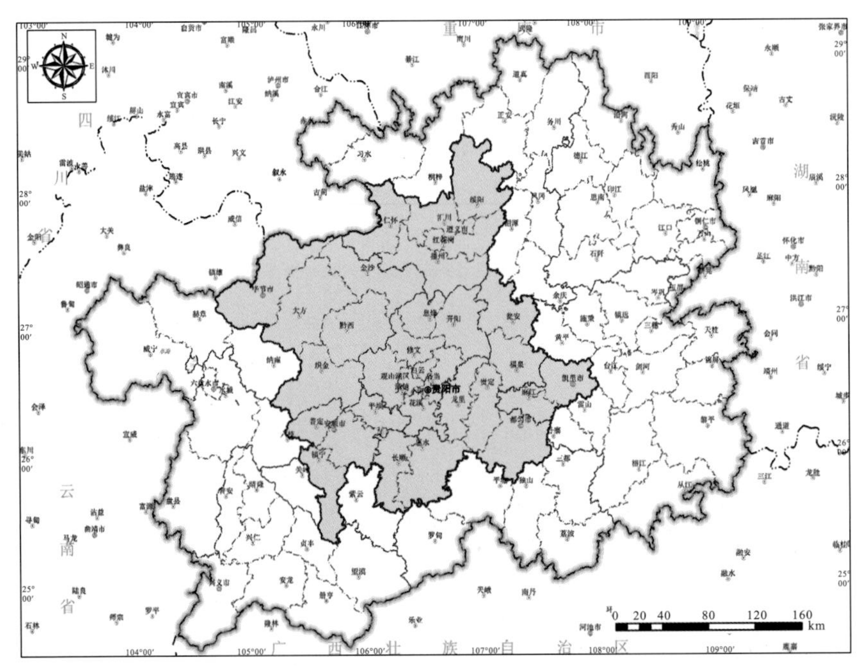

图 9.1　黔中地区地理位置图

数据对其进行修正，得到最终的土地利用数据；基岩裸露率及 NDVI 的反演通过对影像进行波段运算获得；遥感影像、NPP 及生物量数据来源于“贵州省生态环境十年变化(2000～2010 年)遥感调查与评估贵州专题”项目组。DEM 数据来源于国际科学数据服务平台空间分辨率为 30 m 的 ASTER GDEM 数据，该数据的制作是根据美国国家航空航天局的新一代对地观测卫星 Terra 的详尽观测结果完成的，主要用于地貌类型的划分和坡度等地形因子的提取。地貌图、行政区划图、土壤图、植被图及交通图均来源于比例尺为 1∶100 万的《贵州省国土资源地图集》，经过纸质地图数字化得到交通数据和行政区数据。GDP、降水量、人口数量等数据来源于《贵州省统计年鉴》《贵州省环境状况公报》《贵州省水资源公报》，研究中所有图件统一采用阿尔伯斯投影。

(2)地貌景观划分。地貌是陆域表面一切生物生存所依附的直接载体，是各种地理要素相互影响的界面之一，对植被生长、动物繁衍及栖息地的分布、人类生产活动等都有重要作用，控制着自然环境的分异现象及特征。关于地貌的分类标准和分类方法，学者们进行了大量研究，高玄彧(2004)利用主客体分类法对地貌形态进行了划分并制定了相应的分类标准，该方法成为地貌划分最常用的方法，之后他对这种方法进行改进形成地貌混合分类法。随着数字地图的产生和发展，地貌划分方法从人工分类时期进入地貌自动识别提取时代。马士彬和安裕伦(2012)、常直杨等(2014)实施了 DEM 自动提取地貌类型研究，并进行了精度分析，表明利用 DEM 自动提取地貌的精度较高，部分可达 80%以上。地貌类型自动提取研究中通常采用 DEM 和影像作为地貌划分的基础数据。DEM 提取地貌的基本原理在于地貌是地形因子的组合形态，地形因子是组成地貌类型特征的基本因素，地形因子有宏观和微观之分，其过程为利用 DEM 生成各种地形因子，包括：高程、坡度、地形起伏度、坡向变率、高程变异系数等，将所有地形因子做相关性分析，剔除相关性较大的因子，而后将单因子图波段组合后生成类似遥感影像的多波段图，选择最佳波段组合进行非监督分类，将分类结果与地貌图进行对比纠正，最终得到地貌类型图。

本节采用 DEM 自动提取地貌类型的方法，根据《贵州省农业地貌区划》，按照地貌主客体分类法的地貌划分标准(表 9.1)，划分出黔中地区地貌类型(图 9.2)。

表 9.1　地貌类型划分标准

地貌类型	次级地貌类型	分类标准		注释
		相对高度/m	绝对高度/m	
盆(台)地	低盆地	<30	0～900	盆地坡度<5°
	中盆地		900～1900	
	高盆地		>1900	
丘陵	低丘	30～200	>900	—
	中丘		900～1900	
	高丘		>1900	
低(中)山	低山	>200	0～900	—
	低中山		900～1400	
中山	中中山	>200	1400～1900	—
	高中山		>1900	

注：盆地和台地划分标准一致。

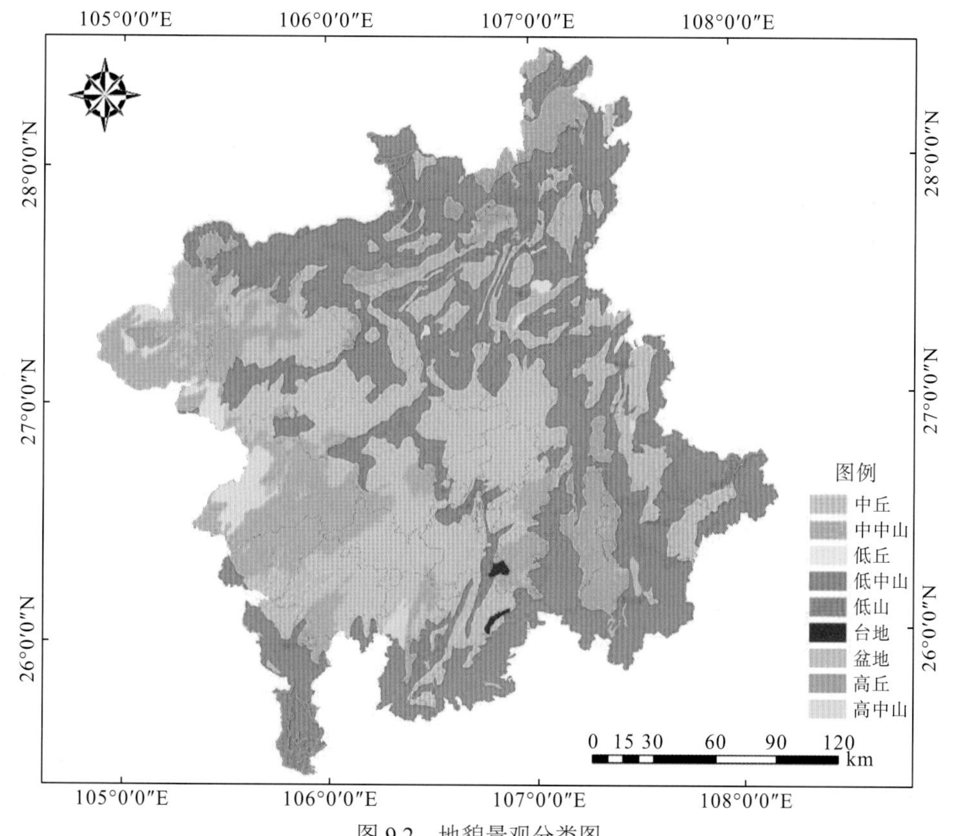

图 9.2　地貌景观分类图

在 DEM 生成地势起伏度与地表切割深度的过程中都涉及最优窗口的选择，此处所用 DEM 数据分辨率为 30m，2 km^2 适用于在比例尺大于 1∶25 万的地形图上操作，因此以 2km^2 为起点，以 2 个像元为单元逐步进行分析窗口实验。通过滑动窗口分析，采用均值变点法，计算得到原始样本所得统计量 S 和样本数据分段后统计量 S_i 后，进行回归拟合获得的最优窗口为 44m×44m（表 9.2、图 9.3）。

表 9.2　平均地表切割度与分析窗口对应关系

窗口大小	平均地表切割度	窗口大小	平均地表切割度
30m×30m	84.35910	50m×50m	113.57320
32m×32m	87.76515	52m×52m	116.03680
34m×34m	91.03767	54m×54m	118.43800
36m×36m	94.18871	56m×56m	120.78070
38m×38m	97.22860	58m×58m	123.06780
40m×40m	100.16660	60m×60m	125.30280
42m×42m	103.01060	62m×62m	127.48850
44m×44m	105.76760	64m×64m	129.62760
46m×46m	108.44330	66m×66m	131.72260
48m×48m	111.04350	68m×68m	133.77580

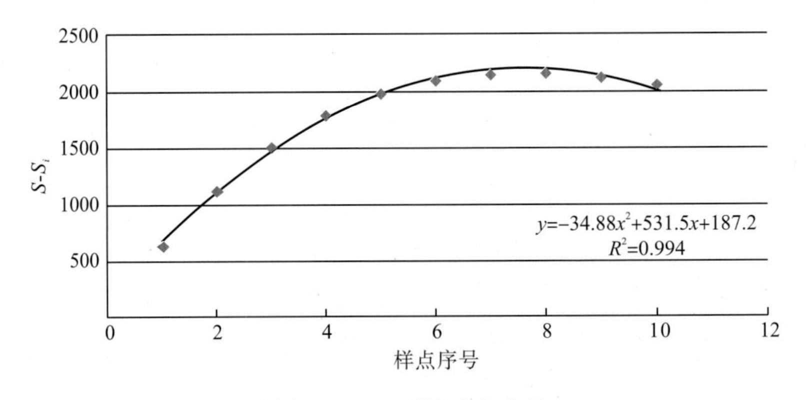

图 9.3　S 和 S_i 差值变化曲线

2）技术路线

基于 ArcGIS 平台，结合 GIS 与 RS 技术，根据遥感影像解译得到土地利用数据，利用 DEM 提取坡度、地形起伏度等地形因子进行地貌自动划分得到地貌景观分类图，对遥感影像进行解译得到裸土指数（bare soil index，BI）和 NDVI。建立空间数据库，各专题地图进行数字化后录入数据库中，将 GDP、人口数、第三产业 GDP 等数据链接到行政区划图中，生成对应的单因子图，最后将所有单因子图栅格化为栅格大小为 30m×30m 的栅格图。最后将所有单因子图进行叠加分析得到黔中地区生态系统健康评价图，从而进行亚喀斯特生态系统健康特征研究。技术路线图如图 9.4 所示。

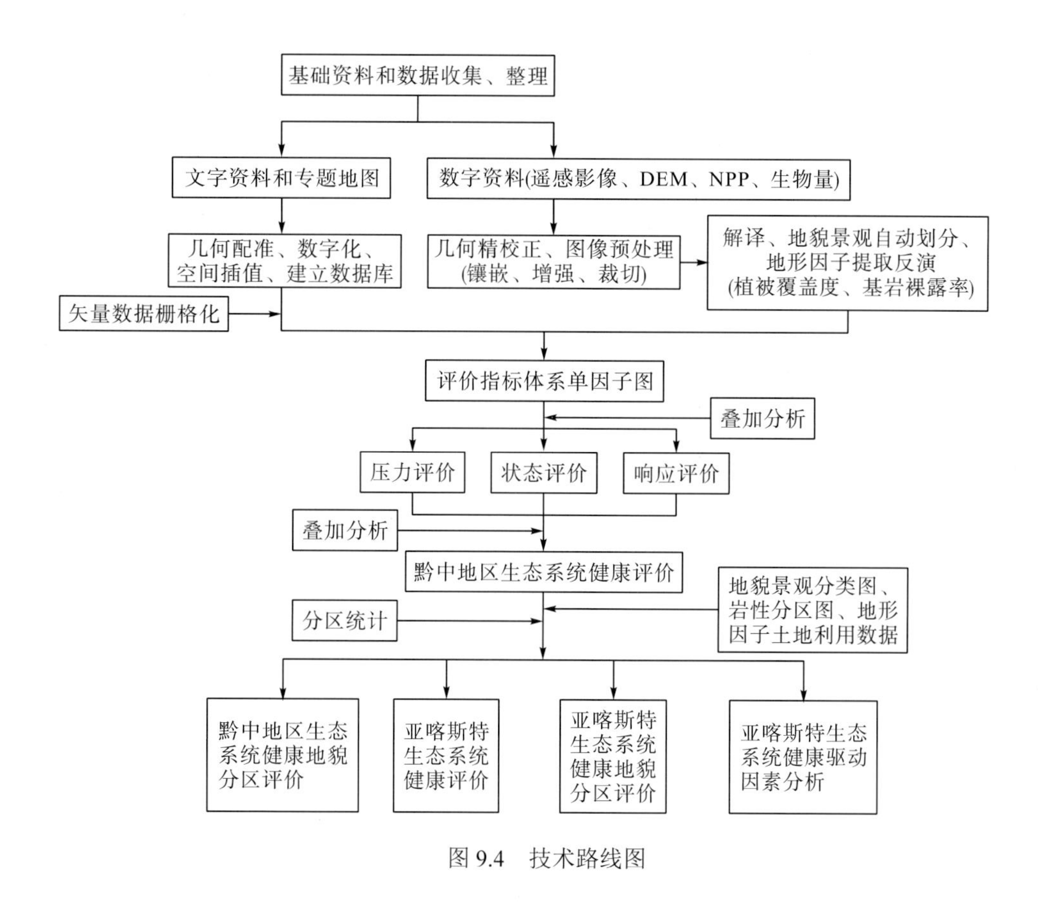

图 9.4　技术路线图

3. 评价指标体系与方法

1) 评价指标体系

关于生态系统健康评价的方法在研究综述中已有介绍，本节选用指标体系法进行生态系统健康评价。生态系统健康评价模型经过大量的研究变得成熟且多样，如今主流的评价模型包括：活力-组织力-恢复力(VOR)模型、压力-状态-响应(PSR)模型、驱动力-状态-响应(driving force-state-response，DSR)模型、压力-状态-响应-潜力框架(pressure-state-response-potential framework，PSRP)模型、驱动力-压力-状态-响应-控制(driving force-pressure-state-response-control，DPSRC)模型、驱动力-压力-状态-冲击-响应(driving force-pressure-state-impact-response，DPSIR)模型等(俞亮源，2013)，而在实际评价中使用最多的是 PSR 模型。陈美球等(2012)运用 PSR 模型对赣江上游生态系统健康状况进行了评价，杨予静等(2013)运用 PSR 模型构建的指标体系评价了三峡库区忠县汝溪河流域生态系统健康状况，张文斌(2014)基于 PSR 模型评价了土地利用系统的健康状况，可见 PSR 模型应用范围广，适用于河流湿地、城市及生态系统健康综合评价。

黔中地区是贵州省重点建设和发展区域，人口密度大，人类活动作用力强，属于典型喀斯特发育区，生态环境非常敏感，主要的生态问题是水土流失及石漠化。本节基于

PSR 模型，以黔中地区的生态环境特征为基础，选择了 17 个评价指标建立评价指标体系(图 9.5)，进行生态系统健康评价。

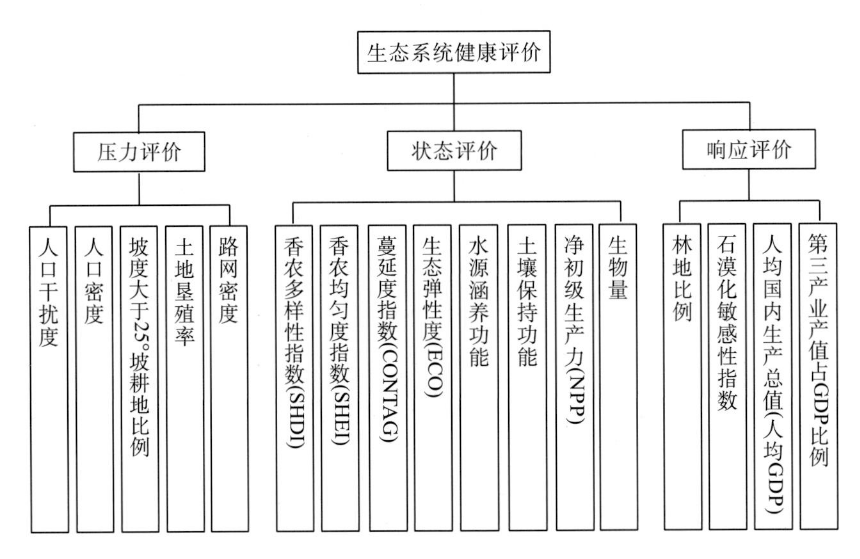

图 9.5　生态系统健康评价指标体系图

(1)压力评价指标。黔中地区生态系统的压力主要来自贫瘠的土地和庞大的人口数量。土地压力表现为地势起伏大，地貌类型以山地、丘陵为主，增加了土地使用的难度，可利用地面积少；碳酸盐岩广泛分布、表层土壤覆盖薄、土壤肥力差，限制了土地耕作条件的同时，还制约了作物产量。随着人口数量的不断增长，物质需求量随之增加，人均资源占有量逐渐减少，有限的土地资源承载力超限，人类活动加剧，森林破坏、土地复垦及城市化进程带来的环境问题给生态系统健康造成了巨大的压力。结合区域主要的环境压力，选择人口干扰度、人口密度、坡度大于 25° 坡耕地比例、土地垦殖率和路网密度进行生态系统健康压力评价。评价过程中以土地利用数据为基础，以县为评价单元进行指标计算，计算结果通过 Excel 进行统计归纳，然后通过表链接到 ArcGIS 中成图，进行叠加分析后得到压力评价图(图 9.6～图 9.8)。

①人口干扰度。人口干扰度主要用于评价城镇扩张所带来的压力，以建设用地面积与区域面积的比例来描述，比值越大，则人口干扰度越强，生态系统压力越大。建设用地以生态系统分类中的城镇面积表示。表达式如下：

$$\mathrm{PD} = A_{\mathrm{con}} / \mathrm{AR} \tag{9.1}$$

式中，PD 为人口干扰度；A_{con} 为建设用地面积；AR 为区域面积。

②人口密度。人口密度是评价人口压力的重要指标，用常住人口数与区域面积比来描述，比值越大，生态系统压力越大。表达式如下：

$$\mathrm{DP} = A_{\mathrm{pop}} / \mathrm{AR} \tag{9.2}$$

式中，DP 为人口密度；A_{pop} 为常住人口数；AR 为区域面积。

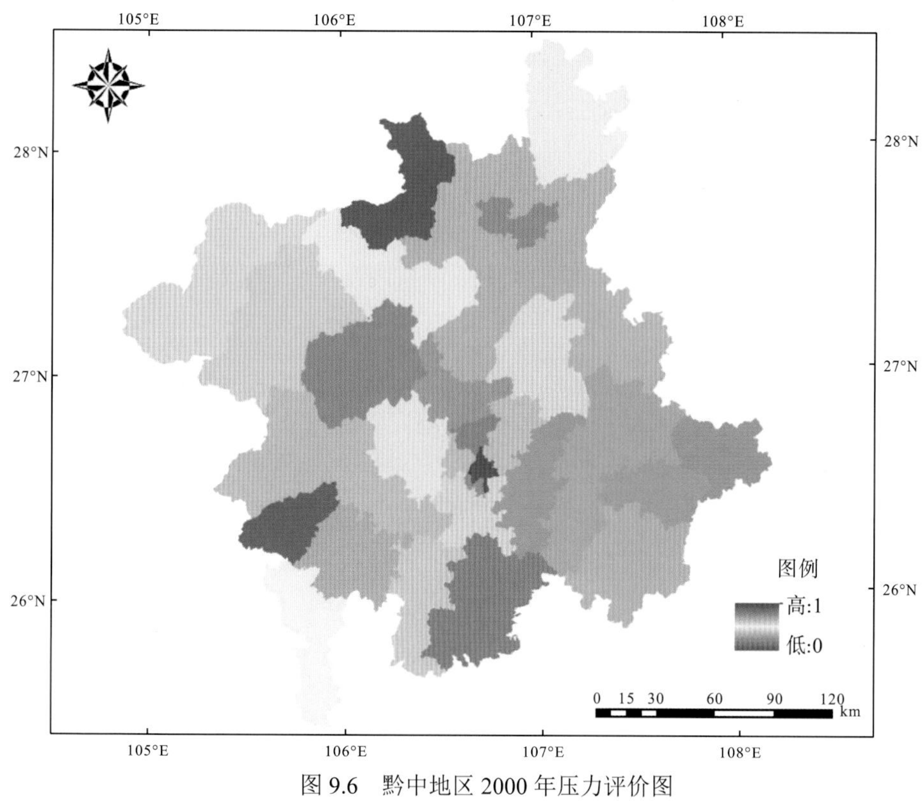

图 9.6　黔中地区 2000 年压力评价图

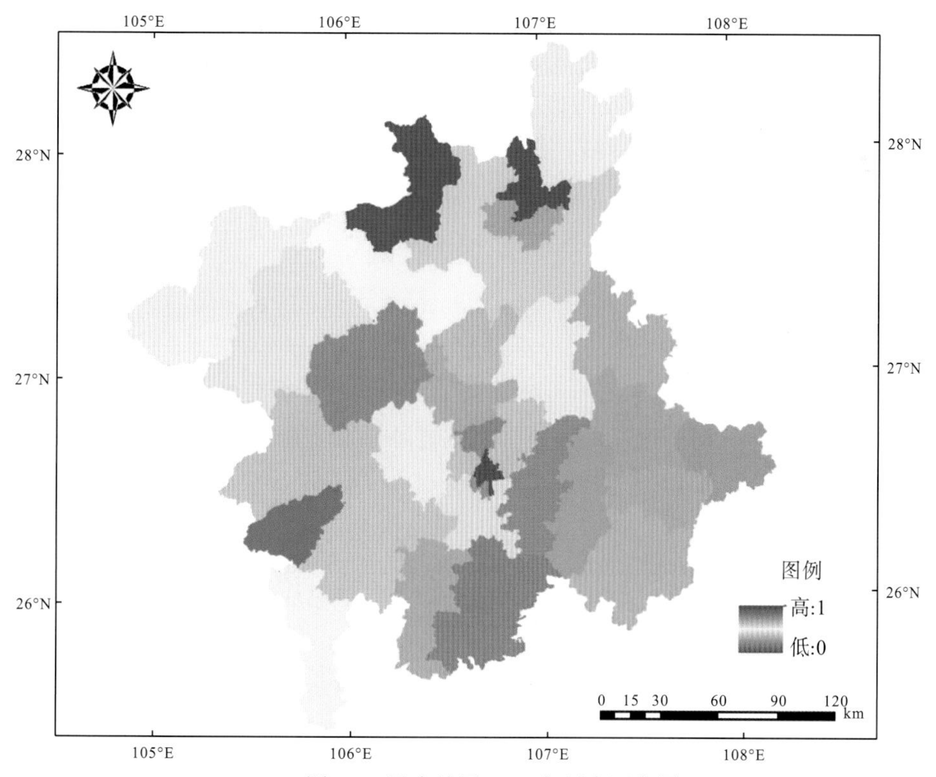

图 9.7　黔中地区 2005 年压力评价图

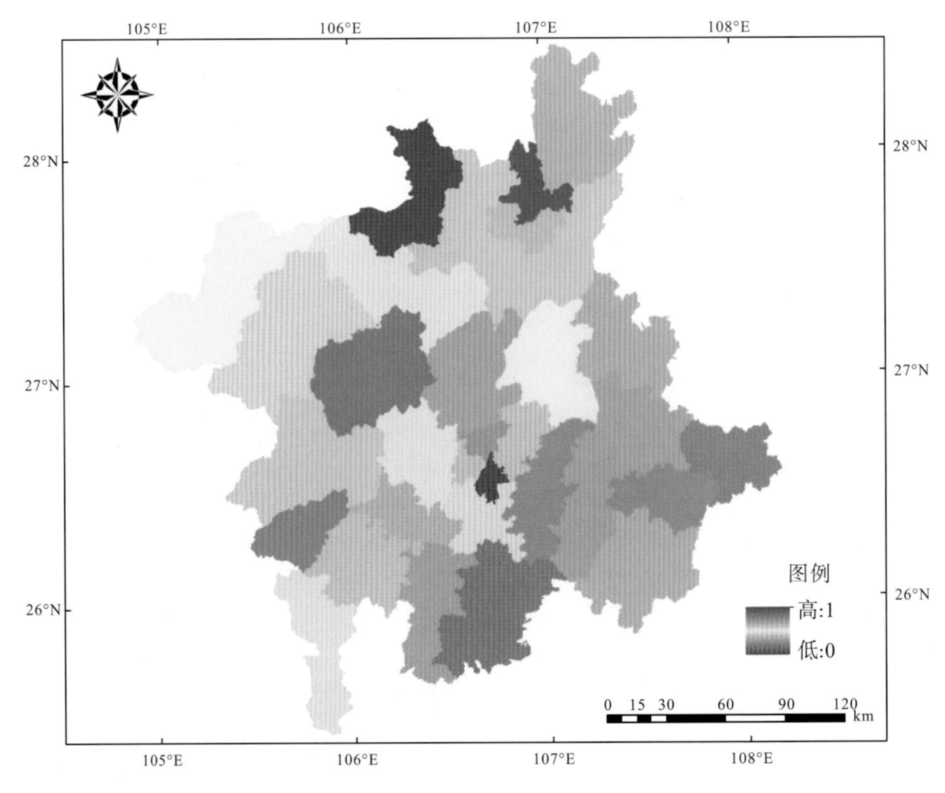

图 9.8　黔中地区 2010 年压力评价图

③坡度大于 25° 坡耕地比例。坡度大于 25° 的土地不适宜耕作，容易造成水土流失现象。以土地利用数据为基础，耕地以生态系统分类中的农田表示，利用 DEM 数据得到黔中地区坡度图，再与土地利用数据叠加得到，表达式如下：

$$L_{25^\circ}=A_{25^\circ}/A_{总} \tag{9.3}$$

式中，L_{25°为坡度大于 25° 坡耕地比例；A_{25°为坡度大于 25° 坡耕地的面积；$A_{总}$为研究区统计单元面积。

④土地垦殖率。土地垦殖率指土地能够持续提供人类生存资源的能力，用耕地面积与土地总面积之比表示，垦殖率越高，则区域土地资源开发潜力越弱，生态系统压力越大(徐明德　等，2010)。表达式如下：

$$\mathrm{RL} = A_{\mathrm{cul}} / \mathrm{ARL} \tag{9.4}$$

式中，RL 为土地垦殖率；A_{cul}为耕地面积； ARL 为土地总面积。

⑤路网密度。路网密度反映了研究区域中各评价单元的可达性，路网密度值越大，则资源开发程度越高，资源开发过程中带来的不确定性的环境因素越多，生态系统压力越大。以道路总长度与区域面积之比描述，其中道路总长度由交通图数字化后在 ArcGIS 中计算得到，道路等级包括国道、省道及高速公路。表达式如下：

$$DN = S_{lon} / AR \tag{9.5}$$

式中，DN 为路网密度；S_{lon} 为道路总长度；AR 为区域面积。

(2)状态评价指标。状态评价是指在评价时间范围内，生态系统的组织结构、系统活力和恢复力的情况，是生态系统健康状况的定量化表达。所选评价指标从系统自身出发，是对影响生态系统健康的系统内部因素的综合性评价。组织结构常常以生态系统的复杂程度来表示，而系统活力则通常以生态系统服务功能衡量，生态系统恢复力则是指系统受到干扰后，其功能和结构得到恢复的能力。黔中地区地形破碎，土地利用方式多样且呈零星分布，水土流失较为严重，生态环境敏感性强。结合该区生态环境特征，选取香农多样性指数、香农均匀度指数、蔓延度指数等景观指数评价生态系统组织结构，可以用土地利用数据通过景观软件 Fragstats3.3 获得；选取水源涵养功能、土壤保持功能、生物量、净初级生产力评价生态系统活力，其中水源涵养功能和土壤保持功能评价了生态系统的服务功能，而生物量及净初级生产力是反映生态系统活力的结果；生态系统的恢复力则以生态弹性度衡量。上述评价指标通过叠加后得到状态评价图(图 9.9～图 9.11)。

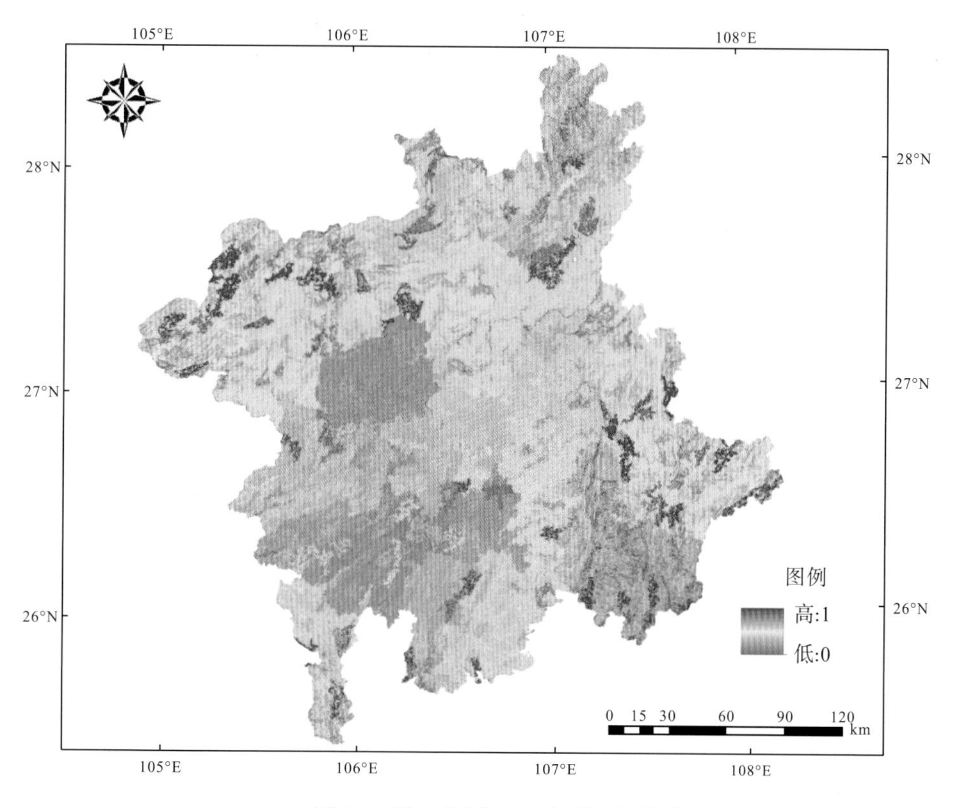

图 9.9　黔中地区 2000 年状态评价图

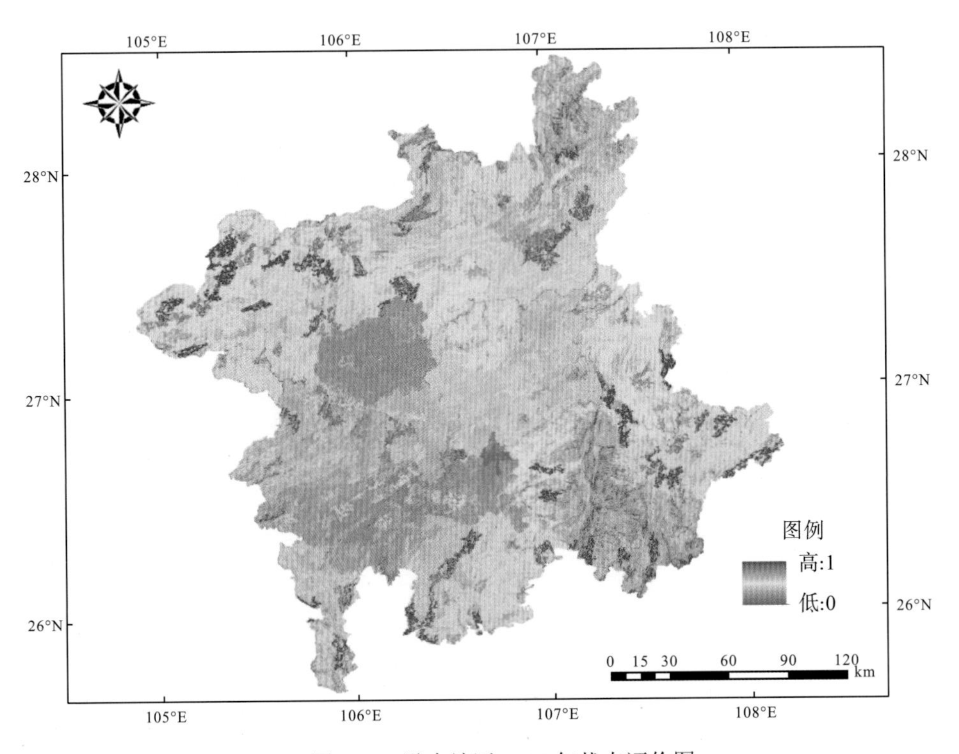

图 9.10　黔中地区 2005 年状态评价图

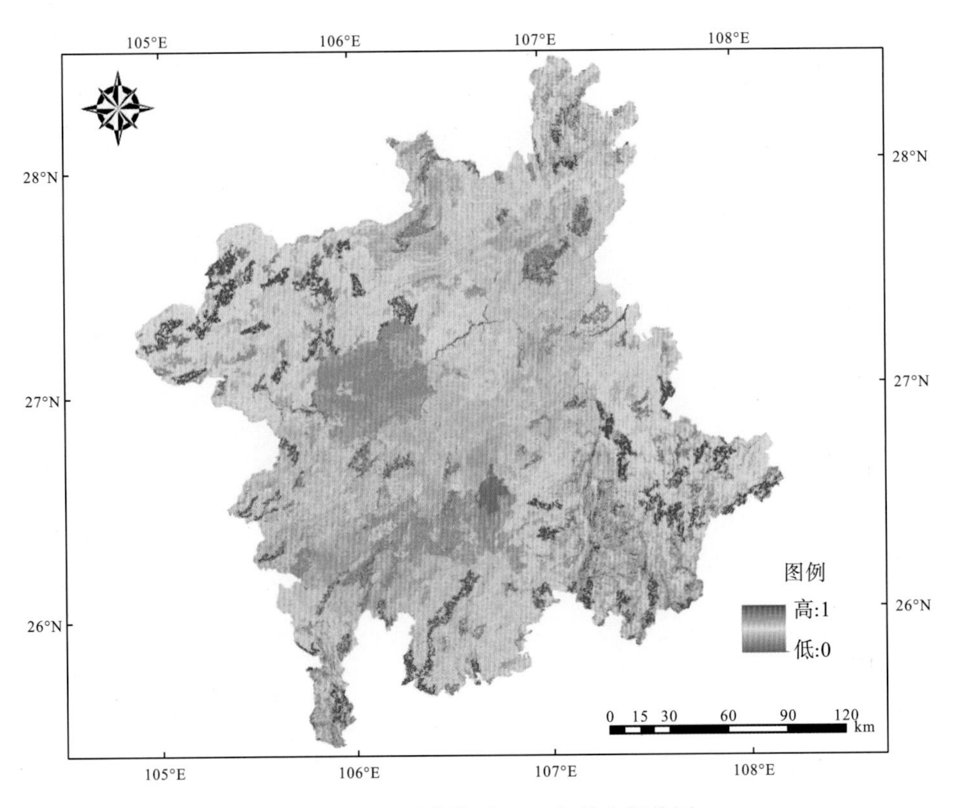

图 9.11　黔中地区 2010 年状态评价图

①香农多样性指数(SHDI)。香农多样性指数广泛应用于生态学领域，反映景观异质性，即反映景观要素的多少和各景观要素占总面积的比例，可以有效地反映生态系统结构的稳定性。当景观由单一的要素构成时，景观是均质的，不存在多样性，则多样性指数为0；当景观由两种以上要素构成，且各要素占比相等，则多样性指数达到最大值；景观类型占比差异越大，则景观多样性指数越小。表达式如下：

$$\text{SHDI}=-\sum_{i=1}^{m}\left(P_i\times\ln P_i\right) \tag{9.6}$$

式中，m 是区域土地类型总数；P_i 为第 i 种土地类型面积占总面积的比例，SHDI≥0。

②香农均匀度指数(SHEI)。香农均匀度指数用于描述景观中不同景观要素分配的均匀程度，当该指数越趋近于 1 时，景观斑块分布的均匀程度越高，生态系统结构越健康。表达式如下：

$$\text{SHEI}=\frac{-\sum_{i=1}^{m}P_i\log_2 P_i}{\log_2 m} \tag{9.7}$$

式中，m 是区域土地类型总数；P_i 是第 i 种土地类型面积占总面积的比例，0≤SHEI≤1。

③蔓延度指数(CONTAG)。蔓延度指数包含空间信息，用于描述景观不同斑块类型的团聚程度或是延展趋势。该值高，则说明景观内部某种优势斑块聚集程度高，连接性良好；反之，则说明景观由许多类型的小斑块构成，不具有优势斑块，景观破碎化程度高，生态系统健康受到威胁。表达式如下：

$$\text{CONTAG}=\left(1+\sum_{i=1}^{m}\sum_{k=1}^{m}\left\{P_i\left(\frac{g_{ik}}{\sum_{k=1}^{m}g_{ik}}\right)\times\left[\ln P_i\left(\frac{g_{ik}}{\sum_{k=1}^{m}g_{ik}}\right)\right]\right\}\bigg/ 2\ln m\right)\times 100 \tag{9.8}$$

式中，m 是区域土地类型总数；P_i 为第 i 种土地类型面积占总面积的比例；g_{ik} 是第 i 种土地类型与第 k 种土地类型相邻的像元数，0<CONTAG≤100。

④生态弹性度(ECO)。生态弹性度指示生态系统弹性力在维持系统自身运转的基础上可变化的范围，能综合反映生态系统运动变化的结果，可以通过植被类型的变化情况判断生态系统的弹性度(徐明德　等，2010)。根据前人研究结果，给出生态系统弹性度分值(表 9.3)。表达式如下：

$$\text{ECO}=\sum_{i=1}^{m}\left(S_i\times P_i\right) \tag{9.9}$$

式中，m 是区域土地类型总数；P_i 是第 i 种土地类型面积所占的比例；S_i 为第 i 种土地类型的弹性分值。

表 9.3　不同生态系统类型的弹性分值

生态系统类型	弹性分值
林地	0.9
湿地	0.8
灌木	0.7
草地	0.6
农田	0.5
人工表面	0.4
其他	0.3

⑤水源涵养功能。水源涵养功能是指生态系统靠树冠、土壤、根系等截流降水、缓冲地表径流的能力，对于保持水土、了解区域水资源利用效率及生态环境的改善具有重大的意义(张海波　等，2014)。研究方法主要有：土壤蓄水法、降水储存量法、水量平衡法、综合蓄水能力法等(张彪　等，2009)。黔中地区水土流失现象较为严重，对生态系统健康造成极大威胁，因此，选择降水储存量法进行区域水源涵养功能评价。在 ArcGIS 中利用土地利用数据提取生态系统面积，将多年平均降水数据进行克里金(Kriging)插值，最后用叠加分析得到水源涵养评价图：

$$Q = \frac{J}{A} \times R \tag{9.10}$$

$$J = J_0 \times K \tag{9.11}$$

$$R = R_0 - R_g \tag{9.12}$$

式中，Q 为与裸地相比较，生态系统涵养水分的增加量，mm / ($hm^2 \cdot a^{-1}$)；A 为生态系统面积，hm^2；J 为计算区多年平均降水量(P>20mm)，mm；J_0 为计算区多年平均降水总量，mm；K 为计算区降水量占降水总量的比例(北方区 K 取 0.4，南方区 K 取 0.6)(赵同谦　等，2004)；R 为与裸地(或皆伐迹地)比较，生态系统减少径流的效益系数；R_0 为降水条件下裸地降水径流率；R_g 为降水条件下生态系统降水径流率。

⑥土壤保持功能。采用修正后的通用土壤流失模型进行土壤保持功能的计算，降雨侵蚀力因子(R)根据降水数据计算后，在 ArcGIS 中插值得到；查阅贵州省土壤图及《贵州省土壤志》获得每种土壤类型的砂粒、粉粒、黏粒和有机质碳含量后，通过 ArcGIS 栅格计算得到土壤侵蚀因子(K)；利用 DEM 数据获得坡度(S)和坡长(L)数据，植被覆盖因子(C)与植被覆盖度(f_c)之间存在一定的比例关系，可由植被覆盖度计算获得。植被覆盖度是利用 TM 影像经过波段运算得到 NDVI 后获得，$NDVI_{veg}$ 和 $NDVI_{soil}$ 常用 NDVI 最大值和最小值来表示；通过查阅文献资料，综合前人研究结果，确定水土保持措施因子(P) (表 9.4)。所有因子在 ArcGIS 中生成单因子图后，通过叠加分析得到土壤保持功能评价图。通用土壤流失模型表达式如下：

$$SC = R \times K \times L \times S \times (1 - C \times P) \tag{9.13}$$

表 9.4　不同土地利用类型 P 值

因子	森林	灌丛	其他林地	建设用地	旱地	水田	水体	裸岩	草地
P	1.00	1.00	0.70	0.00	0.40	0.01	0.00	0.00	1.00

降雨侵蚀力 R 算法：

$$R = \alpha\left[\left(\sum_{i=1}^{12} g_i^2\right)\Big/ g\right]^{\beta} \tag{9.14}$$

式中，g_i 为月均降水量；g 为年均降水量；$\alpha = 0.3589$；$\beta = 1.9462$。

土壤侵蚀因子 K 算法：

$$K = \{0.2 + 0.3\exp[0.0256\mathrm{SAN}(1-\mathrm{SIL}/100)]\}\left(\frac{\mathrm{SIL}}{\mathrm{CLA}+\mathrm{SIL}}\right)^{03} \left[1.0-\frac{0.25C}{C+\exp(3.72-2.95)}\right]\left[1.0-\frac{0.7\mathrm{SNI}}{\mathrm{SNI}+\exp(-5.51+22.9\mathrm{SNI})}\right] \tag{9.15}$$

式中，SAN、SIL、CLA 和 C 分别表示砂粒、粉粒、黏粒和有机质碳的质量分数(%)，SNI=1−SAN/100。

坡度和坡长因子 $L \times S$ 算法(李和平和郭海祥，2014)：

$$L \times S = (\lambda/22)^{33}(\theta/5.16)^{13} \tag{9.16}$$

式中，λ 为坡长；θ 为坡度。

植被覆盖因子 C 算法(曾旭婧 等，2014)：

$$C = \begin{cases} 1, & 0 \\ 0.6508 - 0.3436\lg f_{\mathrm{c}}, & 0 < f_{\mathrm{c}} \leqslant 78.3\% \\ 0, & 1 \end{cases} \tag{9.17}$$

$$f_{\mathrm{c}} = \left(\mathrm{NDVI} - \mathrm{NDVI}_{\mathrm{soil}}\right) / \left(\mathrm{NDVI}_{\mathrm{veg}} - \mathrm{NDVI}_{\mathrm{soil}}\right) \tag{9.18}$$

式中，NDVI 表示某个栅格具体植被指数值，$\mathrm{NDVI}_{\mathrm{soil}}$ 表示完全裸土情况下 NDVI 值，$\mathrm{NDVI}_{\mathrm{veg}}$ 表示完全植被情况下 NDVI 值。

(3) 响应评价指标。生态系统受到干扰后所做出的响应，是反映生态系统健康可持续性的重要标准。森林是衡量生态环境质量、生态健康的重要因素，而黔中地区生态环境受到破坏后，表现出来最明显的问题就是石漠化，GDP 与第三产业是体现区域综合实力的硬指标。因此，系统受到干扰后的反应和恢复潜力两方面，选取包括林地比例、石漠化敏感性指数、人均国内生产总值、第三产业产值占 GDP 比例作为评价指标，进行生态系统响应评价(图 9.12～图 9.14)。

①林地比例。林地对保持水土、优化环境有着重要作用，森林面积的比例可以反映出区域管理者对生态环境的重视程度和对生态系统的管理力度。根据生态系统分类，提取出林地，以县(市、区)为统计单元，统计得到各县(市、区)林地比例，并在 ArcGIS 中成图。

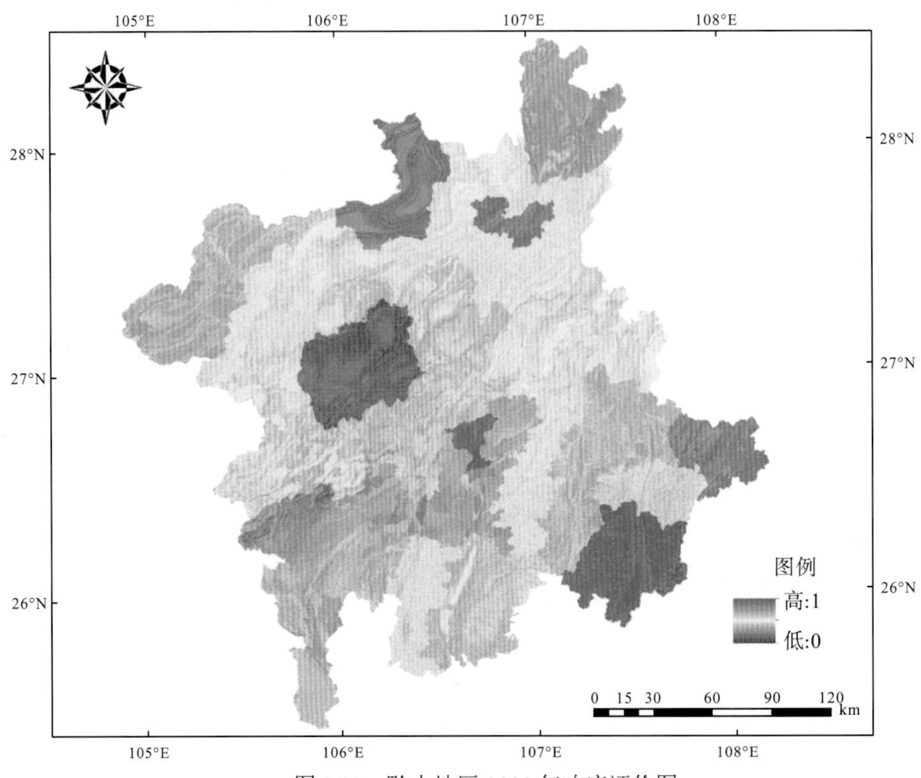

图 9.12　黔中地区 2000 年响应评价图

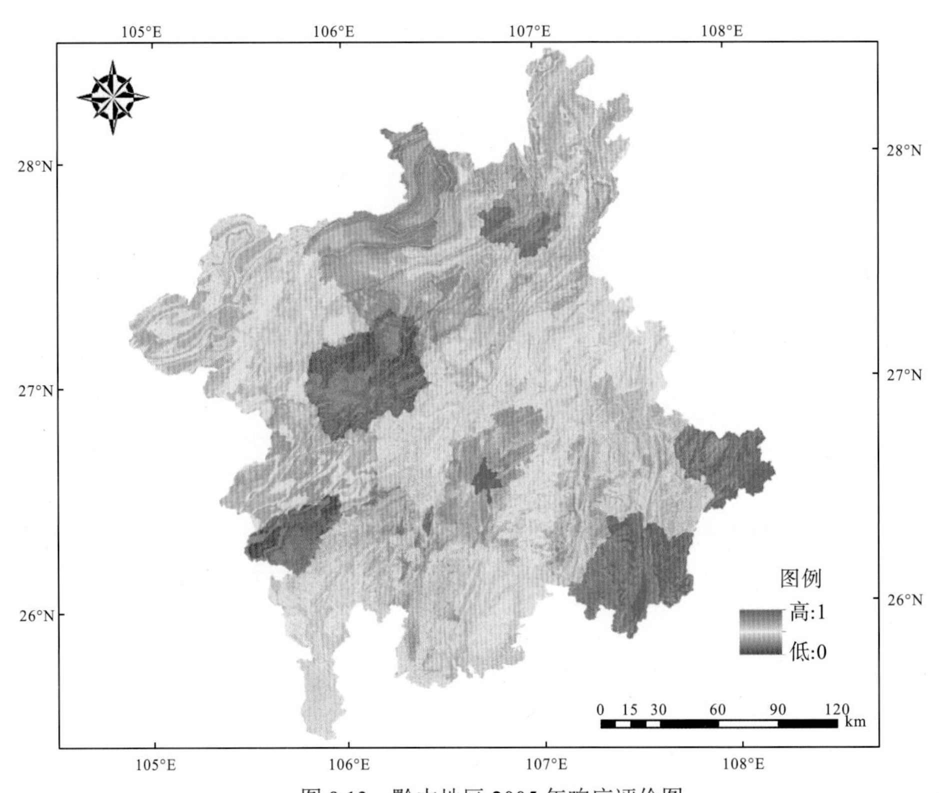

图 9.13　黔中地区 2005 年响应评价图

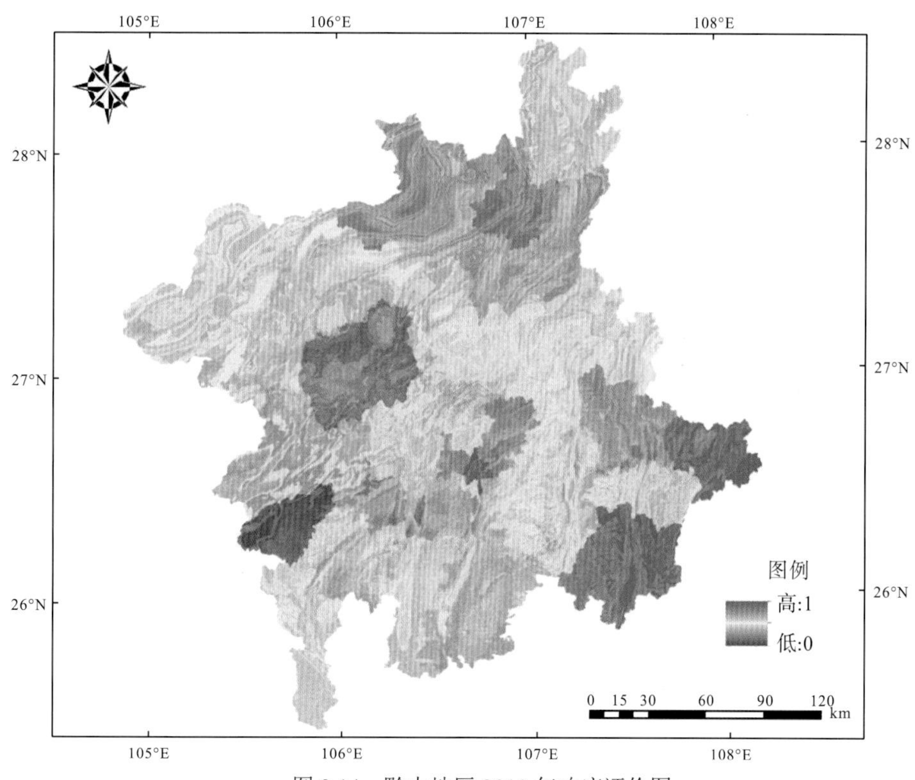

图 9.14　黔中地区 2010 年响应评价图

②石漠化敏感性指数。石漠化是生态系统遭到人为活动过分的干扰，地表植被遭到破坏而形成的基岩裸露或砾石堆积的土地退化现象。选取基岩裸露率、坡度、植被覆盖度和岩性参与石漠化敏感性评价，其中基岩裸露率基于 ENVI 软件，通过 TM 影像波段运算获得裸土指数后计算得到；坡度由 DEM 数据经过 ArcGIS 地表分析得到；植被覆盖度由 TM 影像经过像元二分法生成 NDVI 后按式(9.18)获得；岩性数据由岩性分类图得到。依据以往相关研究，进行指标分级(表 9.5)(杨世凡，2014)。在 ArcGIS 中进行叠加分析，最终得到石漠化敏感性评价图。石漠化敏感性指数 S_i 计算方法(刘春霞　等，2011)如下：

$$S_i = \sqrt[4]{D_i \times P_{slop} \times f_c \times L_i} \tag{9.19}$$

式中，D_i、P_{slop}、f_c、L_i 分别为评价区域基岩裸露率、坡度、植被覆盖度、岩性敏感性(即不同岩性产生石漠化的敏感性)。

表 9.5　石漠化敏感性评价指标分级

指标	基岩裸露率	坡度	植被覆盖度	岩性
不敏感	≤0.3	≤5°	>0.8	非碳酸盐岩
轻度敏感	(0.3，0.5]	5°～8°	(0.6，0.8]	次不纯灰岩
中度敏感	(0.5，0.6)	8°～15°	(0.4，0.6]	灰岩与碎屑岩
高度敏感	(0.6，0.7)	15°～25°	(0.2，0.4]	灰岩与白云岩
极敏感	>0.7	≥25°	≤0.2	连续性灰岩

基岩裸露率可以利用 TM 影像反演裸土指数得到，具体算法如下(张盼盼 等，2010；李晓琴 等，2003)：

$$D_{\mathrm{i}}=\left(1-\mathrm{BSP}-f_{\mathrm{c}}\right)\times 100\% \tag{9.20}$$

$$\mathrm{BSP}=\left(\mathrm{BI}-\mathrm{BI}_{\min}\right)/\left(\mathrm{BI}_{\max}-\mathrm{BI}_{\min}\right) \tag{9.21}$$

$$\mathrm{BI}=\frac{(\mathrm{SWIR}+R)-(B+\mathrm{NIR})}{(\mathrm{SWIR}+R)+(B+\mathrm{NIR})} \tag{9.22}$$

式中，D_{i}为基岩裸露率；BSP 为土壤裸露率；BI 为裸土指数；$\mathrm{BI}_{\max}$、$\mathrm{BI}_{\min}$分别为 BI 最大值和最小值；SWIR 为中红外波段；R 为红光波段；B 为蓝光波段；NIR 为近红外波段。

③人均国内生产总值(人均 GDP)。人均国内生产总值是衡量区域发展的重要经济指标，其值越高，表示区域发展速度越快。生态环境的改善离不开经济的支持，人均 GDP 越高，生态系统健康的维护和修复潜力就越大。

④第三产业产值占 GDP 比例。黔中地区以第二产业为主推动经济增长、工业带动发展的同时也带来了诸多环境问题。第三产业既能保证经济增长又能维护生态健康，属于环境友好型模式，第三产业占比越大，越能促进生态系统的健康发展。

2)指标权重

评价生态系统的健康状况，需要从外界干扰、系统自身等多个方面进行考量，选取的指标要能够体现区域生态环境现象和生态系统特点，继而进行综合性的评价，在综合性的评价研究中常常涉及指标的赋权问题。传统的权重赋值方法主要有层次分析法、主成分分析法、因子分析法、专家打分法、熵赋权法、变异系数法等。在生态系统健康评价研究中，运用于权重赋值最多的就是层次分析法，方庆(2013)利用层次分析法研究了唐山地区生态系统的健康水平，纪雅宁(2014)同样也是采用了层次分析法对评价指标赋权，但是此赋权法主观性比较强，不同的学者之间所赋的值会存在差异。

根据对前人研究成果的分析和研究，权重值由系统自身决定才能更好地、真实地反映出生态系统的健康状况。因此，为了避免主观的倾向性影响评价结果，此次选择客观的赋值法之一的变异系数法对各评价指标赋值，张延安(2011)曾利用变异系数法进行了济南市城市生态系统健康评价。在使用变异系数法进行权重计算时，如果计算出的变异系数较大，则说明在评价该指标权重时达到平均水平的难度较大，则该指标应赋予较大的权重；反之，则应赋予较小的权重(郭文强 等，2011)。依据指标对生态系统健康的影响情况，正向促进生态系统健康发展的权重为正，逆向威胁生态系统健康的权重为负。评价指标分为两级，其中压力、状态、响应为一级指标，其余为二级指标，需经过两次指标权重计算。

假设有 m 个指标，n 个评价单元，通过指标 j 的平均值 $\overline{y}_j$ 和指标 j 的标准差 S_j 来计算第 j 个评价指标的变异系数 V_j 和指标 j 的权重。指标权重见表 9.6。

$$\overline{y_j}=\frac{1}{n}\sum_{i=1}^{n}y_{ij}\qquad (i=1,2,3,\cdots,n;\ j=1,2,3,\cdots,m) \tag{9.23}$$

$$S_j=\sqrt{\frac{1}{n}\sum_{i=1}^{n}\left(y_{ij}-\overline{y_j}\right)^2}\qquad (i=1,2,3,\cdots,n;\ j=1,2,3,\cdots,m) \tag{9.24}$$

$$V_j = \frac{S_j}{\overline{y}_j};$$
$$W_j = \frac{V_j}{\sum_{j=1}^{m} V_j} \qquad (j = 1,2,3,\cdots,m) \tag{9.25}$$

表 9.6　指标权重表

一级指标	权重	二级指标	权重
压力指标	0.3016	人口干扰度	0.1822
		人口密度	0.2262
		坡度大于 25° 坡耕地比例	0.2127
		土地垦殖率	0.1850
		路网密度	0.1939
状态指标	0.4165	香农多样性指数(SHDI)	0.0835
		香农均匀度指数(SHEI)	0.1145
		蔓延度指数	0.0767
		生态弹性度	0.1037
		水源涵养功能	0.2033
		土壤保持功能	0.1853
		净初级生产力(NPP)	0.1008
		生物量	0.1321
响应指标	0.2819	林地比例	0.2209
		石漠化敏感性指数	0.2593
		人均国内生产总值(人均 GDP)	0.2576
		第三产业产值占 GDP 比例	0.2622

3)生态系统健康综合评价方法

基于统一的投影坐标，分别生成 17 个评价指标对应的单因子图层，并进行无量纲处理，使各单因子图的值都在 0～1，利用式(9.20)，通过 ArcGIS 空间叠加分析得到最后的生态系统健康评价图。

无量纲处理公式：

$$Y = \frac{x - x_{\min}}{x_{\max} - x_{\min}} \tag{9.26}$$

式中，Y 表示经过无量纲处理后的值；x 为各图层中指标值；$x_{\min}$ 为图层中最小值；$x_{\max}$ 为图层中最大值。

$$\mathrm{EH} = \sum_{i=1}^{3} C_i W_{ij} \tag{9.27}$$

$$C_{ij} = \sum_{i=1}^{m} C_i W_i \tag{9.28}$$

式中，EH 为生态系统健康综合值；C_{ij} 为第 j 个一级指标下的 i 类二级指标的值；W_{ij} 为第 j 个一级指标下的 i 类二级指标的权重；C_i 为第 i 个二级指标值；W_i 为第 i 个二级指标权重；m 为指标数。

4. 黔中地区生态系统健康评价结果

1）2000～2010 年黔中地区生态系统健康等级状态

根据所构建的评价体系进行综合评价后，得到 2000～2010 年黔中地区生态系统健康评价图（图 9.15～图 9.17）。参考以往相关研究，结合生态系统健康分布情况，将评价结果分为五级（表 9.7），等级越高，生态系统质量越好。分级后对各等级进行面积统计（表 9.8），发现黔中地区生态系统健康状况整体上不太乐观，基本上处于中等水平，分布集中于Ⅲ级和Ⅱ级。2000 年生态系统健康Ⅴ级的面积是 162.51km^2，占黔中地区总面积的比例为 0.30%；Ⅳ级的面积是 5126.63km^2，占区域总面积的比例为 9.54%；Ⅲ级所占的面积最大，其面积为 32106.69km^2，占区域总面积的比例高达 59.76%；Ⅱ级的面积仅次于Ⅲ级，为 14398.25km^2，占区域总面积的比例为 26.80%；Ⅰ级的面积是 1930.64km^2，占区域总面积的比例为 3.59%。2005 年生态系统健康Ⅴ级的面积是 160.45km^2，占区域总面积的比例为 0.30%；Ⅳ级的面积是 6154.93km^2，占区域总面积的比例为 11.46%；Ⅲ级的面积是 31585.56km^2，占区域总面积的比例为 58.79%；Ⅱ级的面积是 14747.15km^2，占区域总面积的比例为 27.45%；Ⅰ级的面积是 1076.63km^2，占区域总面积的比例为 2.00%。2010 年生态系统健康Ⅴ级的面积是 178.47km^2，占区域总面积的比例为 0.33%；Ⅳ级的面积是

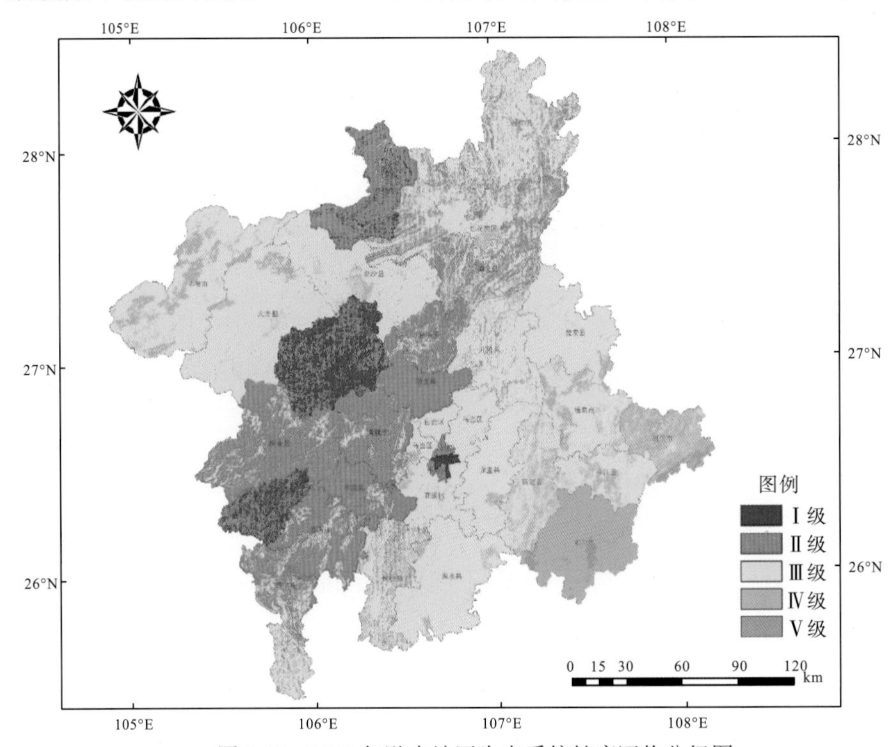

图 9.15　2000 年黔中地区生态系统健康评价分级图

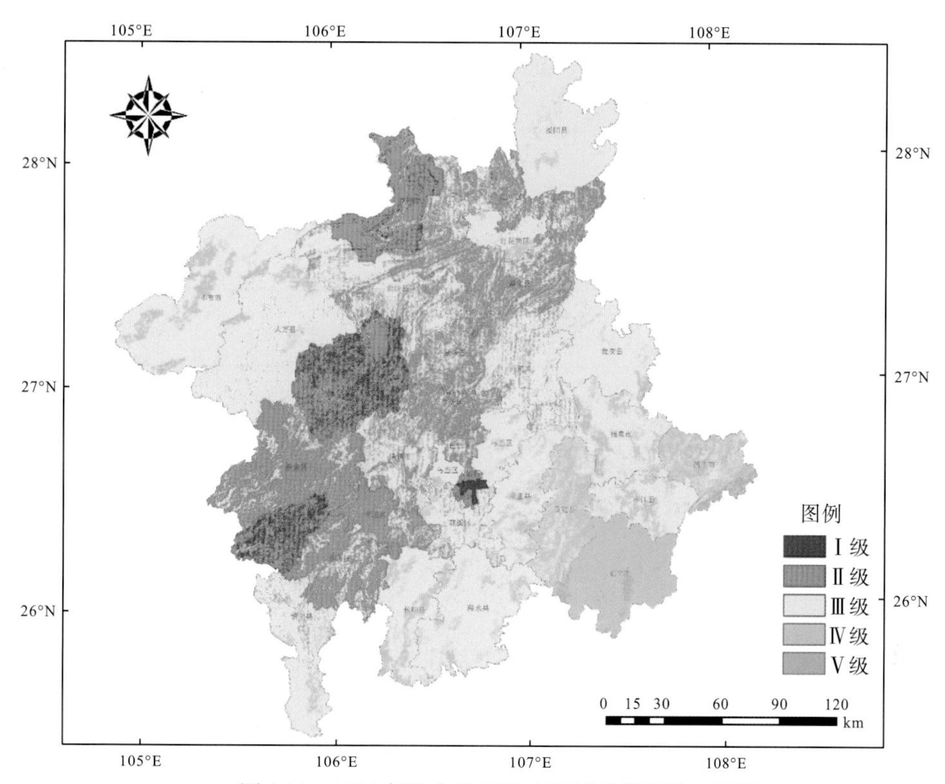

图 9.16　2005 年黔中地区生态系统健康评价分级图

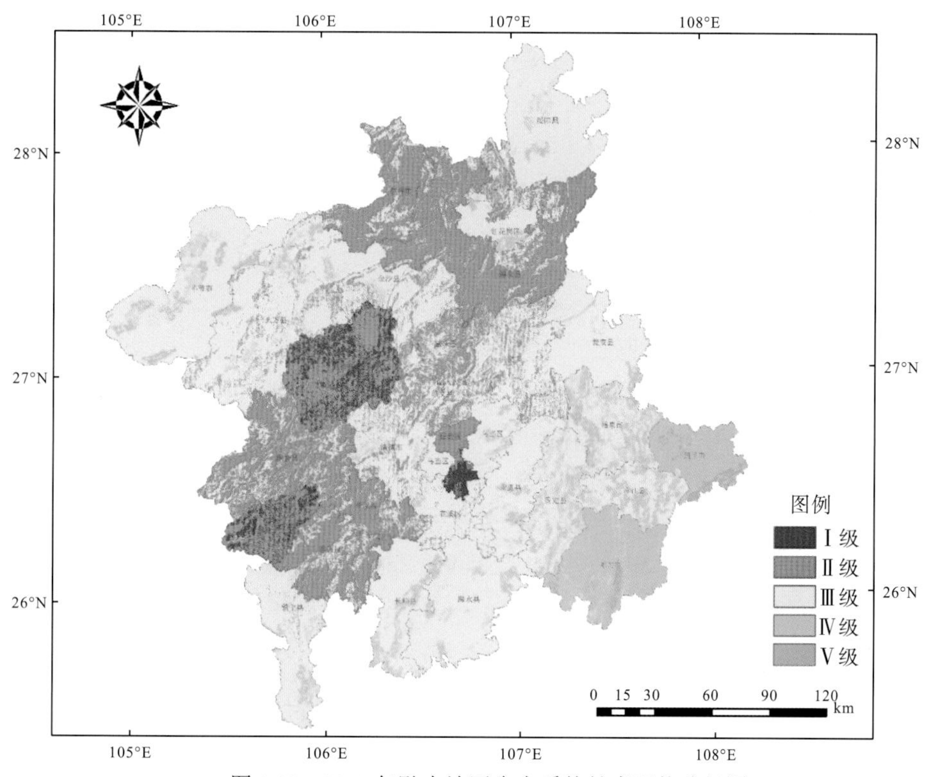

图 9.17　2010 年黔中地区生态系统健康评价分级图

6002.02km²，占区域总面积的比例为 11.17%；Ⅲ级的面积是 31933.63km²，占区域总面积的比例为 59.44%；Ⅱ级的面积是 14556.70km²，占区域总面积的比例为 27.09%；Ⅰ级的面积是 1053.90km²，占区域总面积的比例为 1.96%。

表 9.7　生态系统健康评价分级体系

等级	Ⅰ级	Ⅱ级	Ⅲ级	Ⅳ级	Ⅴ级
标准	0.0～0.2	0.2～0.4	0.4～0.6	0.6～0.8	0.8～1.0

表 9.8　生态系统健康评价等级面积统计表

分级	2000 年		2005 年		2010 年	
	面积/km²	比例/%	面积/km²	比例/%	面积/km²	比例/%
Ⅰ级	1930.64	3.59	1076.63	2.00	1053.90	1.96
Ⅱ级	14398.25	26.80	14747.15	27.45	14556.70	27.09
Ⅲ级	32106.69	59.76	31585.56	58.79	31933.63	59.44
Ⅳ级	5126.63	9.54	6154.93	11.46	6002.02	11.17
Ⅴ级	162.51	0.30	160.45	0.30	178.47	0.33
总计	53724.72	99.99	53724.72	100	53724.72	99.99

2000～2010 年黔中地区生态系统健康状况整体上呈现出逐年好转趋势。从各等级所占面积比例来看，三期生态系统健康等级分布情况基本一致，均是Ⅲ级所占比例最多，几乎占全区总面积的 60%，其次为Ⅱ级，Ⅴ级所占比例最小；生态系统健康Ⅰ级的面积逐年减少，Ⅱ级和Ⅳ级的面积均是 2005 年最大，Ⅲ级和Ⅴ级的面积先减少后增加。从各等级空间分布特征来看，2000～2010 年生态系统健康等级的分布是以镇宁—绥阳为轴，Ⅰ级和Ⅱ级集中分布于轴的两侧；Ⅳ级和Ⅴ级主要分布于凯里市和都匀市，毕节市也有零星分布；生态系统健康最差的有贵阳市主城区、黔西县、普定县和仁怀市。

2）2000～2010 年生态系统健康变化趋势

黔中地区地理环境与人类社会的特殊性，是促成该区域生态系统健康变化较为活跃的基础因素。由表 9.9 可以看出，全区生态系统健康等级的变化主要以向相邻等级间的转化为主，变化范围最大跨越两个等级。2000～2005 年健康等级Ⅰ级主要向Ⅱ级转化，转化面积为 1039.29km²，而向Ⅲ级仅转化了 3.23km²；Ⅱ级主要向Ⅲ级转化，转化面积为 3161.89km²，向Ⅰ级和Ⅳ级的转化面积很少，分别为 188.20km² 和 5.80km²；Ⅲ级向各个等级均有转化，其中向Ⅰ级转化的面积为 0.31km²，向Ⅱ级转化的面积为 2662.79km²，向Ⅳ级转化的面积为 1594.59km²，向Ⅴ级转化的面积为 0.63km²；Ⅳ级转化率最低，仅有面积的 13.6%向其他等级转化，其中向Ⅱ级转化的面积为 2.71km²，向Ⅲ级转化的面积为 571.70km²，向Ⅴ级转化的面积为 38.02km²；Ⅴ级主要向Ⅳ级转化，转化面积为 40.34km²。2005～2010 年生态系统健康等级的变化没有 2000～2005 年活跃，各等级转化率都不高；Ⅰ级仅向Ⅱ级转化，转化面积为 297.36km²；Ⅱ级向Ⅰ级转化的面积为 274.59km²，向Ⅲ级转化的面积为 2184.13km²，向Ⅳ级转化的面积仅有 0.01km²；Ⅲ级向Ⅰ级转化的面积为 0.06km²，向Ⅱ级转化的面积为 1970.83km²，向Ⅳ转化的面积为 1154.33km²，向Ⅴ级转化的面积为 0.61km²；Ⅳ级向Ⅱ级转化的面积为 0.08km²，向Ⅲ级转化的面积为 1289.76km²，向Ⅴ级转化的面积为 63.34km²；Ⅴ级仅向Ⅳ级转化，转化面积为 45.93km²。

表 9.9　2000～2010 年生态系统健康等级转移矩阵　（单位：km²）

年份区间	等级	Ⅰ级	Ⅱ级	Ⅲ级	Ⅳ级	Ⅴ级
2000～2005 年	Ⅰ级	888.12	1039.29	3.23		
	Ⅱ级	188.20	11042.36	3161.89	5.80	
	Ⅲ级	0.31	2662.79	27848.37	1594.59	0.63
	Ⅳ级		2.71	571.70	4514.20	38.02
	Ⅴ级			0.37	40.34	121.80
2005～2010 年	Ⅰ级	779.25	297.36			
	Ⅱ级	274.59	12288.42	2184.13	0.01	
	Ⅲ级	0.06	1970.83	28459.73	1154.33	0.61
	Ⅳ级		0.08	1289.76	4801.75	63.34
	Ⅴ级				45.93	114.52
2000～2010 年	Ⅰ级	831.23	1093.92	5.50		
	Ⅱ级	222.31	9891.18	4277.3	7.46	
	Ⅲ级	0.35	3568.47	26832.85	1703.47	1.55
	Ⅳ级	0.02	3.12	817.40	4229.45	76.64
	Ⅴ级			0.57	61.66	100.28

2000～2010 年生态系统健康等级转化以 2000～2005 年最为强烈，几乎所有等级都以向高一级的转化为主，唯有Ⅲ级和Ⅳ级向低一级的转化较多，出现了较明显的负向变化。2000 年贵州省开始在全省范围内实施退耕还林还草工程，随着工程的推进，森林覆盖面积得到快速增长，土地利用格局发生了较大的变化，黔中地区也不例外，这是 2000 年区域生态系统健康状况最不稳定的主要原因。

2000～2010 年生态系统健康等级间的转化跨度最小为一级，最大为两级，正向转化表现为生态系统健康优化，负向转化则为生态系统健康产生劣化。按照转化跨度的大小，将生态系统健康变化情况分为五类，即极劣化区、劣化区、未变化区、优化区和极优化区，并在 ArcGIS 中作出各时间段生态系统健康变化图(图 9.18～图 9.20)。从图中可以看到，2000～2005 年生态系统健康发生劣化的地区主要位于黔中地区东北部的遵义县和中部贵阳市区，得到优化的地区则主要是环绕贵阳市区的几个县市；2005～2010 年生态系统健康等级变化的格局与 2000～2005 年相似，但却无后者强烈，东南部凯里市与北部的仁怀市生态环境健康状况得到改善；综合 2000～2010 年变化情况，生态环境健康状态得到最大优化的为中部的清镇市和修文县，生态环境健康状况劣化明显的是贵阳市区和遵义县。由表 9.10 可知，无论哪个时间区间内健康等级未变化区的面积均达区域总面积的 78%以上，其次为优化区，而后为劣化区；2000～2005 年健康等级得到优化的区域面积明显高于产生劣化的区域，2005～2010 年健康等级得到优化的区域与产生劣化的区域面积基本持平，生态系统健康状况稳定；随着社会主义生态文明建设的提出，社会各界对环境问题关注度的提升，各项环保政策陆续得到实施，各地开展了大量的生态修复和重建工作，十年间生态系统健康状况整体上得到了显著的改善。

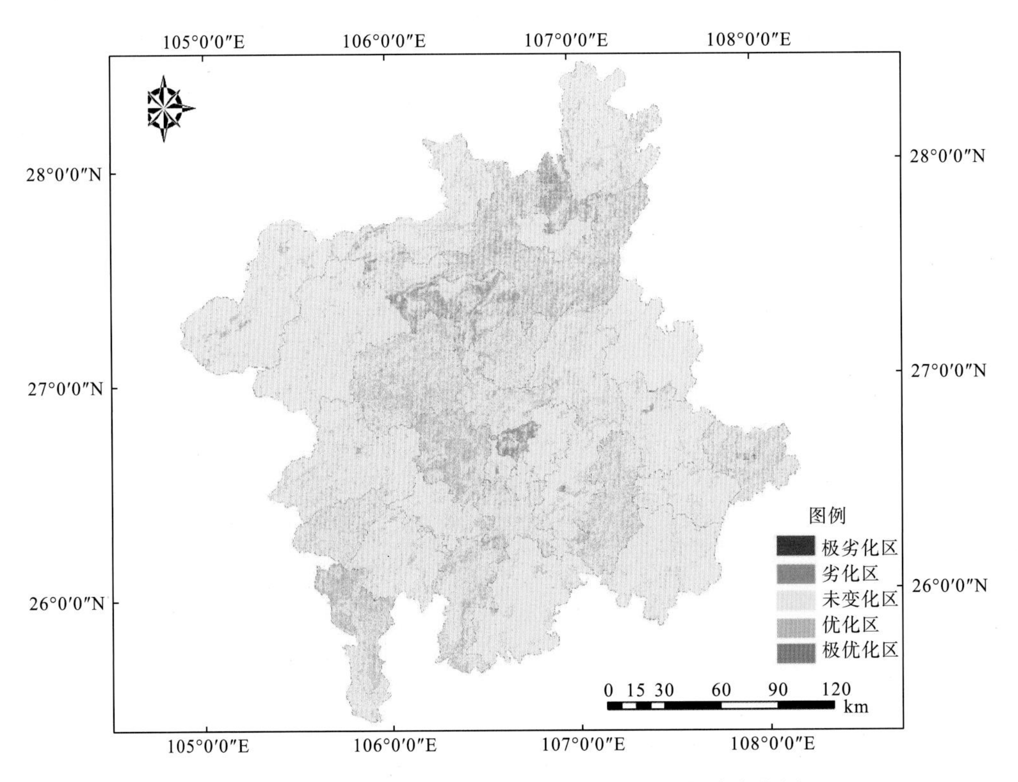

图 9.18　2000～2005 年黔中地区生态系统健康变化图

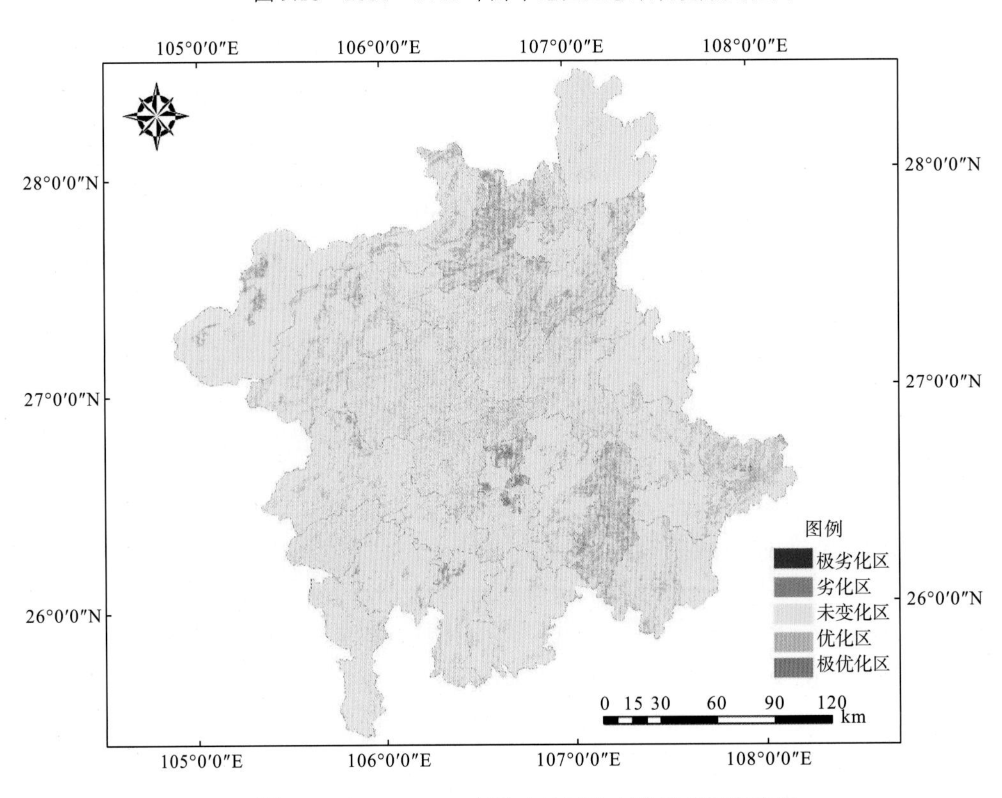

图 9.19　2005～2010 年黔中地区生态系统健康变化图

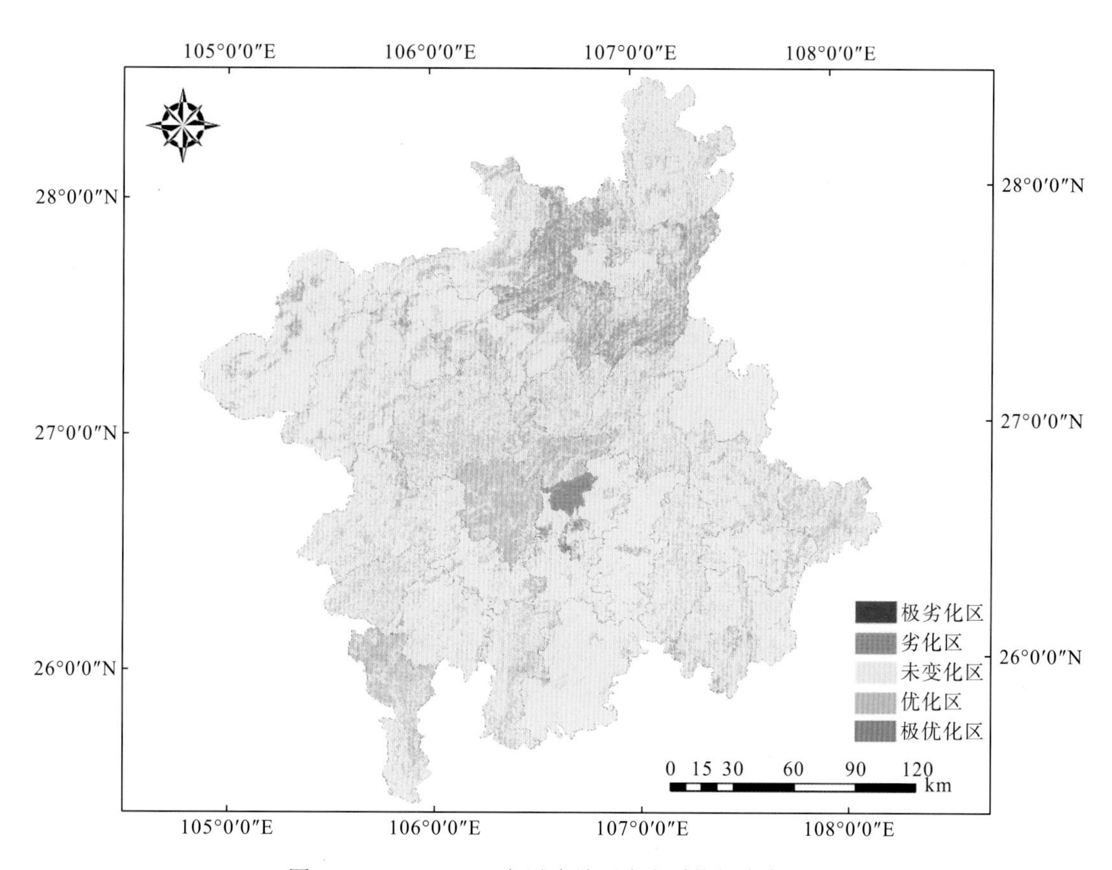

图 9.20　2000～2010 年黔中地区生态系统健康变化图

表 9.10　2000～2010 年黔中地区生态系统健康状况变化情况　（单位：km^2）

年份区间	极劣化区	劣化区	未变化区	优化区	极优化区
2000～2005 年	3.21	3367.66	44622.72	5721.95	9.18
2005～2010 年	0.12	3470.49	46667.73	3585.81	0.57
2000～2010 年	3.81	4609.05	42036.91	7061.23	13.72

3）生态系统健康地貌分异特征

黔中地区地貌景观以低中山、中丘和中中山为主，其他地貌景观很少。低中山面积为 23302.10km^2，占区域总面积的比例为 43.37%，中丘的面积是 16446.44km^2，占区域总面积的比例为 30.61%，中中山面积是 10695.19km^2，占区域总面积的比例为 19.91%，其余地貌景观总和为 3280.99km^2，仅占区域总面积的 6.11%（图 9.21）。

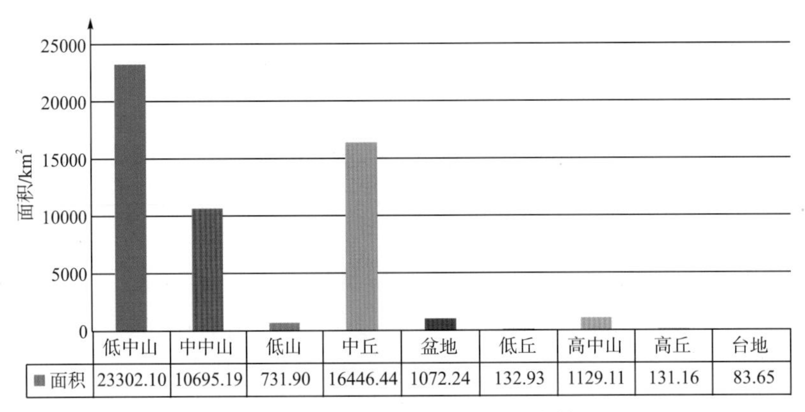

图 9.21　各地貌景观面积分布情况

表 9.11 统计了各种地貌景观上生态系统健康等级的分布情况，统计结果表明生态系统健康在各种地貌景观上共性与个性共存，9 种地貌景观健康等级均以Ⅲ级为主，且 2000～2010 年健康等级为Ⅴ级的面积均得到增长，但其他等级的分布情况存在着差异。低中山、中中山、中丘和盆地 4 种地貌景观上各健康等级均有分布，且Ⅲ级是所有地貌中面积占比最大的等级，其次为Ⅱ级，其中盆地在 4 种地貌景观中Ⅰ级和Ⅱ级占比最大，二者面积之和约为盆地面积的 40%；低中山健康状况较好，在所有地貌景观中健康等级为Ⅰ级和Ⅱ级的比例最小；中丘健康等级偏低，Ⅰ级和Ⅱ级占比较大，Ⅳ级和Ⅴ级在这 4 种地貌景观中比例最小；中中山健康等级分布情况较为均匀。低丘、高中山、低山、高丘和台地生态系统健康等级较低，其中低丘与台地均无Ⅰ级和Ⅴ级分布，低丘健康等级Ⅲ级和Ⅱ级面积之和约占低丘面积的 93%，且Ⅲ级与Ⅳ级比例逐年减少，Ⅱ级不断增加；台地是所有地貌类型中生态系统健康等级分布最不均匀的，Ⅲ级面积占台地总面积的比例很大，2000 年为 99.80%，2005 年为 97.02%，2010 年为 99.09%；高中山Ⅲ级所占比例最大，Ⅳ级呈现出逐年减少趋势；高丘是所有地貌景观中生态系统健康等级最少的，2000 年与 2005 年均只有Ⅲ级和Ⅳ级分布，且以Ⅲ级为主，2010 年高丘面积的 0.14%健康等级变为Ⅱ级；低山健康等级为Ⅳ级的面积逐年增加，增幅为所有地貌景观之最。

表 9.11　不同地貌景观生态系统健康等级分布统计表

年份	地貌景观	Ⅰ级		Ⅱ级		Ⅲ级		Ⅳ级		Ⅴ级	
		面积	比例	面积	比例	面积	比例	面积	比例	面积	比例
2000	低中山	589.96	2.53	4835.52	20.74	14439.2	61.93	3291.1	14.12	157.12	0.67
	中中山	337.62	3.16	3182.84	29.77	6019.89	56.31	1147.69	10.74	2	0.02
	低山	11.26	1.53	254.53	34.56	389.48	52.89	80.43	10.92	0.69	0.09
	中丘	921.65	5.61	5290.83	32.19	9811.32	59.69	412.78	2.51	0.86	0.01
	盆地	70.15	6.55	358.61	33.46	521.49	48.66	119.66	11.17	1.82	0.17
	低丘		0.00	32.63	24.56	90.53	68.14	9.7	7.30		0.00
	高中山		0.00	443.19	39.27	648.52	57.46	36.94	3.27	0	0.00
	高丘		0.00			102.83	78.44	28.26	21.56		0.00
	台地		0.00	0.1	0.12	83.43	99.80	0.07	0.08		0.00

续表

年份	地貌景观	Ⅰ级		Ⅱ级		Ⅲ级		Ⅳ级		Ⅴ级	
		面积	比例	面积	比例	面积	比例	面积	比例	面积	比例
2005	低中山	334.31	1.43	5119.57	21.96	13866.74	59.48	3840.18	16.47	152.1	0.65
	中中山	254.37	2.38	3016.06	28.21	5979.9	55.94	1433.51	13.41	6.2	0.06
	低山	8.07	1.10	193.91	26.33	452.61	61.46	81.64	11.09	0.16	0.02
	中丘	430.99	2.62	5547.65	33.75	9855.03	59.95	603.09	3.67	0.68	0.00
	盆地	48.89	4.56	369.57	34.48	517.78	48.31	134.18	12.52	1.31	0.12
	低丘		0.00	57.14	43.01	66.41	49.98	9.31	7.01		0.00
	高中山		0.00	441.68	39.13	651.08	57.69	35.89	3.18		0.00
	高丘		0.00		0.00	114.9	87.65	16.19	12.35		0.00
	台地		0.00	1.57	1.88	81.11	97.02	0.92	1.10		0.00
2010	低中山	313.1	1.34	5304.6	22.75	13649.99	58.55	3877.67	16.63	167.54	0.72
	中中山	217.42	2.03	2838.32	26.55	6552.32	61.29	1075.41	10.06	6.57	0.06
	低山		0.00	180.31	24.49	418.07	56.77	136.13	18.49	1.88	0.26
	中丘	473.8	2.88	5407.69	32.90	9798.85	59.61	756.03	4.60	1.07	0.01
	盆地	49.58	4.63	351.68	32.81	558.46	52.11	110.6	10.32	1.41	0.13
	低丘		0.00	66.38	49.96	58.6	44.11	7.88	5.93		0.00
	高中山		0.00	407.18	36.08	695.97	61.66	25.5	2.26		0.00
	高丘		0.00	0.14	0.11	118.52	90.41	12.43	9.48		0.00
	台地		0.00	0.39	0.47	82.84	99.09	0.37	0.44		0.00

利用经过无量纲处理后的生态系统健康评价图，在 ArcGIS 中对各地貌景观生态系统健康平均值和标准差进行区域统计。以平均值来衡量各地貌景观生态系统健康整体水平差异，以标准差判断各个地貌景观生态系统健康的内部差异，标准差越小，说明该地貌景观内部健康情况越平均，生态系统越稳定，反之，则说明其内部健康差异越大，生态系统越不稳定。由表 9.12 可知，生态系统健康状况最好的地貌景观为高丘，其次为低中山，最差的是中丘，而地貌内部健康差异最大的是盆地，最平均的是台地，山地景观随着海拔的上升，生态系统健康值越低，丘陵地貌景观则相反。2000～2010 年低中山、盆地健康基本维持原有水平，低中山健康状态略微好转，盆地则略有下降，两者的变化皆具整体性；中中山和台地健康水平都先上升后下降，且内部差异缩小；低山健康平均值逐年上升，在所有地貌类型中健康状况改善情况最佳，而标准差有所下降，说明其生态系统健康内部差异减小，中丘健康平均值 2000～2005 年有所上升，2005～2010 年处于稳定状态，10 年中其健康值标准差不变，健康水平呈现整体上升趋势；低丘、高中山、高丘健康水平降低，其中高中山健康值下降微弱，标准差先增大再减小，说明该地貌景观健康平均值下降是由其内部高值降低引起的，低丘 10 年内健康水平持续下降，且内部差异越加明显，高丘 2000～2010 年其健康平均值分别为 0.56、0.52、0.50，在所有地貌景观中下降最明显，且内部差异逐渐增大。

表 9.12　各地貌类型生态系统健康值统计表

地貌景观	2000 年		2005 年		2010 年	
	平均值	标准差	平均值	标准差	平均值	标准差
低中山	0.47	0.12	0.48	0.12	0.48	0.12
中中山	0.45	0.12	0.46	0.12	0.45	0.11
低山	0.42	0.13	0.45	0.13	0.50	0.11
中丘	0.41	0.10	0.43	0.10	0.43	0.10
盆地	0.44	0.13	0.44	0.13	0.43	0.13
低丘	0.46	0.08	0.45	0.09	0.43	0.10
高中山	0.44	0.08	0.44	0.09	0.43	0.07
高丘	0.56	0.05	0.52	0.06	0.50	0.07
台地	0.46	0.03	0.48	0.05	0.46	0.03

9.4　亚喀斯特生态系统健康评价与驱动因素分析

1. 亚喀斯特生态系统健康评价

1) 亚喀斯特生态系统健康综合评价

亚喀斯特是根据其地质岩性特征划分的，以中三叠统关岭组为典型，岩性特征表现为不纯的碳酸盐岩，如泥质白云岩、泥质灰岩及碳酸盐岩与非碳酸盐岩互层。黔中地区按照岩性数据分类后，典型喀斯特、亚喀斯特与非喀斯特皆存，其中典型喀斯特面积最大，为28882.64km^2，占区域总面积的百分比为 53.76%，亚喀斯特面积为 16010.13km^2，占区域总面积的比例为 29.80%，非喀斯特面积最小，仅为 8831.95km^2，占区域总面积的比例为16.44%。由图 9.22 可以看到，亚喀斯特斑块较为破碎，连片区主要分布于黔中地区的东北部、中部、西部与西南部，其余呈条带状零散地分布于全区。

基于黔中地区生态系统健康评价结果，分别统计了 2000～2010 年非喀斯特、亚喀斯特、典型喀斯特生态系统健康等级分布情况(表 9.13)，三大分区的对比研究更能凸显亚喀斯特生态系统健康的特殊性。就生态系统健康等级分布而言，三大分区生态系统健康等级均以Ⅲ级为主，非喀斯特地区Ⅰ级、Ⅱ级和Ⅲ级的面积最少，Ⅴ级的面积高于其他两个分区；亚喀斯特地区Ⅱ级面积较非喀斯特分区多，Ⅳ级的分布最少；典型喀斯特地区Ⅰ级面积比其余两个分区都大。从生态系统健康等级变化情况来看，10 年间，非喀斯特地区Ⅱ级的面积不断减少，Ⅲ～Ⅴ级的面积具有不同程度的增长；亚喀斯特地区变化较为活跃，除Ⅴ级面积持续下降外，其余等级的变化皆不具有连续性，出现反复波动式变化；典型喀斯特地区Ⅰ级面积持续下降，Ⅱ级面积呈现出增长趋势，Ⅲ级的面积先下降后又增长、Ⅳ级与Ⅲ级呈相反的变化趋势。从整体上看，2010 年较 2000 年三大分区Ⅰ级面积均出现减少趋势，非喀斯特地区等级由低级渐进式转化为高级；典型喀斯特地区生态系统健康状况呈两极式发展，中等级逐渐减少；亚喀斯特地区生态系统健康 90%以上都是处于Ⅱ级和Ⅲ级，Ⅴ级和Ⅰ级的面积极少，变化呈两端向中间聚集的发展趋势，说明亚喀斯特生态系统健康有其特殊性，且极容易受到外界影响而产生波动。

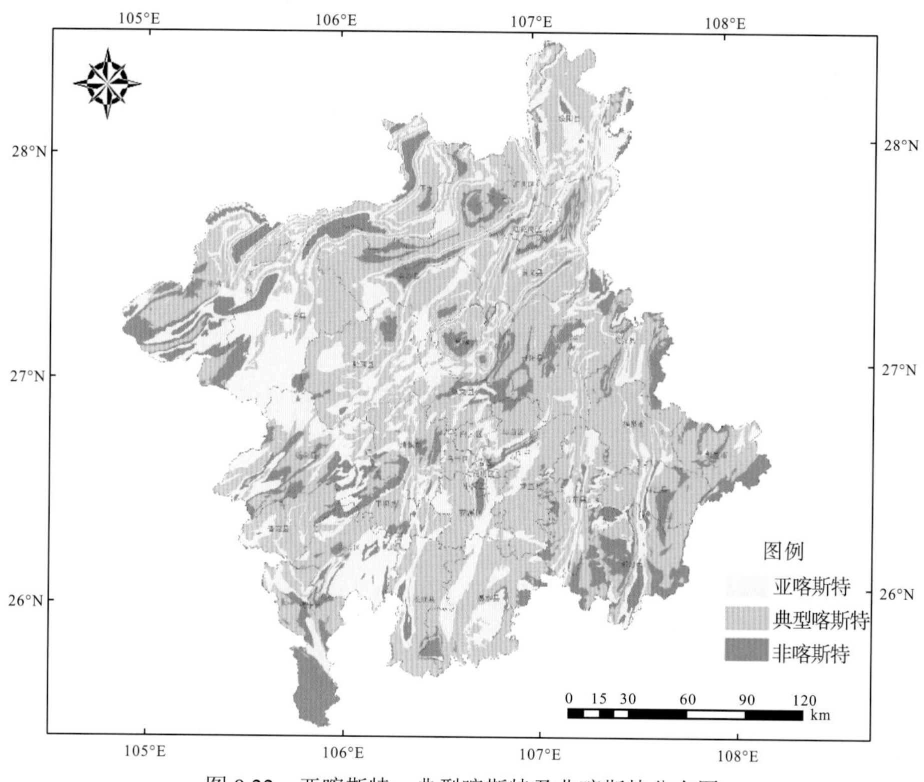

图 9.22　亚喀斯特、典型喀斯特及非喀斯特分布图

表 9.13　分区生态系统健康等级统计表

年份	等级	非喀斯特		亚喀斯特		典型喀斯特	
		面积/km²	比例/%	面积/km²	比例/%	面积/km²	比例/%
2000	Ⅰ	64.14	0.73	645.59	4.03	1222.25	4.23
	Ⅱ	2072.80	23.47	5007.26	31.28	7327.65	25.37
	Ⅲ	4961.46	56.18	9561.04	59.72	17575.70	60.85
	Ⅳ	1614.48	18.28	779.39	4.87	2730.35	9.45
	Ⅴ	119.07	1.35	16.85	0.11	26.69	0.09
2005	Ⅰ	20.88	0.24	354.46	2.21	701.95	2.43
	Ⅱ	1771.82	20.06	5080.60	31.73	7903.73	27.36
	Ⅲ	5168.63	58.52	9506.86	59.38	16900.30	58.51
	Ⅳ	1749.08	19.80	1055.01	6.59	3350.85	11.60
	Ⅴ	121.32	1.37	13.31	0.08	25.93	0.09
2010	Ⅰ	30.24	0.34	371.39	2.32	652.95	2.26
	Ⅱ	1606.35	18.19	4984.13	31.13	7975.13	27.61
	Ⅲ	5250.85	59.45	9752.08	60.91	16918.93	58.58
	Ⅳ	1812.21	20.52	894.62	5.59	3297.27	11.42
	Ⅴ	132.08	1.50	8.04	0.05	38.46	0.13

2) 亚喀斯特生态系统健康变化趋势分析

在亚喀斯特生态系统健康变化趋势的分析中，以三期黔中生态系统健康评价结果为基础，采用一元线性回归的方法，逐像元模拟生态系统健康的变化趋势，定量分析亚喀斯特区域生态系统健康的变化过程，其计算公式如下：

$$K=\frac{n\times\sum_{j=1}^{n}j\times \mathrm{EH}_j-\left(\sum_{j=1}^{n}j\right)\left(\sum_{j=1}^{n}\mathrm{EH}_j\right)}{n\times\sum_{j=1}^{n}j^2-\left(\sum_{j=1}^{n}j\right)^2}\quad (j=1,2,3,\cdots,n) \tag{9.29}$$

式中，K 表示生态系统健康变化斜率；n 表示总监测年数；j 表示年份；EH_j 为 j 年的生态系统健康值；所得结果中若 $K>0$，则表示地区生态系统健康情况好转，若 $K=0$，表示生态系统健康状况稳定，若 $K<0$，表示生态系统健康产生退化现象。

经过一元线性回归计算后，分别得到2000～2005年、2005～2010年、2000～2010年三大分区生态系统健康变化斜率图，经统计得到表9.14。整体上，各时段共同点为非喀斯特地区健康变化斜率值域范围(RANGE)最小，典型喀斯特地区最大，亚喀斯特介于两者之间，变化斜率最小值(MIN)的情况与前者相同，而最大值(MAX)始终是亚喀斯特地区最大。2000～2005 年三大分区生态系统健康平均值(MEAN)都大于零，整体上都呈现出改善的状态，其中平均值最高的为典型喀斯特地区，其次为亚喀斯特地区；标准差(STD)的大小反映了生态系统健康变化的剧烈程度，非喀斯特地区变化最为平缓。2005～2010 年亚喀斯特地区与典型喀斯特地区健康平均值皆为负，生态健康退化，而非喀斯特地区依旧保持改善趋势；亚喀斯特地区标准差最小，说明该时段其出现整体性退化，其他两个分区健康变化情况内部差异性较大。三期综合来看，生态系统健康得到最大改善的是非喀斯特地区，其次为典型喀斯特地区；10 年中，典型喀斯特地区生态系统健康得到改善的整体性较强，非喀斯特地区虽得到最大程度的改善，但全区改善的差异性也最为明显，亚喀斯特地区改善程度最差，说明亚喀斯特地区的环境保护并未得到广泛关注。

表 9.14　生态系统健康变化斜率均值统计

年份区间	分区	MIN	MAX	RANGE	MEAN	STD
2000～2005 年	亚喀斯特	−0.349	0.390	0.739	0.010	0.043
	非喀斯特	−0.323	0.386	0.709	0.007	0.040
	典型喀斯特	−0.363	0.388	0.751	0.011	0.043
2005～2010 年	亚喀斯特	−0.254	0.278	0.531	−0.004	0.036
	非喀斯特	−0.245	0.256	0.501	0.006	0.038
	典型喀斯特	−0.262	0.275	0.537	−0.003	0.038
2000～2010 年	亚喀斯特	−0.187	0.201	0.388	0.003	0.027
	非喀斯特	−0.172	0.189	0.361	0.006	0.029
	典型喀斯特	−0.193	0.191	0.384	0.004	0.026

注：MIN、MAX、RANGE、MEAN、STD 分别为生态系统健康变化斜率最小值、最大值、值域范围、平均值和标准差。

将生态系统健康变化斜率计算结果分为退化区(K<0)、改善区(K>0)、维持区(K=0)，进行各时段三大分区生态系统健康变化趋势分析(图 9.23)。2000～2005 年退耕还林还草工程得到大力实施，促使各个分区生态系统健康都得到很大程度的改善，改善面积比例都达到 50%以上。然而，2005 年后随着人口的不断增长，喀斯特广布的地区土地资源严重不足，部分区域出现了毁林复耕现象，生态环境遭到破坏。2005～2010 年只有非喀斯特地区依然保持着改善趋势，但是改善区域面积比例有明显的下降，亚喀斯特地区退化面积比例达 57.0165%，较 2000～2005 年增长了 33.54%，在所有分区中最高，生态健康受到严重威胁。2000～2010 年，三大分区生态系统健康状况均得到不同程度的改善，亚喀斯特地区改善率最低。典型喀斯特地区生态环境基础差，得到改善的空间大，非喀斯特地区生态环境基础好，生态系统结构稳定，而亚喀斯特地区生态环境状况介于两者之间，对外界作用的敏感性较强，由于其环境问题不如典型喀斯特区域典型，生态结构又不如非喀斯特地区稳定，若没得到合理的保护，很容易遭到破坏而产生环境退化。由于没有得到足够的重视，10 年间，亚喀斯特地区生态系统健康改善率最低。

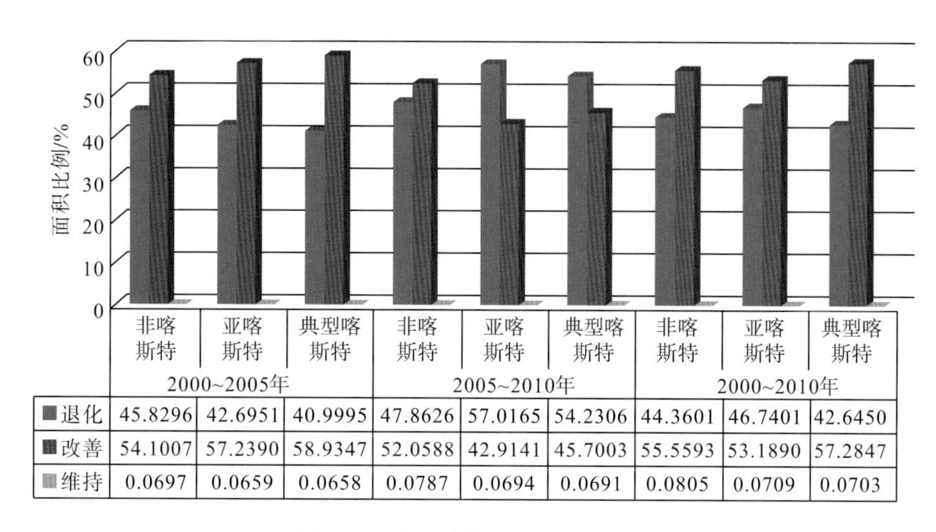

	2000~2005年			2005~2010年			2000~2010年		
	非喀斯特	亚喀斯特	典型喀斯特	非喀斯特	亚喀斯特	典型喀斯特	非喀斯特	亚喀斯特	典型喀斯特
退化	45.8296	42.6951	40.9995	47.8626	57.0165	54.2306	44.3601	46.7401	42.6450
改善	54.1007	57.2390	58.9347	52.0588	42.9141	45.7003	55.5593	53.1890	57.2847
维持	0.0697	0.0659	0.0658	0.0787	0.0694	0.0691	0.0805	0.0709	0.0703

图 9.23　生态系统健康状况统计图

3) 亚喀斯特生态系统健康地貌分异特征

在 ArcGIS 中将地貌图与岩性图进行叠加，统计得到三大分区各地貌类型的面积比例(表 9.15)。从表中可以看到，非喀斯特地区地貌以山地为主，其中低中山面积比例高达 47.37%，全区仅有 14.76%为丘陵地貌；典型喀斯特地区地貌类型多样，低山、低丘所占的面积比例比较小；亚喀斯特区域地貌具有非喀斯特地区与典型喀斯特地区综合特征，由于所含碳酸盐岩纯度不高，其喀斯特作用没有典型喀斯特地区强烈，溶蚀作用比较慢，且地势起伏不大，发育的地貌类型主要有中丘、低中山和中中山，没有高丘发育，山地比例大于典型喀斯特地区而小于非喀斯特地区。

表 9.15　地貌景观类型统计表

地貌类型	非喀斯特		亚喀斯特		典型喀斯特	
	面积/km^2	比例/%	面积/km^2	比例/%	面积/km^2	比例/%
盆地	115.92	1.31	365.11	2.28	590.70	2.05
低丘	5.67	0.06	32.21	0.20	94.98	0.33
中丘	1285.36	14.55	5164.43	32.25	9987.65	34.58
高丘	12.85	0.15	—	—	118.24	0.41
低山	468.04	5.30	102.68	0.64	165.67	0.57
低中山	4185.18	47.39	6565.00	41.00	12562.74	43.50
中中山	2447.03	27.70	3282.76	20.50	4960.25	17.18
高中山	311.63	3.53	466.22	2.91	350.80	1.21
台地	0.05	0.00	34.14	0.21	49.41	0.17

图 9.24 显示了不同时期三大分区各地貌景观的生态系统健康平均值及标准差，由图可知，从曲线变化情况来看，典型喀斯特地区健康变化最为活跃，曲线形态变化较大，主要是在高丘、低山两种地貌景观上产生变化；非喀斯特地区各地貌景观生态系统健康值整体上变化比较一致，曲线趋于平缓，波峰与波谷间的差距逐年减小，趋于均匀化；亚喀斯特地区各地貌景观生态系统健康变化具有整体性，曲线形态几乎没有变化，只有低山和中丘略微浮动；亚喀斯特健康值标准差曲线最为平缓，可知亚喀斯特地区各地貌景观内部健康值差异最小，健康程度最为均匀。从生态系统健康程度来看，非喀斯特地区各地貌景观生态系统健康状况为三分区最佳，其低山和台地上升最为明显，只有低山健康值低于典型喀斯特地区；典型喀斯特地区盆地景观上健康值在三分区中最低，而低山却是三分区最高，2000 年和 2005 年健康最大值出现在高丘，而 2010 年为低山；亚喀斯特地区除盆地外，其余地貌景观生态系统健康值皆为所有分区中最低。所有分区的山地地貌景观生态系统健康改善程度均优于丘陵景观。图 9.24 中的变化斜率统计图综合显示了 10 年中各分区不同地貌景观生态系统健康变化斜率。2000～2010 年，大多数地貌景观生态系统健康都呈现出正向发展的趋势，低山改善最显著，其次为中丘，而低丘、高丘、盆地和高中山退化明显。三大分区曲线变化走势有着一致性，但也有部分区别，区别在于亚喀斯特与非喀斯特盆地景观的健康退化，而喀斯特地区却得到改善；中中山地貌景观上非喀斯特地区生态系统维持原有健康，亚喀斯特地区生态系统健康退化，典型喀斯特地区却得到改善；高中山地貌景观只有亚喀斯特地区生态系统健康状况得到改善，非喀斯特地区台地景观生态系统健康退化。亚喀斯特地区生态系统健康随着地势起伏度和海拔的变化有着其特有的变化规律，即生态系统健康在丘陵景观上随着海拔的上升，改善程度越好，而在山地景观上的变化规律不是很明显。

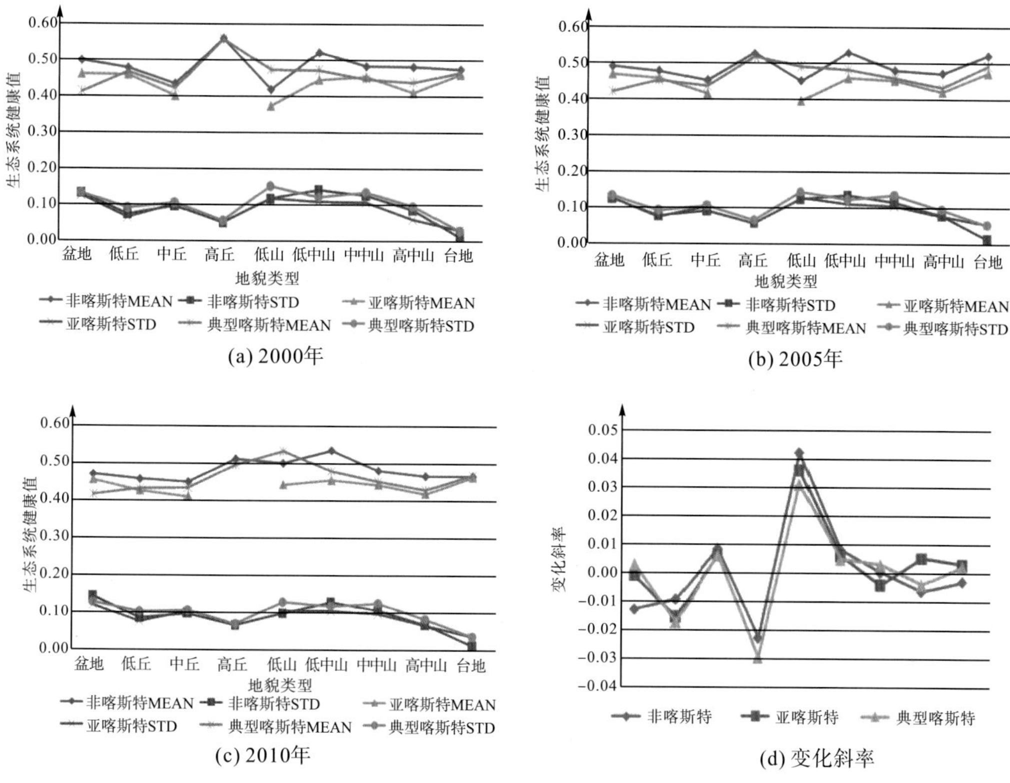

图 9.24　各类地貌生态系统健康值及变化斜率对比

通过以上结果可知，亚喀斯特生态系统健康情况与典型喀斯特存在差异。而这些差异表现在：①亚喀斯特的生态环境状况介于非喀斯特与典型喀斯特之间，兼具典型喀斯特的脆弱性和非喀斯特的稳定性；②亚喀斯特地区生态系统健康整体上最差，健康等级集中于Ⅱ级和Ⅲ级，高等级很少；③生态系统健康变化内部差异小，体现了较强的整体性，且幅度不大、趋于平缓，没有典型喀斯特那么剧烈；④地貌特征兼具非喀斯特与典型喀斯特的特点，发育的地貌景观包括低山、低中山、高中山及中丘，高丘不发育；⑤生态系统健康具有地貌分异特征，盆地、台地生态系统健康值较高，中丘、低山健康值较低，但所有地貌景观上生态系统健康状况较为平均，没有喀斯特地区和非喀斯特地区那么跳跃。

2. 在地形位上亚喀斯特生态系统健康等级变化分析

1) 地形位指数构建

本节中地貌景观为形态地貌景观，划分标准以相对高度和绝对高度为依据，能够反映出亚喀斯特地区、典型喀斯特地区与非喀斯特地区的生态系统健康的地貌差异，但在表现亚喀斯特地区生态系统健康地貌分异的特殊性方面略显单一，没能明显地表现出亚喀斯特地区与典型喀斯特地区生态系统健康的区别和规律。因此，引入地形位指数综合地对亚喀斯特生态系统健康地貌分异特征进行补充描述，揭示亚喀斯特地区生态系统健康等级格局在地形位梯度上的空间分布特征。选取高程、坡度、地表切割度进行组合，形成地形位指数，具体算法如下(王博，2010)：

$$T = \log\left[\left(\frac{E}{\overline{E}}+1\right)\times\left(\frac{S}{\overline{S}}+1\right)\times\left(\frac{C}{\overline{C}}+1\right)\right] \tag{9.30}$$

式中，T 为地形位指数；E 和 $\bar{E}$ 为某一点的高程值与该点所在区域的平均高程值；S 和 $\bar{S}$ 为某一点的坡度值与该点所在区域的平均坡度值；C 和 $\bar{C}$ 为某一点的地表切割度与该点所在区域的平均地表切割度。

利用构建的地形位指数对地形分异重新描述后，地形条件对生态系统健康等级空间分布的影响，被简化为在各地形位梯度上不同生态系统健康等级出现的频率问题探讨。为排除不同地形位面积差异及各地形位区段生态系统健康等级面积差异带来的影响，需要采用无量纲数据参与分析，采用分布指数对数据进行无量纲处理，其算法如下(王博，2010)：

$$d = \left(\frac{S_{ij}}{S_i}\right)\times\left(\frac{S}{S_j}\right) \tag{9.31}$$

式中，d 为分布指数；S_{ij} 为 j 地形位指数区段内 i 生态系统健康等级的面积；S_i 为 i 级生态系统健康的面积；S 为研究区总面积；S_j 为地形位指数等级处于第 j 区段的总面积。

将地形位指数平均分为 50 级，在坡度、高程、地表切割度变化组合较为复杂的情况下，与单一的地形因子相比，能够更好地反映出亚喀斯特生态系统健康地貌分异特征。由图 9.25 可以看到，12～34 级区间内高程面积频率之和为 90.82%；坡度在 0～20 级区间内面积频率之和为 97.09%；地表切割度在 1～17 级区间内面积频率之和为 98.47%；而地形位指数呈现出标准正态分布，在 14～31 级区间内面积频率之和为 96.31%，综合体现了三种地形因子的空间分布特征。

2) 不同地形位上亚喀斯特生态系统健康等级分布特征

以 2000～2010 年生态系统健康等级数据为基础，分别计算在不同地形位区段亚喀斯特地区与典型喀斯特地区生态系统健康各等级分布指数(1.189～3.671)，以多项式进行拟合，生成拟合曲线。亚喀斯特地区 2000 年、2005 年和 2010 年生态系统健康等级分布指数曲线形态除Ⅰ级外几乎一致，典型喀斯特地区亦然，因此选取 2010 年数据，对两区域生态系

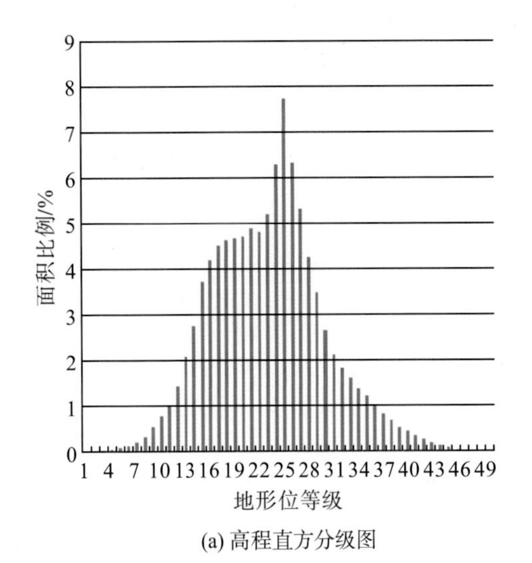

(a) 高程直方分级图

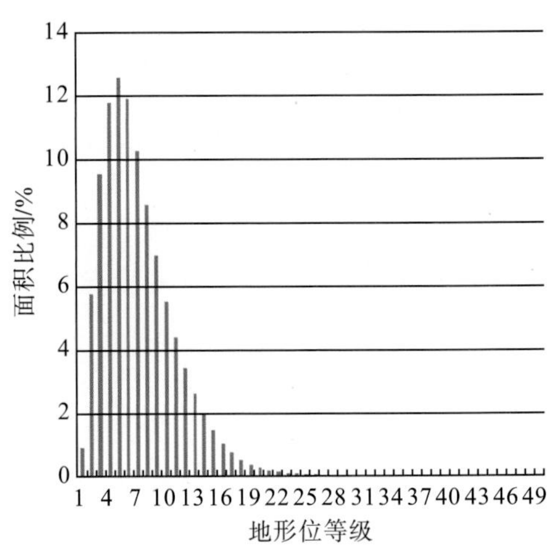

(b) 地表切割度分级直方图

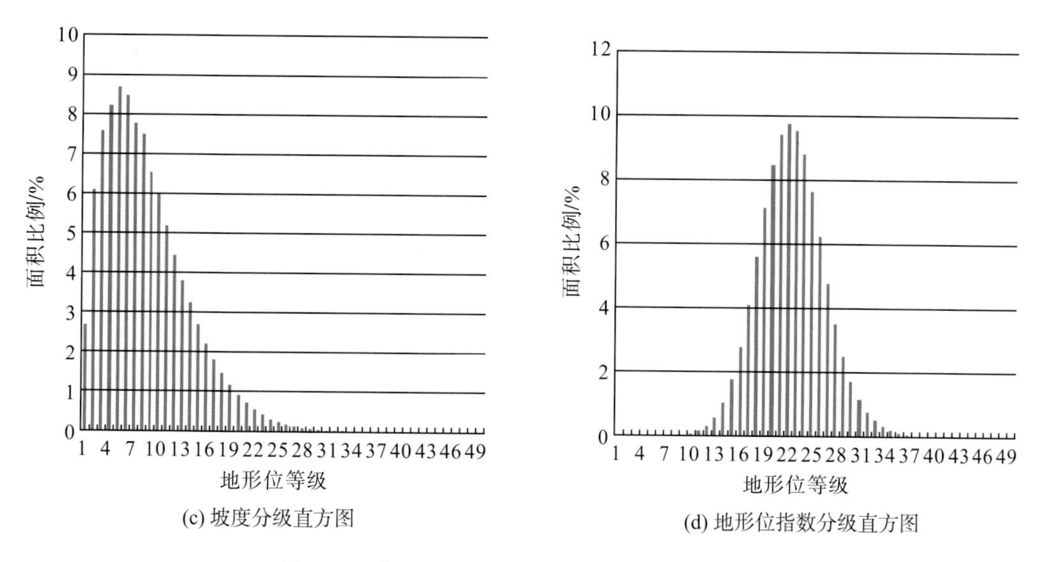

(c) 坡度分级直方图
(d) 地形位指数分级直方图

图 9.25　基于 DEM 的地形模型与地形位指数对比图

统健康等级分布特征进行比较。图 9.26 显示了不同生态系统健康等级的分布指数变化情况，y>1，则为优势地形位，y 值越高则优势越明显；曲线起伏度越小且越接近于 1，表明该生态系统健康等级具有普遍的地貌适应性，起伏越大则说明此种地形位是一种狭适性的地形位，只适宜个别组分的发育和分布(王博，2010)。

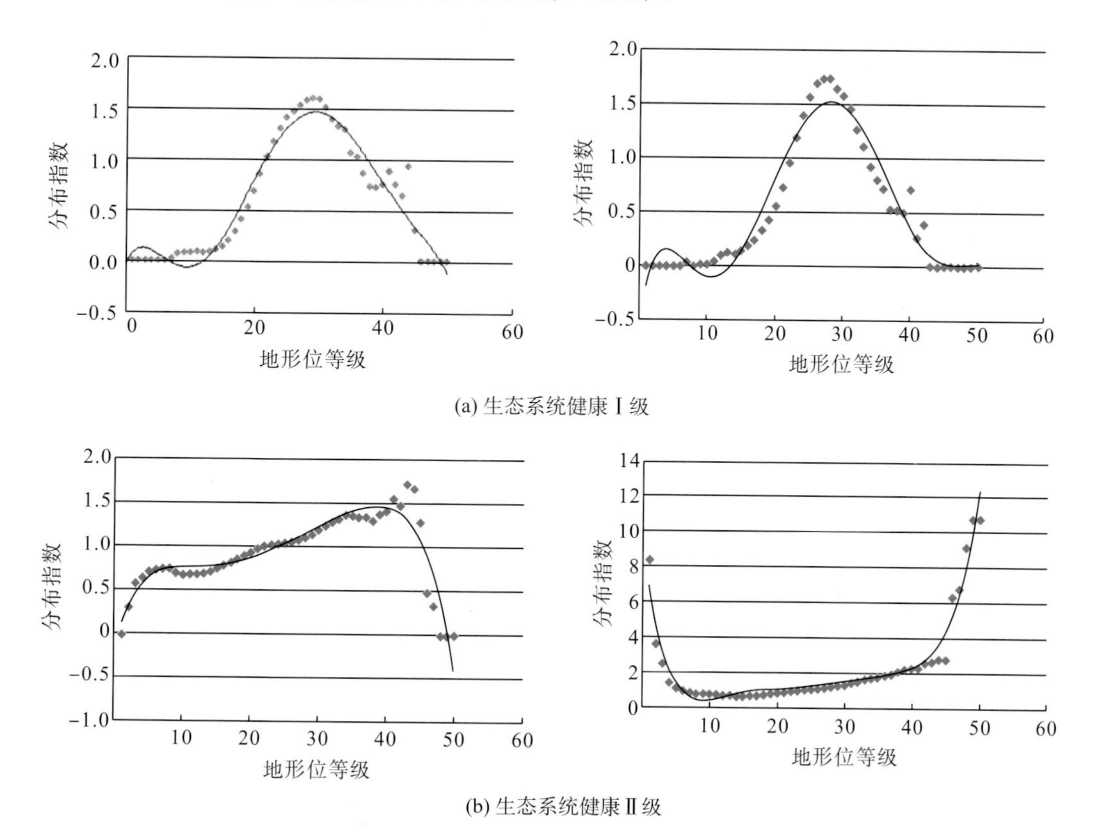

(a) 生态系统健康Ⅰ级
(b) 生态系统健康Ⅱ级

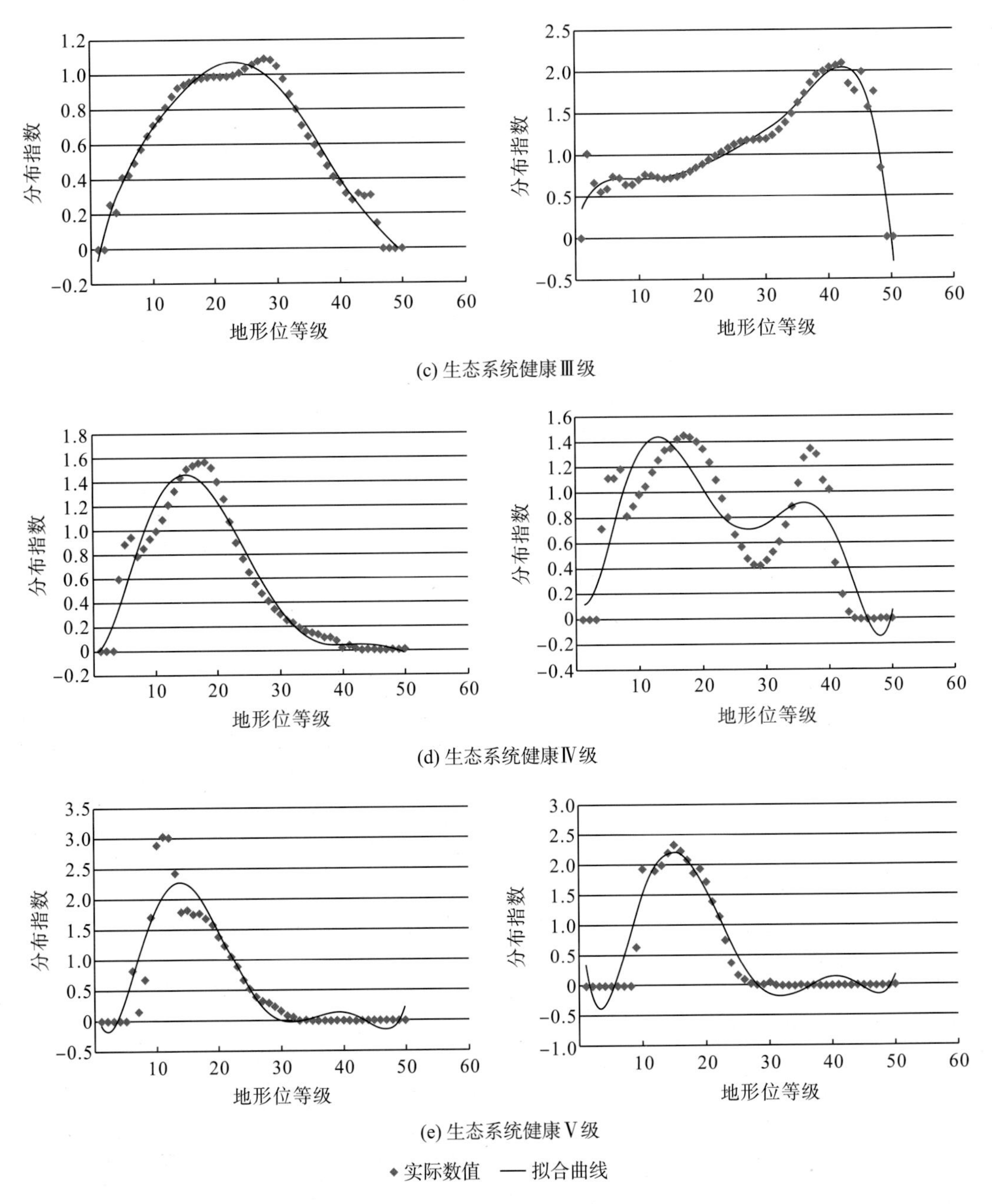

(c) 生态系统健康Ⅲ级

(d) 生态系统健康Ⅳ级

(e) 生态系统健康Ⅴ级

◆ 实际数值　— 拟合曲线

图 9.26　亚喀斯特与典型喀斯特生态系统健康等级地形位分布情况对比图

注：左图为典型喀斯特，右图为亚喀斯特。

由图 9.26 可知，两个区域不同生态系统健康等级呈现出高、中、低三段式空间分布结构，且二者在某些生态系统健康等级表现出明显的差异性。亚喀斯特地区和典型喀斯特地区生态系统健康Ⅰ级分布指数变化拟合曲线图相似，均以中段区域为优势地形位区域，优势区间为 22～35 级。该区间主要为低山、低中山地貌，人为活动强烈，加上坡度较大，地表切割度也较高，自然灾害敏感性强，生态环境脆弱。典型喀斯特优势地形位区间略高于亚喀斯特地区，说明亚喀斯特地区该健康等级分布更具地貌分异性。两大区域生态系统健康Ⅱ级分布情况差异性非常明显，分布指数变化拟合曲线呈互补趋势。典型喀斯特地区在0～4 级呈快速上升趋势，4～40 级区间内上升趋势减缓，而在 40～50 区间内急速下降，亚喀斯特地区该等级分布指数变化趋势则与之完全相反，说明亚喀斯特地区生态系统健康Ⅱ级整体上比典型喀斯特地区更具地貌适宜性。典型喀斯特地区生态系统健康Ⅲ级主要优势地形位区间为 10～30 级，亚喀斯特地区则为 30～40 级。该健康等级在典型喀斯特地区主要分布于丘陵和低山地貌景观，分布指数在 0～30 级区间内随着地形位等级的上升而上升，大于 30 级则呈现下降趋势；其在亚喀斯特地区分布于中山地貌景观，分布指数在 2～42 级内随地形位等级的升高而上升，大于 42 级时急速下降。生态系统健康Ⅳ级分布指数在典型喀斯特地区优势地形位区间为 11～22 级，曲线仅有一个波峰，而在亚喀斯特地区变化曲线出现两个波峰且曲线起伏较大，其优势区间为 10～21 级和 35～40 级，地貌特征明显。两区域生态系统健康Ⅴ级分布指数拟合曲线相似，优势区间为 7～21，但亚喀斯特地区该等级分布指数变化斜率更大。由上述结果可知亚喀斯特地区在高段区(35～40 级)，即高海拔、高地表切割度、坡度大、人为活动弱的地貌区，其生态系统健康较高的等级分布面积广，但当大于 40 级(属于高中山深切割陡坡区域)时，水土流失和石漠化敏感性升高，生态系统健康水平下降；在低段区(0～10 级)，即低海拔、坡度小、地表切割浅的地貌区，其生态系统健康优于典型喀斯特地区；在中段区(20～35 级)，由于受到人为活动和地形因素的双重干扰，生态系统健康等级的分布比典型喀斯特地区具有更高的地貌适宜性。

3. 亚喀斯特生态系统健康驱动因素分析

1) 土地利用综合特征

人类活动对生态环境最直接的作用方式就是土地利用类型的选择和变更，科学合理的土地利用方式不仅能提高土地使用效率，维持土地结构的稳定，还能有效地促进生态环境的健康发展，因此土地利用是评判生态系统健康的重要的基础性指标。以生态系统一级分类为基础，分别统计了 3 个分区 2000～2010 年土地利用类型的面积和占分区面积的比例(表 9.16)，以此说明亚喀斯特地区土地利用对生态系统健康的影响。从表中可以看到，典型喀斯特地区土地利用类型面积比例从大到小依次排序为农田、灌丛、森林、草地、城镇、湿地和裸地；非喀斯特地区土地利用类型面积比例从大到小排序为森林、农田、灌丛、草地、城镇、湿地和裸地；亚喀斯特地区土地利用类型面积比例从大到小排序为农田、森林、灌丛、草地、城镇、湿地和裸地；三大分区土地利用类型的变化趋势一致，森林、草地、城镇、湿地逐年增加，农田、灌丛逐年减少，而裸地面积没有变化。亚喀斯特地区农田的比例比较高，2000 年时农田比例高达 42.44%，2010 年降至 38.06%，但仍然高于另两个区域的最高水平；亚喀斯特地区的森林比例远远低于非喀斯特地区，2000 年时与典型喀斯特地区较为接近，但其增长速度比较慢，两者之间的差距不断增大；亚喀斯特地区的灌丛和裸地的比例高于非喀斯特地区而低于典型喀斯特地区，草地比例则相反，低于非喀斯特地区而高于典型喀斯特地区；土地利用方式的变更主要以农田向其他类型的转化为主，2000～2005 变化图斑的平均面积为 0.1482km^2，2005～2010 年为 0.1498km^2，均小于典型喀斯特地区和非喀斯特地区。由统计结果可知，亚喀斯特地区各土地利用类型变化幅度都不大，但农田、城镇土地利用强度远大于另两个分区，且破碎度较高，较大的农田占比使区域水土流失的敏感性增强，生态系统稳定性降低，生态环境受到了较大的威胁。土地利用方式对亚喀斯特地区生态系统健康有较强的作用，是亚喀斯特生态健康状况较差的主要原因之一。

表 9.16　不同时段土地利用情况

分区	年份		草地	城镇	灌丛	裸地	农田	森林	湿地
典型喀斯特	2000 年	面积 (km^2)	3645.03	499.17	7244.48	3.70	10525.79	6833.68	128.59
		比例 (%)	12.62	1.73	25.08	0.01	36.45	23.66	0.45
	2005 年	面积 (km^2)	3870.34	574.68	7241.16	3.70	9858.16	7194.24	138.16
		比例 (%)	13.40	1.99	25.07	0.01	34.13	24.91	0.48
	2010 年	面积 (km^2)	3899.83	700.64	7231.34	3.70	9296.46	7603.78	144.69
		比例 (%)	13.50	2.43	25.04	0.01	32.19	26.33	0.50
非喀斯特	2000 年	面积 (km^2)	1465.40	107.04	1397.22	0.08	2612.57	3213.43	35.99
		比例 (%)	16.59	1.21	15.82	0.00	29.58	36.390	0.41
	2005 年	面积 (km^2)	1516.80	112.94	1396.55	0.08	2452.48	3307.13	45.75
		比例 (%)	17.17	1.28	15.81	0.00	27.77	37.45	0.52
	2010 年	面积 (km^2)	1520.34	127.55	1395.16	0.08	2312.94	3424.11	51.55
		比例 (%)	17.21	1.44	15.80	0.00	26.19	38.78	0.58
亚喀斯特	2000 年	面积 (km^2)	2360.13	334.14	3181.99	1.64	6795.54	3203.19	135.92
		比例 (%)	14.74	2.09	19.87	0.01	42.44	20．00	0.85
	2005 年	面积 (km^2)	2489.23	361.37	3177.15	1.64	6426.42	3396.36	160.38
		比例 (%)	15.55	2.26	19.84	0.01	40.13	21.21	1.00
	2010 年	面积 (km^2)	2499.04	439.62	3177.34	1.64	6094.20	3637.67	163.04
		比例 (%)	15.61	2.75	19.84	0.01	38.06	22.72	1.02

2) 土地利用地貌分异

上述结果显示生态系统健康与土地利用具有较强的相关性，而由亚喀斯特生态系统健康评价的结果发现，生态系统健康状态存在地貌差异，因此，以各地貌景观为统计单元，统计各单元土地利用类型的分布情况，进一步分析土地利用对生态系统健康地貌分异现象的影响。图 9.27 显示了 2000～2010 年三大分区不同时期各地貌景观土地利用情况，非喀斯特地区丘陵和盆地地貌景观土地利用方式以农田为主，山地地貌景观则是以森林为主；典型喀斯特地区丘陵地貌景观土地利用方式以农田为主，而山地地貌景观土地利用结构随着海拔的上升从以农田为主过渡到以灌丛为主；亚喀斯特地区所有地貌景观土地利用方式均以农田为主，且农田比例很高。从土地利用结构比例来看，非喀斯特地区盆地、高丘、高中山森林比例不断上涨，台地城镇比例激增，但由于台地面积很小，所以此变化属于正常范围内，除台地外，其余地貌景观土地利用结构比例基本不变；典型喀斯特低山、低中山土地利用结构由农田-森林型转变为森林-农田型，其他地貌类型森林比例都有所上升，但主次顺序不变；亚喀斯特地区所有地貌景观土地利用结构主次均不变。亚喀斯特地区所有地貌景观土地利用特点是：农田比例极高，森林比例较少。丘陵地貌农田比例最高，且随海拔上升而下降，盆地、低丘、中丘地貌景观农田比例均在 50%左右，低丘最高时达 59%；山地地貌景观除高中山外，农田比例随海拔上升而增加，森林比例最高的为低中山，但最高时比例也仅有 27%。结合亚喀斯特生态系统健康地貌分异特征发现，林地比例越大，生态系统越健康。

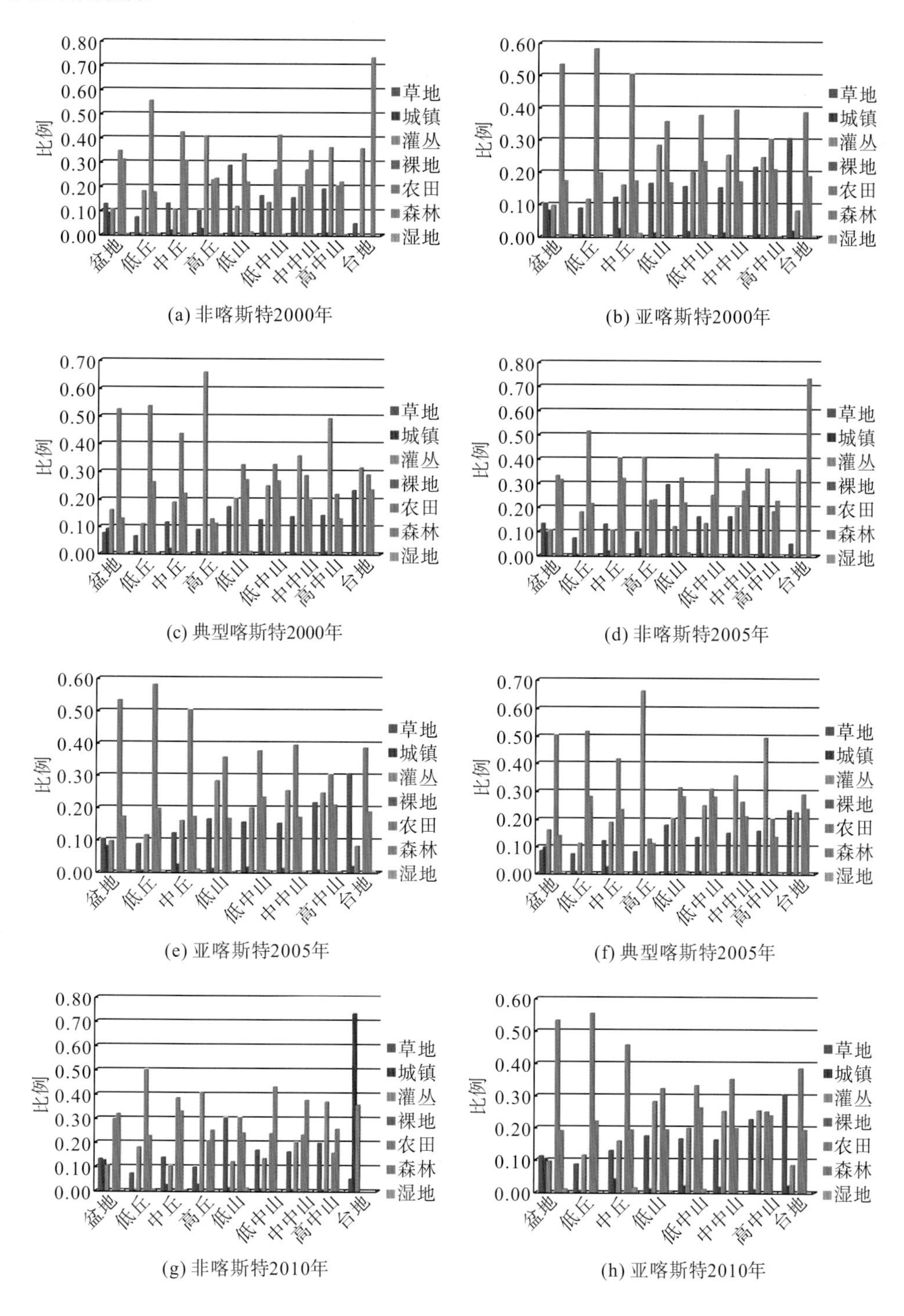

(a) 非喀斯特2000年　(b) 亚喀斯特2000年

(c) 典型喀斯特2000年　(d) 非喀斯特2005年

(e) 亚喀斯特2005年　(f) 典型喀斯特2005年

(g) 非喀斯特2010年　(h) 亚喀斯特2010年

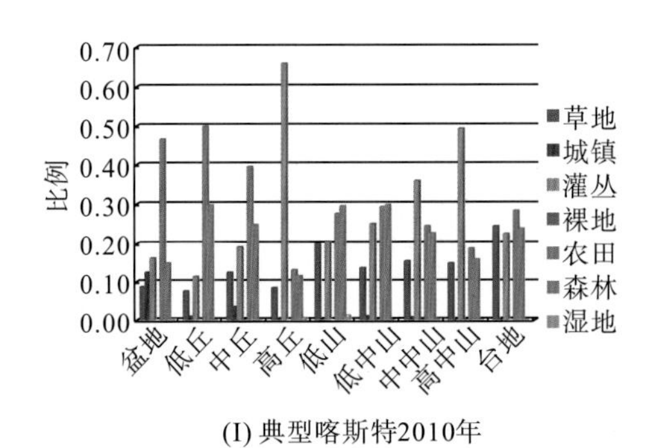

(I) 典型喀斯特2010年

图 9.27　不同地貌景观土地利用情况

3) 坡度大于 25° 坡耕地

坡度 25° 为退耕还林还草的临界值，坡度大于 25° 需实施退耕还林还草工程，坡耕地是造成研究区生态环境问题的主要因素之一，也是生态系统健康的最大威胁。图 9.28(a) 显示了三大分区坡度大于 25° 的坡耕地占分区面积的比例，由图可知，2000～2010 年各分区坡耕地面积比例不断地减小，坡耕地比例最高的为亚喀斯特地区，最低的是典型喀斯特地区，随着区域退耕还林还草的推广，黔中地区坡耕地的整治取得了突出的成果。图 9.28(b) 展示了分区不同地貌景观坡耕地的面积比例，由图看出，盆地和台地地势起伏小，坡度较为平缓，坡耕地比例很小；非喀斯特地区低山和高中山坡耕地比例比较大，但高中山坡耕地比例 2010 年得到很好的改善；典型喀斯特地区各地貌景观坡耕地比例变化曲线波峰与波谷间差距最小，坡耕地比例最高的为中丘，其次为中中山；亚喀斯特地区坡耕地面积比例最大的为中丘，其比例远远超出其他地貌景观坡耕地比例，其次为中中山。中中山与中丘地貌景观主要是由亚喀斯特与典型喀斯特覆盖，该地貌景观亚喀斯特地区坡耕地面积比例最高，低山地貌景观则以非喀斯特与典型喀斯特为主，该地貌景观坡耕地比例则是非喀斯特地区最高。对比地貌分类图和岩性分区图发现，在地貌破碎、非喀斯特面积比例较小的部位，亚喀斯特区域充当着非喀斯特的作用，是耕地的主要承载者。

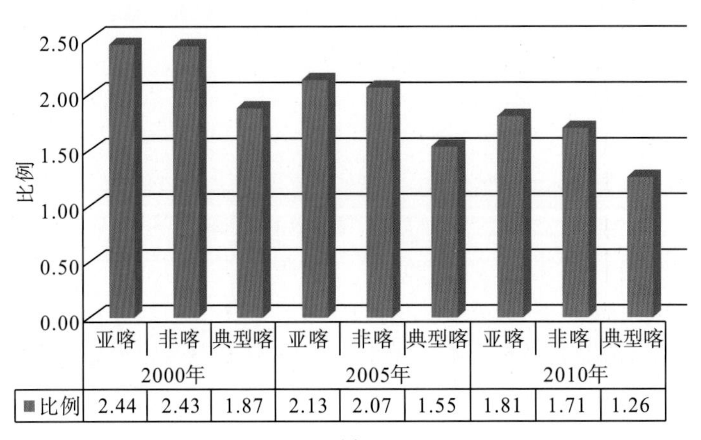

	亚喀	非喀	典型喀	亚喀	非喀	典型喀	亚喀	非喀	典型喀
	2000年			2005年			2010年		
■比例	2.44	2.43	1.87	2.13	2.07	1.55	1.81	1.71	1.26

(a)

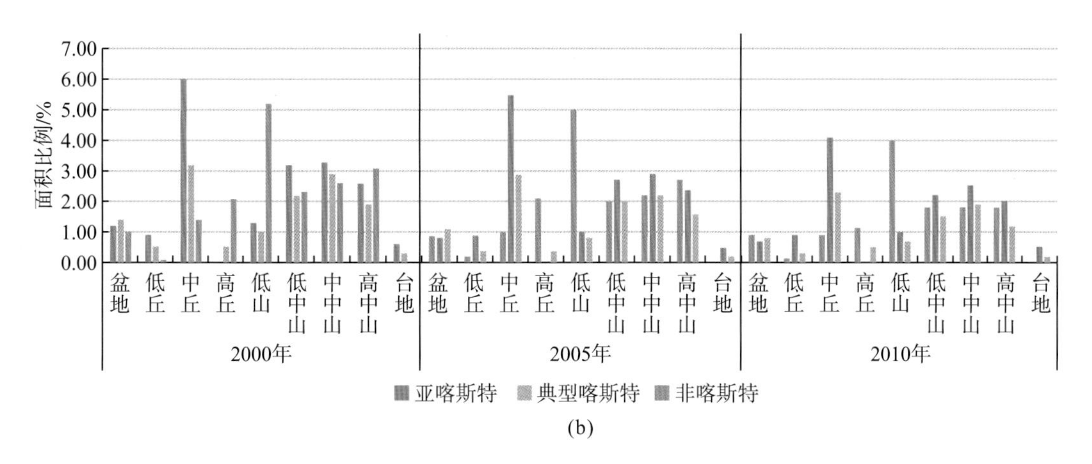

(b)

图 9.28　坡度大于 25° 的坡耕地面积统计

4) 自然因素和人为选择

根据贵州省气候分区图可知，黔中地区横跨暖温带、中亚热带和北亚热带 3 个气候带，东北部属于典型中亚热带气候区，中部和南部地区具有中亚热带和北亚热带气候特征，西部和西北部位于暖温带和中亚热带气候区，因此，区域降水、土壤、植被存在着地域分异现象，生态系统的健康情况亦随之变化。根据气候分区，选择遵义县、西秀区、大方县 3 个具有代表性的亚喀斯特聚集度较高的区域作为典型案例进行说明，以生物量衡量森林、草地和灌丛生态系统健康程度，以净初级生产力衡量农田生态系统健康状况。

利用分辨率为 250m×250m 的生物量和年均 NPP 数据进行统计，得到各生态系统对应的生态健康指标栅格平均值(图 9.29)。由图 9.29(a)可知，遵义县和大方县生物量均值较高，西秀区最低，且阔叶林生物量高于针叶林；阔叶林生物量遵义县高于大方县，而针叶林生物量则为大方县高于遵义县，符合贵州省植被地域分异规律；常绿阔叶林生物量均是亚喀斯特地区较高，在大方县表现为亚喀斯特地区生物量与典型喀斯特地区生物量差距逐年增大，遵义县亚喀斯特较典型喀斯特稳定，西秀区总体上稳步上升；常绿针叶林大方县为非喀斯特地区最高，遵义县为典型喀斯特地区最高，而西秀区以亚喀斯特地区最高；落叶阔叶林生物量大方县和遵义县均是亚喀斯特地区最低，西秀区为非喀斯特最高，亚喀斯特次之；针阔混交林生物量大方县以非喀斯特地区最高，亚喀斯特地区与典型喀斯特地区相当，遵义县亚喀斯特地区最低。图 9.29(b)显示整体上大方县和遵义县灌丛生态系统生物量较高，西秀区最低；常绿阔叶灌木林平均生物量大方县亚喀斯特变化范围最小，遵义县非喀斯特最高，亚喀斯特次之，西秀区亚喀斯特地区最高；落叶阔叶灌木林平均生物量遵义县和西秀区均是亚喀斯特地区最高，大方县则是亚喀斯特最低；稀疏灌木林生物量大方县三分区差别不大，遵义县以非喀斯特最低，两者亚喀斯特地区与典型喀斯特地区平均生物量相当。草地生态系统较不稳定，黔中地区草地基本属于自然草地，受外界影响容易发生改变。由图 9.29(c)

可以看到，大方县草地生态系统平均生物量最高，西秀区最低；大方县亚喀斯特地区草地生态系统生物量为典型喀斯特地区最高，遵义县亚喀斯特地区草地生态系统生物量最稳定，变化范围最小，西秀区亚喀斯特地区草地生态系统生物量增长较快。农田生态系统生态健康状况以净初级生产力作为对比指标。由图 9.29(d)可以看出，位于“贵州粮仓”的遵义县，其农田生态系统 NPP 均值明显高于大方县和西秀区；大方县旱地和水田 NPP 均值均是典型喀斯特地区最高，典型喀斯特地区农田集中且基本分布于丘陵地貌，而亚喀斯特地区农田分布散乱，多分布于山地；遵义县三分区旱地和水田 NPP 均值相近，但典型喀斯特地区水田 NPP 均值 2005 年后有所下降，西秀区旱地多分布于亚喀斯特地区，其 NPP 均值典型喀斯特地区最低，亚喀斯特地区较好，而水田 NPP 均值三分区相当。遵义县与西秀区亚喀斯特农田分布于起伏度较小的地貌景观，而大方县山地农田比例较大。

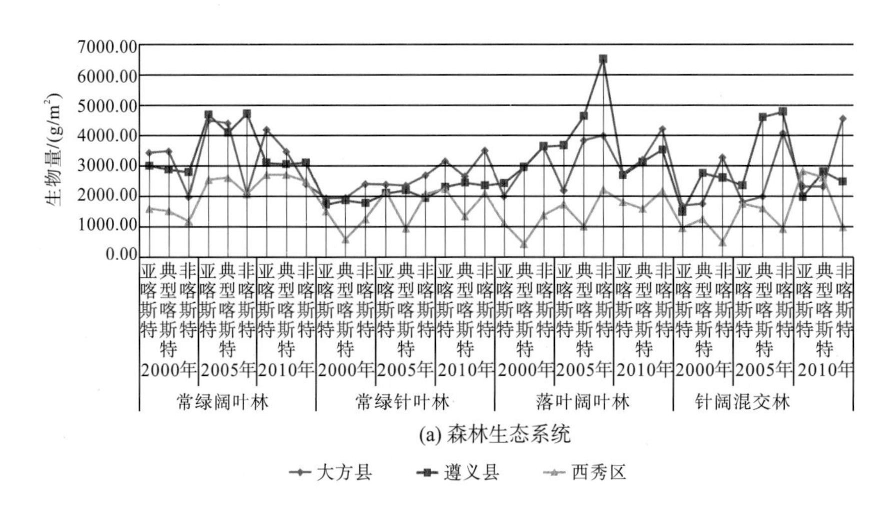

(a) 森林生态系统

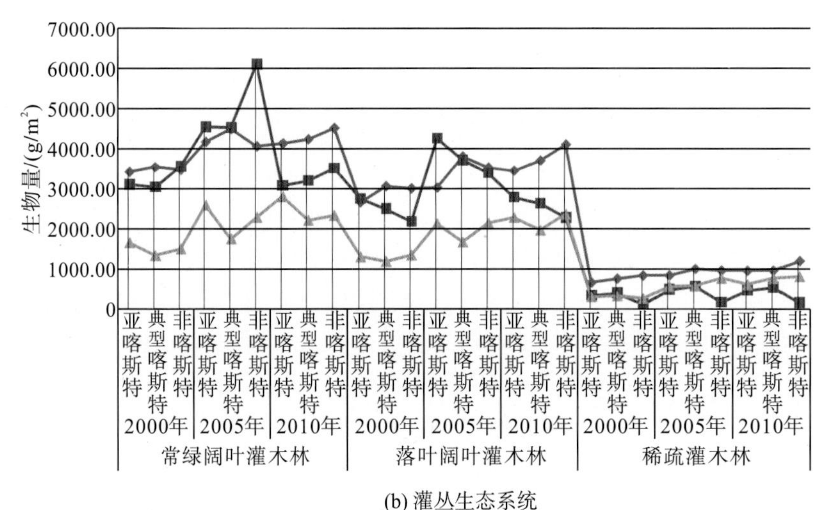

(b) 灌丛生态系统

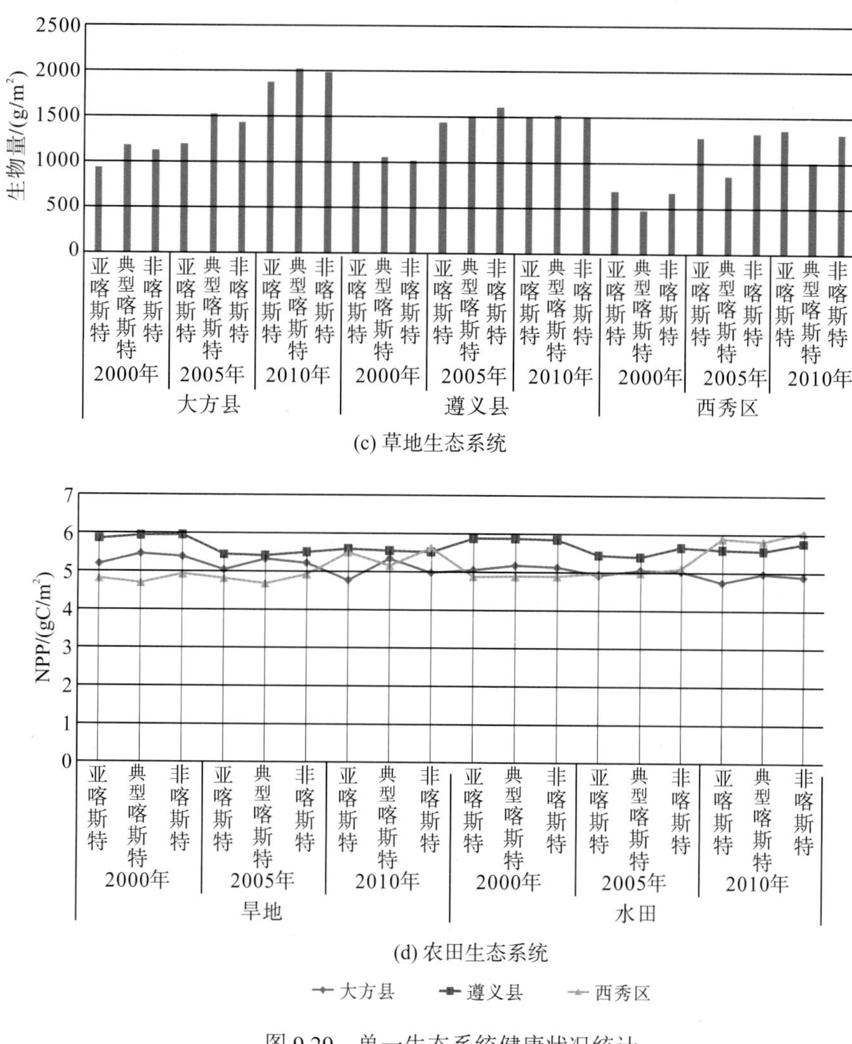

图9.29　单一生态系统健康状况统计

从上述结果可知，亚喀斯特生态系统健康区域差异性确实存在，包括与典型喀斯特和非喀斯特生态系统健康的差异和分区内部地域差异。造成这些差异的主要原因包括地形地貌、气候、岩性及人为干扰。

(1)地形地貌影响。遵义县海拔较低，地势平坦，亚喀斯特主要发育于相对高度较低的低中山和中丘地貌景观，土壤植被覆盖连续，斑块聚集度高；大方县亚喀斯特主要发育于低中山、中丘、中山、高中山，地形破碎，植被覆盖连续性差，斑块破碎度高，水土流失敏感性强；西秀区地势较为平坦，亚喀斯特在其区域范围内各地貌景观均有分布。地貌景观的破碎度影响生态系统分布的均匀度和连续性，结合土地利用数据发现，当亚喀斯特地区内某种生态系统聚集度较高时，其生物量和NPP值亦越高，因此地貌景观聚集度越高，土壤植被连续性越好，生态系统越趋于稳定，健康程度越良好。

(2)气候影响。遵义县属于典型中亚热带气候，降水丰富，年均温为14.7℃左右，大方县位于中亚热带与暖温带结合区，属于低纬度高海拔地区，年均温度为11.8℃，西秀区属于中亚热带与北亚热带共同控制区，年均温度为13.2～15℃，气候促使植被出现水平和垂直分异现象。水平差异表现为：根据贵州省植被区划，遵义县属于大娄山南部丘陵山地常绿栎林、柏木林和茶丛小区，大方县属于山原山地常绿栎林、常绿落叶混交林漆树林小区，西秀区属于灰岩山原常绿栎林、常绿落叶混交林及石灰岩植被小区(黄威廉和屠玉麟，1983)。结合贵州省植被图发现垂直差异表现为：遵义县水热条件较好，亚喀斯特地区植被类型以灌木和常绿阔叶林为主，典型喀斯特地区主要以常绿针叶林和落叶阔叶林为主；大方县垂直气候明显，亚喀斯特地区在低中山和中丘以漆树乔木灌丛和灌木(小果蔷薇等次生灌木)为主，中山和高中山以针叶林(马尾松、华山松、云南松)为主；西秀区亚喀斯特地区以常绿针叶林为主，典型喀斯特地区植被覆盖率低，且连续性差。亚喀斯特地区优势植被类型生物量较高，即优势越明显，生态系统越健康。

(3)岩性影响。岩性对土壤类型及形成有显著作用。典型喀斯特岩性为连续性灰岩、连续性白云岩，土壤类型主要有石灰土、水稻土、黄壤等，土层很薄，保水保肥能力较差，植被生长状况欠佳，而亚喀斯特地区主要为泥质灰岩、白云岩夹碎屑岩等不纯碳酸盐岩，土壤类型主要有黄壤、黄棕壤、水稻土等，其成土速度快，半风化层深，土体连续性较强，水文地质条件较好，平均土壤厚度可达30～50cm，在无人为干扰的情况下，植被连续性好，生长状态优良。结合野外调查，各县(区)亚喀斯特岩性结构分别为：遵义县白云岩夹黏土岩，西秀区碎屑灰岩、泥灰岩，大方县嘉陵江组黏土岩夹灰岩、关岭组白云岩夹黏土岩。当生态系统景观聚集度相似时，亚喀斯特地区生物量明显高于典型喀斯特地区。由于土层较厚，保水保肥力较好，2010年贵州遭遇干旱，遵义县是主要的受灾区域之一，其生物量和NPP均有所下滑，但亚喀斯特地区下降幅度较小，典型喀斯特地区下降明显。

(4)人为干扰。人为干扰包括人为破坏和积极促进两方面。人为破坏表现在滥垦滥伐、坡耕地开发等方面，如：大方县经历多年砍伐，导致生态系统被严重破坏，原生植被稀少，水土流失严重，植被覆盖率在1987年时最低值只有10.36%；西秀区位于贵州省石漠化重点防治区，由于曾经的大量开垦，区内基岩大量裸露，石漠化广布，现有可耕地十分贫瘠；坡耕地过度开发在黔中地区普遍存在，而这些坡耕地多在亚喀斯特地区，导致其水土流失敏感性不断增加，土壤肥力下降。为了弥补这些环境创伤，改善生态环境，全区积极开展了生态重建和修复工作。人为干扰对生态系统健康的促进表现在封山育林、退耕还林还草及坡改梯等生态工程的开展和实施。封山育林后，自然生长灌木和草地覆盖面积不断增加，中低产田退耕推进了区域水土流失治理工程，马尾松是黔中地区退耕还林主要栽培的树种，全区均有覆盖，在一定程度上改变了原有的植被垂直结构，但大大增加了区域林地覆盖面积。生态工程着力于典型喀斯特地区，亚喀斯特地区却鲜有得到重视和保护，大量未有保护措施的坡耕地仍在使用中。

第10章　亚喀斯特地区生态修复与重建

当今世界科学技术迅猛发展、人类文明水平显著提升，但由于历史与发展等原因导致的全球气候变暖、资源枯竭、环境污染和生物多样性丧失等问题仍然十分严峻，可持续发展与生态文明已引起各国高度重视。喀斯特是全球典型的脆弱生态环境，中国是世界上喀斯特分布面积最大的国家，贵州是中国喀斯特分布最集中的省份，喀斯特地貌面积约占全省总面积的61.9%。1998年7月长江流域暴发特大洪水后，我国在全国范围内推广落实退耕还林还草，并在喀斯特地区推广落实以石漠化综合治理为代表的一系列生态重建工程。2016年9月，我国又批准在贵州、江西和福建三省先行建设国家级生态文明实验区。大量农业生产、工程建设和生态治理等高强度人为干扰在多大程度上促进或阻碍了喀斯特退化生态系统的恢复，新一轮退耕还林还草如何实施，未来喀斯特生态重建的模式内容与空间布局如何优化才能提高质量等，迫切需要有与时俱进的理论指导和实事求是的技术案例。

10.1　贵州省喀斯特复合生态系统重建紧迫性分析

10.1.1　喀斯特复合生态系统重建的内涵

生态重建是生态建设的学术用语。国际生态学界公认的生态重建的科学定义是“协助一个遭到退化、损伤或破坏的生态系统恢复的过程”。与生态重建密切相关，甚至对立的观念是“自然恢复”。天然植被保存较好国家的经典生态学，强调植被或生态系统的自然演替和更新换代规律的自然恢复观点。由于人类利用和破坏环境的速度和强度远远超过生态系统和环境自然恢复的能力，因此负责任的社会必须补偿自然，人工促进生态重建，加强生态建设，生态重建已成为生态文明建设的核心(张新时，2014)。

生态重建大致有两类途径。第一类生态重建试图重新建造真正的过去的生态系统，尤其是那些遭到人类改变或滥用而毁灭或变样的生态系统，重建过程中强调原有系统结构与种类的重新建造。第二类生态重建是对于那些由于人类活动已全然毁灭原有生态系统和生境而代之以退化的系统，重建目的是要建立起符合人类经济需要的系统，重建的生物种类可以是也可以不是原来的物种，往往采用不一定很适于环境但有较高经济价值的植物或动物。由于生态系统的类型与地域差异显著，不同地区不同生态系统的重建技术与模式也有较大差异，因地制宜的生态重建是生态建设的根本原则。

贵州省喀斯特地区的生态环境问题并非单纯的生态环境退化问题，而是与经济社会长期落后欠发达问题交织在一起。因此，喀斯特复合生态系统重建必须从自然-社会-经济复合生态系统(简称复合生态系统)的角度，在系统分析喀斯特复合生态系统重建压力的基础上，按照地理学、生态学、环境学、经济学、社会学和管理学等多学科有关区域可持续发展的理论，来规划、设计、实施和管控饱经忧患、摧残和破坏的森林、草地、荒漠、湿地生态系统和立体土地系统，将针对自然、经济和社会各子系统单要素的重建技术措施优化整合，集成区域化、一般性和可操作的复合生态系统重建模式。

10.1.2　贵州省喀斯特复合生态系统重建压力

1. 自然灾害压力

选取气象灾害和地质灾害两类指标，气象灾害包括高温、暴雨、秋风、霜冻和倒春寒，地质灾害包括滑坡、崩塌、地面塌陷、泥石流、不稳定斜坡和危岩体，将 1961～2015 年多年平均气象灾害数据和 2015 年地质灾害点数据进行空间化与标准化处理后，先用熵权法确定各指标权重，再用加权求和模型计算自然灾害压力指数，如图 10.1 所示。结果表明：自然灾害压力指数越大，发生气象灾害频率及地质灾害可能性越大。由于受地质稳定性和降水空间变异等因素影响，贵州省的自然灾害压力指数空间差异较大，全省平均值为 0.61，最大值为 1.56，最小值为 0.13。按行政单元统计，六盘水市、贵阳市和安顺市的自然灾害压力较大；按地貌单元统计，岩溶断陷盆地、岩溶峡谷和岩溶高原的自然灾害压力较大。将全省自然灾害压力指数用自然断裂法分成 3 类，压力较大面积比例为 17.99%，压力一般面积比例为 42.10%，压力较小面积比例为 39.91%。

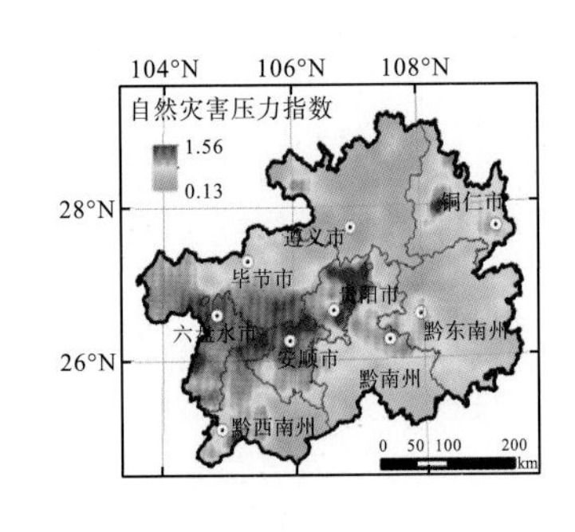

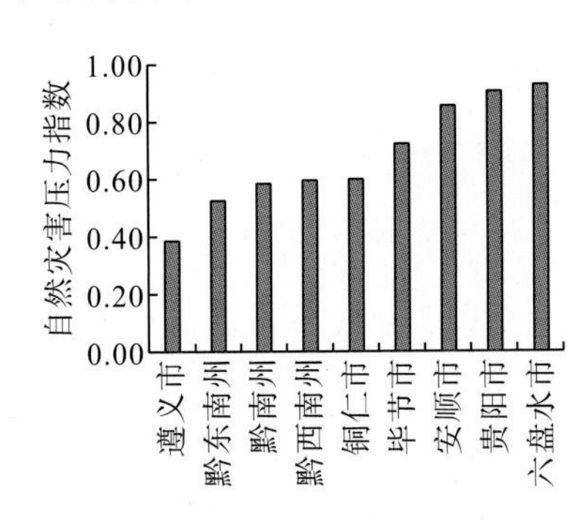

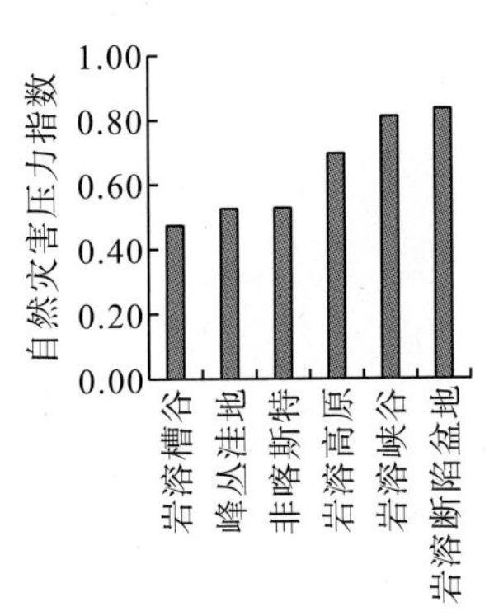

图 10.1　贵州省自然灾害压力指数分布与统计

2. 资源利用压力

选取人均耕地面积、人均用水量、生物多样性指数和万元 GDP 能耗 4 个指标，将 2015 年各指标数据进行空间化与标准化处理后，先用熵权法确定各指标权重，再用加权求和模型计算资源利用压力指数，如图 10.2 所示。结果表明：由于受资源禀赋、技术条件和经济发展水平的差异等因素影响，贵州省的资源利用压力指数空间差异较大，全省平均值为 0.16，最大值为 1.18，最小值为-0.84，整体来看资源利用压力并不算大。按行政单元统计，六盘水市、毕节市和安顺市的资源利用压力较大；按地貌单元统计，岩溶断陷盆地、峰丛洼地和岩溶峡谷的资源利用压力较大。将全省资源利用压力指数用自然断裂法分成 3 类，压力较大面积比例为 29.78%，压力一般面积比例为 36.92%，压力较小面积比例为 33.30%。

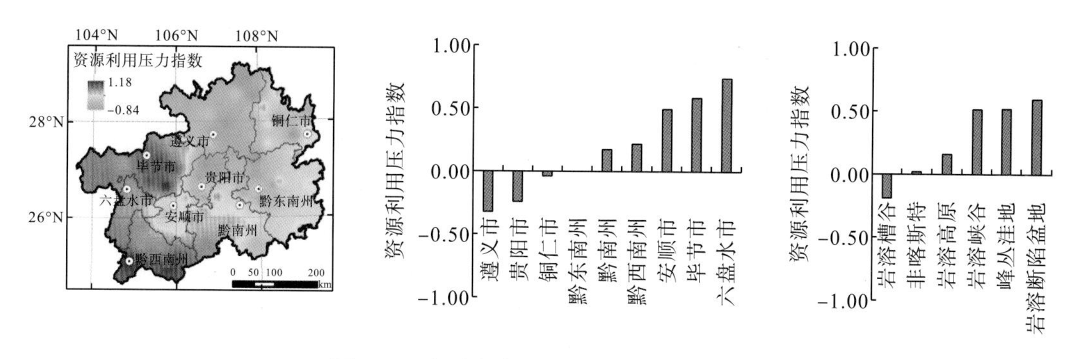

图 10.2 贵州省资源利用压力指数分布与统计

3. 环境污染压力

选取 SO_2 排放量、化学需氧量(chemical oxygen demand，COD)排放量和化肥施用量 3 个指标，将 2015 年各指标数据进行空间化与标准化处理后，先用熵权法确定各指标权重，再用加权求和模型计算环境污染压力指数，如图 10.3 所示。结果表明：3 种污染物的排放总量越大，环境污染压力指数越大。由于受经济差异、环境管理差异等因素影响，贵州省的环境污染压力指数空间差异较大，全省平均值为 0.16，最大值为 2.0，最小值为 0.04。按行政单元统计，六盘水市、毕节市和贵阳市的环境污染压力较大；按地貌单元统计岩溶峡谷、岩溶断陷盆地和岩溶高原的环境污染压力较大。将全省环境污染压力指数用自然断裂法分成 3 类，压力较大面积比例为 16.70%，压力一般面积比例为 26.60%，压力较小面积比例为 56.70%。

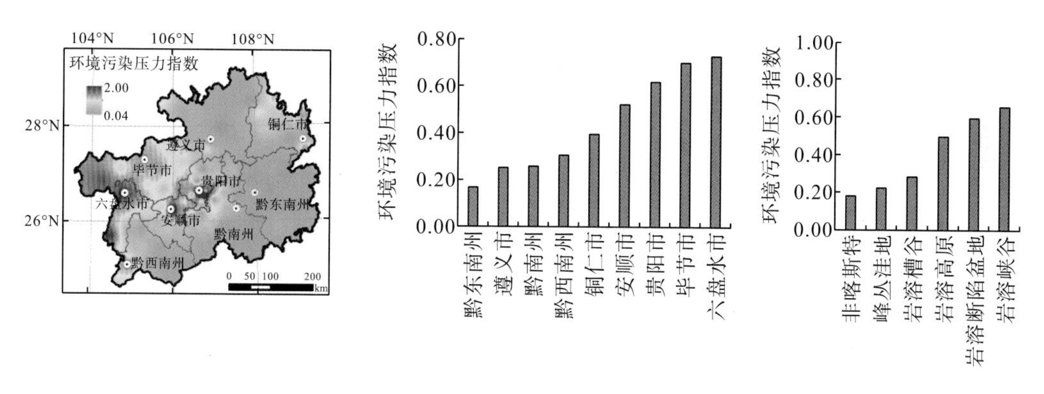

图 10.3 贵州省环境污染压力指数分布与统计

4. 生态退化压力

选取土壤侵蚀强度、土壤有机质含量、植被覆盖度、植被净初级生产力、气温变化倾向率、湿润指数变异系数、有效积温变异系数和生境质量指数 8 个指标，用遥感人机交互式解译与地表参数定量反演、GIS 空间化与分析建模等技术方法，制作 2015 年各指标数据并标准化处理后，先用熵权法确定各指标权重，再用加权求和模型计算生态退化压力指数，如图 10.4 所示。结果表明：气候变异程度及土壤侵蚀与石漠化的发育强度越大，植被、土壤与生境条件越差，则生态退化压力指数越大。由于受土壤、植被与气候的空间异质性等因素影响，贵州省的生态退化压力指数空间差异较大，全省平均值为-0.86，最大值为 2.02，最小值为-2.60。按行政单元统计，安顺市、贵阳市和黔西南州的生态退化压力较大；按地貌单元统计，岩溶峡谷、岩溶断陷盆地和岩溶高原的生态退化压力较大。将全省生态退化压力指数用自然断裂法分成 3 类，压力较大面积比例为 24.71%，压力一般面积比例为 37.94%，压力较小面积比例为 37.62%。

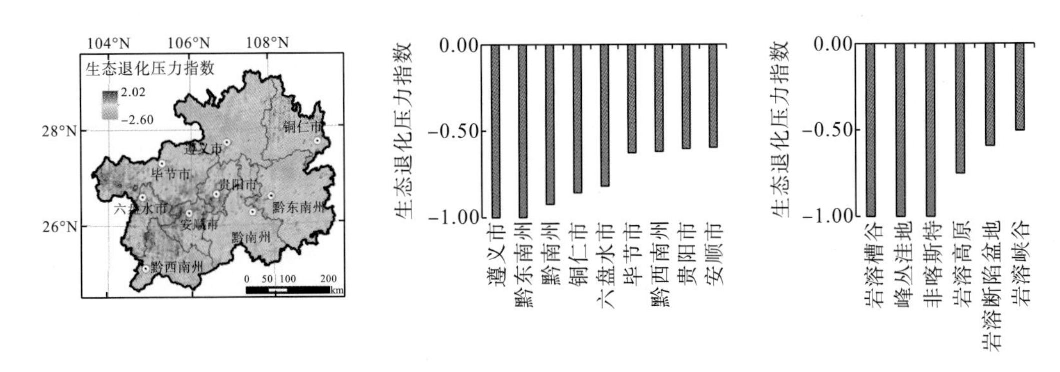

图 10.4　贵州省生态退化压力指数分布与统计

5. 经济发展压力

选取人均 GDP、第二产业占比、固定资产投资密度和人均可支配收入 4 个指标，将 2015 年各指标数据进行空间化与标准化处理后，先用熵权法确定各指标权重，再用加权求和模型计算经济发展压力指数，如图 10.5 所示。结果表明：经济发展压力指数越大，经济发展水平越低。由于受空间区位、技术水平及发展历史的差异等因素影响，贵州省的经济发展压力指数空间差异较大，全省平均值为 2.96，最大值为 3.85，最小值为 0.78。按行政单元统计，黔东南州、铜仁市和黔西南州的经济发展压力较大；按地貌单元统计，岩溶槽谷、岩溶高原和峰丛洼地的经济发展压力较大。将全省经济发展压力指数用自然断裂法分成 3 类，压力较大面积比例为 57.09%，压力一般面积比例为 32.42%，压力较小面积比例为 10.49%。

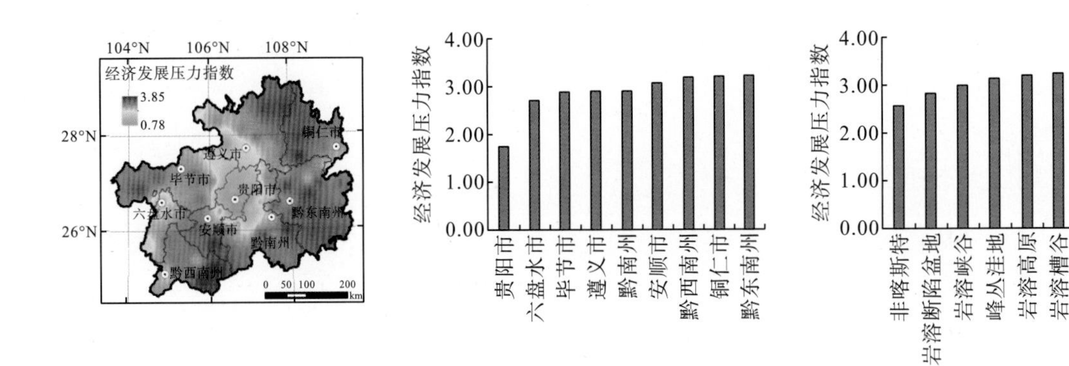

图 10.5　贵州省经济发展压力指数分布与统计

6. 社会发展压力

选取人口自然增长率、贫困人口数量和高中毛入学率 3 个指标，将 2015 年各指标数据进行空间化与标准化处理后，先用熵权法确定各指标权重，再用加权求和模型计算社会发展压力指数，如图 10.6 所示。结果表明：人口增长越快、贫困人口越多及高中毛入学率越低，社会发展压力越大。由于受经济发展和文化教育的差异等因素影响，贵州省的社会发展压力指数空间差异较大，全省平均值为 0.14，最大值为 1.21，最小值为-0.55。按行政单元统计，黔西南州、六盘水市和贵阳市的社会发展压力较大；按地貌单元统计，峰丛洼地、岩溶槽谷和岩溶高原的社会发展压力较大。将全省社会发展压力指数用自然断裂法分成 3 类，压力较大面积比例为23.54%，压力一般面积比例为43.42%，压力较小面积比例为33.04%。

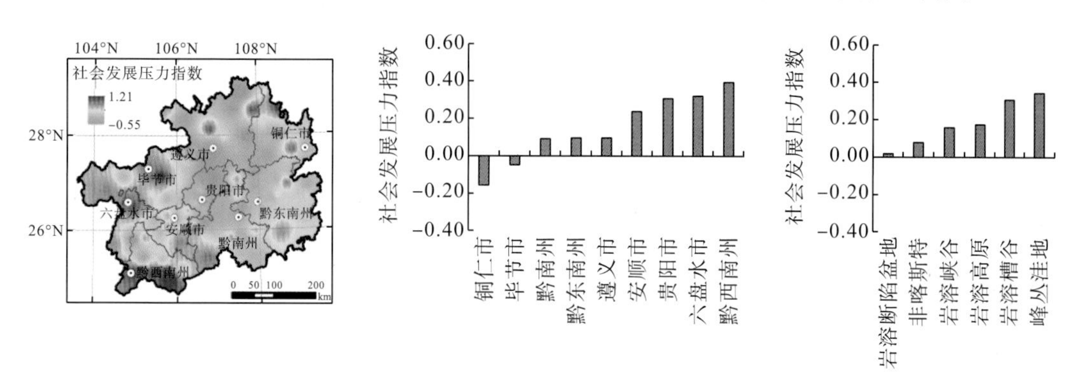

图 10.6　贵州省社会发展压力指数分布与统计

7. 复合生态系统重建压力

将自然灾害、资源利用、环境污染、生态退化、经济发展和社会发展 6 个方面的压力指数先用熵权法确定各指标权重，再用加权求和模型计算贵州省复合生态系统重建压力指数，如图 10.7 所示。结果表明：贵州复合生态系统重建压力指数空间差异较大，全省平均值为 3.39，最大值为 8.44，最小值为-0.70。按行政单元统计，毕节市、安顺市和黔西南州的重建压力较大；按地貌单元统计，岩溶峡谷、岩溶断陷盆地和峰丛洼地的重建压力较大。重建压力较大面积比例为 29.72%，重建压力一般面积比例为 41.14%，重建压力较

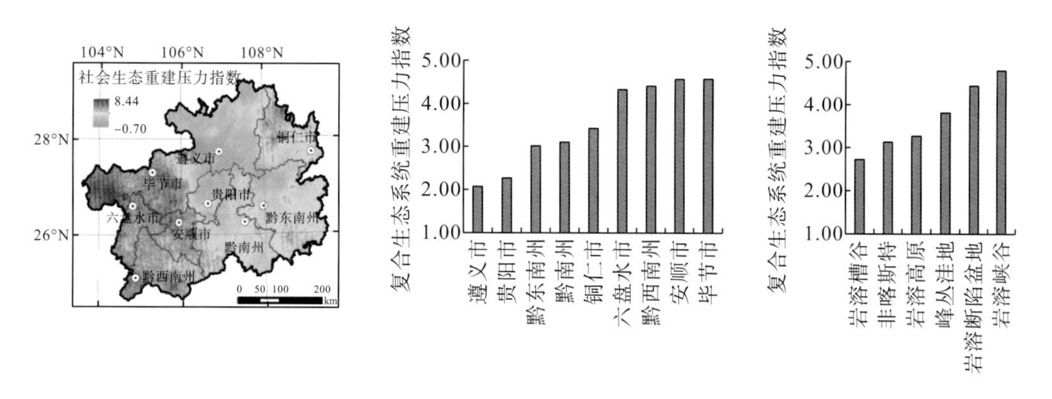

图 10.7　贵州省复合生态系统重建压力指数分布与统计

小面积比例为 29.14%。当前贵州省生态脆弱与资源开发矛盾、经济社会发展与生态环境建设矛盾等问题交织在一起，由于自然灾害频繁发生、资源利用效率有限、环境污染治理较差、生态退化趋势尚未根本扭转，加之经济与社会发展水平较低，全省复合生态系统重建特别是在西北与西南地区仍然面临着巨大压力。

10.2 贵州省喀斯特复合生态系统重建研究综述

10.2.1 石漠化分类与防治技术途径

石漠化是西南喀斯特地区独特的地质生态灾害，对石漠化的认识经历了以水土流失为主→石漠化→喀斯特石漠化的不断提升过程（王世杰，2002；袁道先，1997；杨汉奎，1995）。较公认的石漠化概念是指在热带、亚热带湿润、半湿润气候条件和喀斯特极其发育的自然背景下，受人为活动干扰，使地表植被遭受破坏，导致土壤严重流失，基岩大面积裸露或砾石堆积的土地退化现象。目前，石漠化分类有多种方案。按石漠化发育程度，石漠化可分为轻度石漠化、中度石漠化、强度石漠化、极强度石漠化。按发生的地貌类型可分为洼地石漠化、正向地貌石漠化（峰林、峰丛石漠区，丘陵石漠化区和缓坡地坟丘石漠化区）。按石漠化发生的微地貌类型，可分为峰林溶原石漠化组合模式、峰丛洼地-峰林谷地石漠化组合模式、峰丛峡谷石漠化组合模式。按岩性可分为纯灰岩-白云岩石漠化、碳酸盐岩层与非碳酸盐类岩层互层间层石漠化。按土地利用方式可分为：①山区有林地经砍伐退化为灌丛草地，进一步砍伐退化为荒草坡，受水、土条件限制，植被恢复困难而发生石漠化；②山区有林地经毁林开荒变成坡耕地，经水土流失石漠化；③坡耕地经水土流失石漠化；④工矿型石漠化土地。李阳兵等（2005）认为石漠化分类既要能体现退化过程，又要能反映退化现状，还要有利于不同区域对比，最好以“干扰方式+植被+土壤+地貌”的形式进行分类。人类活动等干扰是石漠化产生与演化的重要驱动因素，喀斯特生态重建过程尤其需要厘清自然与人为干扰的时空分布及其对生态演替的驱动机制。有关石漠化防治的基本原则，苏维词和周济祚（1995）认为应坚持：①适生适种原则；②石漠化治理与产业化结合原则；③长期与短期结合原则；④层次性和时序性原则；⑤生态补偿原则；⑥市场导向原则。周国富（1997）认为应坚持分区防治原则：①石漠化现状与防治方向相对一致；②空间连续；③地貌单元与行政区相对完整；④综合分析与主导因素结合；⑤尽量保持流域完整性；⑥经济与社会发展相联系。综合相关研究认为，石漠化防治及喀斯特生态重建应坚持：①分类指导并分区实施；②因地制宜，突出重点，统筹规划，合理布局，分期实施。

1. 社会工程途径

喀斯特地区“贫困—人口增长—土地退化”恶性循环链条根源于社会-经济病根。喀斯特退化土地生态重建要着眼于社会经济问题，即解决众多人口对土地的依赖，缓解人口对土地的压力，这种途径被称为退化土地生态重建的社会工程途径，其内涵包括加快城市化与工业化进程以提供多样化的生存与发展途径，开辟更多的非农岗位，寻求非农收入大幅增长。实施生态补偿以将土地生态价值转变为农民的收入，重建土地资源价值评价指标体系，扩大农业补贴和生态补贴范围。实现农村农业功能的多样化和产业化以增加农民收入，转变农业和农村资源利用模式，开发喀斯特地区农业和农村旅游产品，实现保护与开发双赢。明晰土地产权以保障农民权益并促使土地改良，不明晰的土地产权使农民丧失对土地的所有权，损害农民的土地增值收益，难以激发农民对改良土地、生态重建的积极性。加强教育投入以提高农村人口素质，贫困地区教育落后且教育经费投入不足，发展基础教育是提高人口素质从而消除贫困的根本途径。重建“可生存发展”条件以奠定可持续发展基础，重建农田及其配套的水利工程，保证粮食供给和基本生存需要，而后才有可能进行生态重建和改善土地质量，实现可持续发展。生态重建离不开社会的投入，而观念的变革和体制政策的调整是生态重建的思想和制度保障。除此之外，还需制定切实可行的近期、中期、远期规划，以实现当前脱贫致富与长远可持续发展的统一。

生态重建涉及不同的问题层次、不同的空间尺度及诸多自然与人文要素，需要有明晰的思路和战略框架。在观念与认识层次上要变革发展观，避免片面追求 GDP 增长和走出“人类中心主义”倾向。国家要更加重视西南喀斯特生态恶化和贫困问题，加强国家重大基础研究计划和科技支撑力度计划部署。各级地方政府要提高认识，触发激情，痛下决心，做好准备。同时，注意提高农民的经济收入以激发农民生态重建的积极性和自觉性。在体制政策层次上，要揭示并克服现行体制中的缺陷。国家要加大对西南喀斯特地区的政策和财政倾斜，扩大“生态补贴”范围，促进土地产权制度改革。地方领导者和有关管理人员应建立目标责任制，保证干部换届不使生态建设脱节。生态重建离不开正确、连续的政策导向，还应拓宽重建思路，扶持非农产业发展以减少农民对土地的依赖。通过加强和改善政策宣传、通过示范来引导农民，使其认同生态建设目标。在科技与管理层次上，国家要增加在西南喀斯特地区的生态建设项目示范点，加强有关基础研究，防止某些指标短期有效但可能危及长远目标。地方要加强对经济、社会、生态现状及趋势研究，为生态重建的技术路线和措施提供充分的科学依据，仔细研究示范点经验的适用条件、适用范围和适用程度。注意发掘民间的一些恢复植被、保持土壤肥力的“土”办法，将前沿性科技与本土知识有机结合起来。

2. 工程技术途径

当前，西南喀斯特地区生态恢复目标主要是遏止生态环境恶化的势头和趋势，尽快恢复植被，防治水土流失，提高生态环境质量和农林业生产条件。生态恢复必须与相应的工程技术相结合，运用生态恢复技术来实现生态恢复框架下的各个目标。喀斯特退化生态系统恢复主要包含 7 个方面的 12 项关键技术。水土保持是防治水土流失及土地石漠化的根本措施，包含坡改梯工程技术和鱼鳞坑工程技术。水土保持工程的目的在于减轻水力侵蚀，保护生草土层，为生物生存提供稳定生长发育的基质。集水工程可以应对喀斯特地区降雨下渗率大的问题，是改善地区工程性缺水和农业生产条件的有效措施，包括围泉蓄水工程技术和集雨工程技术，集雨工程又分为屋面集雨和坡面集雨。集雨工程可以有效保障用水来源，节水灌溉技术实施有利于保证喀斯特地区水资源可持续利用。农业灌溉用水是喀斯特地区用水的第一大户且整体利用效率不高，主要的农业节水灌溉技术包括简易田间节水灌溉工程，节水播种，作物根际注灌、喷灌和滴灌，地面覆盖、喷施抗旱化学制剂、地下防渗技术同样可以达到节水目的。土壤恢复是生态恢复的重要组成部分和先决条件，喀斯特地区土壤改良技术分为耕作技术和施料技术两类。山地植被系统重建是喀斯特生态综合治理的关键，主要有人工造林技术和封山育林技术。退耕地生态培植可以优化喀斯特地区土地资源利用，改善农业经济结构，包含经济作物种植技术和种草养殖业发展技术。在进行生态综合治理的同时，应及时推广农村能源利用技术，防止居民上山伐木做薪柴用，保证造林等其他措施顺利实施。

喀斯特地区强烈的空间异质性，促使人们必须明确各项生态治理工程技术的适宜区域和地块，立足治理区域的本地环境特征，将生物措施、工程措施、耕作措施、管理措施等农村产业结构调整和社会经济发展需求相结合，实现喀斯特地区退化生态环境综合治理。坡改梯工程技术适用于中度以下石漠化、坡度为 8°～25°、排水条件较好的山冲和缓坡地块的水土保持。强度石漠化及极强度石漠化地区陡峭的梁脊和支离破碎的坡面上的水土保持采用鱼鳞坑工程技术。围泉蓄水工程技术适用于不同程度石漠化地区，集雨工程技术适宜地区也很广泛。在面临缺水问题的任何喀斯特地区均可采用屋面集雨，而坡面集雨主要用于中度以下石漠化地区中具有集雨条件的坡地地块上。在经济实力较弱、作物需水规律与当地降水季节分布一致或附近有易得的、有保障的水源的地块可采取简易的田间节水灌溉技术。对于播种时土壤水分不足的地块，可采用节水播种灌溉技术。对于长时间干旱缺水的地块或其他无水源地区、种植点播作物的地块，适用作物根际注灌技术。土壤改良技术适用于中度以下石漠化地区的坡耕地、洼地底平地存在严重土壤质量问题的地块。在强度、中度石漠化地区，植被破坏彻底或深度退化、土壤较少、植物繁殖体不足、自然恢复潜力较小的地段及坡度较大的退耕还林地均可采用人工造林技术。中度石漠化退耕还林坡耕地地区，岩石裸露率在 70%以上石漠化严重地段及生态移民后的边远山区可采用封山育林技术。经济作物种植适宜于轻度石漠化、坡度小于 25°、立地条件较好的坡耕退耕地地段。种草养殖业适宜在中度石漠化退耕地进行，特别适合聚居地附近的土壤浅薄的退耕地和土壤不连续的山坡地。另外，应在喀斯特地区推广新型高效移动式太阳能沼气罐和改灶节柴等农村能源开发利用技术。

10.2.2 喀斯特脆弱性与生态重建模式

脆弱性是一种易受到不利影响的特性，主要包括对外界干扰的敏感性和适应性等内容（IPCC，2014）。喀斯特独特地质背景下，二元水文结构导致地表土被薄且不连续，地上地下连通性好、水文过程变化迅速，水土资源空间分布不匹配，水热因子高度时空异质性，氮磷钾极度缺乏的高钙镁土壤环境，加之贫困人口相对集中，人地矛盾问题突出，资源开发与经济发展过程中长期存在生态破坏行为，促使生态系统逆向演替与脆弱程度日益加剧。喀斯特生态系统脆弱性长期受到广泛关注，但多集中研究自然生态系统的敏感性特征，对高强度人为干扰及气候变化胁迫下的复合生态系统适应机制研究还非常欠缺。石漠化本质是生态系统退化，石漠化过程是人类活动破坏导致生态系统脆弱性增强的过程，已有生态系统响应石漠化的脆弱性研究，多用“空间代时间”的思路，难以揭示石漠化连续演替过程及不同石漠化演替阶段的社会生态脆弱性特征。石漠化综合防治等人类活动受到经济、社会要素的密切影响，因此，应加强自然、经济、社会多要素耦合作用的喀斯特社会生态脆弱性研究，加强石漠化演替过程中的脆弱性演变机制研究，才能全面推进喀斯特复合生态系统重建。

蔡运龙(1999)曾系统总结喀斯特生态重建的技术途径和模式体系。技术途径有社会工程途径和工程技术途径两类，其中，后者主要有水土保持工程技术(如坡改梯工程技术)、鱼鳞坑工程技术、集水工程技术(如围泉蓄水工程技术)、集雨工程技术，节水工程技术(如节水灌溉工程技术)、其他节水工程技术、土壤改良技术、植被重建技术(如封山育林技术)、人工造林技术、退耕地生态培植技术(如经济作物种植技术)、种草养殖业发展技术，以及农村能源开发利用技术。模式体系有封山育林-生态移民-恢复自然植被模式，主要适用于极强度、强度喀斯特生态环境脆弱区或者强度石漠化地区；退耕还林-蓄水保土-人工造林恢复植被模式，主要适用于喀斯特中度生态脆弱区，岩石裸露率在 30%～50%；可持续生态农业-庭园经济-资源产业模式，主要适用于喀斯特轻度或微度脆弱生态区。但就目前看，还少见将社会生态脆弱性与喀斯特生态重建紧密耦合的研究，尤其缺乏基于脆弱性分析的复合生态系统重建空间区划，导致喀斯特复合生态系统重建的理论基础与大面积推广应用还较薄弱。

1. 封山育林-生态移民-恢复自然植被模式

封山育林是根据群落演替理论，以封禁为基本手段，把长有疏林、灌木灌丛或散生树木的山地围封起来，禁止一切人为干扰活动，借助林木的天然下种或无性繁殖逐渐培育成森林，对尚存林木及其天然更新能力加以保护。以全封、半封和轮封的形式进行，辅以封禁设施和补植补播、除伐定株、平茬复壮、人工促进天然更新等技术。生态移民通过对贫困人口进行迁移，可疏散人口压力，调整资源分配，改变资源环境对经济发展的限制，克服资源环境的主导型限制，选择有条件的迁入地区，使生产要素有机结合，提高劳动力自身素质，进而提高劳动者群体的自我发展能力，使其摆脱贫困的同时，迁出地的生态环境得到修复。该模式以就地迁移和异地迁移、整体迁移和部分迁移的形式进行。

这种生态重建模式主要适用于极强度、强度喀斯特生态环境脆弱区或者强度石漠化地区。在基岩裸露率>70%，植被覆盖度<20%，坡度≥40°，土壤极少且土层极薄，并以砂砾、石砾为主的喀斯特山地、峰林、峰丛、丘陵的中上部和顶部，造林难度大、成本高，但水热条件好，周围存在物种资源且生态移民顺利，可实行全面封山育林。在基岩裸露率为 50%～70%的半石山及部分条件相对较好的石山、白云质砂石地区，若当地群众生产、生活和燃料等有实际困难且移民意愿不足，可实行半封和轮封的封山育林模式。封山育林要做好宣传工作，使群众明确封山育林的经济、社会和生态意义，还要给群众留出放牧、砍柴及其他副业生产的场地。生态移民要尊重移民意愿，保障移民利益，注意民族、宗教和社会整合等问题，协调好生态移民迁入地的资源分配和环境保护。

2. 退耕还林-蓄水保土-人工造林恢复植被模式

退耕还林从保护和改善生态环境出发，将易造成水土流失和土地石漠化的耕地，有计划、有步骤地停止继续耕种。退耕后可人工营造生态林、经济林和果木林，缩短植被的恢复时间，加快顺向演替进程，并辅以苗木培育、整地、抚育和补植等技术。在喀斯特地区发展分散式小微型蓄水工程，可以有效提高水资源利用效率，解决因降雨时空分布不均、季节分布不均和地表水下渗严重造成的喀斯特地区用水困难问题。保土耕作主要通过间作、套作、复种、草田轮作和休闲地种绿肥等增加植被覆盖度，通过免耕、深耕和深松耕，增施有机肥料，铺压沙田等改良土壤，在提高农作物产量的同时，增加土壤渗透性、保蓄水分、减轻径流冲刷的作用。

这种生态重建模式主要适用于喀斯特中度生态脆弱区，岩石裸露率在 30%～50%。这类地区通常土层平均厚度较小，坡度较大，耕地垦殖过度，陡坡开垦频繁，水土流失严重，人为活动干扰大，农业结构不合理。应根据不同地貌类型、岩性差异和海拔位置，采取相应的退耕还林、人工造林和蓄水保土措施。退耕还林首先要考虑农民的基本生存需求和切身利益，注意维护农民的直接经济效益，力求获得经济和生态效益双赢。退耕还林成果在国家补贴期满后如何继续巩固，如何有效防止毁林复垦，农民收益如何得到持续保障，是退耕还林后续的工作重点。人工造林树种的选择要考虑树种生物学和生态学特性，合理配比生态林和经济林，兼顾生态效益和经济效益。植物物种多样性可能引起动物和微生物种类的多样性，可以提高系统在应对病虫害方面的抵抗性和弹性，故人工造林要避免树种选择单纯、植被结构单一、群落结构简化、林下植被发育差、缓冲能力弱、反馈系统构成简化等问题。

3. 可持续生态农业-庭园经济-资源产业模式

可持续生态农业是通过恰当的措施和环节，在提高人工植物群落的生态效益的基础上进一步加强经济效益，实现农业活动生态经济效益的持续发展，建立主动维持农业生态的输入与输出之间的动态平衡，合理安排生产结构，以求尽可能多的农、林、牧、副、渔产品的同时，又获得生产的发展、生态的保护、资源的再利用和较高的经济效益等相互统一的综合效果。庭院经济是以家庭院落和园地的种植、养殖和加工业相结合的家庭小型农业综合形式，具有投资少、见效快、因地制宜、经营灵活等特点，容易被农民接受，发展速度快。充分利用住宅房前屋后的空闲用地，按生态农业原理，种植林木、果树、蔬菜等经济作物和进行科学特色养殖，达到美化住区、改善环境、经济增收，形成生态、生产、生活良性循环。生态产业化是解决生态建设和经济建设之间矛盾的有效途径，要根本解决喀斯特地区人地矛盾突出、区域经济落后的现状，必须对农村产业机构进行优化，充分发挥地区资源优势，从替代产业和产业化经营上寻求突破。大力发展林果牧业，深化农业产业化开发，充分利用喀斯特山区丰富的旅游资源，开展生态旅游。

轻度或微度脆弱生态区宜实行可持续生态农业-庭院经济-资源产业的集成模式。这些地区耕地集中分布，人口密集，人地矛盾突出，低产农田面积占比大，生产方式落后，生产力水平低下，需改变消耗资源粗放型经济发展模式，促进生态恢复与区域经济可持续发展相统一。可持续生态农业治理应以小流域为单元进行整理更符合自然规律，有利于防护体系的合理配量和水土资源的合理开发利用和生态景观设计，以及建设符合山区特点的农、林、牧复合农业生产体系。庭院生态系统是人工生态系统，存在生物种群简单、食物链关系单一等弊端，为保证系统的稳定和提高效益，必须投入大量的物质和能量控制维持。生态农业和庭院经济形成的产业资源是以商品生产为目的，以商品为输出形式，因此必须遵循市场规律，充分考虑产品的市场需求与潜在的市场前景，慎重考虑产品的数量、质量和市场需求的协同问题。

10.2.3　石漠化防治案例适宜性评价

自从我国开始实施第九个五年计划以来，喀斯特生态环境保护与石漠化综合治理的研究与实践备受重视。贵州师范大学熊康宁教授团队在贵州省内持续开展石漠化综合治理示范研究，目前已成功构建喀斯特高原峡谷区关岭-贞丰花江示范案例、喀斯特高原盆地区清镇红枫湖王家寨示范案例和喀斯特高原山地毕节鸭池示范案例，并进一步在毕节撒拉溪小流域、遵义龙坪小流域与沿河淇滩-梨子水小流域开展石漠化综合治理示范研究。这些模式案例的代表性及推广应用适宜区是后续深化研究的重要内容。在此根据示范案例构建的自然生境条件和经济社会条件，选择喀斯特面积比例、石漠化发育指数、岩石裸露指数、地形起伏度、平均坡度、平均海拔、土壤可蚀性、土壤有机质含量、土层厚度、平均湿润指数、平均有效积温、植被退化度和土地利用程度为生境因子，选择人均 GDP、农民人均纯收入、GDP 密度、第一产业占比和第三产业投资密度为经济因子，选择人口密度、人口自然增长率、高中毛入学率、贫困人口数量和路网密度为社会因子，分别将各类因子数据进行标准化处理和主成分变换后，提取出关键主分量构成案例适宜性评价空间数据。最后用 ISODATA 迭代自组织聚类得到各因子叠合空间相似区域，如图 10.8 所示；用最大似然(maximum likelihood)法强迫聚类得到各示范案例推广应用适宜区域，如图 10.9 所示。

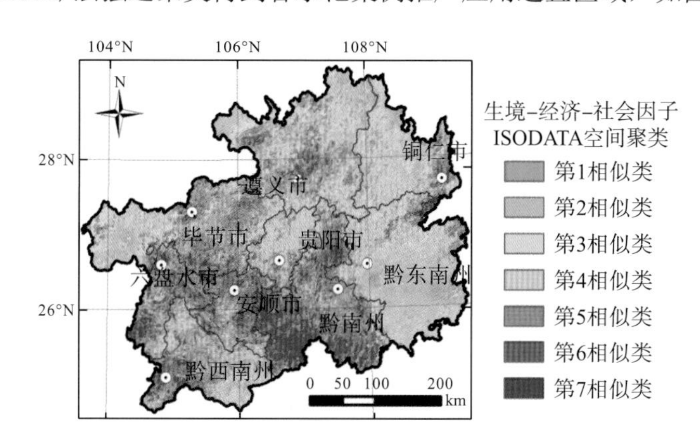

图 10.8　贵州省生境-经济-社会因子主成分组合图像空间相似区域

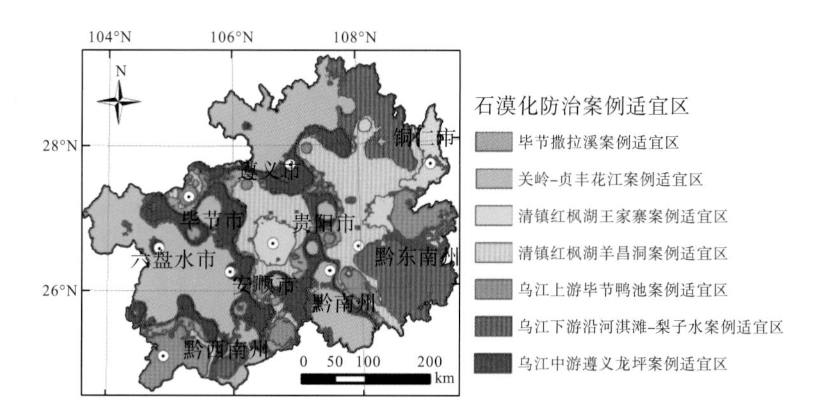

图 10.9　贵州省石漠化防治案例推广应用适宜区域

由图 10.8 可见，贵州省生境因子、经济因子和社会因子的叠合空间相似性与相对聚合特征比较显著，表明在相似自然、经济与社会条件下布设一定数量的生态重建案例，通过案例归纳形成具有一定推广应用价值的生态重建模式，是较可行且较经济的，关键是案例布设要有较强的空间代表性和尺度一致性。重点分析石漠化防治案例区域的空间相似特征，如图 10.10 所示，结果表明已有石漠化防治案例的区位选择具有一定的空间代表性，如关岭-贞丰花江案例区内主要是第 6 类、第 7 类的相似区域，毕节撒拉溪案例区内主要是第 4 类、第 5 类的相似区域，沿河淇滩小流域内主要是第 1 类、第 2 类的相似区域。但从图 10.10 中，仍然可见更小尺度的不同小流域间的空间相似性有一定差异，因此即使在这些较小的案例区内，布置具体的生态重建措施时，仍应重视区内自然生境、经济与社会因子的空间差异，应将尺度一致性作为具体措施布置的基本原则。

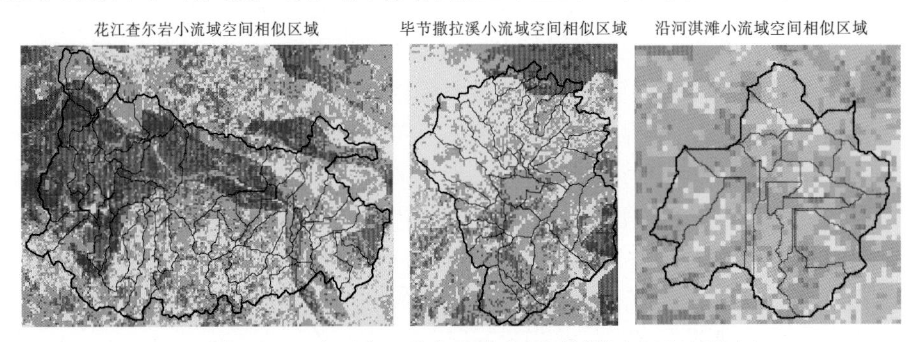

图 10.10　贵州省石漠化防治案例区域的空间相似特征

由图 10.9 可见，如果仅有上述石漠化防治案例，按区域自然生境、经济与社会因子空间相似性推广应用，各案例均有一定的推广应用适宜区域，已有研究为石漠化防治奠定了坚实的基础。例如，如图 10.11 所示，清镇案例推广应用适宜区即有较强的合理性。与此同时获得的关岭-贞丰花江案例推广应用适宜区便存在一定的不合理性，关岭-贞丰花江案例重点防治典型喀斯特地区的强度与极强度石漠化，但图 10.11 所示其适宜区已延伸至西部威宁高原及北部赤水非喀斯特地区，显然此强迫分类的结果并不可靠。究其原因是目前石漠化防治案例的数量还比较有限，而且石漠化防治主要针对喀斯特土地石漠化问题，

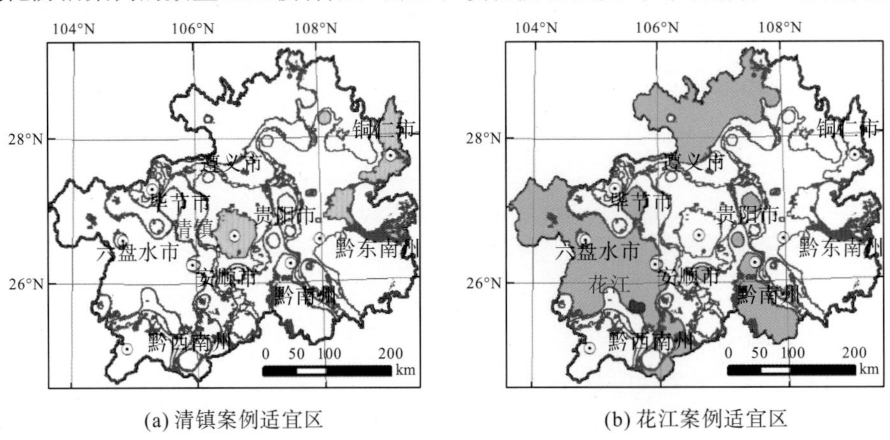

(a) 清镇案例适宜区　　(b) 花江案例适宜区

图 10.11　花江案例与清镇案例的适宜区比较

而贵州省除了 61.9%的喀斯特地貌，还有 38.1%的非喀斯特地貌，不同地质背景下或不同地貌类型区，生态环境与经济社会发展的问题有较大差异，以问题为导向的生态重建，一方面应加强贵州省自然-经济-社会复合生态系统的脆弱性与异质性研究，另一方面应根据脆弱性分区开展类型与尺度匹配的生态重建措施及模式的案例研究与实践。

10.3　贵州省喀斯特复合生态系统重建措施优化

根据国家发展和改革委员会 2004 年颁布的《关于进一步做好西南石山地区石漠化综合治理工作指导意见的通知》，以及国务院 2008 年批复的《岩溶地区石漠化综合治理规划大纲》，喀斯特石漠化综合防治统一采用生态修复、基本农田建设与水利水保、农村能源建设、水资源开发利用和生态移民共 5 类工程措施。詹奉丽(2016)等选择年平均气温、年均降水量、岩性、地貌、海拔、土层厚度、石漠化强度、土地覆盖类型、水土流失强度、人口密度和人均 GPD 共 11 个指标，通过专家打分法及权重调整，评价 5 类工程措施在贵州省内的推广适宜性。喀斯特石漠化是自然变异和人为干扰长期相互作用的产物，由于喀斯特地区自然、经济、社会要素的空间异质性较强，不同地区的石漠化等生态环境与经济发展问题的主导因素及具体表现有较大差异，如何以区域性生态环境问题为导向，更有针对性地优化布局各种措施是未来喀斯特生态重建质量提升的关键。因此，首先从气候变化、灾害防控、水资源短缺、土壤退化、植被退化、水土流失、耕地利用和绿色发展等方面，系统分析贵州喀斯特关键要素存在的问题，以及相关要素的重建措施应优先落实区域。

10.3.1　气候变化适应措施优先落实区划

选择降水变异系数、降水变化倾向率、气温变异系数、气温变化倾向率、潜在蒸散变异系数、潜在蒸散变化倾向率、积温变异系数和积温变化倾向率共 8 个指标，将各指标数据进行空间化与标准化处理后，先用熵权法确定各指标权重，再用加权求和模型计算气候变异系数，最后用自然断裂法分成 5 类，如图 10.12 所示。结果表明：气候极大变异适应区域主要分布在贵州西部威宁高原及六盘水南部中心区；气候较大变异适应区域主要分布在黔西南州中南部和中北部，六盘水市中南部，安顺市西北部与毕节市中南

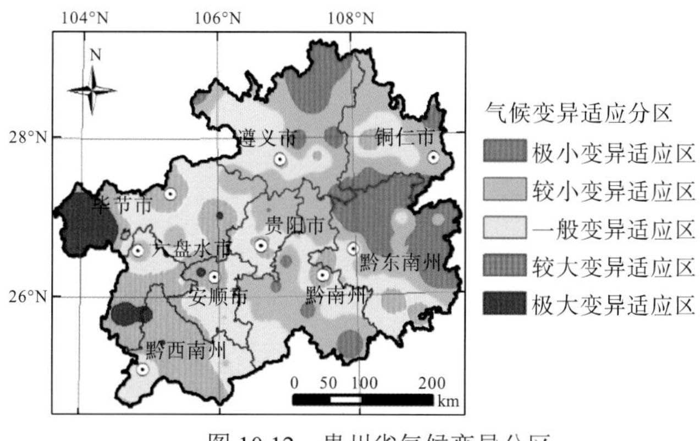

图 10.12　贵州省气候变异分区

部过渡带，并零星分布在黔东南的南部和黔南的中部地区。这些区域的复合生态系统重建应优先落实气候变化适应措施。

在气候变化适应措施优先落实区内，应重点实施：气候变化适应措施评价与优化选择研究，科学量化相关措施的有效性、紧迫性和可行性。有侧重地分批落实生态功能保护区机构建设、适应起步变化机构建设、生态功能保护区气候变化宣传教育、适应气候变化政策规划制定、生态功能保护区适应气候变化专项资金筹措、产业结构调整等保障性措施，以及生态监测建设、水文站建设、退化植被恢复重建、资源开发与工业生产规划建设和生态移民等工程性措施。其中，尤其要重视这些区域的农业适应气候变化措施建设，通过调整农业种植制度和布局、选育优良农作物品种、加强农业水利基础设施建设和农业气候灾害防控，提升这些区域的气候变化适应能力。

10.3.2　自然灾害防控措施优先落实区划

选择地质灾害密度、喀斯特洞穴密度、地下暗河密度，以及年均高温日数、暴雨次数、秋风指数、霜冻次数和倒春寒总日数共 8 个指标，将各指标数据进行空间化与标准化处理后，先用熵权法确定各指标权重，再用加权求和模型计算自然灾害压力指数，最后用自然断裂法分成 5 类，如图 10.13 所示。结果表明：自然灾害极大压力防控区域主要分布在贵阳东北部、安顺西北部、毕节南部及六盘水东北部；自然灾害较大压力防控区域主要分布在极大压力防控区域的外围，整体上贵州中西部贵阳—安顺—六盘水沿线至黔西南的自然灾害防控压力较大。这些区域的复合生态系统重建应优先落实自然灾害防范措施。

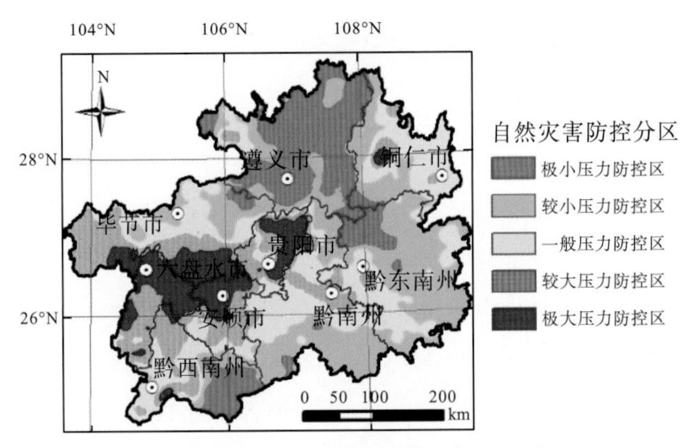

图 10.13　贵州省自然灾害防控分区

在自然灾害防控措施优先落实区内，应重点实施：自然灾害防控机制与体制建设，健全地质灾害与气象灾害的监测与预警体系，大力开展自然灾害防控科普知识宣传教育。合理布局农业生产，因地制宜扩大某些稳产、生产潜力大的作物种植面积，减少某些对农业气候资源利用率低的作物种植面积，提高种植业对气象灾害的抵抗能力。加强水利工程建设和适应性农业技术推广，加大农田水利设施建设的投入，巩固和提高农田水利设施的使用效率，提高全省农田有效灌溉面积，以增强对旱灾的抵御能力。提高林草植被覆盖，改善农田水利条件，建立完备的林草立体生态屏障，按照因地制宜、因害设防的原则建成功能齐全的流域生态工程体系，这不仅是防御干旱、洪涝，减轻水土流失及防治山地灾害的需要，而且也是促进农村山区经济发展、生态环境保护和增加农民收入的需要。

10.3.3　水资源短缺解决措施优先落实区划

选择人口密度、水资源利用总量、可更新水资源总量、人均水资源利用量、水资源利用率、单位 GDP 用水量、有效灌溉系数、污水排放量、地下暗河密度和地形起伏度共 10 个指标，将各指标数据进行空间化与标准化处理后，先用熵权法确定各指标权重，再用加权求和模型计算水资源压力指数，最后用自然断裂法分成 5 类，如图 10.14 所示。结果表明：水资源极大压力防控区域零星分布在黔南平塘县、福泉市，安顺普定县，毕节织金县、黔西县，遵义播州区、仁怀市、绥阳县、务川县、凤冈县，铜仁德江、沿河思南县等；水资源较大压力防控区域主要分布在极大压力防控区域的外围，整体上贵州北部、东北部和西北部的部分县域水资源压力相对较大。这些区域的复合生态系统重建应优先落实水资源短缺解决措施。

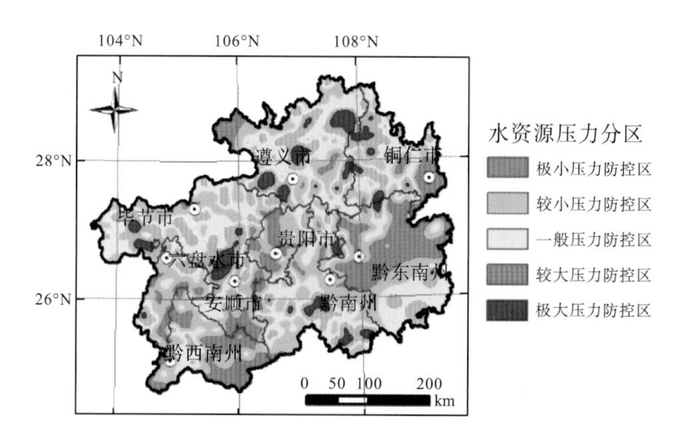

图 10.14　贵州省水资源压力分区

在水资源短缺解决措施优先落实区内，应重点实施：地下河天窗提水、天窗旁打井提水、浅层地下水开挖提水、围泉建池、利用地下水建池(窖)等有效水资源利用模式与方式。通过工程措施提高水资源供应量，采用屋面雨水收集、表层分散泉点多级集蓄、地下水堵截提水、长距离引水应急等方式综合开发，通过水池(窖)的调蓄，实现干旱期间同时有储存水源和泉点来水补充，保障流域人畜饮水安全。通过管理措施促进水资源优化利用，用管路将现有水利工程进行优化配套，建立管网状微型水利系统，改进农业耕作方式，提倡节水生产。合理配置水资源，优先保障生活用水，合理安排生产用水，适当兼顾生态用水。实现水资源的开发利用与优化调度，建立基于时间及空间尺度的极度干旱水资源应急调控机制。

10.3.4　土壤退化改良措施优先落实区划

选择土层厚度、土壤侵蚀强度、石漠化强度、土壤有机质含量、土壤湿度、植被退化度和岩石裸露率共 7 个指标，将各指标数据进行空间化与标准化处理后，先用熵权法确定各指标权重，再用加权求和模型计算气候变异系数，最后用自然断裂法分成 5 类，如图 10.15 所示。结果表明：土壤极强退化改良区域零星分布在贵阳西南部，安顺西南部，毕节与六盘水西部，以及黔西南西南部，喀斯特石灰土广泛发育及石漠化较严重地区；土壤较强退化改良区域也相伴分布在土壤极强退化改良区域的周边。这些区域的复合生态系统重建应优先落实土壤退化改良措施。

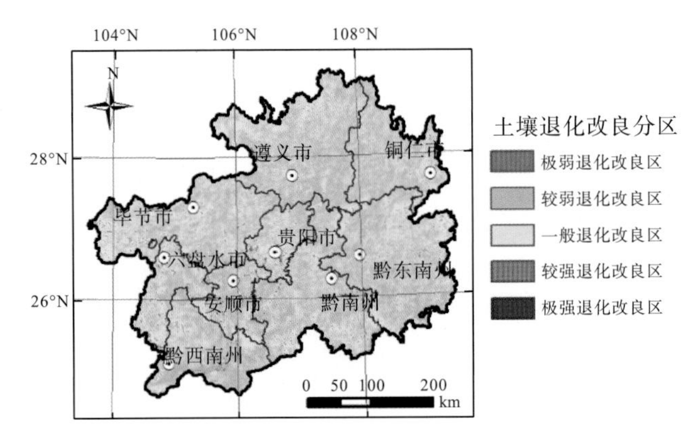

图 10.15　贵州省土壤退化改良分区

在土壤退化改良措施优先落实区内，应重点实施：依据喀斯特动力系统原理改良土壤，改善生态环境，提高植被覆盖度，增加土壤呼吸产生 CO_2 量，涵养水源，促进岩溶溶蚀过程；秸秆还土，增施有机肥，调节土壤碳氮比值，增加土壤中腐殖质及有机物质含量，改良土壤结构，提高旱季土壤含水量，促进土壤微生物活动，利用秸秆等有机物腐化产生的腐殖酸、有机酸和微生物活动产生的 CO_2 等中间产物，促进岩溶作用正向运动。依据岩溶土壤中障碍因子的影响因素改良土壤，平衡施用化学肥料，增施 P、K 肥料和微量元素肥料，施用适量硫肥等降低土壤 pH；秸秆还土，增施有机肥，利用秸秆等有机肥料腐殖化产生的中间产物，释放出 Ca，调节土壤酸碱度，降低土壤 pH，激活土壤中以稳定态存在的营养元素，增加土壤有机质含量和元素含量，改良土壤质地。

10.3.5　植被退化重建措施优先落实区划

选择地形坡度、土层厚度、植被退化度和土地利用类型共 4 个指标，将各指标数据进行空间化与标准化处理后，按照坡度>35°、土层厚度>10cm 且植被退化度>10%的林草地布置有条件封山育林育草区，按照坡度为 25°～35°、土层厚度>30cm 且植被退化度>10%的林草地布置有条件人工造林区，按照坡度为 25°～35°、土层厚度<30cm 且植被退化度>10%的林草地布置有条件人工种草区，如图 10.16 所示。结果表明：封山育林育草区和人工造林种草区均零散分布在贵州省内。在这些区域内应进一步结合小生境与立地条件进行林草植被重建优化布局。

首先，应选好树种，根据喀斯特地貌生境特点，着重选择能耐干旱，根系发达，主侧根穿透能力强，在微碱性土壤上适生的树种，如柏木、刺槐、女贞、香椿、泡桐等。其次，应营造混交林，根据不同的生境栽植不同适生要求的树种，以最大限度地绿化荒地，形成良好的群落结构，如在小生境好的地方栽植香椿、泡桐、苦糠、樟木、楸树等速生树种，在小生境较差、土层浅薄的地方栽植柏木、刺槐、女贞等树种。再次，应根据喀斯特山地土壤分布及岩石裸露情况进行整地，山上部由于植被消失后，长期受到雨水冲刷，土壤基本流失，岩石裸露率高，不整地；山中部由于保存有部分土壤，采取见土整地，整地规格不求一致，采取穴状整地和鱼鳞坑整地方式，坡度较大地段尤以鱼鳞坑整地为主，起到保持水土、蓄水保墒作用；山下部由于土层较厚，土壤肥沃，采取常规整地方式。最后，在适生树种、草种选择及造林种草土地整理基础上，加强造林种草的抚育及封护管理，以便形成林窗，实现乔、灌、草三层的立体配置。

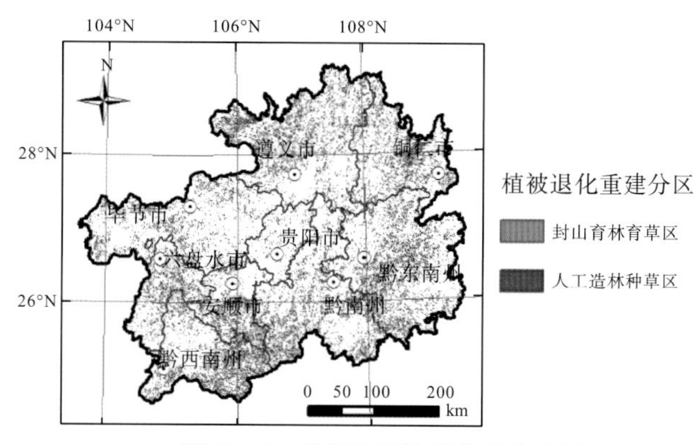

图 10.16　贵州省植被退化重建分区

10.3.6　水土流失防治措施优先落实区划

按照《生态保护红线划定技术指南》，选择降水侵蚀力、土壤可蚀性、坡度、坡长和植被覆盖度共 5 个因子，将各指标数据进行空间化与标准化处理后，先综合评价贵州水土流失敏感性，后用自然断裂法分成 5 类，如图 10.17 所示。结果表明：水土流失极强敏感防治区域主要分布在贵阳—安顺—六盘水—黔西南沿线地区，并零星分布在黔南—黔东南和铜仁的中北部，以及毕节威宁高原；水土流失较强敏感防治区域也相伴分布在水土流失极强敏感防治区域的周边。这些区域的复合生态系统重建应优先落实水土流失防治措施。

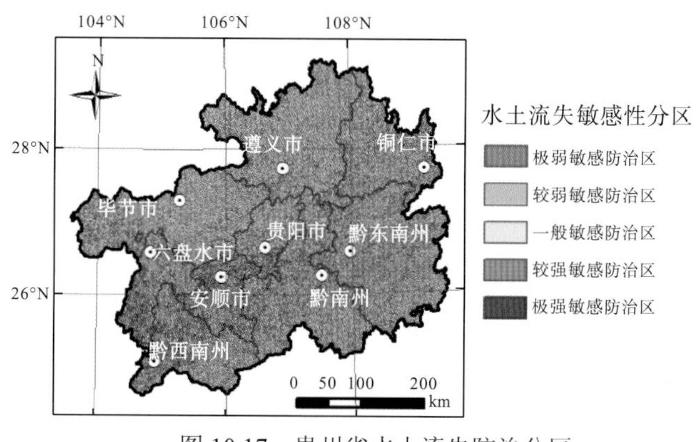

图 10.17　贵州省水土流失防治分区

在水土流失防治措施优先落实区内，应重点实施：水土保持的工程措施和生物措施。为防治水土流失危害，保护和合理利用水土资源而修筑的各项工程设施，包括治坡工程(各类梯田、台地、水平沟、鱼鳞坑等)、治沟工程(如淤地坝、拦沙坝、谷坊、沟头防护等)和小型水利工程(如水池、水窖、排水系统和灌溉系统等)。为防治水土流失，保护与合理利用水土资源，采取造林种草及管护的方法，增加植被覆盖率，维护和提高土地生产力的一种水土保持措施，又称植物措施，主要包括造林、种草和封山育林、育草；保土蓄水，改良土壤，增强土壤有机质抗蚀力等。各种措施布局应结合小流域自然条件空间分异特征展开，形成从坡麓至山顶的立体水土保持系统工程。

10.3.7 耕地利用优化措施优先落实区划

选择地形坡度、土层厚度、土壤有机质含量和土地利用类型共 4 个指标，将各指标数据进行空间化与标准化处理后，按照坡度>25°的坡耕地实施无条件退耕还林还草，其中，土层厚度>30cm 还林，土层厚度<30cm 还草；按照坡度<25°且土层厚度<30cm 或有机质含量<2%实施基本农田建设的生物积肥保水灌溉措施，如图 10.18 所示。结果表明：退耕还林还草区主要分布在黔东南中部、黔南西南部、黔西南东南部、六盘水中部、毕节西北部、遵义北部和铜仁中部等地区。积肥保水灌溉区主要分布在安顺东部、毕节南部和威宁中西部，并零散分布在遵义北部等地区。在这些区域内应优先落实退耕还林还草和积肥保水灌溉措施。

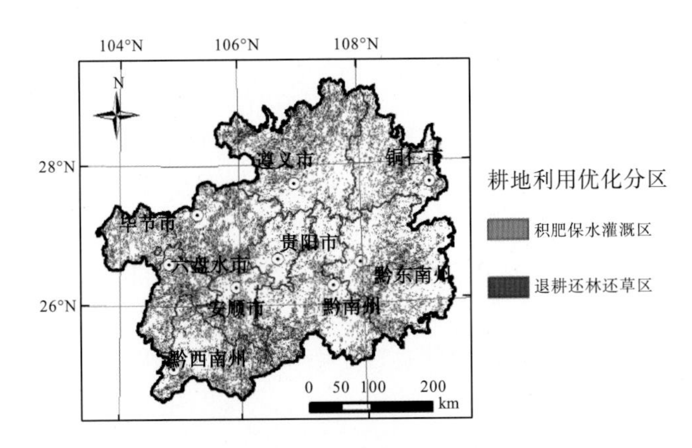

图 10.18 贵州省耕地利用优化分区

在耕地利用优化防治理措施优先落实区内，应重点实施：退耕还林还草生物措施和积肥保水灌溉工程措施，并结合区域特色资源优势发展生态农业。贵州喀斯特退耕山区正面临着农业生态环境脆弱，水土流失与石漠化问题加剧，人地矛盾日趋尖锐，农村产业结构单一、经济增长乏力与全国差距拉大的沉重压力。在坡耕地退耕后，植树种草可以改变土地利用结构，恢复植被，减少水土流失，改善生态环境，并通过割草养畜，促进畜牧业的发展。在退耕还林时根据区域特点，林草结合建设不同的模式，丘陵区一般采用林下种草方式，盆周山地一般采用林带与草带结合配置方式。石漠化地区工程性缺水比较严重、水资源利用与调配方式不尽合理、水资源管理混乱及社区参与性不强等，不仅不能满足人畜饮水需求，而且在一定程度上制约着石漠化治理工程的实施与社区经济发展。通过坡面集雨工程，能够集蓄雨水，缓解灌溉缺水现状，同时解决工程性缺水问题。在农田农户集中的地方，鼓励"联户建大池"，降低成本，提高蓄水和灌溉效益。在有水源保障的地方，修建高位调节池，沟池相连，"长藤结瓜"，连片治理，进而因地制宜地发展自给型粮食种植业、生态经济型林(果、药)业、效益型畜牧业和增值型绿色产品加工业。

10.3.8　绿色发展促进措施优先落实区划

选择水资源利用效率、土壤退化度、植被退化度、人均耕地、万元 GDP 能耗、生态环境建设投入比例、环境污染指数和生态保护区面积比例共 8 个表征绿色发展促进生态发展的指标，选择人均 GDP、GDP 密度、第二产业占比和固定资产投资密度共 4 个表征绿色发展促进经济发展的指标，选择人均纯收入、贫困人口数量、低保优抚人口数量、城镇化率、高中毛入学率和路网密度共 6 个表征绿色发展促进人民幸福的指标，将各指标数据进行空间化与标准化处理后，先用熵权法确定各指标权重，再用加权求和模型计算绿色发展压力指数，最后用自然断裂法分成 5 类，如图 10.19 所示。结果表明：绿色发展极大压力促进区域主要分布在毕节中西部，六盘水西北与西南部，以及安顺南部至黔西南东南部；绿色发展较大压力促进区域主要分布在上述绿色发展极大压力促进区域的外围地区，以及铜仁北部和遵义东北部。这些区域的复合生态系统重建应优先落实绿色发展促进措施。

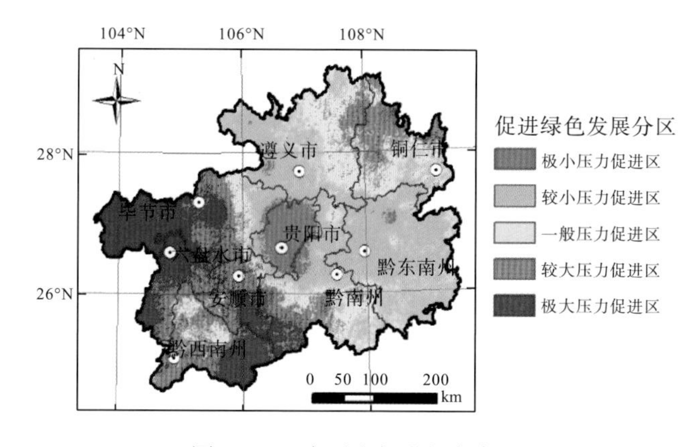

图 10.19　贵州省促进绿色发展分区

在绿色发展促进防治措施优先落实区内，应重点实施：人口控制、资源节约、生态建设与生态农业耦合措施。首先要控制人口数量，严格执行人口政策，重新审视和调整少数民族的人口政策；其次是提高人口质量，开发人力资本，把人口包袱变成可持续发展的动力，实现人口发展和生态环境的相互适应、相互促进，达到人口与生态环境的协调发展。通过实现经济增长方式的根本性转变，走资源节约型的经济发展之路。采取开源与节约并重，优化人力资源与自然资源的组合，特别是发展资源利用高新技术产业，改造高耗能、高污染的传统产业。在恢复重建阶段应遵循自然规律和经济规律，采取科学方法，因地制宜，治理与保护相结合，生态建设与脱贫致富相结合，发展生态农业，遏制生态环境恶化趋势。生态建设与农田水利建设相结合，生态建设与开发扶贫相结合，改善喀斯特地区人民的基本生存条件，使喀斯特地区人民实现脱贫成果巩固。生态建设与农业产业化相结合，发展产业化农业和生态农业。加强生态环境建设的教育，提高全民对保护生态环境的责任感和危机感。在可持续发展阶段，生态环境应走上良性循环轨道，大部分水土流失得到不同程度治理，植被覆盖率显著提高，实现绿色发展的目标。

从国家和地方两个层面，系统整理复合生态系统重建涉及的相关法律法规与规范标准，为生态重建模式与措施优化提供参考。通过国家自然科学基金项目“亚喀斯特准生态脆弱区自然特征、演替状况与生态重建(以贵州省为例)”资助研究，建立起如图 10.20 所示的，以区域性问题为导向，以脆弱性理论为指引，以流域性案例为示范的贵州喀斯特流域复合生态系统重建优化技术框架，为后续相关研究提供借鉴。

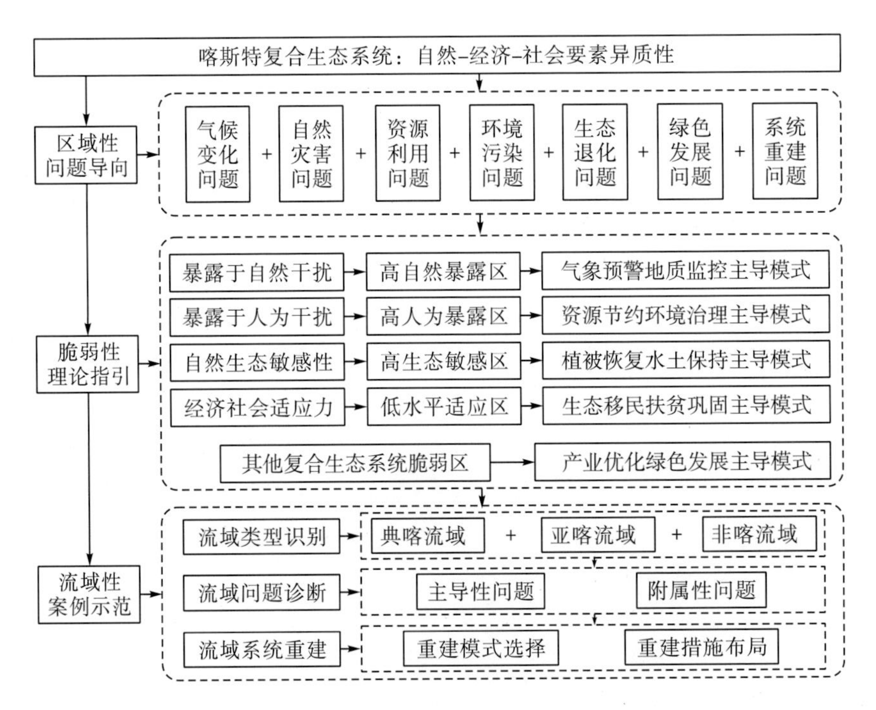

图 10.20　贵州省喀斯特流域复合生态系统重建优化技术框架

10.4　贵州省喀斯特复合生态系统重建模式优化

10.4.1　贵州省喀斯特社会生态脆弱性评价

随着人口-资源-环境-发展关系的不断复杂化，地理学、生态学等相关学科的研究从注重由自然因素引发的环境变化逐渐转变为更加注重由人类因素引发的环境变化。生态系统脆弱性研究同样如此，从最早的自然灾害研究，到 20 世纪 60 年代的国际生物学计划(international biological programme，IBP)、70 年代的人与生物圈计划(man and biosphere programme，MAB)及 80 年代开始的国际地圈与生物圈计划(international geosphere-biosphere programme，IGBP)、全球变化人类行为变化(international human dimensions programme on global environmental change，IHDP）、联合国政府间气候变化专门委员会（IPCC）都把生态脆弱性作为重要的研究领域。随着人为因素对自然生态系统作用强度的增加和范围的扩大，自然因素、人为因素相互作用下的生态脆弱性研究受到关注。Birkmann（2007）对脆弱性研究的扩展过程进行了梳理，认为其内涵已经从早期基于风险因子的内源性脆弱，扩展到融合了自然、经济、社会、人文、环境、组织和机构等特征的综合范畴；徐广才等（2012）认为，生态脆弱性研究正逐渐从重点考察某单一生态要素发展到关注区域人地系统的整体性响应；其他诸多研究者也认为，脆弱性不仅仅包括由生态系统自然的、系统内部的演替所引起的自然脆弱性，还包括由外部的尤其是全球变化和人类活动所引起的外部脆弱性。

1. 生态脆弱性评价 VSD 模型方法

伴随着生态环境脆弱性的内涵延伸，脆弱性研究方法不断改变。早期研究基于特定的风险因子，以单维度、单要素的评价为主；随着脆弱性评价涉及自然、人文子系统及耦合系统的多个变量，综合指数法、图层叠置法、模糊物元评价法、层次分析法等综合评价方法得到广泛应用。Polsky 等受美国公共空间计划整合框架的启示，发展了基于“暴露-敏感-适应”的 VSD（vulnerability scoping diagram）评价整合模型。VSD 模型将脆弱性分解为暴露度、敏感性和适应能力 3 个维度，用“方面层—指标层—参数层”逐级递进的方式组织、评价数据，流程规范清晰，可以揭示自然与人文要素的双重影响，因而得到广泛应用。

VSD 模型将生态脆弱性分解为 3 个维度，分别是暴露度、敏感性和适应能力，其内涵和表征各有针对性。暴露度是反映受外界干扰或胁迫程度的参数，暴露度越高，对生态环境风险的干扰越敏感，脆弱性越高；贵州喀斯特地区暴露源主要体现在人类活动方面，可以通过人口、产业的分布及土地利用格局等体现。敏感性是暴露单元容易受到胁迫的正面或负面影响的程度，由暴露的类型和系统特征决定，敏感性较高的地区受到破坏的可能性和破坏程度更大，脆弱性往往更高；贵州喀斯特地区敏感性主要体现在石漠化、水土流失等方面，可以通过自然资源条件和地形地貌特征等因素进行反映。适应能力是系统能够处理、适应胁迫及从胁迫造成的后果中恢复的能力，可以通过人为的干预或适应性管理进行提升，适应能力越大，系统恢复到平衡状态的可能性越大，脆弱性越小；贵州喀斯特地区适应能力可以通过经济社会发展水平和生态建设投入等方面进行表征。

以单项指标评价为基础，先用熵权法确定各指标权重后，分别计算暴露度、敏感性、适应能力和生态脆弱性，后将脆弱性评价结果与现状建设用地、生态建设用地等进行空间耦合分析，以确定现状开发建设和生态建设与生态脆弱性的关系：

$$R=\sum_{i=1}^{n}C_iW_i \tag{10.1}$$

式中，R 表示生态脆弱性；i 为 1～3，分别表示暴露度、敏感性和适应能力；C_i 表示指标评价结果；W_i 为指标权重。

2. 生态脆弱性评价要素结果分析

将脆弱性测度的暴露指标细分为人为暴露指数和自然暴露指数两类。评价所得人为暴露指数如图 10.21 所示。结果表明：人口增长、资源利用、环境污染和区域发展等人类活动对复合生态系统的干扰强度越大，人为暴露指数越大。由于人口密度、人口自然增长率、建设用地面积比例、坡耕地面积比例、人均用水量、SO_2 排放量、COD 排放量、化肥施用量、路网密度等测度指标的空间差异较大，不同地区的人为暴露干扰也有显著的空间差异。全省人为暴露指数最大值为 0.53，最小值为 0.12，平均值为 0.198。按行政单元统计，黔东南州、六盘水市和贵阳市的人为暴露指数较大；按地貌单元统计，非喀斯特区、峰丛洼地和岩溶断陷盆地的人为暴露指数较大。

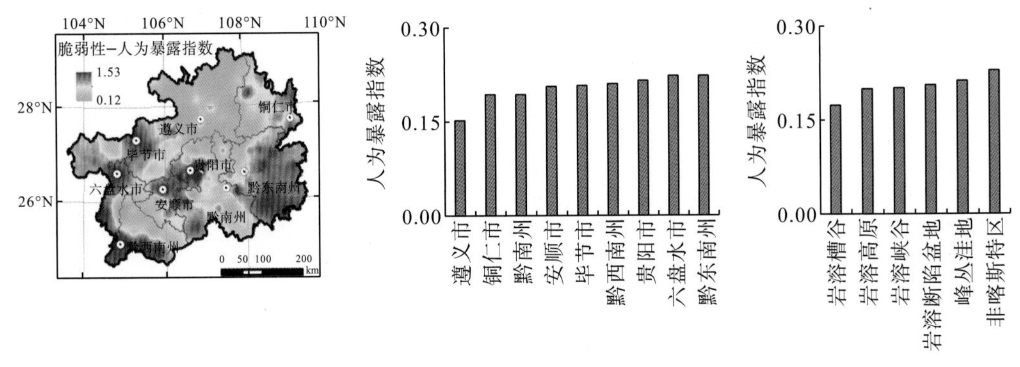

图 10.21　贵州省喀斯特人为暴露指数分布

评价所得自然暴露指数如图 10.22 所示。结果表明：地质灾害、地形破碎、喀斯特二元水文结构、气象灾害、土壤退化和植被退化等自然因素对复合生态系统的干扰强度越大，自然暴露指数越大。由于地下洞穴密度、地质灾害点密度、地形起伏度、地下暗河密度、降水波动性、气温变化倾向率、气象灾害频率、土壤侵蚀强度和植被退化度等测度指标的空间差异较大，不同地区的自然暴露干扰也有显著的空间差异。全省自然暴露指数最大值为 0.58，最小值为 0.11，平均值为 0.294。按行政单元统计，安顺市、六盘水市和贵阳市的自然暴露指数较大；按地貌单元统计，岩溶峡谷、岩溶断陷盆地和岩溶高原的自然暴露指数较大。

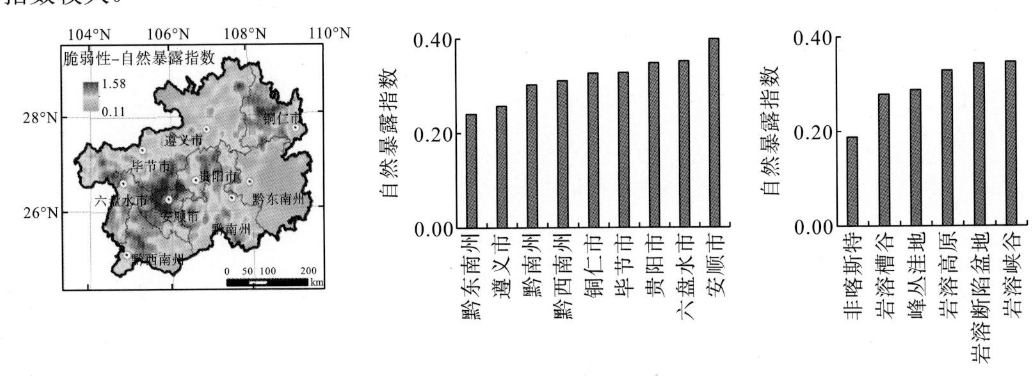

图 10.22　贵州省喀斯特自然暴露指数分布

评价所得综合暴露指数如图 10.23 所示。结果表明：人为暴露因子和自然暴露因子对复合生态系统的干扰强度越大，综合暴露指数越大。由于人为暴露与自然暴露的测度指标空间差异较大，不同地区的综合暴露干扰也有显著的空间差异。经标准化处理后，全省综合暴露指数最大值为0.43，最小值为0.12，平均值为0.243。按行政单元统计，安顺市、六盘水市和贵阳市的综合暴露指数较大；按地貌单元统计，岩溶断陷盆地、岩溶峡谷和岩溶高原的综合暴露指数较大。

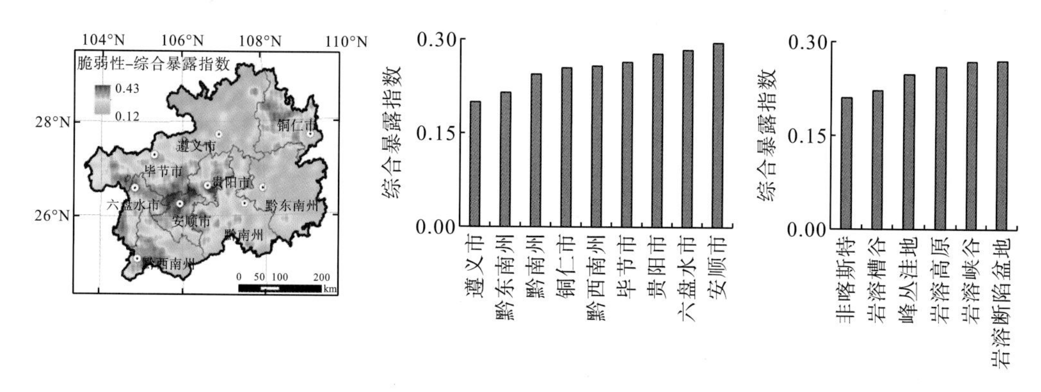

图10.23 贵州省喀斯特综合暴露指数分布

评价所得生态敏感指数如图10.24所示。结果表明：地质、地形、气候、水文、土壤和植被等要素对自然生态系统本底敏感性的影响越大，生态敏感指数越大。由于喀斯特面积比例、平均坡度、湿润指数变异系数、有效积温变异系数、地表河网密度、土壤可蚀性、土壤有机质、植被盖度、净初级生产力和生物多样性指数等测度指标空间差异较大，不同地区的生态敏感性也有显著的空间差异。全省生态敏感指数最大值为0.65，最小值为0.17，平均值为0.365。按行政单元统计，贵阳市、安顺市和黔南州的生态敏感指数较大；按地貌单元统计，岩溶高原、岩溶断陷盆地和岩溶峡谷的生态敏感指数较大。

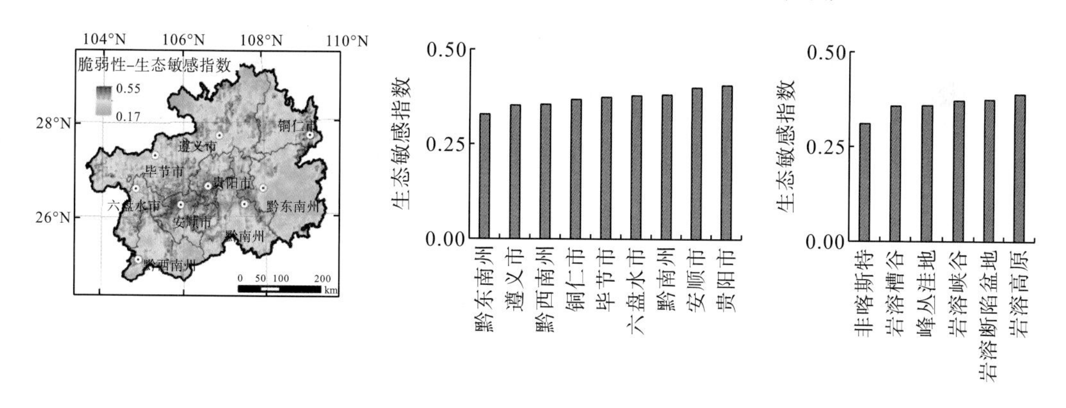

图10.24 贵州省喀斯特生态敏感指数分布

评价所得适应能力指数如图10.25所示。结果表明：人口素质、资源节约、环境保护、生态建设、经济发展和社会发展等要素对复合生态系统的促进作用越大，适应能力指数越大。由于高中毛入学率、人均耕地面积、水资源利用率、水利环境和公共设施投资比例、水质达标指数、生态保护区面积比例、固定资产投资密度、人均可支配收入、低保优抚人口数量和城镇化率等测度指标的空间差异较大，不同地区的适应能力也有显著的空间差异。全省适应能力指数最大值为0.78，最小值为0.14，平均值为0.394。按行政单元统计，贵阳市、黔东南州和遵义市的适应能力指数较大；按地貌单元统计，非喀斯特区、岩溶高原和岩溶槽谷的适应能力指数较大。

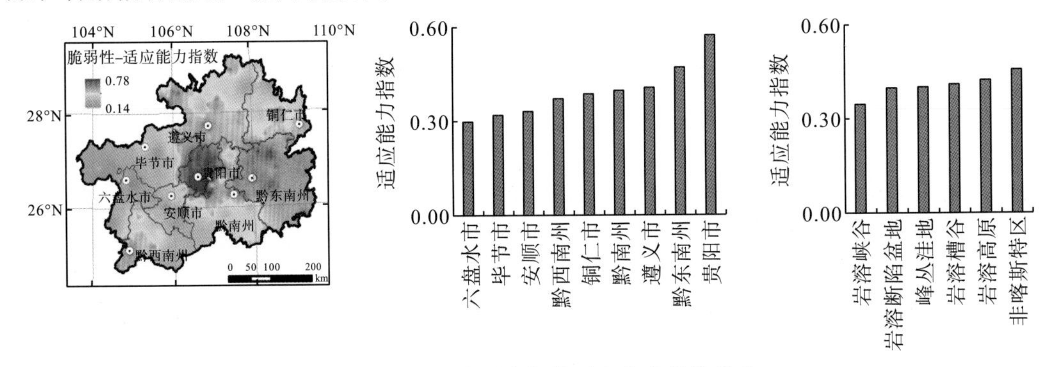

图 10.25　贵州喀斯特适应能力指数分布

评价所得贵州自然–经济–社会复合生态系统脆弱性指数如图 10.26 所示。结果表明：综合暴露指数越大，生态敏感性越强，适应能力越低，则生态系统脆弱性越大。由于人为暴露、自然暴露、生态敏感性和系统适应能力等测度指标的空间差异较大，不同地区的复合生态系统脆弱性也有显著的空间差异。经标准化处理后，全省生态脆弱性指数最大值为 0.56，最小值为 0.28，平均值为 0.410。按行政单元统计，六盘水市、安顺市和毕节市的复合生态系统脆弱性指数较大；按地貌单元统计，岩溶峡谷、岩溶断陷盆地和峰丛洼地的生态脆弱性指数较大。

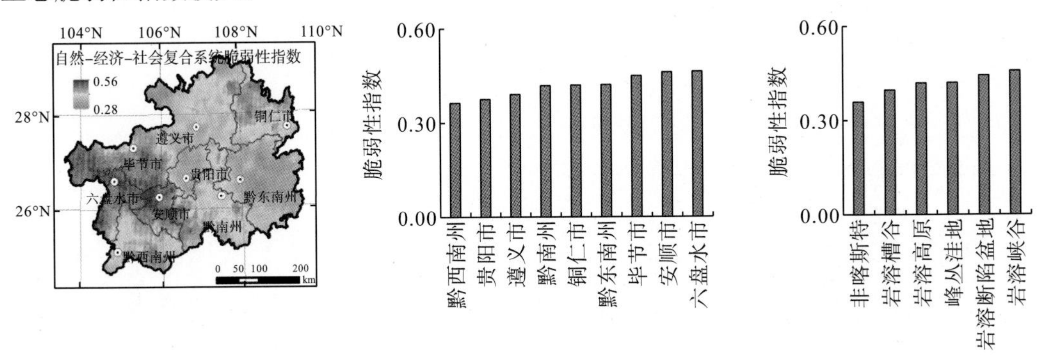

图 10.26　贵州喀斯特自然–经济–社会复合生态系统脆弱性指数分布

10.4.2　基于流域脆弱性的复合生态系统重建模式构建

近年来，脆弱性被认为是造成损害的倾向性、可能性或程度。脆弱性研究的范畴不仅局限于天然脆弱性，还向着综合脆弱性的方向演变，内容则从最开始的污染物质扩展到人员、生计、环境服务和各种资源、基础设施，以及经济、社会或文化资产等方面。流域自然–经济–社会复合系统是以人为主体、要素众多、关系错综、目标功能多样的复杂开放巨系统，具有复杂的时空结构与层次结构，呈现整体性、动态性、非线性、适应性及多维度等特性。流域脆弱性是全球变化与人类活动影响下，流域自然–经济–社会复合生态系统呈现的某种特定状态。流域脆弱性与适应性管理具有内在联系，危害发生的可能性、损害程度的评估是提出适应性对策的基础，应对流域系统脆弱性做出的积极措施和尝试是脆弱性研究的重要方面。脆弱性研究的目标是通过评价某地区的脆弱性，提出适应性对策以降低系统脆弱性。脆弱性评价既是生态系统重建的出发点，又是其归属点，前期脆弱性评价可为系统重建的关键问题识别提供科学基础，后期脆弱性评价可为系统重建的效益评估提供综合依据。

喀斯特自然-经济-社会复合生态系统脆弱性特征集中表现为：以岩石-土壤系统为脆弱性本底特征，以地表-地下二元水文结构为脆弱性关键自然驱动，以喀斯特植被结构与类型为脆弱性直观表现，以人口增长、资源利用、环境污染、生态破坏和经济社会欠发达为脆弱性关键人为扰动。在喀斯特自然-经济-社会复合生态系统脆弱性评价基础上，针对脆弱性关键测度量化分析人为暴露、自然暴露、综合暴露、生态敏感和适应能力的时空域变化特征，可为喀斯特流域复合生态系统重建提供关键问题导向和科学理论指引。喀斯特生态系统重建的根本目的，就是要抑制系统脆弱性，增强系统稳定性，从而为人类社会提供稳定的生态系统服务功能。将贵州喀斯特复合生态系统脆弱性分别用自然断裂法按流域单元分成 5 类，如图 10.27 所示。

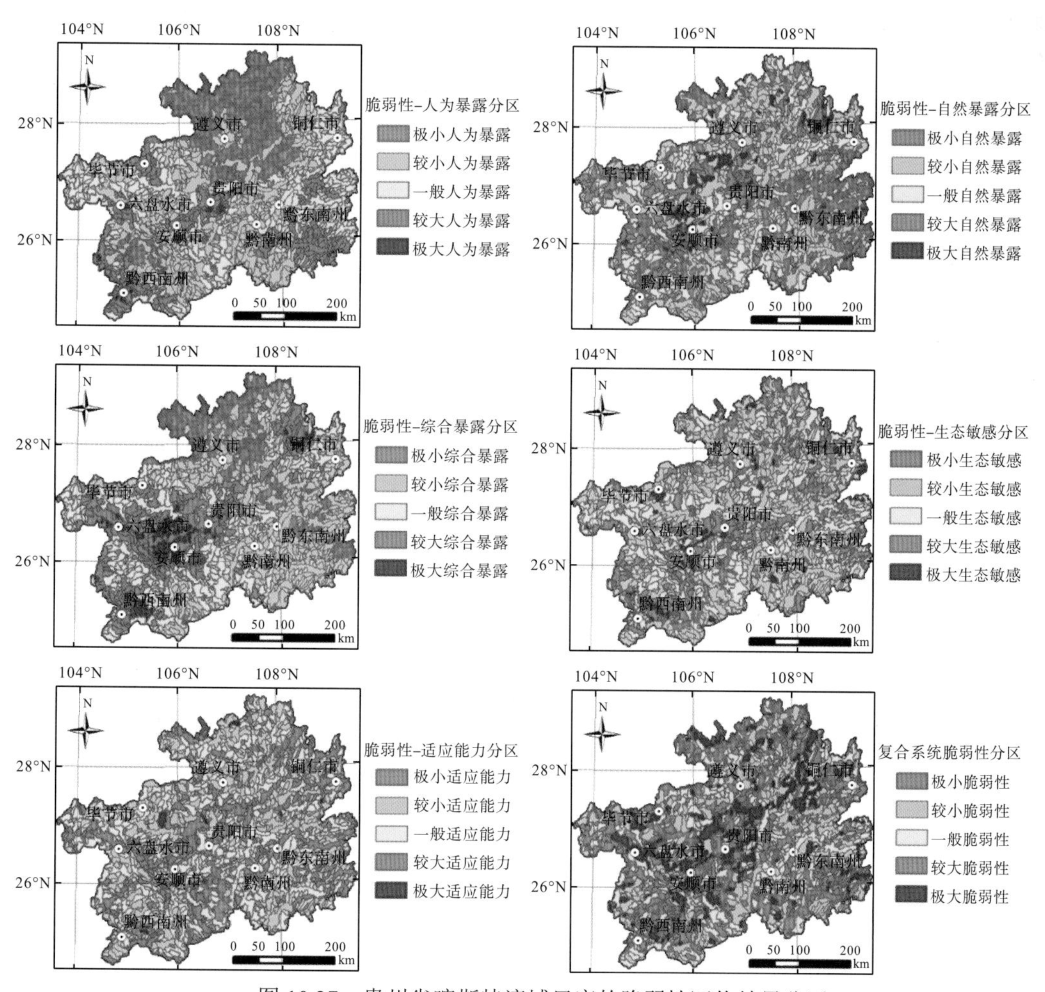

图 10.27　贵州省喀斯特流域尺度的脆弱性评价结果分区

结果表明：人为暴露指数极大区面积比例为 1.88%，人为暴露指数较大区面积比例为 13.35%，人为暴露指数一般区面积比例为 30.68%，人为暴露指数较小区面积比例为 31.78%，人为暴露指数极小区面积比例为 22.31%。自然暴露指数极大区面积比例为 6.32%，自然暴露指数较大区面积比例为 17.82%，自然暴露指数一般区面积比例为 28.07%，自然暴露指数较小区面积比例为 29.04%，自然暴露指数极小区面积比例为 18.75%。综合暴露指数极大区面积比例为 7.04%，综合暴露指数较大区面积比例为 19.53%，综合暴露指数一般区面积比例为 26.62%，综合暴露指数较小区面积比例为 30.33%，综合暴露指数极小区面积比例为 16.48%。生态敏感指数极大区面积比例为 10.74%，生态敏感指数较大区面积比例为 24.07%，生态敏感指数一般区面积比例为 31.25%，生态敏感指数较小区面积比例为 22.03%，生态敏感指数极小区面积比例为 11.91%。适应能力指数极大区面积比例为 4.37%，适应能力指数较大区面积比例为 17.79%，适应能力指数一般区面积比例为 28.68%，适应能力指数较小区面积比例为 26.93%，适应能力指数极小区面积比例为 22.23%。系统脆弱性指数极大区面积比例为 12.43%，系统脆弱性指数较大区面积比例为 20.90%，系统脆弱性指数一般区面积比例为 26.99%，系统脆弱性指数较小区面积比例为 24.28%，系统脆弱性指数极小区面积比例为 15.40%。

以问题为导向优化构建喀斯特流域复合生态系统重建模式更具科学性和针对性。在极高及较高人为暴露流域，由于人口增长干扰、资源利用干扰、环境污染干扰和区域欠发达干扰的强度相对较大，应优化构建资源节约-环境治理主导型重建模式。在极高及较高自然暴露流域，由于地质灾害干扰、地形破碎干扰、喀斯特二元水文结构干扰、气候变异与气象灾害干扰及土壤植被退化干扰的强度相对较大，应优化构建气象预警-地灾监控主导型重建模式。在极高及较高生态敏感流域，由于喀斯特独特地质、地貌、土壤、植被、气候和水文等自然条件下，生态环境变异敏感度高，灾变承受能力低，环境容量小，长期不合理人类活动导致石漠化与水土流失问题严重，应优化构建植被恢复-水土保持主导型重建模式。在极低及较低适应能力流域，由于人口素质、资源节约、环境保护、生态建设、经济发展和社会发展的水平相对较低，应优化构建生态移民-植被恢复主导型重建模式。在其他复合生态系统脆弱区，由于自然与人为暴露及生态敏感性相对较低，或者系统适应能力相对较高，应优化构建以区域绿色发展为目标、以区域特色资源为支撑的产业优化-绿色发展主导型模式。

10.4.3　贵州省喀斯特流域复合生态系统重建模式区划

模式是科学的标志，它的存在决定了什么样的问题有待解决，是研究问题、分析问题和解决问题所使用的一套概念、方法及原则，是可作为依据的范式或标准。喀斯特流域复合生态系统重建模式是对喀斯特脆弱系统受损或受干扰结构进行调整、优化的过程，是将有益的生态恢复与重建方法、措施和成果等综合优化，从而进行流域系统上下游、山水林田湖、自然-经济-社会各子系统多时空要素耦合重建的标准样式，具有较强的可移植性和推广应用价值。从系统性和综合性出发，根据喀斯特流域系统的综合暴露水平、生态敏感性特征和系统适应能力，将面积在 $2km^2$ 以上的流域划分成 6 种类型，并结合已有理论研究与实践案例，构建不同脆弱背景下的喀斯特流域复合生态系统重建优化模式，如图 10.28 所示。

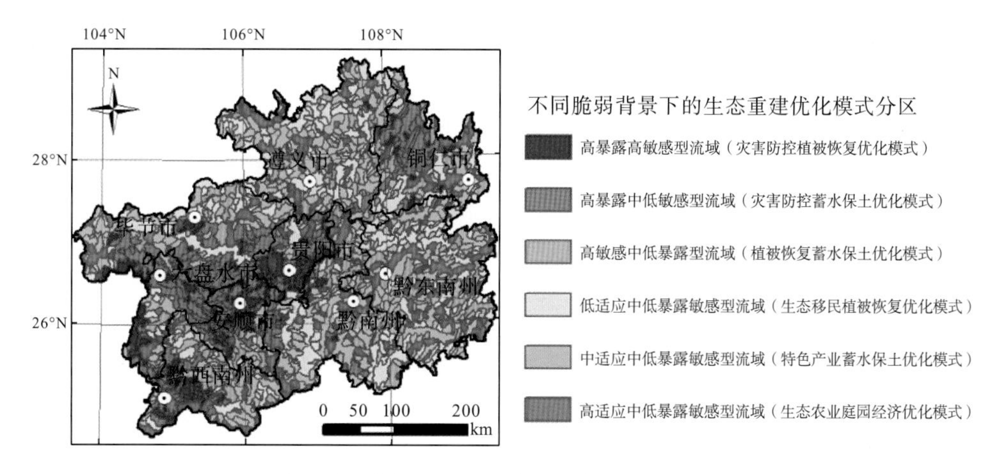

图 10.28　贵州省喀斯特不同脆弱背景下的生态重建优化模式分区

高暴露高敏感型流域面积占全省面积的 8.30%，主要分布在贵阳西南部、安顺北东—西南部、六盘水西南部、黔西南中西南部，零星分布在毕节中西部及铜仁西北部，主要采用灾害防控植被恢复优化模式。高暴露中低敏感型流域面积占全省面积的 17.01%，主要分布在高暴露高敏感型流域的外围，主要采用灾害防控蓄水保土优化模式。高敏感中低暴露型流域面积占全省面积的 9.66%，零散分布在全省范围内，没有明显聚集特征，主要采用植被恢复蓄水保土优化模式。低适应中低暴露敏感型流域面积占全省面积的 21.82%，零散分布在黔东南北部、黔南西南部、黔西南北部及东南部、毕节东北部、遵义中北部和铜仁西南部，主要采用生态移民植被恢复优化模式。中适应中低暴露敏感型流域面积占全省面积的 30.07%，成片分布在黔东南中南部、黔南中南部、黔西南东南部、毕节东北部及威宁西部，零散分布在遵义中北部和铜仁南部，主要采用特色产业蓄水保土优化模式。高适应中低暴露敏感型流域面积占全省面积的 13.15%，主要分布在黔东南中部及南部、黔南东北部及西南部、黔西南及六盘水的东南部、毕节东部及威宁西部、遵义西北部、铜仁中东部，主要采用生态农业庭园经济优化模式。

10.5　亚喀斯特流域复合生态系统重建案例

10.5.1　亚喀斯特流域类型识别

贵州省喀斯特地貌面积约占全省总面积的 61.9%，是名副其实的“喀斯特省”。喀斯特地质背景深刻影响地形、地貌、土壤、植被等要素的发育与演化，进而影响土地利用、工农业生产和生态环境建设等人类活动，从而导致不同地质背景下发育、演化并呈现出多种多样的地表景观综合体。鉴于地质岩性对喀斯特环境的深刻影响乃至控制性作用，根据主导性原则，将流域单元内发育有典型喀斯特面积比例大于 50%的流域划分为典型喀斯特流域，亚喀斯特面积比例大于 50%的流域划分为亚喀斯特流域，非喀斯特面积比例大于 50%的流域划分为非喀斯特流域，其他流域划分为高度异质流域，如图 10.29 所示。结果表明：典型喀斯特流域面积比例最大，占全省面积的 38.99%；亚喀斯特流域面积比例最小，占全省面积的 9.15%；不同喀斯特地质地貌背景以及不同自然-经济-社会条件下，因地制宜的复合生态系统优化重建是新时期喀斯特生态建设的重点内容。

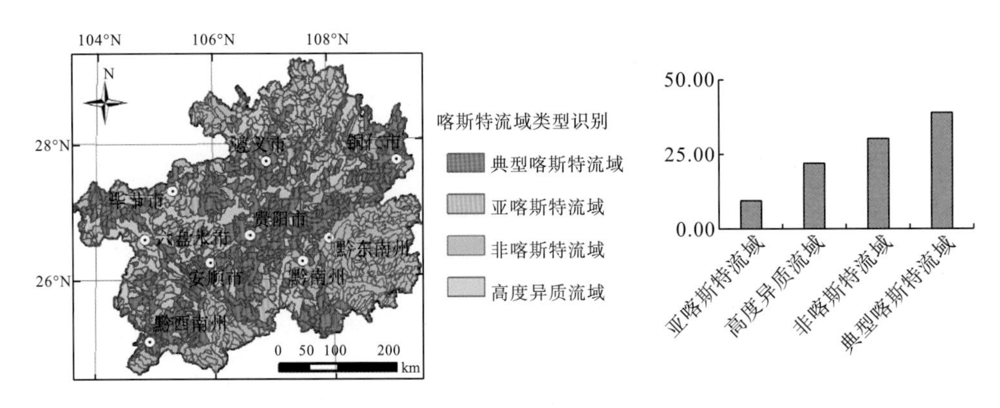

图 10.29　基于岩性特征的贵州省喀斯特流域类型识别

10.5.2　亚喀斯特流域问题诊断

贵州省共有面积在 2km^2 以上的亚喀斯特流域 129 个，分别统计亚喀斯特流域复合生态系统重建压力要素，如图 10.30 所示。结果表明：亚喀斯特流域自然灾害压力指数最大值为 3.0，最小值为 1.0，平均值为 1.71，且平均值比全省平均值高 180%。亚喀斯特流域资源利用压力指数最大值为 0.99，最小值为-0.55，平均值为 0.08，且平均值比全省平均值低 52.10%。亚喀斯特流域环境污染压力指数最大值为 1.11，最小值为 0.08，平均值为 0.42，且平均值比全省平均值高 11.08%。亚喀斯特流域生态退化压力指数最大值为-0.05，最小值为-1.58，平均值为-0.88，且平均值比全省平均值高 2.79%。亚喀斯特流域经济发展压力指数最大值为 3.54，最小值为 1.25，平均值为 2.94，且平均值比全省平均值低 0.74%。亚喀斯特流域社会发展压力指数最大值为 0.69，最小值为-0.38，平均值为 0.10，且平均值比全省平均值低 25.78%。亚喀斯特流域系统重建压力指数最大值为 5.59，最小值为 0.65，平均值为 3.23，且平均值比全省平均值高 4.72%。整体讲，与全省平均水平相比，亚喀斯特流域面临着更为严峻的自然灾害问题和环境污染问题，但其资源更丰富，社会发展、经济发展及系统重建的压力均小于全省平均水平。因此，亚喀斯特流域复合生态系统重建应以具体问题为导向进行优化设计。

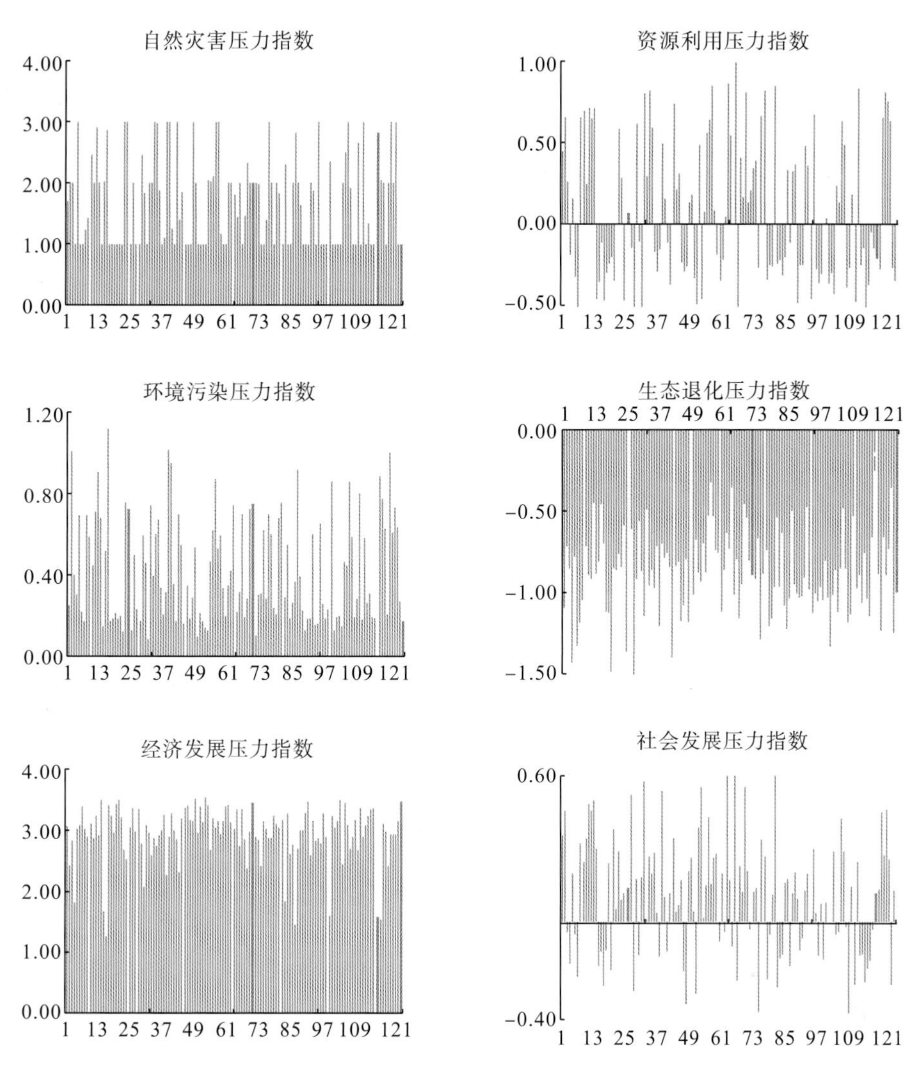

图 10.30　贵州省亚喀斯特流域各种压力指数分布特征

10.5.3　亚喀斯特流域重建模式选择

进一步量化分析亚喀斯特流域复合生态系统脆弱性测度要素，如图 10.31 所示。结果表明，亚喀斯特流域人为暴露指数最大值为 0.34，最小值为 0.12，平均值为 0.19，且平均值比全省平均值低 5.76%。亚喀斯特流域自然暴露指数最大值为 0.51，最小值为 0.16，平均值为 0.30，且平均值比全省平均值高 1.84%。亚喀斯特流域综合暴露指数最大值为 0.34，最小值为 0.15，平均值为 0.24，且平均值比全省平均值低 1.43%。亚喀斯特流域生态敏感指数最大值为 0.45，最小值为 0.31，平均值为 0.38，且平均值比全省平均值高 4.95%。亚喀斯特流域适应能力指数最大值为 0.68，最小值为 0.23，平均值为 0.38，且平均值比全省平均值低 3.55%。亚喀斯特流域系统脆弱性指数最大值为 0.50，最小值为 0.34，平均值为 0.42，且平均值比全省平均值高 2.45%。整体讲，亚喀斯特流域面临的自然暴露问题、生态敏感问题、适应不足问题及复合生态系统脆弱性问题均比全省略微严重，同时不同流域空间单元存在的问题严重性也有一定差异。因此，亚喀斯特流域复合生态系统重建应以脆弱性测度为指引进行优化设计。

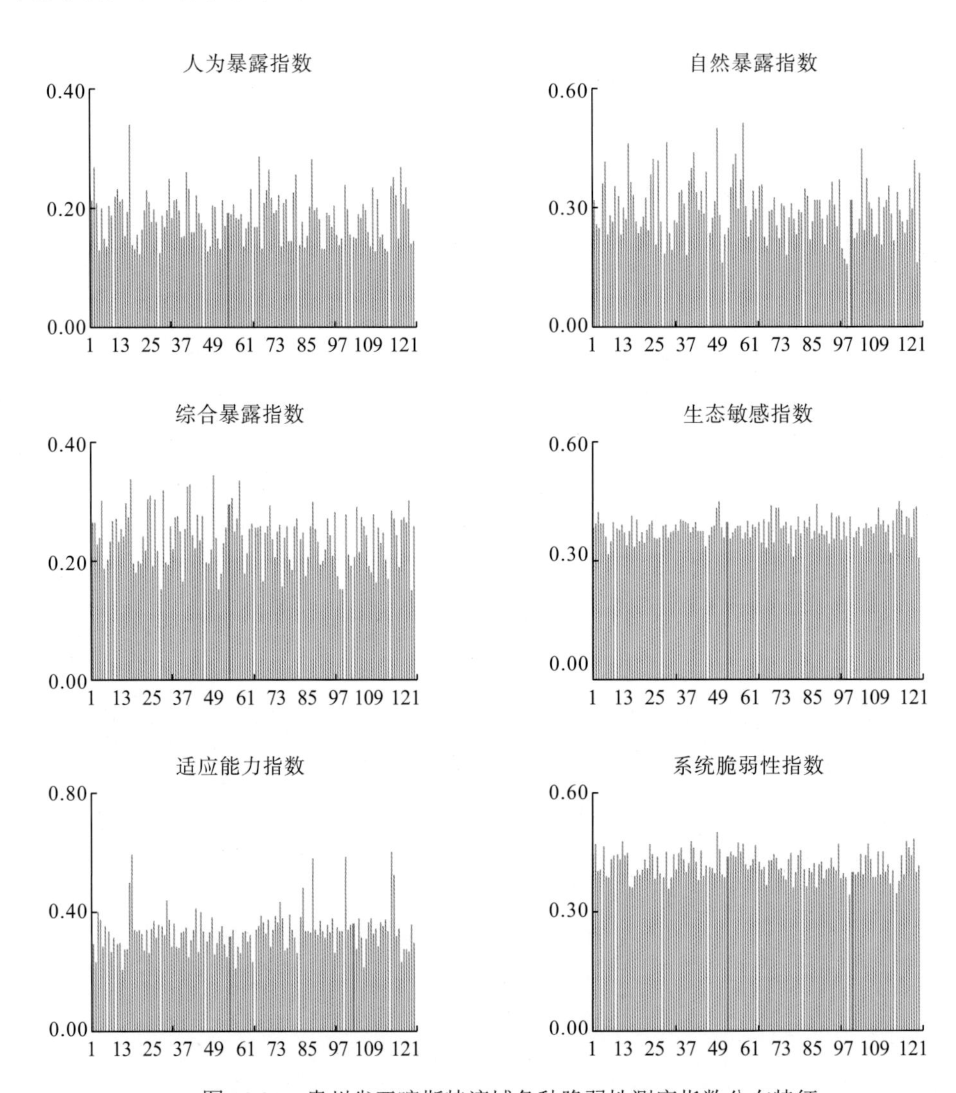

图 10.31　贵州省亚喀斯特流域各种脆弱性测度指数分布特征

综合考虑亚喀斯特流域存在的主要压力问题，及其复合生态系统脆弱性测度要素特征，以具体问题为导向，以脆弱性测度为指引，优化设计亚喀斯特流域复合生态系统重建模式，如图 10.32 所示。结果表明：即使在岩性组合和地表景观相对一致的亚喀斯特流域，由于不同区域面临的人为和自然暴露及生态敏感性和系统适应力存在一定差异，也应采取有区别的更具针对性的流域复合生态系统重建优化模式。以脆弱性理论为指导，优化设计生态重建模式具有更强的科学性、针对性和可操作性。

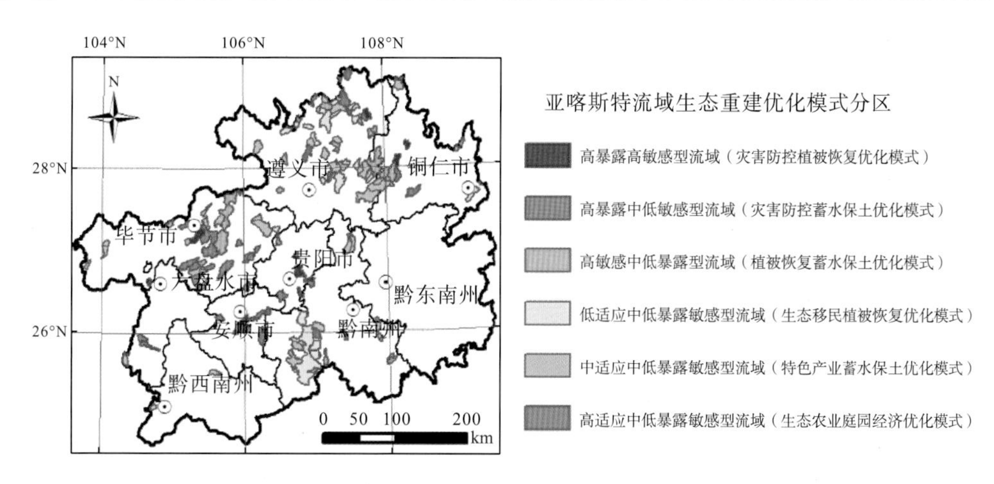

图 10.32　贵州省亚喀斯特流域生态重建优化模式分区

10.5.4　亚喀斯特流域重建措施优化

1. 鱼洞河流域概况

为进一步阐释亚喀斯特流域复合生态系统重建模式与措施的优化，本节以鱼洞河流域为例开展后续设计，如图 10.33 所示。鱼洞河是贵阳南明河下游重要支流，分支水系有东南部鱼洞河干流及东北部流经偏坡乡的小河，流域地处 106° 49′30″E～106° 59′0″E、26° 32′30″N～26° 41′30″N，地跨贵阳市南明区、乌当区和黔南州龙里县三地交接地带，涉及南明区永乐乡、乌当区东风镇和偏坡乡、龙里县醒狮镇。流域面积为 119.29km^2，地质构造背景为黔中地台与黔南凹陷过渡地带，其中，鱼洞河东南部干流区内亚喀斯特面积占 83.57%，偏坡小河支流区内亚喀斯特面积占 98.16%，是典型的亚喀斯特流域。

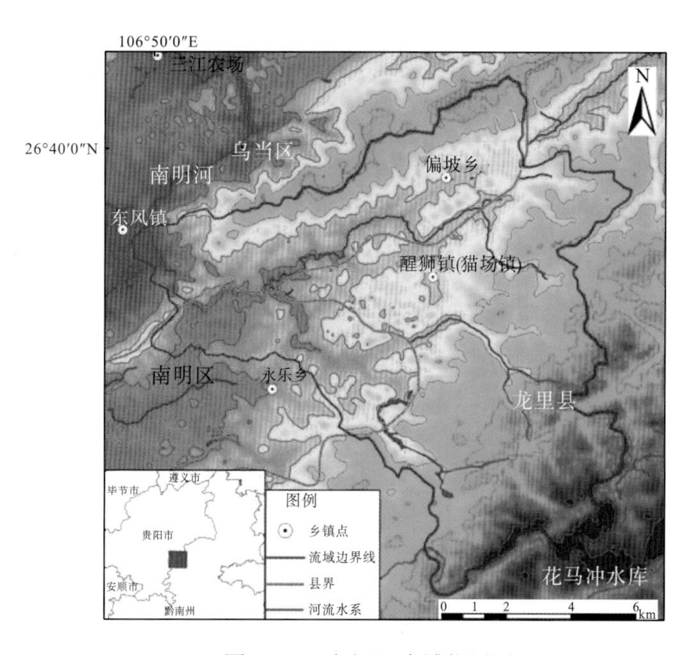

图 10.33　鱼洞河流域位置图

鱼洞河流域从震旦纪起至三叠纪末，一直处于上扬子准地台海侵范围内，碳酸盐岩与碎屑岩交替沉积，地势东南高西北低，地貌为喀斯特低山丘陵。该流域属亚热带湿润季风气候区，气候温和，雨量充沛，热量充足，雨热同季，适宜多种动植物的生长发育，年均气温为14℃，年均有效积温为4700℃，年辐射总量为360J/cm^2，由于受季风影响较大，冬季气温相对较低，温度年较差近20℃，年均降水量为1200mm，但降水季节性分布不均匀，集中在5～10月，且降水量占全年降水的80%，多为大雨或暴雨，容易形成洪涝灾害。土壤类型主要为黄壤、石灰土和水稻土等。

2. 鱼洞河流域土地利用现状

利用高分辨率卫星遥感影像和面向对象分类方法，先监督分类，然后人机交互式解译得到鱼洞河流域土地利用现状，如图10.34和图10.35所示。结果表明，鱼洞河流域林地面积最多，占流域面积的62.81%；耕地面积次之，占流域面积的28.08%；草地面积占3.43%，园地面积占2.86%，城镇及工矿用地面积占2.25%。仅从土地利用结构看，林地、草地和水域及水利设施等生态用地面积占94.32%，流域生态环境相对好，未来流域生态建设的质量提升及可持续性问题应引起重视。但与此同时，耕地和园地等生产用地面积占30.94%，城镇及工矿用地、交通运输用地等生活用地面积占2.26%，其他土地面积占0.11%，生产用地的生态化经营与保育，以及生活用地对生态环境的人为干扰等应引起重视，特别是生产生活用地的适地适树与适地适生等问题应受特别关注。

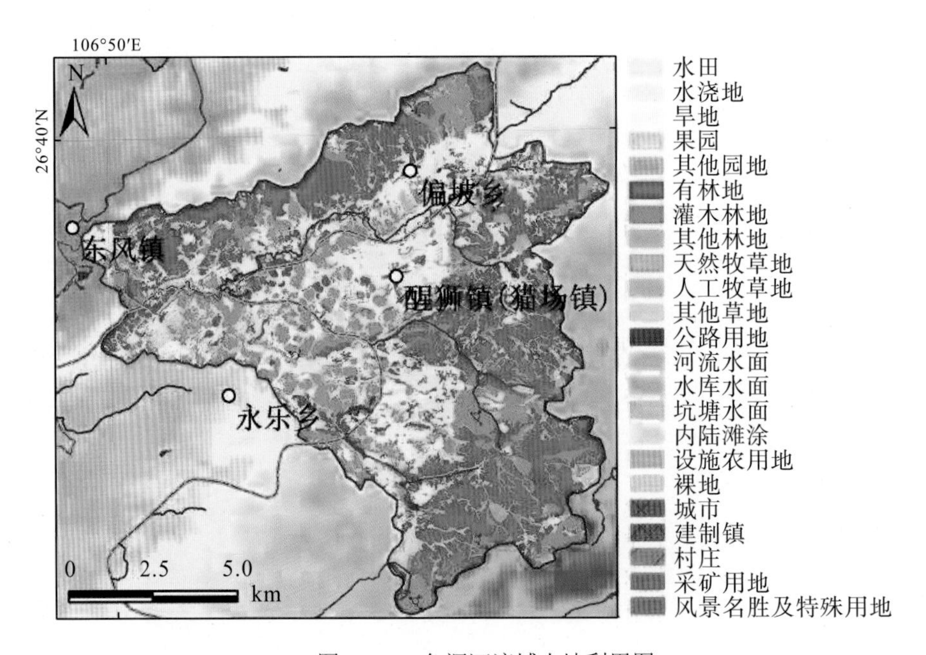

图10.34　鱼洞河流域土地利用图

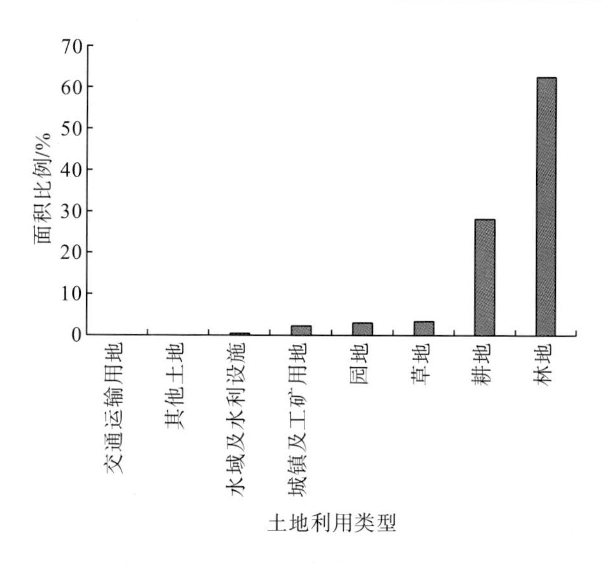

图 10.35　鱼洞河流域土地利用现状统计

3. 鱼洞河流域生态环境问题

鱼洞河流域的永乐乡地处贵阳市东郊，乌当区东南部，东、北与龙里县相接，南与龙洞堡机场相连，西与情人谷、阿栗杨梅园风景区毗邻。截至 2016 年，全乡总面积为 59.6km^2，乡政府驻地距市中心 22km，距乌当区政府驻地 24km，离贵阳机场 9km，辖罗吏、柏杨、水塘、干井、石塘、羊角、永乐 7 个行政村，47 个村民组。全乡总人口为 12043 人，有耕地 812.1hm^2，其中，专业菜地 241.9hm^2，粮区菜地 466.7hm^2，年产蔬菜 6.45 万 t，外销 4.8 万 t；有果园 637.5hm^2，年产水果超过 6100t；有莲藕基地 66.7hm^2，年产量达 1750t。已建成占地 1.76hm^2 的果蔬批发市场，日交易量淡季达 150t，旺季可达 250t 以上。辖区内有风景秀丽的石笋沟水库风景区、石塘小三峡、罗吏大古钟、永乐古堡遗址、清礼部尚书李端棻墓遗址等自然和人文旅游资源，有“苗族二月场”“布依六月六”等民族风情文化节，有“万亩桃园”和“万亩菜园”等生态旅游资源，每年都会举办“桃花艺术节”和“桃园文化节”。

醒狮镇位于龙里县西北部，紧邻贵阳市乌当区偏坡乡和南明区永乐乡，距龙里县城 43km，距贵阳市中心 24km，距离贵阳龙洞堡机场 15km，境内有千洗、把醒、醒偏、醒永、乌偏、谷洗等公路贯通，小尖高速穿境而过，区位优势明显。醒师镇面积为 178 km^2，辖 8 个行政村和 1 个社区居委会。2015 年，全镇共 7175 户，26112 人，醒狮镇固定资产投资 31710 万元，同比增长 190.92%；招商引资签约资金为 28000 万元，到位资金为 20491 万元，同比增长 70.76%；财政税收为 142.65 万元(其中，地税 92 万元，国税 45 万元)；农民人均纯收入为 9680 元。醒狮镇是贵州省 100 个示范小城镇之一，立足地方特色和区位优势，坚持“工业强镇、农业稳镇、旅游兴镇、商业促镇”的发展思路，结合“六型”小城镇建设特点，把交通、工业、旅游、果蔬、特色农产品、商业贸易等要素融入城镇建设。

偏坡乡位于贵阳市东北部，距贵阳市中心 30km，距乌当区行政中心 20km，境内头偏、宋偏和永偏三条主干道贯穿全乡，道路交通十分便利。偏坡乡总面积为 21.93 km^2，有耕地 1980 亩(1 亩≈666.67m^2)，其中，田 1320 亩、土 660 亩，有可开发利用荒山 7663 亩，森林覆盖率达 62.8%。偏坡乡辖偏坡和下院 2 个行政村，12 个自然村寨 20 个村民组，总人口为 1928 人，布依族人口占 96.5%，农业人口占 97.6%。全乡已发展杨梅 328 亩、刺梨 1500 亩、迎庆桃 520 亩、红心猕猴桃 250 亩、黄金桃 100 亩，饲养优质母猪 471 头，出栏仔猪 9420 头，蛋鸡、有机鸡 23000 羽，蔬菜 3200 亩，生态农业从庭院、田间辐射向山头，果、蔬、畜、禽、林已取代传统农业成为群众增收的主渠道。第三产业已超过工业成为经济发展的支撑，农村营销、运输、服务、劳务收入成为农民收入的重要组成部分，农村收入已从农耕性收入向非农耕性收入延伸。偏坡乡始终把生态资源作为全乡经济发展的脉络和基石，大力发展反季节蔬菜、小庭院果蔬种植，优质仔猪、林下鸡饲养等，采取以奖代补、农田标准化建设、农产品检测、高效农产品种植等措施，适度规模发展果、蔬、畜、禽、林等生态农业产业，积极推广“畜(禽)-沼(气)-果(蔬)”循环经济发展模式。

进一步量化分析鱼洞河流域复合生态系统脆弱性测度要素，如图 10.36 所示。结果表明，与全省平均值比较，鱼洞河流域人为暴露指数平均值增加 17.04%，自然暴露指数平均值增加 10.08%，综合暴露指数平均值增加 13.24%，生态敏感指数平均值增加 12.83%，适应能力指数平均值增加 40.90%，系统脆弱性指数平均值减少 19.03%。鱼洞河流域存在的主要问题是人为与自然暴露水平较高，生态敏感性也比全省平均水平略高，但其系统适应能力也显著高于全省平均水平，因此其系统脆弱性比全省平均水平还约低 20%。

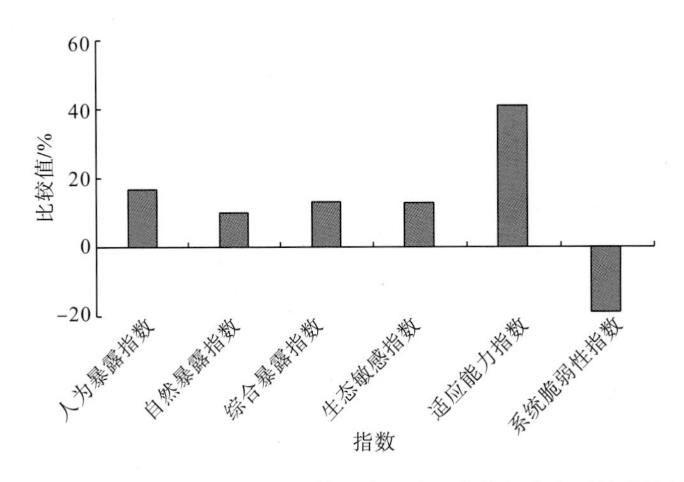

图 10.36　鱼洞河流域脆弱性测度要素平均值与全省平均值比较

4. 鱼洞河流域重建措施优化

从脆弱性理论角度讲，如图 10.37 所示，按照 10.3 节内容，即可设计鱼洞河流域复合生态系统重建优化模式。干流属于高暴露中低敏感型流域，应采用灾害防控蓄水保土优化模式；支流属于高暴露高敏感型流域，应采用灾害防控植被恢复优化模式。显然，由于流域系统自然与人为暴露水平较高，地质灾害和气象灾害的防控以及有序人类活动的规范建设等应受到重视。

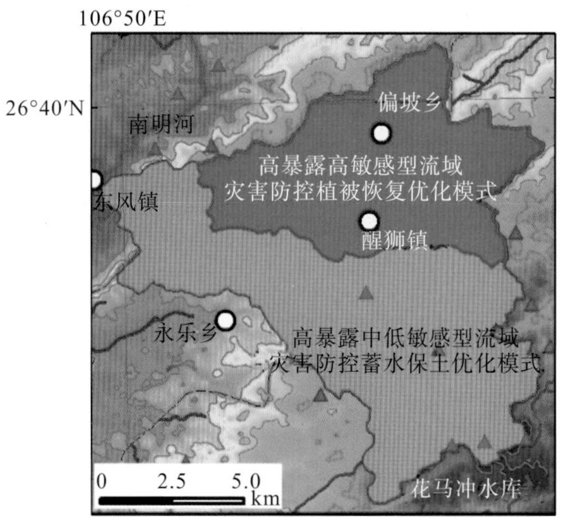

图 10.37　鱼洞河流域优化模式

从区域实际情况看，如图 10.38 所示，鱼洞河流域现有蓄水-保土-护林、养殖-护林、种菜挂果-护坡保土-封山育林、乡村旅游-封山育林共 4 种比较成熟的生态重建模式。在此基础上，以解决流域实际存在问题为导向，以脆弱性测度要素评价结果为指引，充分利用鱼洞河流域距离贵阳市区很近、经济社会发展基础较好的优势，优化设计灾害防控-蓄水保土-特色产业复合生态系统重建模式，既有较强的针对性和可操作性，又有一定的科学性和示范性。

图 10.38　鱼洞河流域现有生态重建模式

从未来可操作角度讲，重新优化设计鱼洞河流域灾害防控-蓄水保土-特色产业重建模式，需要从新模式的具体重建措施入手，优化设计空间与内容布局合理的生态重建工程措施，如图 10.39 所示。鱼洞河流域复合生态系统重建的地质灾害防控措施为：在干流下游及支流上游主要地质灾害点上，加强地质灾害监测与预警，实施滑坡体护坡措施，崩塌与塌陷点立牌警示措施，并迁移重大隐患点附近的房屋等。气象灾害防控措施为：在城镇聚落及农村有一定规模的聚落，加强气象灾害监测与预警，实施全域聚落气象预报全覆盖，进一步开展小流域山洪灾害防控规划与预警设施建设。

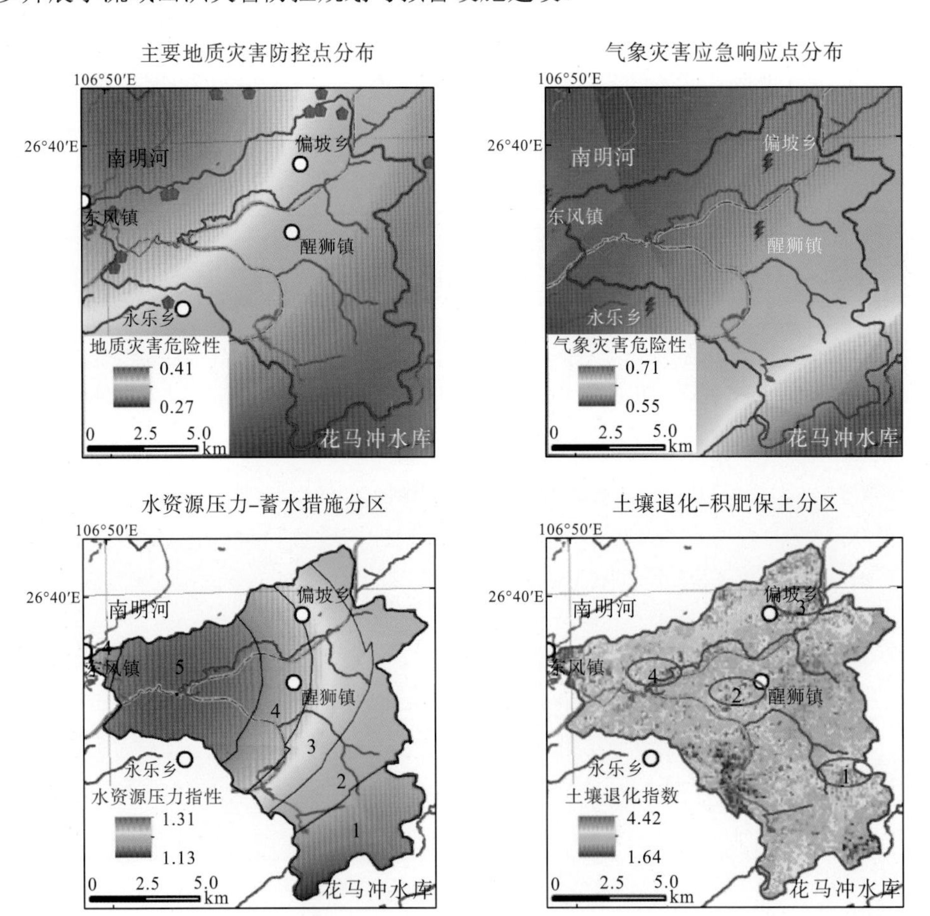

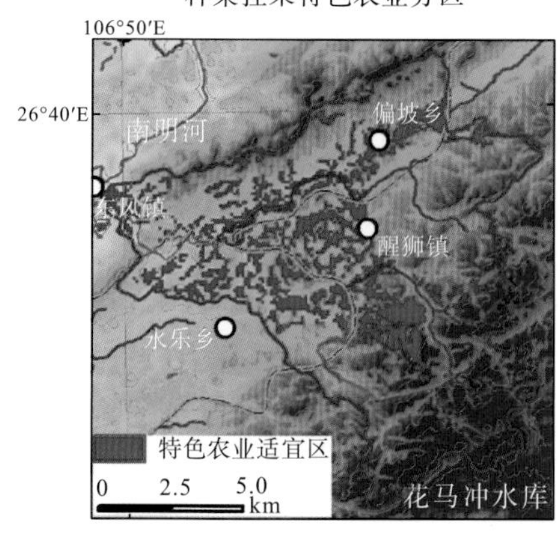

耕地退耕还林还草分区

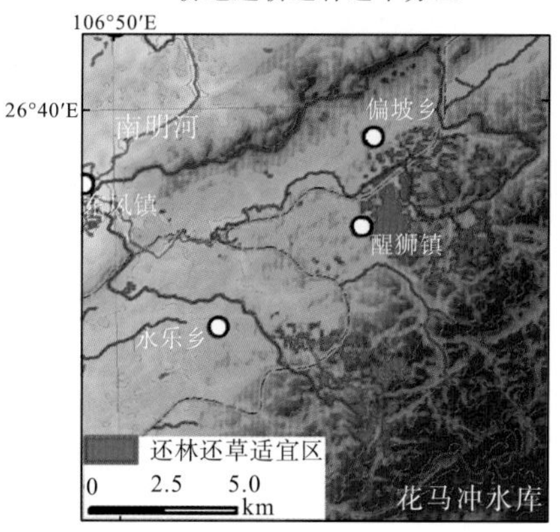

图 10.39　鱼洞河流域生态重建优化措施分布

蓄水措施方面，重点加强流域中下游，河谷切割较深、引提水比较困难地区的人饮工程建设、管道输水工程建设和集雨有效灌溉工程建设等，加强农田与果园的土壤墒情监测，确保生活与生态农业用水。积肥保土措施在流域内 4 处土壤退化较严重地区，加强坡改梯和生物积肥工程建设，实施有效测土配方施肥工程。种菜挂果特色农业措施方面，在流域中下游，具有较好水源保障和土壤条件的低洼地区，地势平坦开阔的地方实施大棚种植蔬菜和草莓等，地势起伏不大的坡麓地块地膜种植蔬菜，间套种植杨梅和桃、李等经果林。退耕还林还草措施方面，在流域中上游坡度大于 25° 的耕地全部退耕，地势起伏不大、土壤条件较好的地块种植经果林，地势起伏较大、土壤条件较差的地块种植牧草发展养殖业。在流域中上游现有林草分布区，继续实施封山育林育草，禁止砍伐、放牧和大型游园设施建设等人为破坏。

10.6　贵州省喀斯特流域复合生态系统重建相关法律法规与规范标准

贵州喀斯特流域复合生态系统重建涉及国家和地方两个层面，即地质、气象、地貌、水文、土壤、植被、生态、石漠化和土地等多要素多领域的相关法律法规与技术规范标准。结合区域实际，遵照执行相关法律法规，参考完善相关技术规范标准，也是生态重建优化落实的重要基础内容。本书整理密切相关法律法规与规范标准如表 10.1 所示。

表 10.1　贵州省喀斯特生态重建优化相关法律法规与规范标准

类别	名称
地质	《地质灾害防治条例》(2004 年 3 月 1 日，国务院令第 394 号)；《贵州省地质环境管理条例》(2018 年 11 月 29 日第二次修改)；《贵州省地质灾害责任认定办法》(黔自然资发〔2021〕16 号)
气象	《气象灾害防御条例》(2017 年 10 月 7 日)；《贵州省气象灾害防御条例》(2018 年 11 月 29 日修订)；《贵州气候灾害的划分标准》
地貌	《中国 1∶1000000 地貌图制图规范(试行)》

续表

类别	名称
水文	《中华人民共和国防洪法》(1998 年 1 月 1 日施行)；《中华人民共和国河道管理条例》(1988 年 6 月 10 日施行)；《防洪标准》(GB 50201—2014) (2015 年 4 月 1 日实行)；《地表水环境质量标准》(GB 3838—2002) (2002 年 6 月 1 日实施)；《贵州省防洪条例》(2017 年 11 月 30 日第三次修订)；《贵州省水资源保护条例》(2020 年 9 月 25 日第二次修正)；《饮用水水源保护区污染防治管理规定》(2010 年 12 月 22 日修正)
土壤	《中华人民共和国水土保持法》(2011 年 3 月 1 日施行)；《土壤侵蚀分类分级标准》(SL 190—2007) (2008 年 4 月 4 日实施)；《水土保持综合治理技术规范》(GB / T 16453.6—2008) (2009 年 2 月 1 日实施)；《贵州省水土保持条例》(2020 年 9 月 25 日第二次修正)；《贵州省生产建设项目水土保持监督管理办法》(黔水办〔2018〕19 号)
植被	《自然保护区类型与级别划分原则》(GB/T 14529—93) (1994 年 1 月 1 日施行)；《退耕还林条例》(2016 年 2 月 6 日)；《国家级公益林管理办法》(林资发〔2017〕34 号)；《贵州省森林公园管理条例》(2017 年 11 月 30 日第二次修订)；《贵州省森林林木林地流转条例》(2021 年 9 月 29 日修正)；《贵州省林地管理条例》(2021 年 9 月 29 日，第四次修正)；《贵州省公益林保护和经营管理办法》(2020 年 11 月 11 日施行)
生态	《中华人民共和国环境保护法》(2014 年 4 月 24 日第十二届全国人民代表大会常务委员会第八次会议修订)；《贵州省生态文明建设促进条例》(2018 年 11 月 29 日贵州省第十三届人民代表大会常务委员会第七次会议修正)；《生态环境状况评价技术规范》(HJ 192—2015) (2015 年 3 月 13 日施行)；《区域生物多样性评价标准》(HJ 623—2011) (2012 年 1 月 1 日施行)；《生物多样性观测技术导则》(HJ 710.4—2014) (2015 年 1 月 1 日施行)；《全国森林火险区划等级》(LY/T 1063—2008) (2008 年 12 月 1 日施行)；《全国生态脆弱区保护规划纲要》(环发〔2008〕92 号)
石漠化	《岩溶地区石漠化调查监测技术规定》(2020 年修订)；《岩溶地区草地石漠化遥感监测技术规程》(GB/T 29391—2012) (2013 年 6 月 1 日施行)；《喀斯特石漠化地区植被恢复技术规程》(LY/T 1840—2009) (2009 年 10 月 1 日施行)；《石漠化治理造林技术规程》(DB45/T 626—2009) (2009 年 12 月 21 日施行)；《贵州省石漠化监测细则》(贵州省林业局，2011 年 6 月编制)；《贵州省生态环境保护条例》(2019 年 5 月 31 日通过)
土地	《中华人民共和国土地管理法》(2019 年 8 月 26 日第三次修正)；《自然保护区土地管理办法》；《中华人民共和国农村土地承包法》(2018 年 12 月 29 日第二次修正)；《土地复垦条例实施办法》(自然资源部，2019 年 8 月 14 日颁布)；《中华人民共和国基本农田保护条例》(根据 2011 年 1 月 8 日《国务院关于废止和修改部分行政法规的决定》修订)；《高标准基本农田建设标准(试行)》(国土资发〔2011〕144 号)；《土地利用动态遥感监测规程》(TD/T 1010—2015) (2016 年 1 月 1 日施行)；《耕地后备资源调查与评价技术规程》(TD/T 1007—2003) (2003 年 8 月 1 日施行)；《贵州省土地管理条例》(2022 年 12 月 1 日第四次修正)；《贵州省土地利用总体规划实施办法》(2017 年 11 月 30 日第三次修正)

第 11 章　典型亚喀斯特样区景观差异性

本章将从地质、地貌、水文、植被、土地利用、土壤侵蚀、石漠化、社会经济等方面对亚喀斯特景观进行研究，通过不同研究样区来提取其景观信息，以探寻其内部的差异性及与非喀斯特和典型喀斯特的区别及联系。

为了方便表示和研究方便，将典型样区划分为两个大类，即喀斯特地区和非喀斯特地区；将喀斯特地区又细分为典型喀斯特地区与亚喀斯特地区。通过对不同样区的喀斯特发育的程度、喀斯特地貌的典型和不典型区、过渡态等现象的差异进行分析，从地理学观点出发，对这些差异一一进行描述，分析各种景观差异的表现和可能的原因。

11.1　样区选择依据及研究区概况

要研究喀斯特的内部分异性，就涉及具体的空间尺度，比例尺过小会造成区域内各类型相互交叉混杂；比例尺过大则会造成独立性过强，影响一般规律的归纳。适宜的比例尺、较为典型的差异性和代表性，是本次样区选择中需要重点考虑的方面。另外还要考虑资料的齐全程度和文献的搜集情况。

11.1.1　样区范围的确定

在进行 10km×10km、8km×8km、6km×6km、5km×5km 4 种不同范围的选样实验后，综合水文地质图、生态环境 10 年(2000～2010 年)变化数据库、地形图等的响应情况，优选了 5km×5km 的网格。在此尺度下单个样区面积为 25km^2，此范围属于中等尺度，在贵州毕节幅水文地质图上有较好的独立性，混杂较少，比较容易相互比较及进行地学分析。样区示意图见图 11.1。

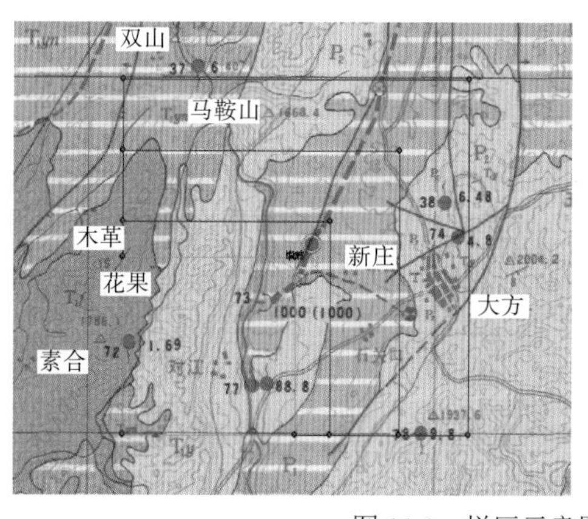

图 11.1　样区示意图

11.1.2　样区位置的确定原则与方法

样区选择要进行比较，必须具有可对比性。因此需要注意：从水文上讲，应该在相同降雨条件大区下进行，如按照分类进行：①分水岭区（发源区）；②河流通过区（河流中部）；③河流下游区（河流汇入支流）。从地质上讲，应该以在相同的大地构造背景下，同一地层（不同地层）、不同岩性发育下的背景对比，着重说明其系统内的关系；从地貌上讲，有正地形和负地形，有深切割和浅切割，应该位于同一地貌大区上进行对比；从形态上，对不同地貌类型进行对比；从景观上看，植被区与耕地区不能直接对比。

在 GIS 平台中，综合地形图、水文地质图、土壤等专题信息，结合实地考察资料，进行人工判断，确定典型样区的位置。为了保证样区面积一致，使用坐标方法进行标定，自动生成样区图框，以保证样区面积的绝对准确，如图 11.2 所示。在按坐标生成的图框四点坐标基础上，转为面状的研究区单元，再将研究区单元复制、移动后进行典型样区的位置确定。

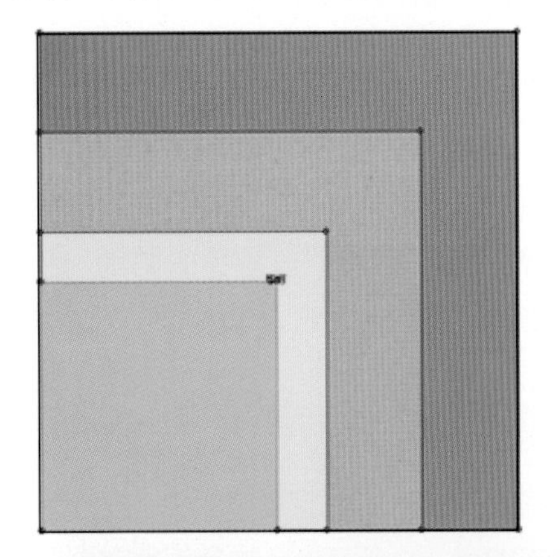

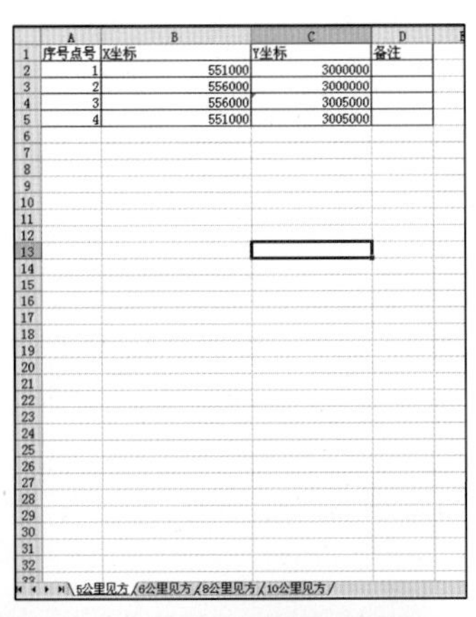

序号点号	X坐标	Y坐标	备注
1	551000	3000000	
2	556000	3000000	
3	556000	3005000	
4	551000	3005000	

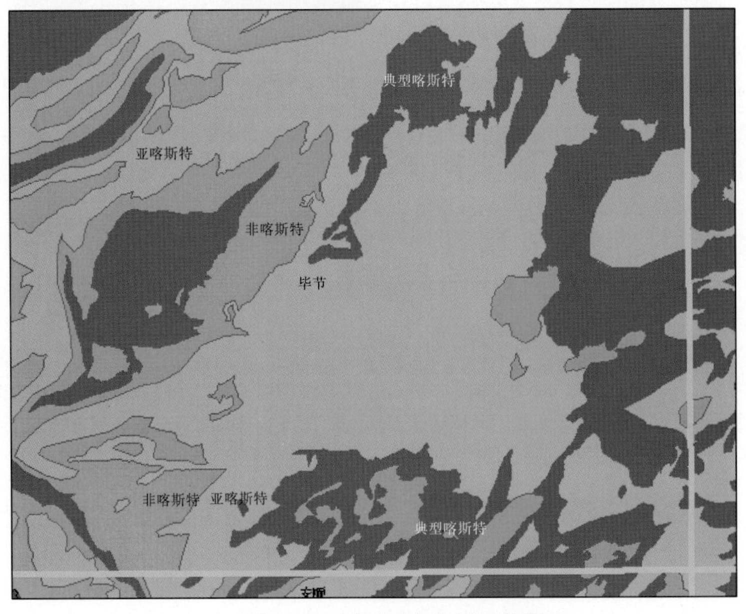

图 11.2　样区示意及样区位置

11.1.3　毕节试验区典型样区概况

(1)典型喀斯特样区主要位于梁山组、栖霞组、茅口组地层上，为较纯的灰岩类。区内地形以喀斯特峰丛和洼地为主。地表河流缺失，地下水系发育。交通状况和居民点数量中等，人类活动强度一般，如图 11.3 所示。

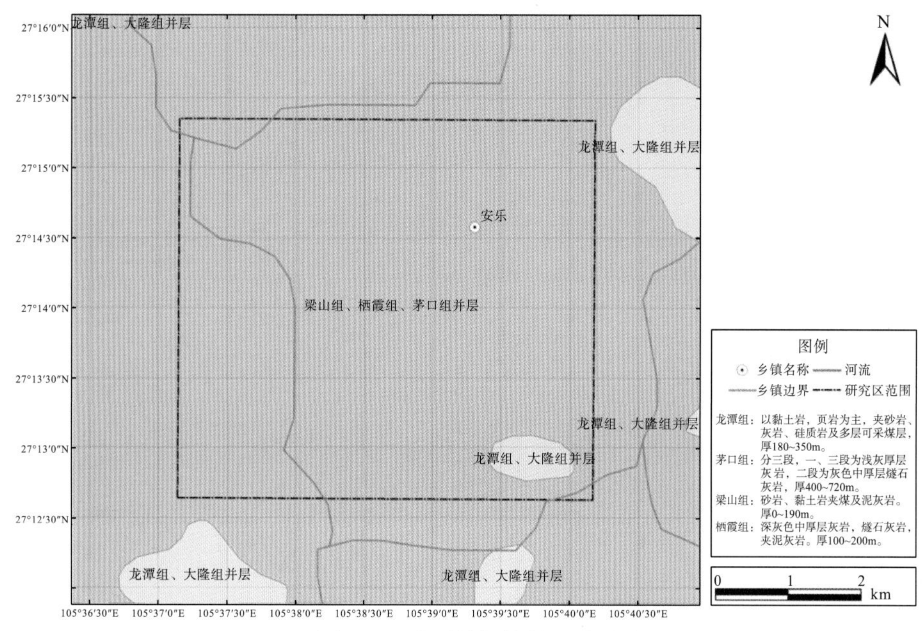

图 11.3　典型喀斯特样区地质略图

(2)亚喀斯特样区主要位于关岭组和嘉陵江组上，为互层不纯灰岩类。区内地形以缓丘为主。有地表河流发育，地下水系不甚发育。交通状况和居民点数量中等，人类活动强度一般，如图 11.4 所示。

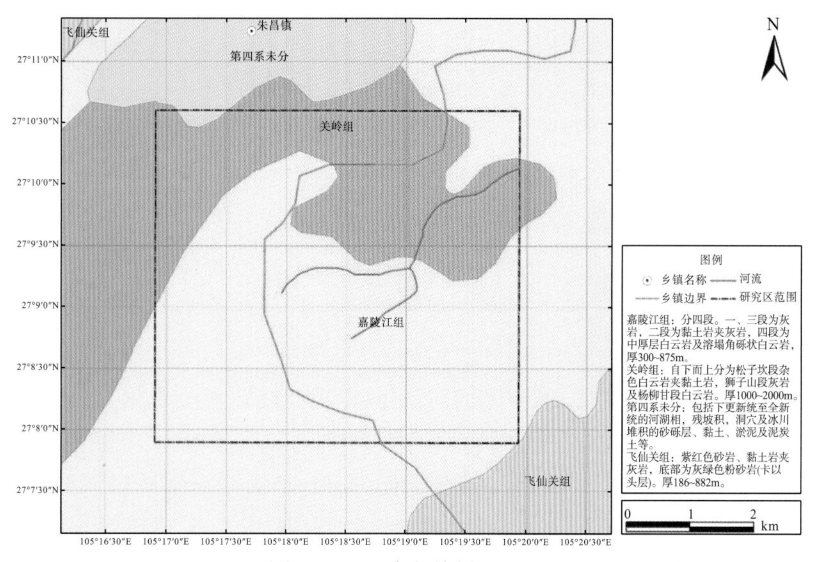

图 11.4　亚喀斯特样区地质略图

(3)非喀斯特样区主要位于飞仙关地层上，为砂岩类。区内地形以常态地貌为主。地表河流发育，地下水系不发育。交通状况和居民点数量中等，人类活动强度一般，如图 11.5 所示。

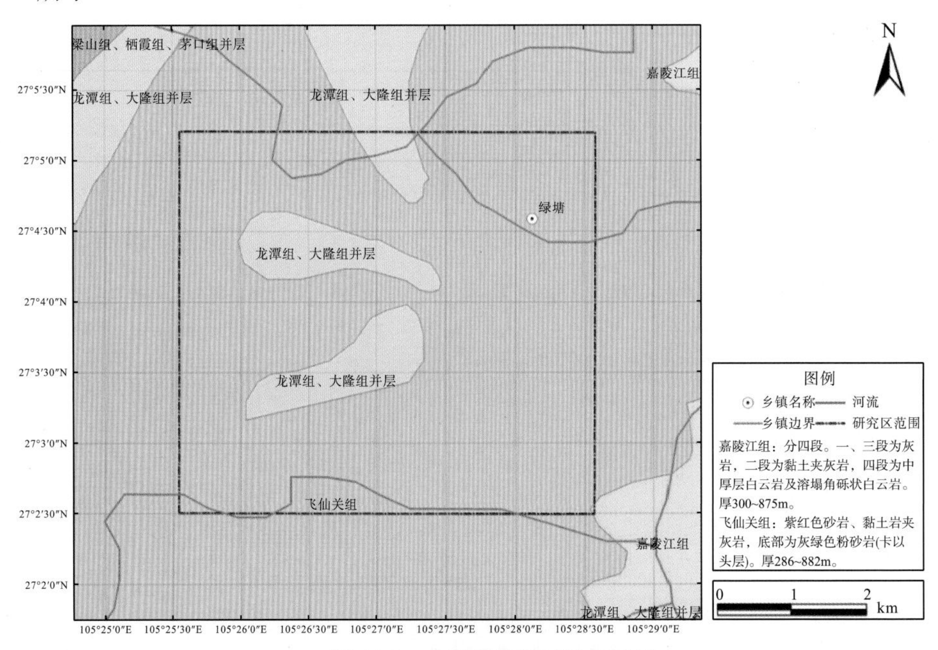

图 11.5　非喀斯特样区地质略图

11.2　地质背景的差异

喀斯特的发育是可溶性基岩在水文地貌特征上的发育系统。非喀斯特地区的隔水及控制作用、岩溶作用强烈的地表及地下表现为典型喀斯特地形及溶洞，介于上述两者之间的岩溶作用不强烈，但仍有相当的岩溶作用的亚喀斯特地区。在相同的地貌单元上，能在地表很小尺度上形成迥异的地貌景观分异，不是外部如气候、降雨等原因，而是地质岩性的差异，其中基岩的可溶程度和透水性不同是主要原因。

本节将从获取的地质图、水文地质图、地质志等资料出发，对典型的喀斯特区域岩溶作用、亚喀斯特岩溶情况及非喀斯特的控制作用等进行论述，通过对比来论述其地质背景的差异性，重点提出其典型区域的地质特性。

11.2.1　区域大地构造背景

贵州区域大地构造单元属扬子准地台黔北台隆部分，地质发展多次升降运动展布，形成北北东向、北东向构造格局。区内背斜、向斜发育，已发现的背斜有沙垮背斜、维新背斜、高店背斜、桐梓背斜，其中背斜核部出露最老地层为中上寒武统娄山关组，另外，向斜有毕节向斜、马场向斜、沙湾向斜、落脚河向斜，向斜核部最新地层为侏罗系新田沟组，响水以东有几支排列比较紧凑的北北东向的背斜和向斜构造，其中落脚河向斜两翼倾角达 40° 以上。燕山、喜山运动形成了褶皱与断裂发育的特征，典型构造型式为左行剪切雁列式褶皱及与之配套的小型断层。

研究样区地处毕节地区，滇东高原向黔中高原过渡的斜坡地带，地势西高东低。大地构造单元属扬子准地台黔北台隆部分，地质发展多次升降运动展布，形成北北东向、北东向构造格局。地区地貌受岩性、构造和气候的影响，地貌类型复杂。典型样区褶皱构造纲要图如图 11.6 所示。

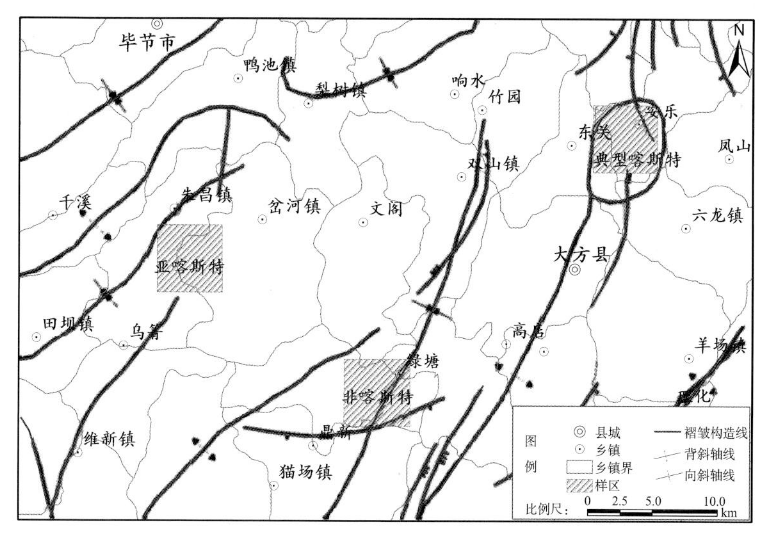

图 11.6　典型样区褶皱构造纲要图(据《贵州省地质志》，1987 年)

11.2.2　区域地层与岩性

根据研究区《水文地质志》《贵州省地质志》等，整理出研究区主要出露的为二叠系(P)和三叠系(T)，有少部分侏罗系与第四系。研究区典型地层见表 11.1。

表 11.1　研究区典型地层表

系	统	组	代号
第四系	—	—	Q
侏罗系	中侏罗统	新田沟组	J_2x
	下侏罗统	自流井组	J_1z
三叠系	上三叠统	—	—
	中三叠统	关岭组	T_2g
	下三叠统	嘉陵江组/永宁镇组	T_1j
		飞仙关组	T_1f
		夜郎组	T_1y
二叠系	上二叠统	大隆组	P_2d
		龙潭组	P_2l
		峨眉山玄武岩组	$P_2\beta$
	下二叠统	茅口组	P_1m
		栖霞组	P_1q
		梁山组	P_1l

注：资料来源 1987 年《贵州省地质志》。

1. 二叠系

二叠系地层主要由海陆交互相含煤建造及浅海碳酸盐建造组成。总厚度为 580～1200m，一般厚度为 700～900m。

(1) 下二叠统。底部为滨海含煤建造，向上为浅海碳酸盐岩建造。总厚度为 450～660m。由下向上分梁山、栖霞、茅口三个组。由于梁山组、栖霞组和茅口组岩层偏薄，在研究区中分为并层，主要分布于沙子坡—猫耳洞—吊井、老鹰岩—大寨—银厂和张家冲子—麻塘三个地区，区域内岩性主要是灰岩、白云质灰岩和燧石灰岩。

(2) 上二叠统。由基性火山岩、海陆交互相含煤砂页岩及浅海相灰岩组成，自下而上分为龙潭、大隆两个组。总厚度为 128～680m。

①龙潭组(P_2l)：主要为一套海陆交互相含煤岩系。第一段为黏土岩、砂岩，厚 0～15m。第二段为中厚层及薄层细砂岩、灰质页岩，厚 94～443m。

②大隆组(P_2d)：以灰色薄层至中厚层硅质灰岩、硅质岩、硅质页岩为主，时夹砂岩、泥岩，并普遍夹 1～5 层灰绿色斑脱岩化凝灰岩(俗称“绿豆岩”)。厚 1～32m。区域内大隆组和龙潭组多成并层分布，主要分布于马厂村—小路破、官塘、红星村—大坡，在区域西北部作为沙垮背斜的一部分出露。

2. 三叠系

三叠系地层主要由浅海碎屑岩、碳酸盐岩及陆相含煤砂、页岩组成。以下统出露最广，中统及上统仅在少数地方出露。总厚度为 1250～2479m，一般厚 1400～1800m。

(1) 下三叠统。按岩性与古生物特征分为下部飞仙关组(T_1f)和夜郎组(T_1y)，上部嘉陵江组/永宁镇组(T_1j)。

①飞仙关组(T_1f)、夜郎组(T_1y)：早三叠世早期沉积可分为西部碎屑岩沉积相，东部为化学-碎屑岩沉积相。二者间为逐渐过渡关系，均属正常浅海环境的沉积产物，由西向东为泥、砂岩-泥、砂岩夹灰岩-灰岩、泥岩组合的变化，亦由飞仙关组渐变为夜郎组，飞仙关组及夜郎组均与下伏上二叠统假整合接触。

②嘉陵江组/永宁镇组(T_1j)：由浅海相灰岩、泥质白云岩、溶塌角砾岩及少量泥岩组成，厚 389～723m，按岩性不同由下而上分为四个岩性段。该组地层组成了场区的基岩结构，其中在地表主要出露了二段和三段灰岩、泥灰岩、白云质灰岩和泥岩等。

(2) 中三叠统。关岭组(T_2g)：由浅海相灰岩、白云岩及白云质泥岩组成。厚 547～827m。与下伏下三叠统嘉陵江组/永宁镇组连续沉积，下限以斑脱岩化凝灰岩(“绿豆岩”)底界为界。本组按岩性不同由下而上分为三段：第一段为白云岩、白云质泥岩；第二段为灰岩；第三段为白云岩。

3. 侏罗系

侏罗系地层由一套湖相、河流相的红色砂岩、黏土组成。

①下侏罗统：区域内主要为自流井组。自流井组(J_1z)：研究区岩性主要为紫红色泥岩夹砂岩及灰岩，底部时夹赤铁矿，可分五段。厚 100～600m。

②中侏罗统：仅出现新田沟组。新田沟组(J_2x)；岩性以黄绿、紫红夹深灰色泥岩、粉砂质泥岩为主，夹细、粉砂岩及生物碎屑灰岩凸镜体，具三分性，与下伏自流井组呈整合接触。

11.2.3 典型样区出露地层与岩性差异

典型喀斯特样区位于亚喀斯特地区东侧，出露的主要地层为梁山组、栖霞组和茅口组，岩性主要为灰岩、白云质灰岩和燧石灰岩。区域内以溶蚀作用为主的典型喀斯特地貌类型发育，以峰丛、峰林和溶蚀洼地为主，区域内植被以常绿阔叶灌木林和落叶阔叶灌木林为主，其次为草丛，水田和旱地甚少。

亚喀斯特样区出露的地层主要为下三叠统嘉陵江组和中三叠统的关岭组，关岭组出现在亚喀斯特样区左上部分，岩性以狮子山段泥质灰岩、砾屑灰岩为主，永宁镇组的特点为主要出露了二段和三段灰岩、泥灰岩、白云质灰岩和泥岩等(图 11.7)，以丘陵洼地、缓中丘为主。样区右下角有少许峰丛和溶蚀洼地。

非喀斯特样区位于上述两个研究区南侧，区域以流水侵蚀地貌为主，有冲沟和“V”字形河谷等，区内岩层层组为龙潭组、大隆组和飞仙关组，为落脚河向斜的一部分(图 11.8)。岩性为砂岩、黏土岩，植被发育良好，土地利用类型多样，尤以林地为主、发育不同生长年限的林地为主要特征。

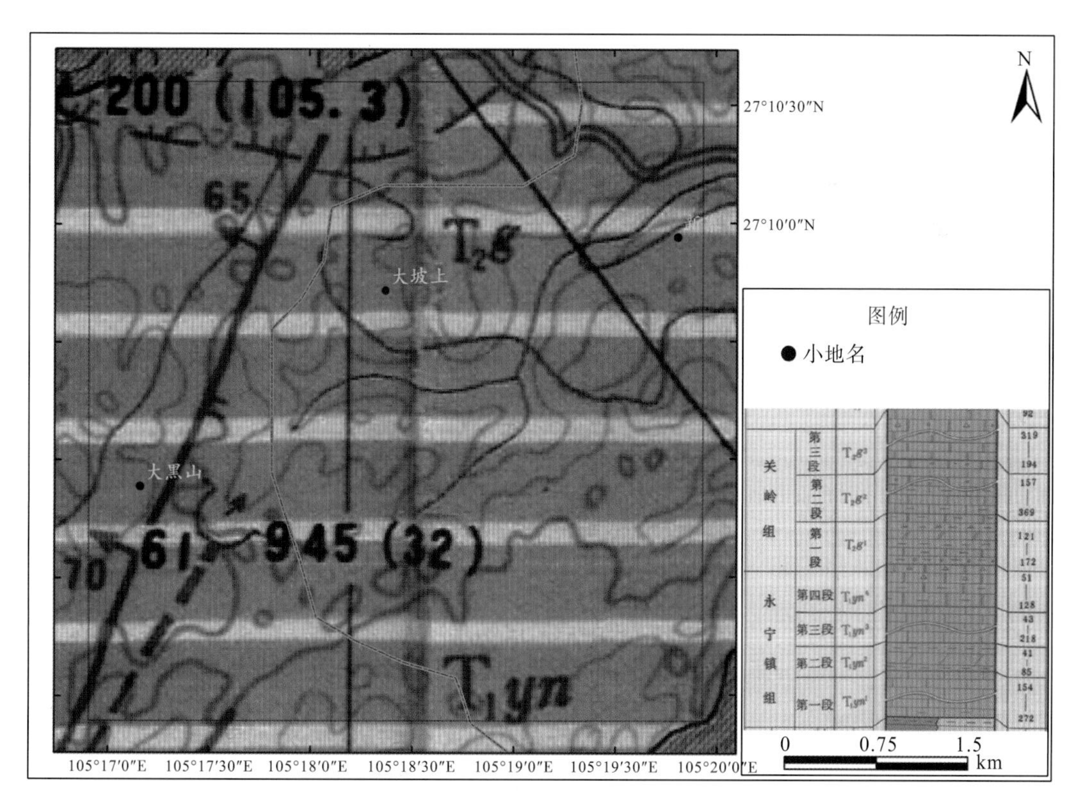

图 11.7 亚喀斯特样区区域水文地质图

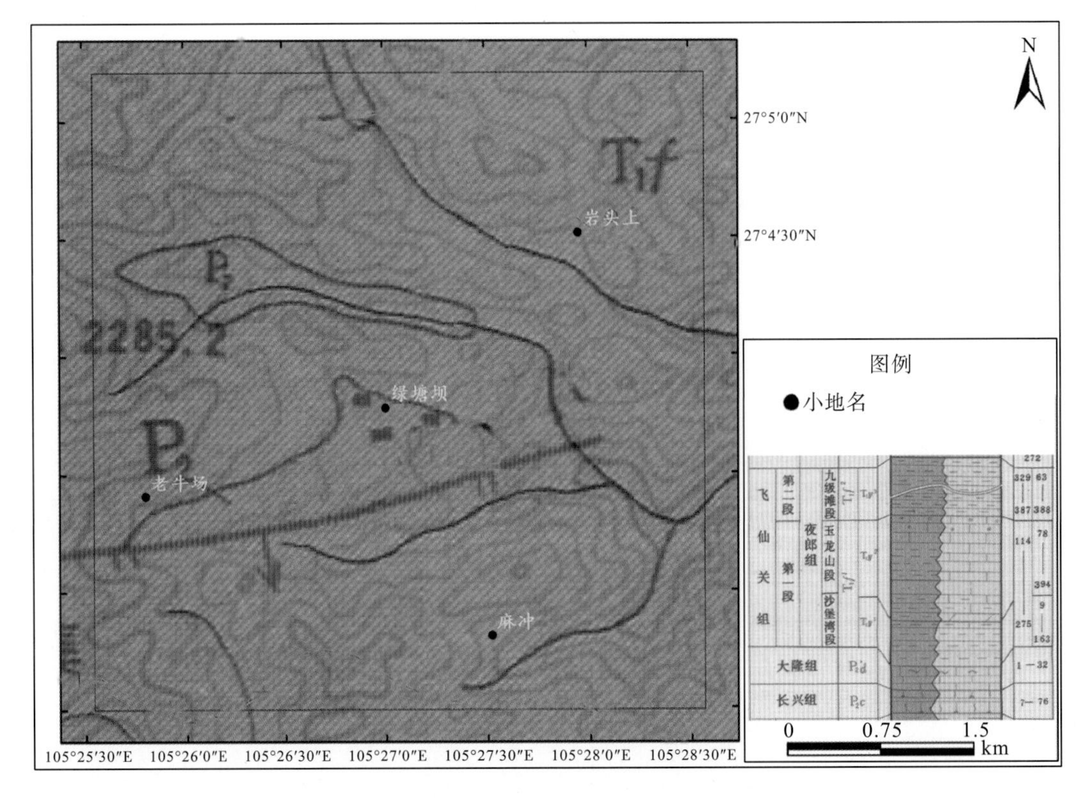

图 11.8　非喀斯特样区区域水文地质图

在具体的三个典型样区中，经过数据对比可以发现以下结论。

(1) 其岩性分别为：典型喀斯特样区为灰岩、白云质灰岩和燧石灰岩；亚喀斯特样区为泥质灰岩、砾屑灰岩、白云质灰岩和泥岩；非喀斯特区域为砂岩、黏土岩。

(2) 基岩的可溶蚀性排序为：典型喀斯特样区>亚喀斯特样区>非喀斯特样区。

(3) 亚喀斯特样区的基岩为含杂质灰岩类，其成土母质中不可溶物较多，容易形成一定厚度的土壤层；由于杂质成分较多，且多为互层结构，溶蚀能力较弱，但仍有相当可溶性。

11.3　地形地貌的差异

从地表看岩溶作用形成的喀斯特地貌类型多种多样，典型的特征是峰丛、峰林等地貌，而亚喀斯特地区则表现为缓丘等，可从地形图、地貌图、DEM 分析等来表述三者的差异性，如采用起伏度、正态分布偏移、地貌类型数量差异等来描述。

11.3.1　样区地形特点

(1) 典型喀斯特样区：在地形图上主要表现为封闭环状的锥状峰丛(正地形)和喀斯特洼地-坡立谷(负地形)。有相当的小的封闭单元，水流从洼地中的落水洞消失，本样区地表无任何水系，地表水漏失严重(图 11.9)。

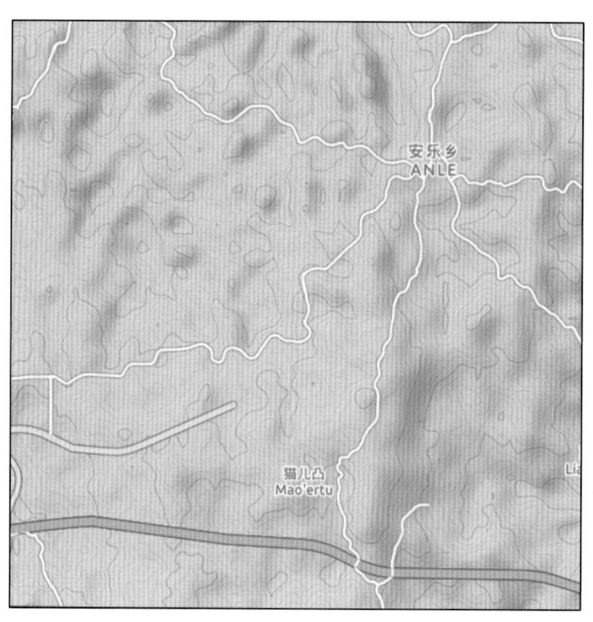

图 11.9 典型喀斯特样区地形图

(2) 亚喀斯特样区：在地形图上主要表现为缓丘(正地形)和河流侵蚀沟谷(负地形)。有少部分锥状山体，但较典型喀斯特更和缓；地表水系发育，沿沟谷呈现树枝叉状。地表有大量的水田分布，表明本区地表水漏失不严重，基岩有相当的保水性(图 11.10)。

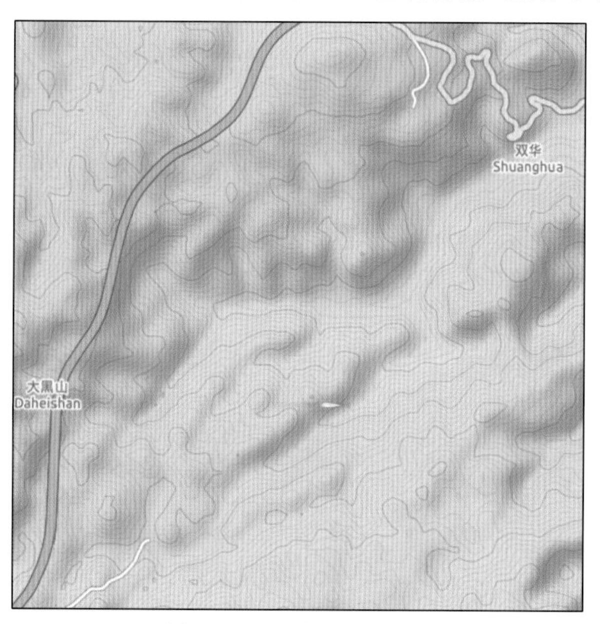

图 11.10 亚喀斯特样区地形图

(3) 非喀斯特样区：在地形图上主要表现为密集沟谷的高大山体、缓丘(正地形)、峡谷(负地形)。地形落差大，陡峭。河流呈现羽状，水系密集程度在三者中为最高，表明地表水很少漏失(图 11.11)。

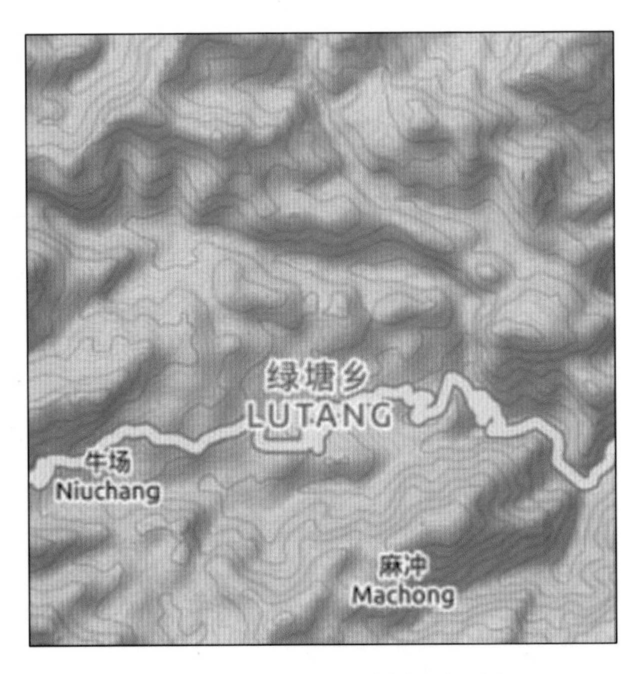

图 11.11　非喀斯特样区地形图

11.3.2　样区坡度起伏

(1) 典型喀斯特样区：由于峰丛和洼地的交错分布，在坡度图上表现为零星的交错分布。坡度在空间上变化很大，在坡立谷上坡度最大，其余位置如洼地和坡脚，坡度较为和缓(图 11.12)。

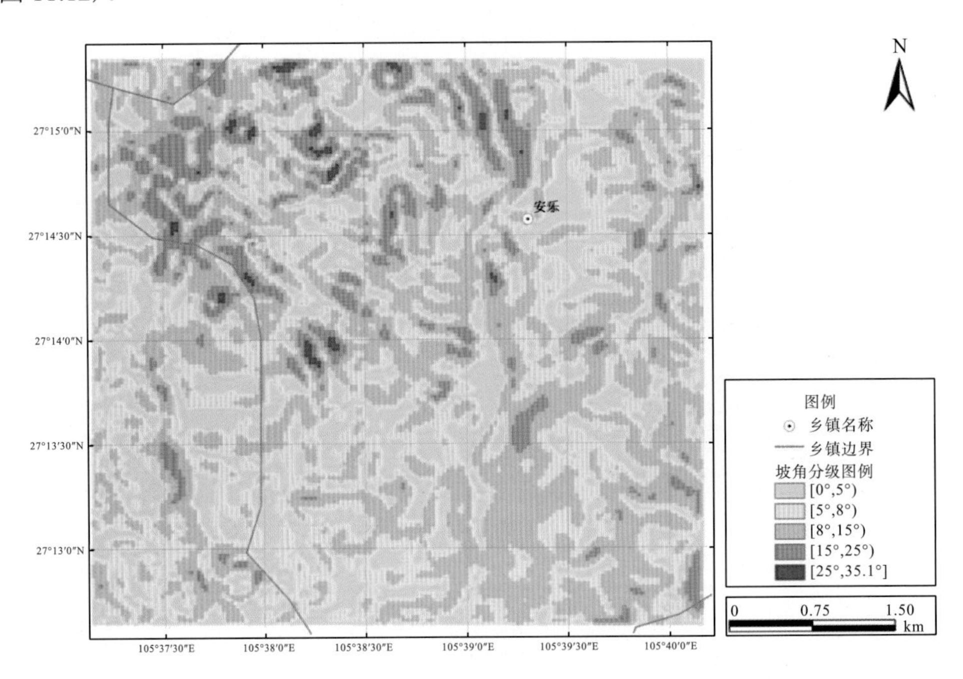

图 11.12　典型喀斯特样区坡度分级图

(2) 亚喀斯特样区：由于存在沟谷，地形的局部变化存在突变，少数部分坡度陡峭；但绝大部分都较为和缓。有明显的沟谷区和缓坡区，其上分布大量水田(图 11.13)。

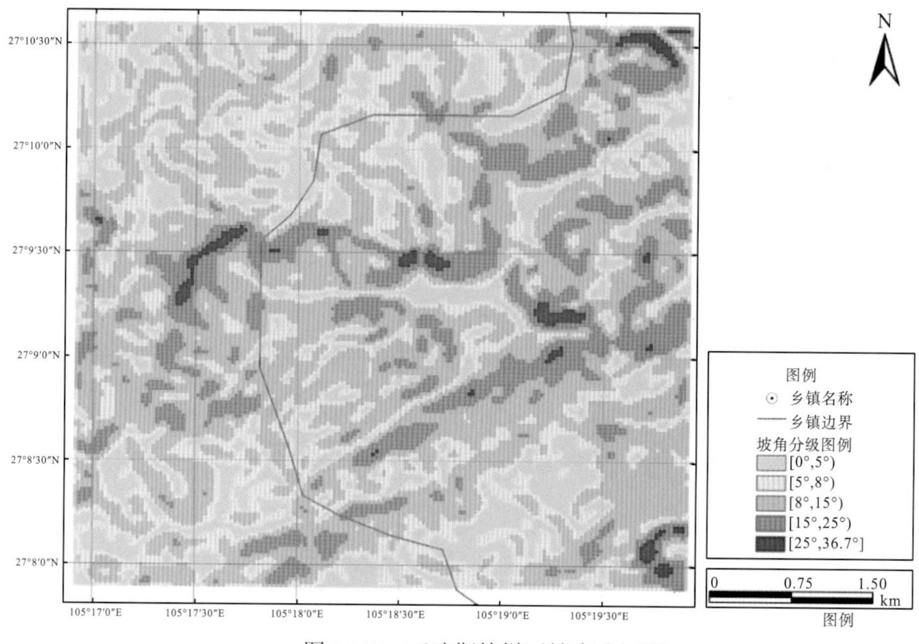

图 11.13　亚喀斯特样区坡度分级图

(3) 非喀斯特样区：由于相对巨大的山体和侵蚀沟谷的存在，坡角大于 25° 的坡度区大量增加，其坡度变化很有规律；即在峡谷区、山脊山顶突变区、侵蚀沟谷区坡度很大；在缓丘和山脚坡度则比较和缓。在河流展布方向有明显的细长坡度为零区域，与河流符合严密(图 11.14)。

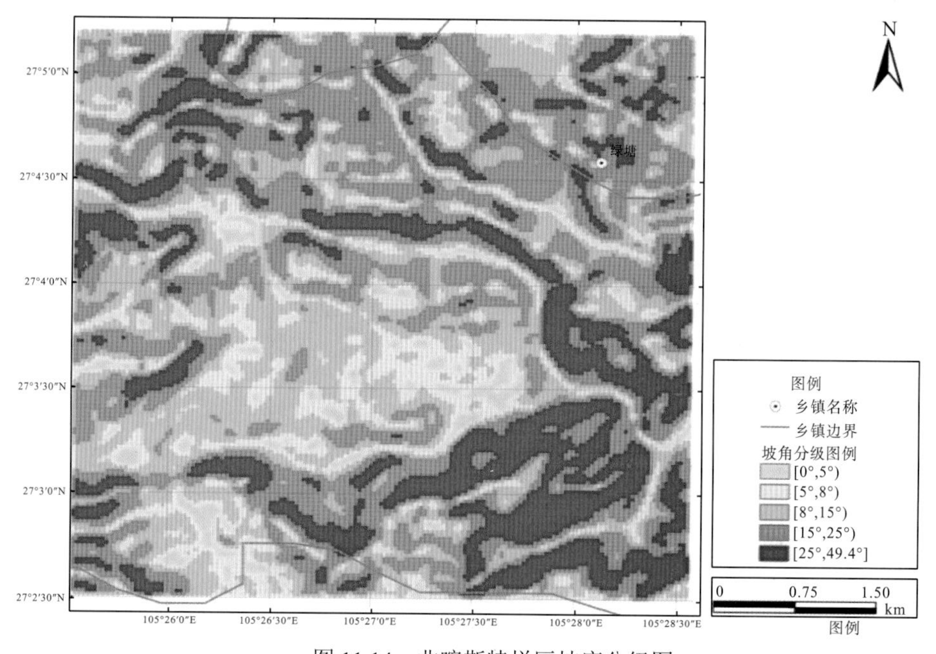

图 11.14　非喀斯特样区坡度分级图

11.3.3　样区地势

三者总体在同一个地貌单元上，因此地势相差不大，均位于 1400～2200m。典型喀斯特样区和亚喀斯特样区地势变化不大，大概位于 1400～1750m(图 11.15)。受水系侵蚀影响，亚喀斯区域最低海拔为 1409m，比典型喀斯特样区 1503m 降低了约 100m(图 11.16)。非喀斯特区海拔介于 1562～2175m，最低值与典型喀斯特样区一致，最高值远远大于典型喀斯特区和亚喀斯特区；因为构造原因典型喀斯特区的地形较为高大，且砂岩耐水蚀，保留较多(图 11.15～图 11.17)。

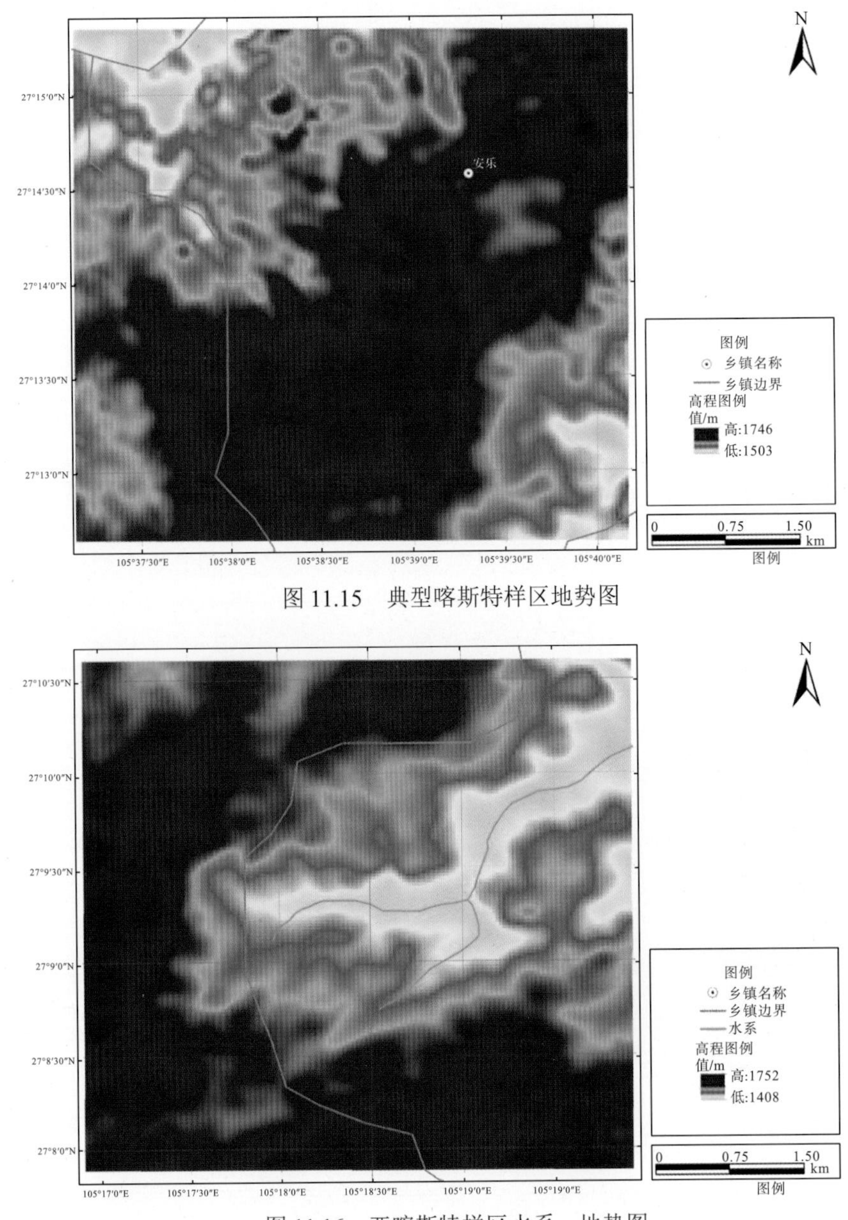

图 11.15　典型喀斯特样区地势图

图 11.16　亚喀斯特样区水系、地势图

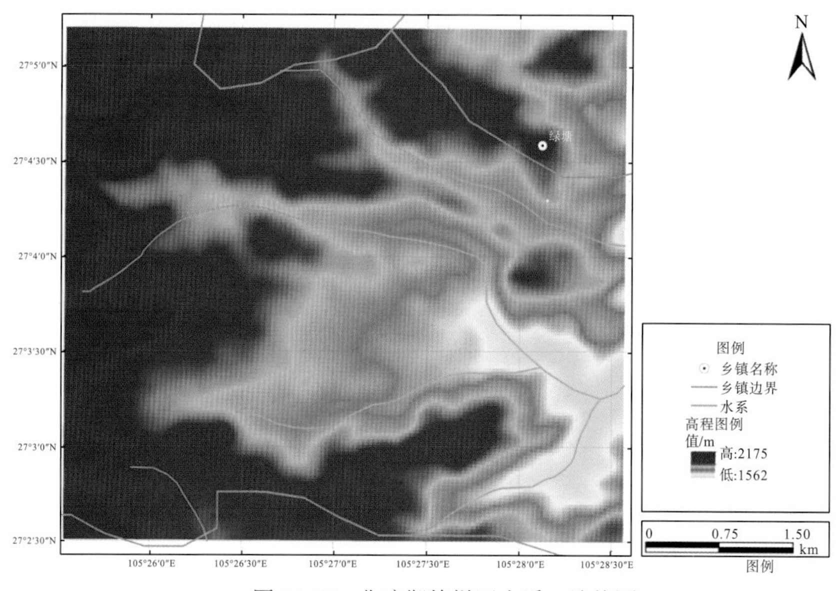

图 11.17　非喀斯特样区水系、地势图

11.3.4　高分遥感影像形态差异

本节收集了研究区 Google Earth 上的高分辨率遥感影像，直观地比较其影像上真彩色合成数据的区别。

(1) 典型喀斯特样区：由于峰丛和洼地的交错分布，在影像上表现为坑洼不平的状态，有“花生壳状”“麻窝状”的形态特征。锥峰上大部分为耐寒灌丛植被，洼地由于基岩水分漏失，大部分为旱地，仅少量位置积水为水田。受季节(9 月)影响，贵州毕节区域植被生长旺盛，色调为浓绿色，耕地区和自然植被区差异不甚明显，如图 11.18 所示。

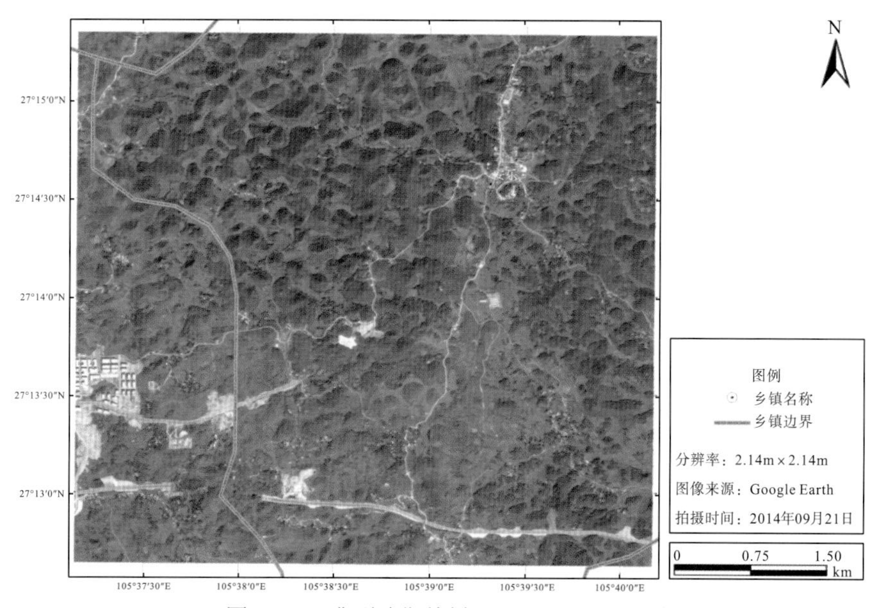

图 11.18　典型喀斯特样区 Google Earth 影像图

(2) 亚喀斯特样区：由于区内有大量的耕地存在，人为干扰严重。受季节(3 月)影响，贵州为冬季，水田处于休耕状态，影像耕地区与自然植被区影像色调差异很大；自然植被区内常绿植被和落叶枯草对比也很强烈。有明显的沟谷区和缓坡区，其上分布大量小块水田。在影像特征上呈现复杂的聚团式，纹理混乱，如图 11.19 所示。

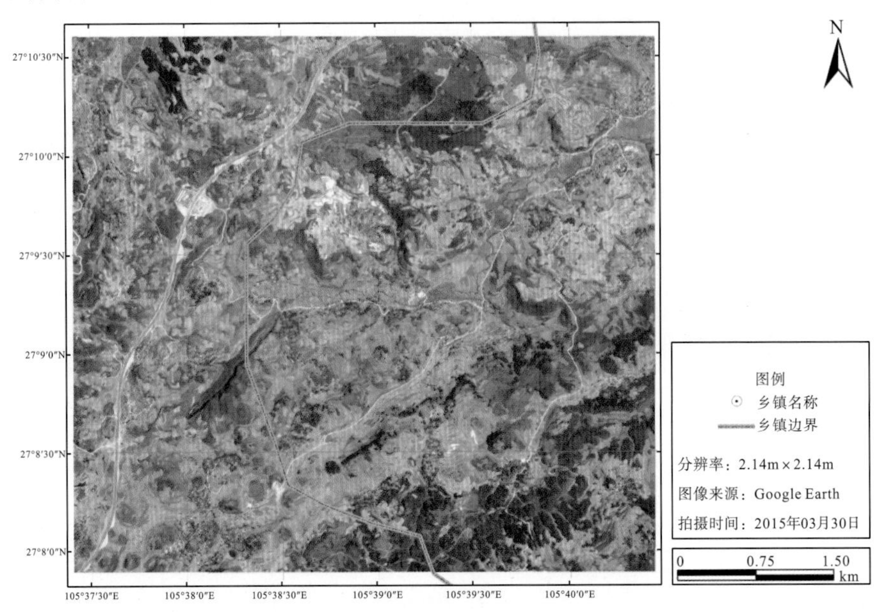

图 11.19　亚喀斯特样区 Google Earth 影像图

(3) 非喀斯特样区：由于相对巨大的山体和侵蚀沟谷的存在，整体影像纹理清晰，羽状水系与山体形态走势清晰可见；流水侵蚀形成的沟谷在山体上形成明显的树枝状，如图 11.20 所示。

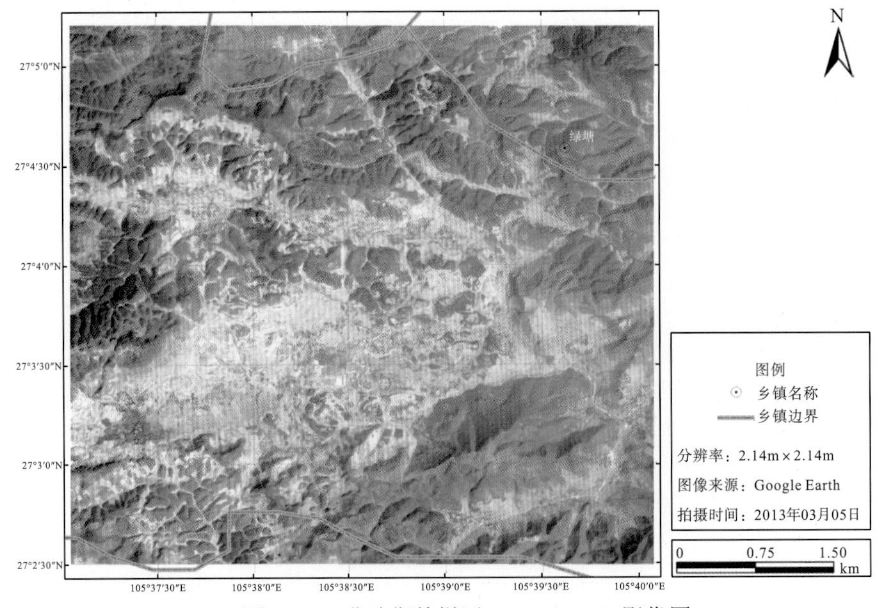

图 11.20　非喀斯特样区 Google Earth 影像图

11.4　水文河流的差异——贵阳花溪流域

水文作用是喀斯特地貌的内在动因，河流、泉点、瀑布、落水洞、溶洞等为外在表现，从河流的形态、流域的形状、河流流量、人工沟渠和水库的分布等方面来描述亚喀斯特区域河流及其水文特征。应用处理的水文地质图等资料在 ArcGIS 软件中进行分析处理，提供数据支持研究内容。

11.4.1　河流水文对比分析

通过对比喀斯特流域的实际河流与 DEM 自动提取的理论河流，可以发现二者之间的差异。选取贵州喀斯特流域——以贵阳市中曹司以上花溪河流域为例，以 DEM 数据和 1∶5 万的地形图为基础数据，通过对 DEM 数据的处理，提取理论的流域河流水系；再通过对地形图的处理，提取实际的流域河流水系，对比河流水系的形态、长度、数量；以地层岩性为对照量，得出两者之间存在差距的原因，研究地层岩性对地表径流的形态产生的影响。

喀斯特流域可溶性的双重含水介质，以及地表地下二元流场所组成的独特水文地貌结构及其产生的功能效应，使得其水系发育，水文动态上表现出与非喀斯特流域的巨大差异(杨明德　等，1998)。DEM 是地表形态高程属性的数字化表达，利用流域 DEM 数据构建数字水系模型并提取流域水文特征，是分布式水文过程模拟的重要基础。自 20 世纪 90 年代以来，由 DEM 自动获取水系和子流域特征，代表着流域参数化进入迅速发展阶段。正是因为 DEM 为自动提取流域排水结构提供了可能，才使得 DEM 在流域水文模型中的作用变得越来越大，并成为地形识别的很好的资料源。然而，喀斯特流域可溶性的双重含水介质，以及地表地下二元流场所组成的独特水文地貌结构及其产生的功能效应，使得其水系发育，水文动态上表现出与非喀斯特流域的巨大差异(胡锋　等，2015)。本节将通过喀斯特地区的实际水文数据与该地区 DEM 自动提取的水文数据的对比分析，研究喀斯特地区地层岩性会对实际的地表径流形态产生何种影响。

11.4.2　河流水文对比流程

研究流域是贵阳市中曹司以上花溪河流域。中曹司以上花溪河流域地处贵州高原中部、贵阳市南郊，东邻黔南州龙里县，西接贵安新区，南连黔南州惠水县、长顺县，北与南明区、观山湖区相接，如图 11.21 所示。研究区地处长江、珠江的分水岭，是贵阳市著名的生态区。区内有河流 51 条，总长 390km，水资源丰富，是贵阳市重要的水源保护区，属于中山喀斯特地貌，地形破碎，水蚀作用突出，多为水蚀地貌。主要数据包括研究流域的 DEM 图、覆盖研究流域的 1∶5 万地形图。

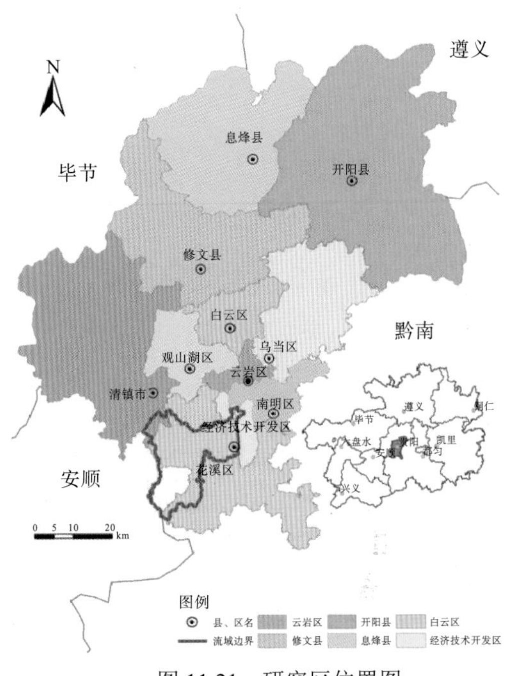

图 11.21　研究区位置图

1. 研究思路

通过地形图提取喀斯特流域的实际地表径流，再从 ArcGIS 中提取相同流域的理论地表径流。比较二者的形态、数量、长度，找出二者之间存在的差异。从喀斯特流域地层岩性的角度出发，研究讨论二者产生差异的原因以及地层岩性对地表径流的形态产生的影响。

2. 技术流程

将 DEM 数据和地形图运用 ArcGIS 进行水文分析和河流数字化提取，以研究理论和实际的河流形态的差异探索岩溶特性影响这些差异的主要原因，具体流程如下。

(1) 下载 DEM 数据，进行基础数据预处理，运用 ArcGIS 水文分析模块进行河流自动提取(分为两个主要特征的提取：提取地形特征、提取水文特征)。

(2) 将现有 1∶5 万的地形图运用 ArcGIS 进行基础数据预处理(校正，裁切)，数字化实际河流、泉点、地质线等初步工作，提取实际河流。

(3) 理论河流与实际河流的对比，从数据上对河流的长度、数量、形态等方面进行比较，从地层岩性的角度出发，分析、探讨地层岩性对产生这些差异的影响。

(4) 总结以上水文对比分析，探讨岩性对河流形态的影响。

3. 数据处理

1) DEM 数据的河流自动提取

水文分析基于 DEM 建立水系模型，用于研究流域水文特征和模拟地表水文过程，并对未来的地表水文情况做出估计。地表水的汇流情况很大程度上取决于地表形状，而 DEM 能够很好地表达某区域的地貌形态，在描述流域地形、坡度坡向分析、河网提取等方面具有突出优势，非常适用于水文分析。水文分析主要包括填充伪洼地、计算流向、计算流长、计算累计汇水量(D8 算法)、河流分级(Strahler 法)、水系的提取和水系矢量化等多个过程。基于 DEM 的地表水文分析的主要内容是运用水文分析模块提取地表水流径流模型的水流方向、洼地深度、汇流累计量、河流长度、河流网络(河流网络的分级等)及对研究区的流域进行分割等。通过上述基本水文因子的提取与基本水文分析，利用 DEM 再现水流的流动过程，最终完成水文分析。DEM 数据的河流自动提取过程如图 11.22 所示。

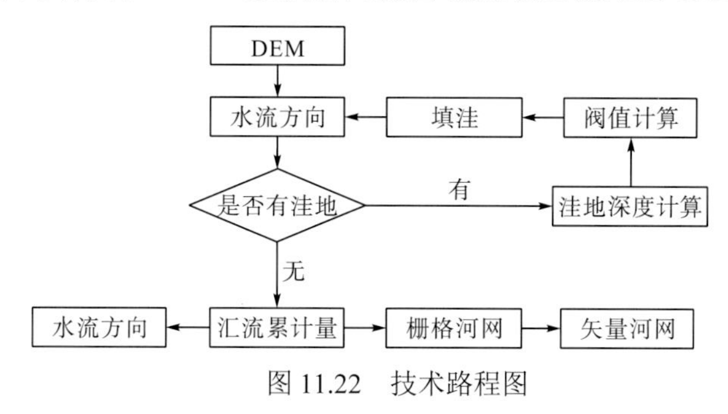

图 11.22　技术路程图

2)地形图地表河流提取及地质岩性提取

空间数字化是 GIS 的一个重要组成部分，是围绕空间数据的采集、加工处理、存储、分析和显示展开的。由于原始数据在数据结构、数据组织、数据表达等方面和所需的信息系统不符合，需要对原始数据进行转换和处理，如投影变换、不同数据格式间的相互转换，以及数据的裁切、拼接等处理。在 ArcGIS 环境下，将地形图中的河流、湖泊、地质线进行空间数字化。主要操作步骤为：地形图的校正与裁切—实际河流的自动提取—地层岩组的提取(杨大文 等，2004)，从而获得花溪区流域的实际河流分布图(图 11.23)。

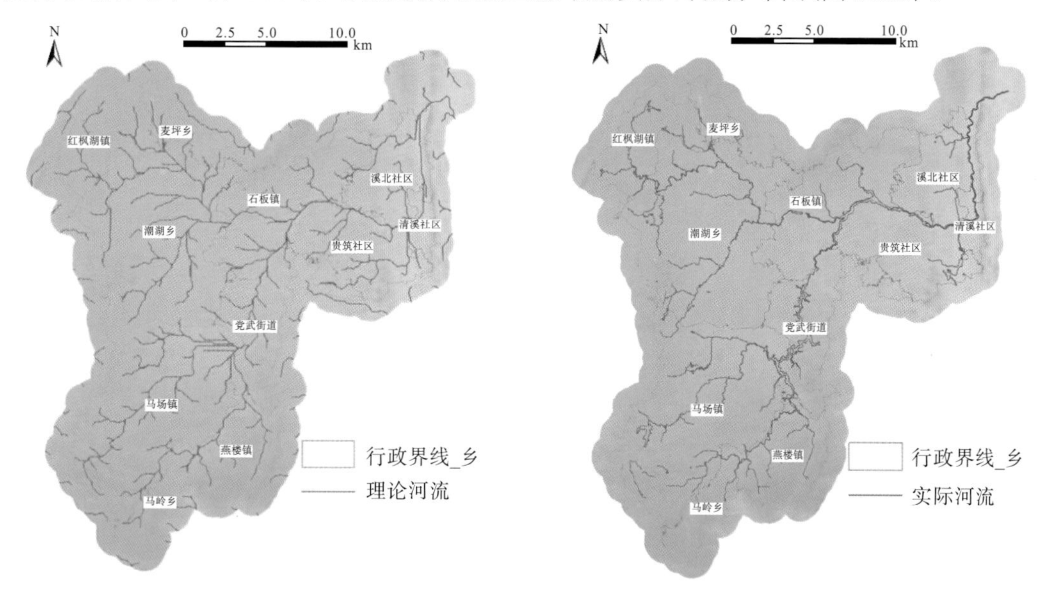

(a) 花溪河流域理论河流图　　(b) 花溪河流域实际河流图

图 11.23　研究区提取理论河流与实际河流分布图

11.4.3　数据的对比

1. 实际河流与理论河流的对比

首先从图 11.23 上直观了解理论河流与实际河流，可以看出理论河流与实际河流的形态存在明显差异，理论河流从形态上来说比实际存在的河流多。为具体了解理论河流与实际河流的差异，运用 GIS 环境下的工具将理论河流与实际河流的基本属性导出进行统计分析(表 11.2)。

表 11.2　基于 ArcGIS 软件下的理论河流和实际河流的统计表　　（单位：m）

理论河流长度	实际河流长度
476669	376926

理论河流长度有 476669m，实际河流有 376926m，实际河流的长度比理论河流短 99743m。从对比图表来看，理论河流从长度上比实际河流长。

2. 从地层岩性角度出发实际河流与理论河流的对比

研究流域大部分属于喀斯特地区(胡锋 等，2015)，河流的分布在各种岩组区别很大，详见表 11.3。为了探索地层岩性对河流的分布有何影响，对研究区地层岩性进行数字化和面积统计。

表 11.3　研究流域组别岩性信息

组名	面积/m^2	代号	岩性简述
安顺组	154774975	T_1a	白云岩、角砾白云岩
大冶组	112431969	T_1d	薄层泥晶灰岩
花溪组	50269618	T_2h	泥质灰岩、白云岩、白云质灰岩
格里斯巴赫阶组	926571	T_1g	15m 厚的生物层
长兴组	19916758	P_2c	含蜓灰岩相当的大隆组为页岩和燧石灰岩互层
吴家坪组	17117660	P_2w	灰岩夹页岩、炭质页岩夹煤
贵阳组	1672186	T_2gy	白云岩夹泥质白云岩
自流井组	1530904	J_1z	杂色砂页岩夹灰岩
茅口组	750745	P_1m	灰岩
青岩组	382599	T_1q	灰岩
三桥组+二桥组	55763	T_3s-T_3e	钙质泥质砂岩与生物碎屑灰岩互层
合计	359829748	—	—

研究流域由安顺组、大冶组、花溪组、格里斯巴赫阶组、长兴组、吴家坪组、贵阳组、自流井组、茅口组、青岩组、三桥组+二桥组构成地质结构。研究流域的岩性是以白云岩、灰岩为主，其中白云岩、灰岩皆为可溶性岩石(胡锋 等，2015)。

通过表 11.4 可知整个流域河流主要流经安顺组、大冶组、花溪组、格里斯巴赫阶组。其中，茅口组、青岩组、三桥组+二桥组并无河流流过。

表 11.4　研究流域组别内理论河流与实际河流信息统计

组名	理论河流长度/m	实际河流长度/m
安顺组	178792	127047
大冶组	153675	109454
花溪组	67978	82968
格里斯巴赫阶组	35474	2354
长兴组	19793	17989
吴家坪组	18964	22597
贵阳组	1993	6888
自流井组	无	7629
茅口组	无	无
青岩组	无	无
三桥组+二桥组	无	无
合计	476669	376926

3. 从长度上来比较

通过以上自然状态的实际河流与理论河流的对比，总的来说，研究流域内，实际河流比理论河流要短，总共短 99743m。具体比较情况如下：安顺组理论河流比实际河流长 51745m；大冶组长 44221m；花溪组短 14990m；格里斯巴赫阶组长 33120m；长兴组长 1804m；贵阳组短 4895m；自流井组短 7629m；茅口组、青岩组、三桥组+二桥组并没有河流流过。

从研究流域实际河流和理论提取的河流比较来看，实际河流无论从数量上还是长度上都比理论河流数量要少。对比理论河流和实际河流可知，整个理论河流和实际河流最直观的差异体现在 1 级河网上，理论河流和实际河流的差异也主要是低级河网的差异。因为喀斯特地貌的岩溶作用，导致大量河网上的河流通过岩溶，流入溶洞、地下河等方式流失。而 1 级河网上的水流量相比较 2、3 级河网小，导致通过岩溶作用流失的水流量大，从而造成喀斯特地区理论河流与实际河流的差异。

实际河流和提取的理论河流之所以存在差异，主要是因为研究流域喀斯特地区的岩溶性、溶洞、地下河等特性存在，使得研究流域的地表水流失——低级河网水流失严重，无法有效汇集，而级别较高的河网也有少量的水流失。这种流失导致水流无法进行有效的汇集从而形成河流。而提取理论河流并没有考虑过喀斯特地区的岩溶作用，所以理论提取的河流会比实际存在的河流距离要长。

11.5　土壤类型的差异

土壤类型及土壤特性(厚度、pH、有机质含量等)是在基岩风化及溶蚀作用等的残留物的基础上经生物作用长期演化而来的。在特定的气候带、小尺度地域范围内，土壤在3个样区有着明显的差异，详见图11.24～图11.26。

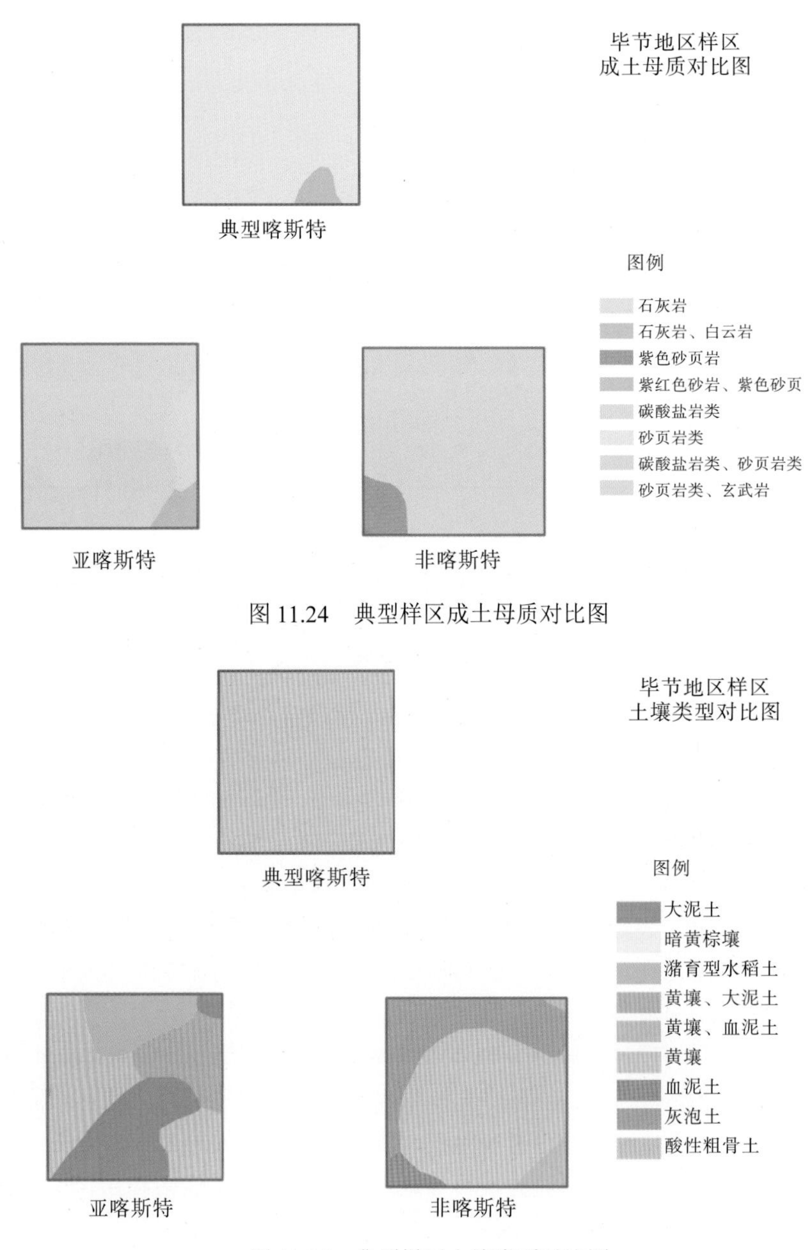

图11.24　典型样区成土母质对比图

图11.25　典型样区土壤类型对比图

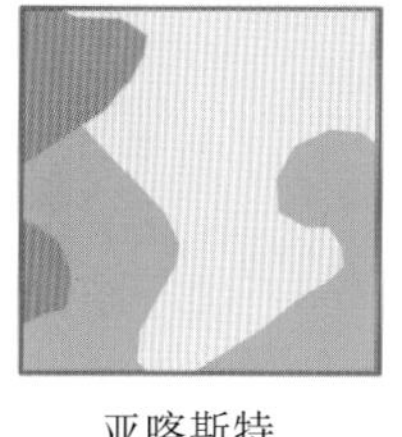

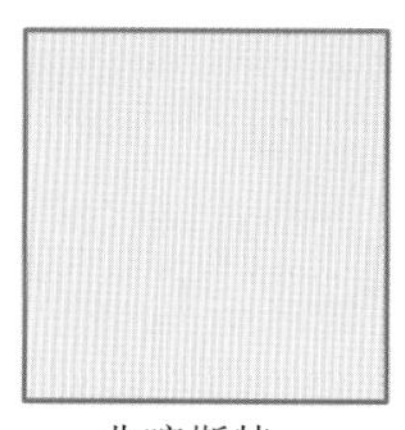

图例

项目 / 级别	pH	碳酸钙含量/%	颜色
1	<4.5	>1.5	
2	4.5~5.5	1.5~5.0	
3	5.5~6.5	5.0~3.0	
4	6.5~7.5	3.0~1.0	
5	7.5~8.5	1.0~0.25	
6	8.5<9.0	<0.25	

图 11.26　典型样区土壤 pH 对比图

11.5.1　研究区主要土壤类型

典型样区的土壤类型主要有黄棕壤，黄壤，大泥土，潴育型水稻土，黄壤、大泥土的混合土壤类型，详见图 11.25。

黄棕壤是黄、红壤与棕壤之间的过渡性土类，发育于亚热带常绿阔叶与落叶阔叶混交林下的土壤。在植被上，有温带特征的落叶树种，又有常绿的阔叶树种和针叶树种，而且在栽培树木中有竹类、油桐和茶叶等；在土壤形成方面，有温带土壤特征的明显黏化，同时又开始具有硅、铁淋溶的富铝化的初级阶段，土壤具有酸性至微酸性的反应。

黄壤是亚热带湿润山地或高原常绿阔叶林下的土壤。土层经常保持湿润而呈酸性，盐基饱和度低，土壤淋溶强，土层含有大量针铁矿而显黄色。它具有明显的发生层次，其农业土壤剖面结构构型为耕作层—心土层—母质层。自然土表层有 10～30cm 的未分解枯枝落叶腐殖质层，其下为黏重、紧实的淀积层，颜色为黄至棕黄色。

潴育型水稻土是亚喀斯特地区区别于其他两个地区的土壤类型，它所处地形部位多为平原二级阶地的开阔平坦地带和一级阶地两河道之间的垄背平缓地带，土层较厚，多数大于 75cm，耕层厚 16～20cm。该土壤类型分布于平缓开阔地形，地下水位较高，成土过程受地表水和地下水的双重影响。

灰泡土是黄棕壤开垦的亚类，是湿润高寒山区灰棕壤或灰化熟土化而形成的旱作土壤。此耕作层浅薄，结构松散，上松下实，土性凉，酸性强，是中下等肥力的土壤。此外，灰泡土的成土母质主要是砂页岩和砂岩，少数是石灰岩、玄武岩及云母片岩等的风化物。垦前的天然植被以针叶、阔叶林为主，夹有常绿阔叶林；低矮植物主要是禾本科的白茅草与蕨类等酸性指示植物。灰泡土在精耕细作和采取改良措施的条件下，其不良的特性可以逐渐改变，肥力和产量水平可以不断提高。

11.5.2　典型样区主要土壤特点

不同环境下发育不同的土壤类型，亚喀斯特地区的土壤类型应该相对复杂些。通过对土壤类型图、土壤厚度图、土壤 pH 图等系列图件的处理及实地调查数据，分析典型区土壤厚度等的差异。

典型喀斯特样区并无严格意义上的特有土壤类型。由于喀斯特地区是地下水对碳酸盐岩侵蚀作用的结果，土壤较少，土层偏薄，多被流水搬运，导致成土的过程相对缓慢。但是，大部分喀斯特地区分布以植被较好、水分较多的地区为主，其土壤是以红壤、黄壤、灰壤居多，有极少部分是黑土。

由于亚喀斯特样区是介于典型喀斯特地区和非喀斯特地区的一种过渡型的形态。因此，它具有喀斯特地区和非喀斯特地区一些不具有的土壤类型，因而使亚喀斯特地区保持部分较好的耕种区及比较完整的植被，但是亚喀斯特和典型喀斯特都是生态脆弱区，而亚喀斯特地区土层较厚，保水保湿的能力又强，旱情又不如典型喀斯特地区严重，在一定程度上可以缓解人地矛盾，具有保护价值。

非喀斯特样区主要为黄壤，仅有微量酸性粗骨土。

11.5.3　样区土壤对比分析

从样区的取样中，可以看出两两之间的区别。亚喀斯特土壤类型种类丰富，有大泥土和黄壤的混合型土壤及典型喀斯特和非喀斯特不存在的土壤类型：潴育型水稻土；典型喀斯特地区土壤种类单一，不具有多样性；非喀斯特地区土壤种类丰富，土层稳定，植被类型好。

1. 从数据角度来看差异性

首先，亚喀斯特样区与非喀斯特样区相比较，黄壤占到样区面积的 39.2%，也是其中比例最高的土壤，而非喀斯特地区的黄壤达到 62.48%，几乎是典型喀斯特地区的两倍，同时可以看到，同为耕作型的土壤(潴育型水稻土和灰泡土)，在亚喀斯特样区潴育型水稻土的含量仅有 16.0%，但是亚喀斯特样区是确实可以耕作的。灰泡土在生态稳定性极好的非喀斯特样区占到 28.96%，这个比例较高。非喀斯特地区的土地利用率比较高，而在亚喀斯特样区能够用来耕作的土壤就少得多，详见表 11.5 和表 11.6。

表 11.5　亚喀斯特样区土壤类型统计表

土壤字段	样区个数/个	土壤类型	面积/km^2	百分比/%
133	1	潴育型水稻土	4.0	16.0
21	2	黄壤	9.8	39.2
21、64	2	黄壤、大泥土	4.1	16.4
64	2	大泥土	7.1	28.4
合计	7	—	25.0	100.00

表 11.6　非喀斯特样区土壤类型统计表

土壤字段	样区个数/个	土壤类型	面积/km^2	百分比/%
21	1	黄壤	15.62	62.48
21、53	1	血泥土、黄壤	1.28	5.12
34	1	灰泡土	7.24	28.96
53	1	血泥土	0.86	3.44
合计	4	—	25.00	100.00

2. 亚喀斯特样区与典型喀斯特样区比较

从土壤类型来看，亚喀斯特样区土壤类型较丰富，具有大泥土和潴育型水稻土，并且占比非常高，达到了 44.4%。而典型喀斯特样区的黄壤含量竟然达到了 99.96%，这也直观说明了喀斯特地区土壤难利用的情况，详见表 11.7。

表 11.7　典型喀斯特样区土壤类型统计表

土壤字段	样区个数/个	土壤类型	面积/km^2	百分比/%
21	1	黄壤	24.99	99.96
91	1	酸性粗骨土	0.01	0.04
合计	2	—	25.00	100.00

3. 亚喀斯特样区与典型喀斯特样区相比

亚喀斯特样区土壤种类丰富，具有潴育型水稻土这种可被人们利用的土壤类型，因为夹层区透水、隔水层重复出现，地下水出露较多，土壤发生氧化还原反应，土壤直接受到地下水周期性浸润的土层，地下水位在雨季后期升高，旱季下降，使土壤剖面下层呈现周期性的干湿交替，并引起土层中的铁、锰化合物的氧化还原交替，使铁、锰化合物发生移动或局部沉淀，形成了一个明显有锈纹锈斑以及含有铁锰结核的潴育层，潴育层厚度多在 20cm 以上，棱柱状或棱块状结构居多，有鲜红色锈斑及铁锰新生体，铁的活化度低，盐基饱和度较高，潴育型水稻土水气肥协调，耕作层有机质、全氮、速效养分含量较高。又由于各种母质在形成潴育型水稻土时，都经历了复盐基与盐基淋溶过程，使 pH 趋于微酸性或中性，盐基趋于饱和。这类土壤质地黏重，保肥的能力强，便于人们有效利用，因此不易大规模地发生土壤侵蚀；而典型喀斯特地区，土壤种类单一，具有的是南方地区绝大多数都具有的土壤类型——黄壤(表 11.7)，不如亚喀斯特土壤类型丰富，从样区中分析得到了典型喀斯特地区的成土母质是以紫色砂页岩为主，而发育在紫色砂页岩上的黄壤，心土呈黄色，底土逐渐过渡为紫红色。这种母质极易风化崩解，以壤土居多，渗透性好，风化度较低，淋溶脱硅作用较弱。因此，典型喀斯特样区的保湿保肥能力较差，这也是其土壤难以被人们利用的原因之一。

4. 亚喀斯特样区与非喀斯特样区相比

亚喀斯特样区的土壤类型同样比非喀斯特样区丰富得多，土壤能保水、保肥、适合耕种，黏土土壤颗粒较细，保肥的能力强，透水、通气能力差得多。非喀斯特样区同样具有黄壤，但是非喀斯特地区的黄壤成土母质是以碳酸盐岩类和砂页岩类为主。在森林植被下，地表有较厚的枯枝落叶层，地表不透水，腐殖质层较厚，表土为强酸性，因酸性淋溶作用而可见灰化现象——灰泡土。并且非喀斯特地区的植被茂密旺盛，稳定性极高，有很强的抗外界干扰能力。

由于成土母质及基岩保水特性的不同，亚喀斯特区域的土壤有以下特性。

(1) 成土母质复杂，由于基岩岩性差异，亚喀斯特区域杂质含量大，成土较典型喀斯特区域要容易。

(2) 亚喀斯特区域保水性稍好，地表水漏失较典型喀斯特地区更慢，土壤养分含量较好。

(3) 土壤类型多样，成土母质类型丰富，成土环境复杂。

(4) 易耕作。非喀斯特区域土壤易呈强酸性，典型喀斯特区域土壤易呈碱性，亚喀斯特区域多为中性土壤。

11.6　样区土地利用对比分析

11.6.1　土地利用概述

土地利用指的是农业、林业、牧业和城市发展等人类对于与土地有关的自然资源的利用活动。然而土地利用受自然条件的作用和制约，也受经济、技术、社会条件的影响，因此土地利用现状是在一个区域内的自然、经济、技术和社会条件共同作用的产物。贵州的喀斯特具有发育强烈、碳酸盐岩出露面积多、厚度大、结构复杂、地形地貌复杂等特点，是典型的生态环境脆弱区。再加上人口众多，可利用土地较少，为了满足不断增加的人口需要，人类会不停地毁林开荒种粮，导致过去有些地区步入“生态脆弱—贫困—掠夺式土地利用—资源环境退化—进一步贫困”的恶性循环。为了进一步缓解人地矛盾，解决喀斯特地区的土地利用情况，有学者提出了亚喀斯特。安裕伦等(2001)认为亚喀斯特是发育在不纯碳酸盐岩及碳酸盐岩与非碳酸盐岩夹层之上的一种过渡地貌形态。

而典型喀斯特则是发育纯的碳酸盐岩，这样也决定了各分区的成土母质的不同。由于成土母质的不同进而造成土壤的类型不同，最后影响人类的土地利用方式。人类通过不同的土地利用方式影响环境。由于地理环境的不同，亚喀斯特、典型喀斯特、非喀斯特区域下的土地利用方式各具特色。通过对比研究不同分区下的土地利用方式，有利于进一步了解亚喀斯特、典型喀斯特、非喀斯特的不同之处，进而阐释不同分区下的人地关系，探索合理的土地利用方式，构建和谐的人地关系。

人类活动是影响土地利用最活跃的因素之一，它有意识或无意识地改变着土地利用方式。合理的土地利用方式不仅能促进土地持续利用与发展，而且对生态安全研究具有重要指导意义。为了削弱人类活动对土地利用方式的影响，在典型样区选择时，尽量将样区选择在相同的行政区内，减少政策、生活方式的不同对土地利用方式造成直接影响。为了更好地阐释贵州省不同分区下的土地利用方式，比较其土地利用类型的比例关系、格局分异，总结其特点，应用生态十年数据进行分析。在贵州省共选取了 10 个样区。每个样区包含

3 种分区，分别是典型喀斯特地区、亚喀斯特地区、非喀斯特地区。每个分区的研究范围为 5km×5km。

11.6.2　土地利用结构分析

土地利用结构分析是对土地利用类型、数量、分布及其组合特征进行评价和研究的过程，其结果可反映区内土地资源的特点和优劣势，诊断土地利用是否合理。对于不同分区下的土地利用结构进行分析是了解各分区不同之处的途径之一。由于土地利用二级分类系统具有较高分辨率，能具体体现不同分区的差异性，本节采用二级分类系统来研究不同分区下的土地利用。其中，一级包括 5 个类，分别是林地、草地、建设用地、耕地、未利用地。二级分为 27 个类。分别是采矿地、草本绿地、草本沼泽、草丛、常绿阔叶灌木林、常绿阔叶林、常绿针叶灌木林、常绿针叶林、工业用地、灌木林地、灌木园地、旱地、河流、湖泊、交通用地、居住用地、裸土、裸岩、落叶阔叶灌木林、落叶阔叶林、乔木绿地、乔木园地、沙漠/沙地、水库/坑塘、水田、稀疏灌木林、针阔混交林［数据来源于贵州省生态环境变化(2000～2010 年)遥感调查与评估项目］。1 号样区不同分区下土地利用面积统计见表 11.8 和图 11.27～图 11.29，2 号样区不同分区下土地利用面积统计见表 11.9。

表 11.8　1 号样区不同分区下土地利用面积统计

土地利用类型		亚喀斯特		典型喀斯特		非喀斯特	
		面积/ hm²	比例	面积/ hm²	比例	面积/ hm²	比例
林地	常绿针叶林	208.14	0.08	106.16	0.04	475.01	0.19
	常绿阔叶林	8.47	0.00	0.00	0.00	15.22	0.01
	落叶阔叶林	214.30	0.09	179.26	0.07	103.55	0.04
	针阔混交林	7.93	0.00	0.09	0.00	0.01	0.00
	常绿阔叶灌木林	168.26	0.07	1191.73	0.48	541.52	0.22
	落叶阔叶灌木林	60.14	0.02	269.43	0.11	446.87	0.18
	稀疏灌木林	2.34	0.00	9.64	0.00	160.34	0.06
	乔木园地	18.10	0.01	0.00	0.00	0.00	0.00
	灌木园地	32.09	0.01	0.00	0.00	0.00	0.00
草地	草丛	153.26	0.06	435.07	0.17	432.08	0.17
建设用地	居住用地	81.20	0.03	14.08	0.01	38.73	0.02
耕地	旱地	456.55	0.18	179.62	0.07	184.79	0.07
	水田	1089.23	0.44	114.92	0.05	100.26	0.04
未利用地	裸岩	0.00	0.00	0.00	0.00	1.62	0.00
小计		2500.01	0.99	2500	1.00	2500	1.00

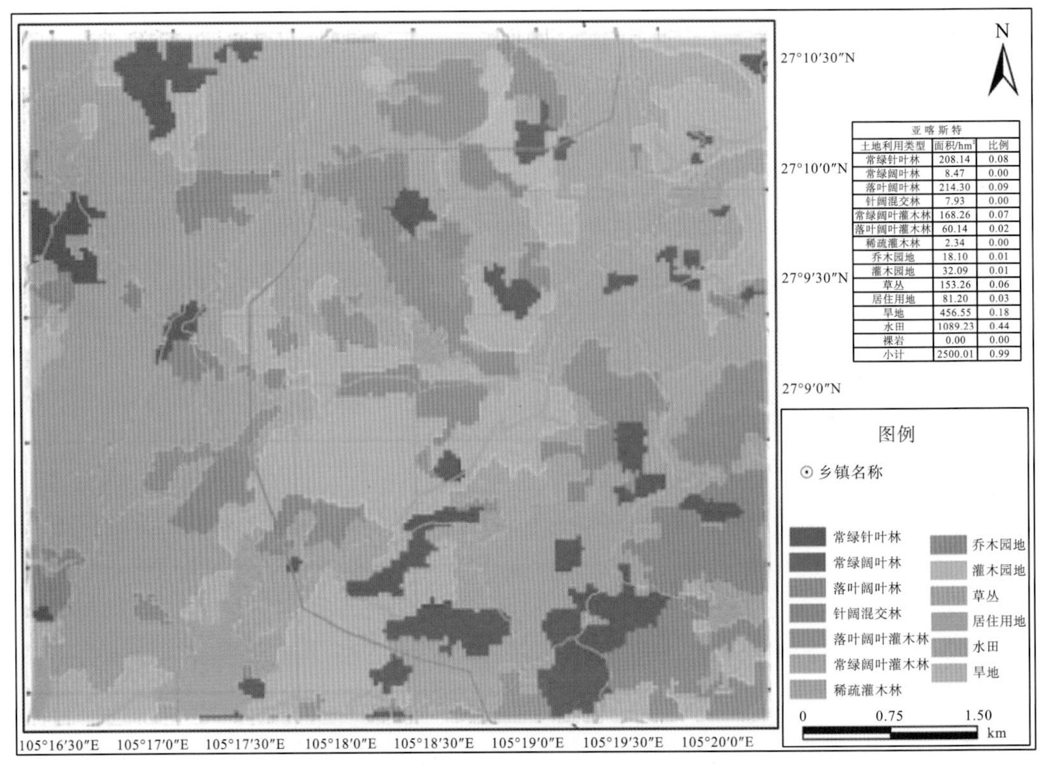

亚喀斯特		
土地利用类型	面积/hm²	比例
常绿针叶林	208.14	0.08
常绿阔叶林	8.47	0.00
落叶阔叶林	214.30	0.09
针阔混交林	7.93	0.00
常绿阔叶灌木林	168.26	0.07
落叶阔叶灌木林	60.14	0.02
稀疏灌木林	2.34	0.00
乔木园地	18.10	0.01
灌木园地	32.09	0.01
草丛	153.26	0.06
居住用地	81.20	0.03
旱地	456.55	0.18
水田	1089.23	0.44
裸岩	0.00	0.00
小计	2500.01	0.99

图 11.27　亚喀斯特样区土地利用现状图

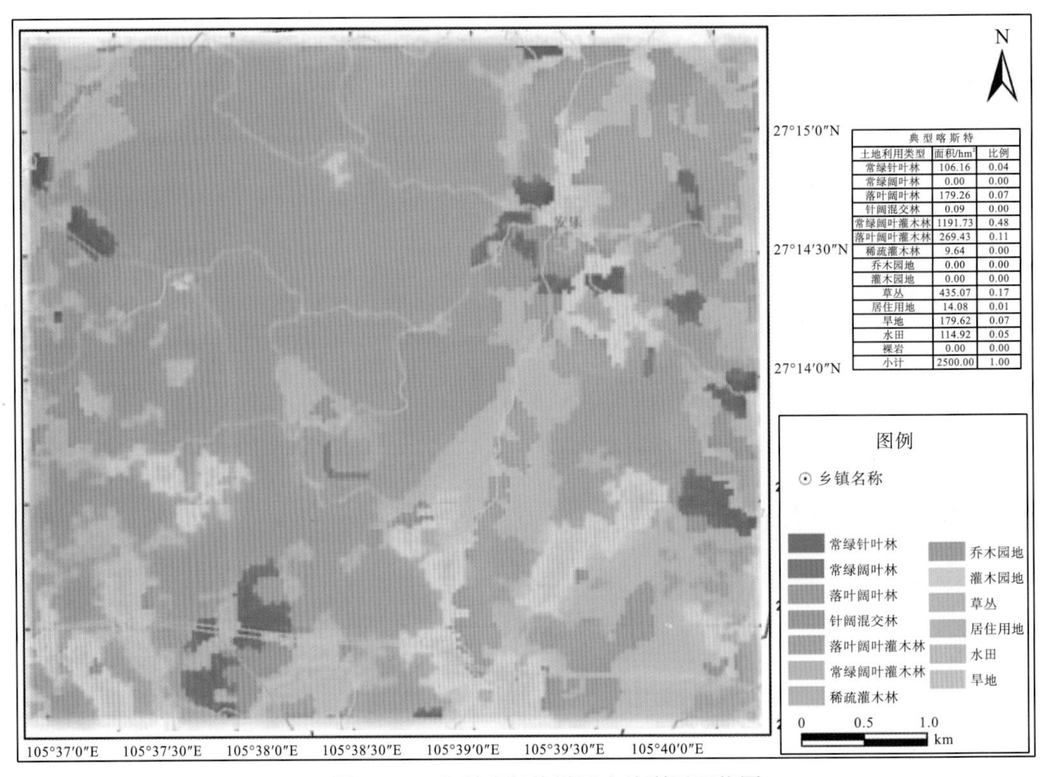

典型喀斯特		
土地利用类型	面积/hm²	比例
常绿针叶林	106.16	0.04
常绿阔叶林	0.00	0.00
落叶阔叶林	179.26	0.07
针阔混交林	0.09	0.00
常绿阔叶灌木林	1191.73	0.48
落叶阔叶灌木林	269.43	0.11
稀疏灌木林	9.64	0.00
乔木园地	0.00	0.00
灌木园地	0.00	0.00
草丛	435.07	0.17
居住用地	14.08	0.01
旱地	179.62	0.07
水田	114.92	0.05
裸岩	0.00	0.00
小计	2500.00	1.00

图 11.28　典型喀斯特样区土地利用现状图

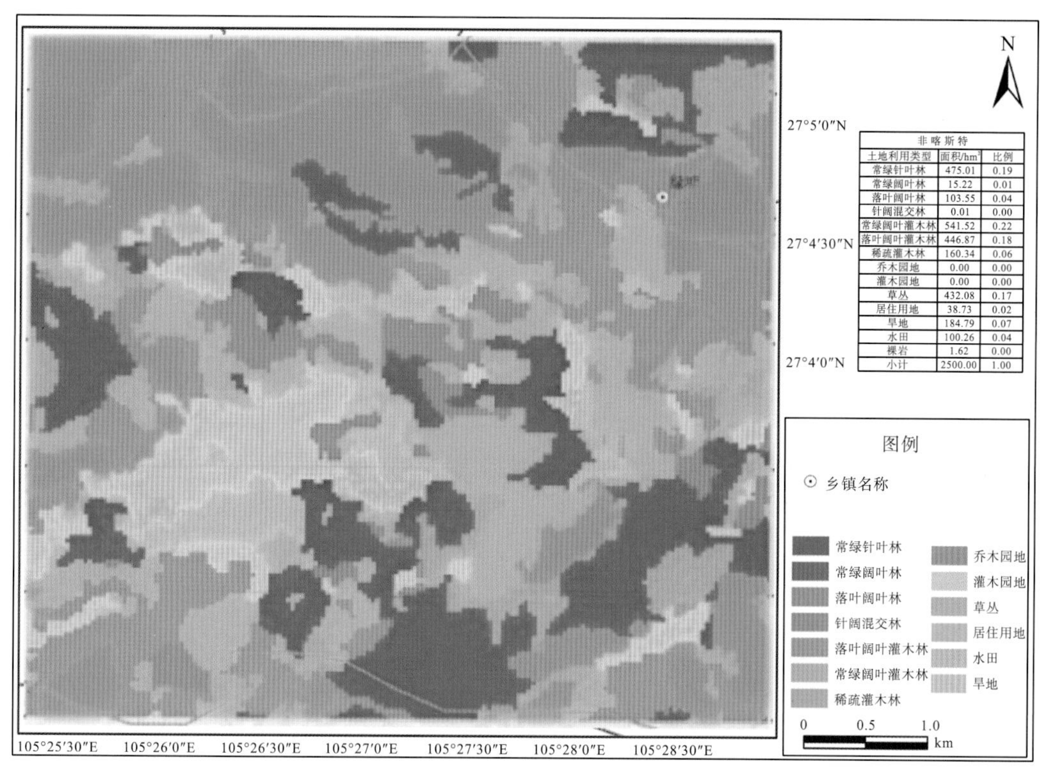

图 11.29　非喀斯特样区土地利用现状图

表 11.9　2 号样区不同分区下土地利用面积统计

土地利用类型		典型亚喀斯特		典型喀斯特		非喀斯特	
		面积/ hm²	比例	面积/ hm²	比例	面积/ hm²	比例
林地	常绿针叶林	464.08	0.186	365.14	0.15	131.72	0.05
	常绿阔叶林	2.61	0.001	6.65	0.00	67.38	0.03
	落叶阔叶林	4.35	0.002	176.40	0.07	38.22	0.02
	针阔混交林	0.00	0.000	0.00	0.00	0.00	0.00
	常绿阔叶灌木林	213.51	0.085	1152.16	0.46	139.17	0.06
	落叶阔叶灌木林	199.58	0.080	157.32	0.06	158.91	0.06
	稀疏灌木林	185.31	0.074	81.14	0.03	47.06	0.02
	乔木园地	0.00	0.000	0.00	0.00	56.75	0.02
	灌木园地	1.62	0.001	0.00	0.00	0.00	0.00
草地	草丛	119.35	0.048	310.14	0.12	196.20	0.08
建设用地	居住用地	125.77	0.050	8.38	0.00	59.02	0.02
	工业用地	13.87	0.006	0.00	0.00	0.00	0.00
耕地	旱地	366.00	0.146	156.45	0.06	1042.47	0.42
	水田	791.15	0.316	86.22	0.03	563.10	0.23
水域	水库/坑塘	12.80	0.005	0.00	0.00	0.00	0.00
小计		2500	1.00	2500	0.98	2500	1.01

土地利用类型在不同分区上组成的图斑个数也不相同。在 1 号样区中，亚喀斯特地区一共有 175 个图斑，包括 13 种土地利用类型；典型喀斯特地区一共有 215 个图斑，包括 10 种土地利用类型；非喀斯特地区一共有 245 个图斑，包括 12 种土地利用类型。在 2 号样区中，亚喀斯特地区一共有 175 个图斑，包括 13 种土地利用类型；典型喀斯特地区一共有 144 个图斑，包括 10 种土地利用类型；非喀斯特地区一共有 150 个图斑，包括 11 种土地利用类型。在 1 号和 2 号样区中非喀斯特的图斑个数均大于其他分区，非喀斯特的土地利用破碎度高于其他分区。

不同的土地利用类型在不同分区的面积也不同。1 号样区中，在亚喀斯特地区，其中最多的是水田，面积为 1089.23 hm^2，占整个亚喀斯特地区面积的 44%；旱地次之，面积为 456.55 hm^2，所占比例为 18%；落叶阔叶林位居第三，面积为 214.30hm^2，所占比例为 9%。对于典型喀斯特地区，最多的是常绿阔叶灌木林，面积为 1191.73 hm^2，所占比例为 48%；草丛次之，面积为 435.07 hm^2，所占比例为 17%；位居第三的是落叶阔叶灌木林，面积为 269.43 hm^2，所占比例为 11%；对于非喀斯特地区而言，常绿阔叶灌木林最多，面积为 541.52 hm^2，所占比例为 22%；常绿针叶林次之，面积为 475.01 hm^2，所占比例为 19%；落叶阔叶灌木林位居第三，面积为 446.87 hm^2，所占比例为 18%；由此可见人类活动对亚喀斯特地区的影响较大。在 3 种分区中，草丛在典型喀斯特地区所占面积最多，这是由于典型喀斯特地区的土层较薄，不适合人为耕种等，而适合草本植物的生长。在亚喀斯特地区中，人为耕种所占比例较高，由此可见，亚喀斯特区域适合人类生产活动。

11.6.3　土地利用多样性分析

土地数量结构多样化用于表征区域内各种地类的齐全程度，运用的分析方法是采用吉布斯·马丁（Gibbs-Mirtin）指数来衡量多样化程度。吉布斯·马丁指数的时空差异与人类干扰密切相关，并且还受喀斯特地形地貌和岩性空间分布差异的影响。对比研究不同分区下的土地利用多样性不仅可以客观反映土地利用结构多样性，而且还能进一步阐释不同分区下人类对土地资源的开发利用情况。典型样区不同分区下的土地利用吉布斯·马丁指数如表 11.10 所示。

表 11.10　典型样区不同分区下的土地利用吉布斯·马丁指数

样区编号	亚喀斯特地区	典型喀斯特地区	非喀斯特地区
1	0.75	0.72	0.84
2	0.82	0.74	0.76

结果显示，1 号样区中非喀斯特地区的土地利用吉布斯·马丁指数较高，说明该区域的土地利用的集中化程度高；其次是亚喀斯特地区，该地区的土地利用吉布斯·马丁指数为 0.75。典型喀斯特地区的土地利用吉布斯·马丁指数最小，该区域的土地利用集中化程度低。在 2 号样区中亚喀斯特的土地利用吉布斯·马丁指数最高，非喀斯特区域次之，典型喀斯特区域最小。

贵州省不同分区下的土地利用吉布斯·马丁指数表明，典型喀斯特地区的土地利用集中化程度较低，主要因为该区域人地矛盾突出，长时间过度开垦，以及不合理的土地利用，导致林地等土地利用类型逐渐减少，再加上该区域特有的地形地貌和岩性等地理因素，加剧了石漠化，土地利用结构逐渐简单化，土地利用吉布斯·马丁指数降低。对于亚喀斯特地区来讲，人地矛盾不像典型喀斯特地区那样剧烈，石漠化程度较低，所以土地利用集中化相对较高。而对于非喀斯特地区而言，地理环境相对优越，因此土地利用集中化高，土地利用吉布斯·马丁指数高。

11.6.4　土地利用程度分析

1. 土地利用程度单因子分析

土地利用程度单因子分析用土地利用率、土地垦殖率、森林覆盖率、建设用地率这 4 个指标进行分析。土地利用率指的是某个区域内已利用的土地占土地总面积的百分比，它能直接地映射土地的利用程度。土地垦殖率指某个区域内耕地面积占土地总面积的比例，是反映土地资源利用程度和结构的重要指标。森林覆盖率是指某个区域内有林地面积占总面积的百分比，能反映该区域的森林资源丰缺程度，也是衡量该区域生态环境状况的重要指标。建设用地率是指居民点及工矿用地与交通用地面积之和占土地总面积的百分比，用于衡量一个地区的城镇化和工业化程度，具体见图 11.30 和图 11.31。

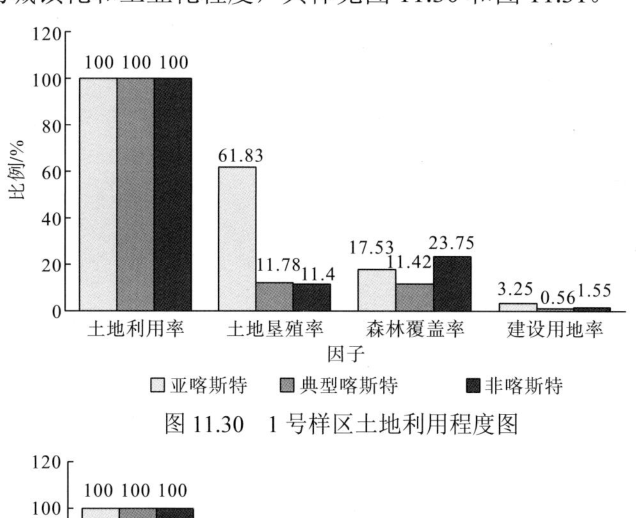

图 11.30　1 号样区土地利用程度图

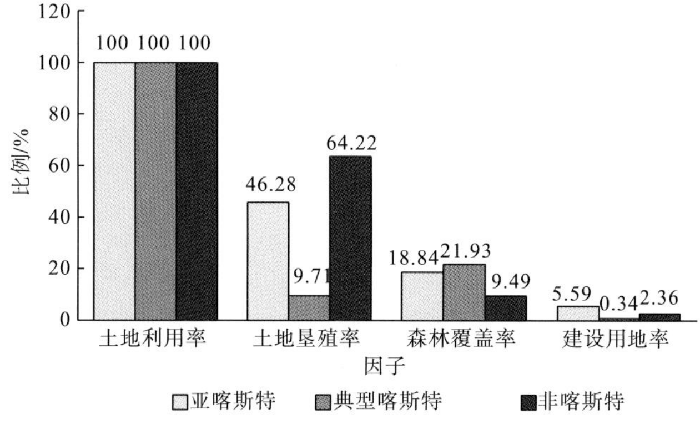

图 11.31　2 号样区土地利用程度图

结果显示，不同分区下的土地利用率都非常高，这也反映当地的居民对有限的土地的珍惜程度。从土地垦殖率来看，1 号样区亚喀斯特地区的土地垦殖率相对较高，该分区下的土地资源利用程度较高。这是由于亚喀斯特地区土壤类型与典型喀斯特地区和非喀斯特地区具有一定的差异；再次，亚喀斯特地区土层较厚，保水保湿的能力又强，适合农作物的生长。2 号样区典型喀斯特地区的土地垦殖率最低，由于典型喀斯特地区特殊的地质背景，再加上外部环境，造成该地区土壤厚度较薄，保水保湿能力不足，局部地方还会发生较强烈的石漠化，生态环境脆弱，土地垦殖率不高。

从森林覆盖率来看，亚喀斯特地区与典型喀斯特地区的森林覆盖率相差不大，这是由喀斯特生态环境的特殊性造成的，再次是由人类自主行为造成的。对于非喀斯特地区来讲，不同的样区森林覆盖率相差较大，除与选区本身的地理位置有关，还与当地经济发展、人口质量有很大关系。

从建设用地率来看，亚喀斯特地区的建设用地率较高，从而也反映出这个区域相对适合人类进行生活、生产活动等，相对来说该地区的城镇化和工业化程度较高。对于非喀斯特地区来说，建设用地率次之。而在典型喀斯特地区，建设用地率较低，该地区的城镇化和工业化程度相对较低。

2. 土地利用程度综合分析

土地利用程度主要反映土地利用的广度和深度，它不仅反映了土地利用中土地本身的自然属性，同时也反映了人类因素与自然环境因素的综合效应。土地利用程度的分级为：林地用地级、草地用地级、耕地用地级、建设用地级、水域用地级和未利用地级。其中未利用地的土地分级指数为 4；建设用地的土地分级指数为 3；林地、水域、草地的土地利用分级指数为 2；耕地的土地利用分级指数为 1。采用土地利用程度综合指数分析土地利用程度，计算出典型样区不同分区下的土地利用程度综合指数如表 11.11 所示。

表 11.11　典型样区不同分区下的土地利用程度综合指数

样区编号	亚喀斯特地区	典型喀斯特地区	非喀斯特地区
1	141.42	188.78	190.28
2	159.3	190.63	135.78

亚喀斯特地区土层厚度较好，保水和排水都适中，是较好的植被生长区和宜耕区，有以下特征。

(1) 亚喀斯特地区耕地面积比例更高，如同样的降雨条件下，水田面积比例更大。

(2) 亚喀斯特地区土地利用方式复杂，集中团块状存在，人类活动强度较其他两者更大。

(3) 亚喀斯特地区植被如没有被破坏则生长良好，大部分以乔木林、阔叶林为主；典型喀斯特地区山体位置为灌丛居多；非喀斯特地区由于土壤特性等原因大部分为耐酸的针叶林，如马尾松等。

(4) 亚喀斯特地区如有适宜的人类活动干扰，则耕地面积比例最高，为高产田区域；

典型喀斯特地区由于水分原因，石灰土黏重，造成旱地贫瘠；非喀斯特地区土壤偏酸，砂质，排水不畅，故耕地产量居中。

11.7　石漠化程度的差异

石漠化(rocky desertification)是指原有的植被、土壤覆盖在长期自然环境影响之下及在人为的干扰破坏下遭受破坏，导致土壤严重流失，土壤层慢慢变薄并逐渐演变成岩石裸露的自然景观。

11.7.1　石漠化概念内涵

袁道先首次采用石漠化概念来表征植被、土壤覆盖的喀斯特地区转变为岩石裸露的喀斯特景观的过程，并指出石漠化导致了喀斯特风化残积层土的迅速贫瘠化，是我国南方亚热带喀斯特地区严峻的生态问题。屠玉麟(2000)认为，石漠化是指在喀斯特的自然背景下，受人类活动干扰破坏造成土壤严重侵蚀、基岩大面积裸露、生产力下降的土地退化过程，所形成的土地称为石漠土地。苏维词和周济祚(1995)认为，石漠化是亚热带湿热环境下喀斯特地区特有的土地类型，土石按一定比例交互存在于石灰岩山丘、漏洞、陷穴与岩隙洼地里，在凸起部分多裸岩分布。

在中国南方的广大地区，生态环境问题十分突出，土地退化现象十分严重，在原本就十分脆弱的生态环境之下，土壤植被的发育十分缓慢、艰难，加之人类社会不合理的生产活动，表现为基岩大面积裸露或者砾石堆积的土地退化现象，出现了以岩石裸露为代表的荒漠景观。

贵州省内石漠化分布范围十分广泛，石漠化类型多样，代表性强。石漠化的主要宏观表现为植被退化，森林覆盖率降低，水土流失，耕地逐渐减少，土地退化，基岩逐步裸露，生物多样性逐渐减少，生物结构趋于单一，分布总体集中，局部随机分散。

11.7.2　典型样区石漠化数据及对比

本节应用贵州省 2000～2010 年生态数据进行石漠化分析，比较其石漠化类型的比例关系、格局分异，总结其特点。对于所选样区来说，现在将石漠化等级分为 5 级，包括石漠化最重的极重度石漠化地区，石漠化程度较重的重度石漠化地区，石漠化程度较为中等的中度石漠化地区，以及石漠化程度较轻的轻度石漠化地区和无石漠化地区，另外样区中还有非喀斯特地区，分别对应图中等级的一到六级。在一组样区之中包括 3 个典型样区，分别命名为 11(亚喀斯特)、12(非喀斯特)、13(典型喀斯特)样区。样区大小选择的是 5km ×5km 的方形样区。

统计的 3 个典型样区中，在亚喀斯特样区之中，得到的石漠化等级有四级。等级为三级的中度石漠化地区个数为 3 个，面积为 4.05 hm^2，占 11 号样区面积的 0.16%；等级为四级的轻度石漠化地区样区图斑个数为31 个，所占面积为45.54 hm^2，所占样区比例为1.82%；

等级为五级的无石漠化地区个数为 1 个，面积为 2433.68 hm^2，占所在样区面积的 97.35%；等级为六级的非喀斯特地区个数为 1 个，面积为 16.73 hm^2，占所在样区面积的 0.67%，详见表 11.12 和图 11.32。由数据可以看出，该区的石漠化程度不高，没有非常严重的石漠化情况，绝大部分地区是无石漠化地区。

表 11.12　亚喀斯特样区情况表

等级	个数/个	总面积/m^2	调整后总面积/hm^2	面积比例/%	石漠化等级
三	3	40500.00	4.05	0.16	中度石漠化地区
四	31	455366.77	45.54	1.82	轻度石漠化地区
五	1	24335441.99	2433.68	97.35	无石漠化地区
六	1	167257.44	16.73	0.67	非喀斯特地区
总计		24998566.20	2500.00	100.00	—

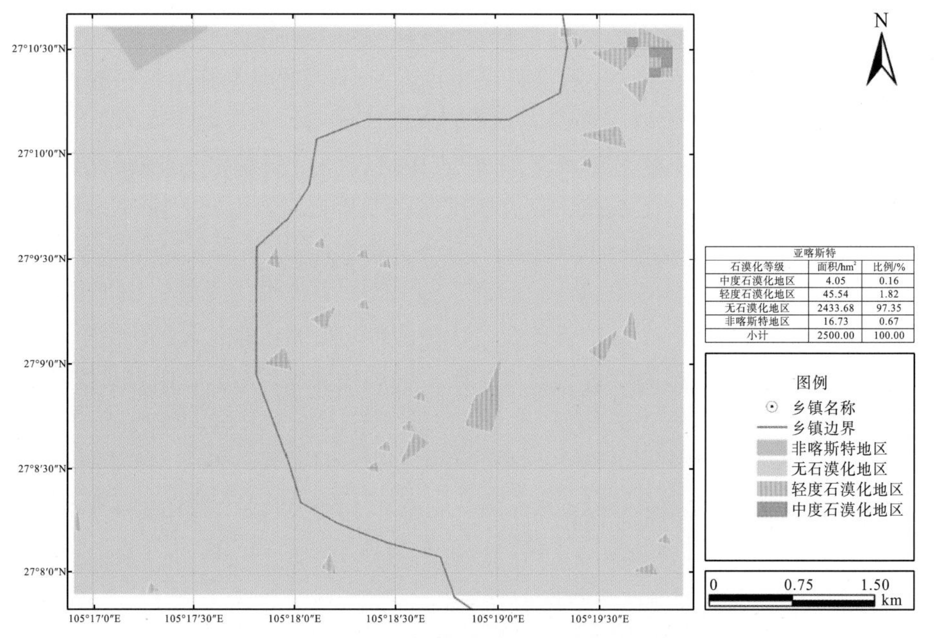

图 11.32　亚喀斯特样区石漠化分布图

在所选样区的非喀斯特样区中，只存在等级为五级和六级的两种等级分类。等级为五级的无石漠化地区个数为 1 个，面积仅有 0.04hm^2，占 12 号样区的面积不到百分之一；等级为六级的非喀斯特地区个数为 1 个，面积为 2499.96hm^2，占所在样区的面积几乎达到了 100%，详见表 11.13 和图 11.33。

表 11.13　非喀斯特样区号样区情况表

等级	个数/个	总面积/m^2	调整后总面积/hm^2	面积比例/%	石漠化等级
五	1	370.97	0.04	0.00	无石漠化地区
六	1	24997531.82	2499.96	100.00	非喀斯特地区
总计		24997902.79	2500.00	100.00	—

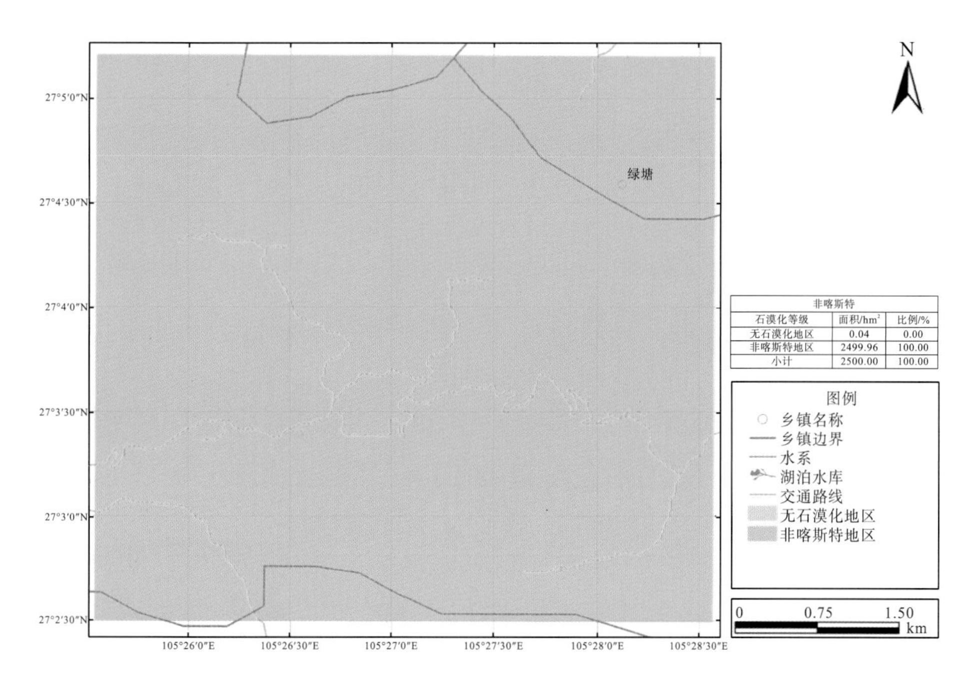

图 11.33　非喀斯特样区石漠化分布图

在典型喀斯特样区之中，共有五种等级的分布。其中，等级为二级的重度石漠化地区样区图斑个数为 4 个，所占面积为 10.11 hm^2，占 13 号样区面积的比例为 0.40%；等级为三级的中度石漠化地区样区图斑个数为 116 个，所占面积为 448.12 hm^2，占所在样区面积的比例为 17.92%；等级为四级的轻度石漠化地区样区图斑个数为 91 个，所占面积为 960.90 hm^2，占所在样区面积的比例为 38.44%；等级为五级的无石漠化地区样区图斑个数为 108 个，所占面积为 1034.02 hm^2，占所在样区面积的比例为 41.36%；等级为六级的非喀斯特地区个数为 1 个，面积为 46.85 hm^2，占所在区块面积的 1.87%，详见表 11.14 和图 11.34。

表 11.14　典型喀斯特样区

等级	个数/个	总面积/m^2	调整后总面积/hm^2	面积比例/%	石漠化等级
二	4	101048.74	10.11	0.40	重度石漠化地区
三	116	4480582.18	448.12	17.92	中度石漠化地区
四	91	9607741.11	960.90	38.44	轻度石漠化地区
五	108	10338845.07	1034.02	41.36	无石漠化地区
六	1	468407.81	46.85	1.87	非喀斯特地区
总计		24996624.91	2500.00	99.99	—

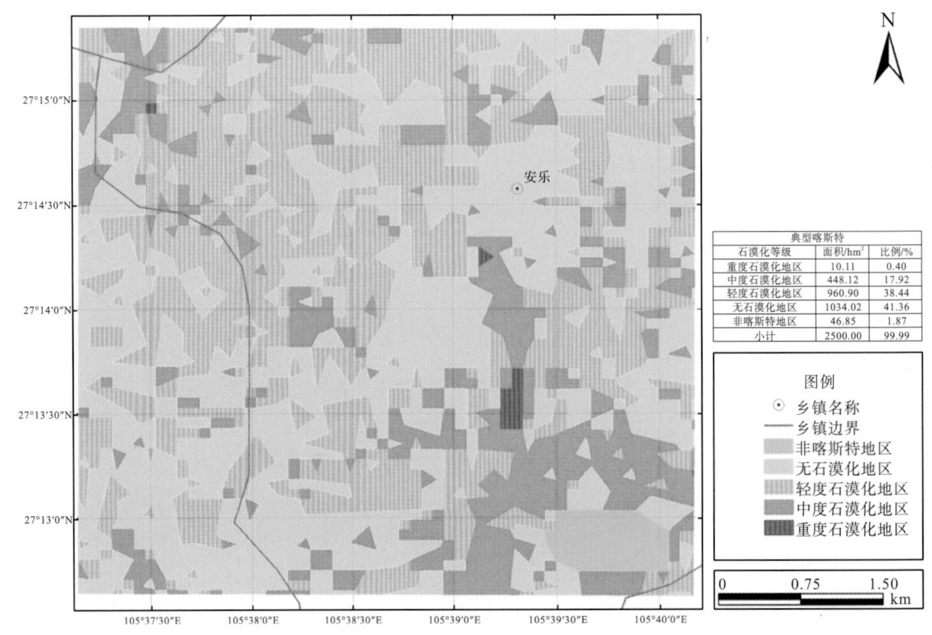

典型喀斯特		
石漠化等级	面积/hm²	比例/%
重度石漠化地区	10.11	0.40
中度石漠化地区	448.12	17.92
轻度石漠化地区	960.90	38.44
无石漠化地区	1034.02	41.36
非喀斯特地区	46.85	1.87
小计	2500.00	99.99

图 11.34　典型喀斯特样区石漠化分布图

11.7.3　典型样区石漠化数据分析

由数据可以看出，第二块样区完全是非喀斯特地区，不存在石漠化情况。在第一块样区中，虽然该区的石漠化程度不高，没有非常严重的石漠化情况，绝大部分地区是无石漠化地区，但是仍有一小部分的石漠化情况，潜在的石漠化风险比较大。就图斑来看，图斑个数相比于非喀斯特地区较多，石漠化分布情况较复杂。在第三块样区中，中度和重度的石漠化程度所占比例超过了所在区块面积的一半以上，石漠化程度非常高，同时就斑块而言，斑块数量非常多，分布十分广泛、零散，是典型的喀斯特景观。由于 12 号样区为非石漠化地区，所以在以下的比较中不予考虑，对 11 号样区和 13 号样区进行比较可以发现，相比于 13 号样区的典型喀斯特地区，11 号样区石漠化程度要低，石漠化范围所占的面积也要小很多，但是同样存在石漠化情况，属于喀斯特地区，有别于非喀斯特地区，但没有典型的喀斯特地区显著、典型。相比于 13 号样区，11 号样区的石漠化斑块零散，比 13 号样区石漠化分布范围小，无石漠化地区分布极为广泛，存在潜在的石漠化情况。

石漠化地区的土地匮乏，生态环境恶劣，土壤侵蚀的问题比较严重。对比通常的典型喀斯特地区，亚喀斯特地区的情况有不同，应该充分对不同等级的石漠化情况做出系统、科学的分析预测，不可照搬典型喀斯特的治理方法。从亚喀斯特的石漠化情况来看，重度和极重度的石漠化情况比较轻，面积小，而轻度的石漠化情况以及无石漠化情况所占的面积十分巨大，应该充分考虑该情况，采取措施预先对潜在的石漠化情况进行防治。应该充分利用大自然的力量，促进大面积的封育保护，能较好地达到治理水土流失、抢救土地资源、防治土地石漠化、改善生态环境的目的。所以水土流失的治理需要经济效益与生态效益相结合，人地关系协调发展。若等其石漠化程度加重，石漠化面积加大，治理难度必然增加，治理的成本、治理的复杂程度也必然会加大。所以，对于亚喀斯特地区的石漠化情况应该以预防为主，加强保护，在保护完善的情况下选择性地进行保护性开发，做到保护、开发、恢复与经济发展相结合的策略，加强对亚喀斯特地区的石漠化防治水平。

石漠化是水土流失的结果，但发生石漠化是一个逐步的过程，受制于本底环境的脆弱性和外部的诱因相互作用。由上述样区分析可以得出以下结论。

(1) 亚喀斯地区仍有相当的石漠化发生的可能，在人类长期不合理的垦殖下，水土流失加剧并持续一定年限，仍有可能发生石漠化。但从其自然本底属性——土层较厚、坡度和缓来看，一般不会发生强烈的石漠化。

(2) 亚喀斯特地区石漠化类型大部分为潜在-轻度类型，且面积最为广大。需要加强水土流失的监测和合理控制垦殖等，防止石漠化程度强化。

(3) 亚喀斯特地区植被的破坏是渐进的缓慢石漠化过程；而典型喀斯特区域峰丛灌丛的破坏就意味着快速的石漠化过程。

11.8　土壤侵蚀程度的差异

本节通过比较土壤侵蚀类型的比例关系、格局分异，总结其特点，应用生态十年数据(2000～2010 年)进行分析。

11.8.1　土壤侵蚀概念内涵

土壤侵蚀是指陆地表面在内外营力，包括在水力、风力、冻融和重力等作用下，土壤、土壤母质及其他地面组成物质被破坏、剥蚀、转运和沉积的全部过程。不同的内外营力会产生不同的侵蚀类型，会反映和揭示不同类型的侵蚀特征及其区域分异的规律。按照侵蚀的强度及其危害可以分为常态侵蚀(自然侵蚀)和加速侵蚀，加速侵蚀是自然侵蚀的加剧，它是人类在改造自然的过程中产生的，是人类活动的结果，其侵蚀速率和危害远远大于自然侵蚀。按照侵蚀营力又可分为：①由降雨及径流引起的土壤侵蚀，即水力侵蚀；②由于重力的影响而使陡坡上的风化碎屑等发生的失稳移动现象，即重力侵蚀；③春季表层融化而下部仍然冻结使土体顺坡流动或蠕动形成的泥流坡面或泥流沟，即冻融侵蚀；④由风力作用引起的土壤侵蚀，即风力侵蚀；⑤人们在改造自然、发展经济的过程中产生的土壤侵蚀，即人为侵蚀。按照土壤侵蚀的发生时期又可分为古代侵蚀和现代侵蚀两种类型。

土壤侵蚀会破坏土地资源，导致农业生产环境恶化，各种灾害频生，对于生态环境脆弱地区的潜在危害极大，因此分析亚喀斯特地区的土壤侵蚀情况尤其是生态脆弱地区的环境建设具有极其重大的意义。

11.8.2　土壤侵蚀比例的差异

研究样区选取的是亚喀斯特地区、非喀斯特地区和典型喀斯特地区，面积均为 $2500hm^2$，由于对 3 个样区的选取指标是一致的，样区具有可比性和可靠性。根据样区的土壤侵蚀模数划分其对应的侵蚀强度，选取的 3 个样区内的生态环境、气候、地形等存在明显的差异，故侵蚀强度也存在明显的差异。土壤侵蚀强度按照我国水利部的统一标准《土壤侵蚀分类分级标准》(SL 190—2007)所划分的 6 个土壤水力侵蚀强度级别中，贵州除剧烈侵蚀没有分布外，其余 5 个级别均不同程度存在。土壤侵蚀等级 1～5 分别指代极强烈侵蚀、强烈侵蚀、中度侵蚀、轻度侵蚀和微度侵蚀，具体土壤侵蚀分级标准如表 11.15 所示。

表 11.15　土壤侵蚀强度分级的平均侵蚀模数标准

序号	分级	平均侵蚀模数/[t/(km^2·a)]
1	极强烈侵蚀	8000～15000
2	强烈侵蚀	5000～8000
3	中度侵蚀	2500～5000
4	轻度侵蚀	500～2500
5	微度侵蚀	<500

根据亚喀斯特地区、非喀斯特地区和典型喀斯特地区的土壤侵蚀等级情况做如下统计分析，详见图 11.35 和表 11.16。

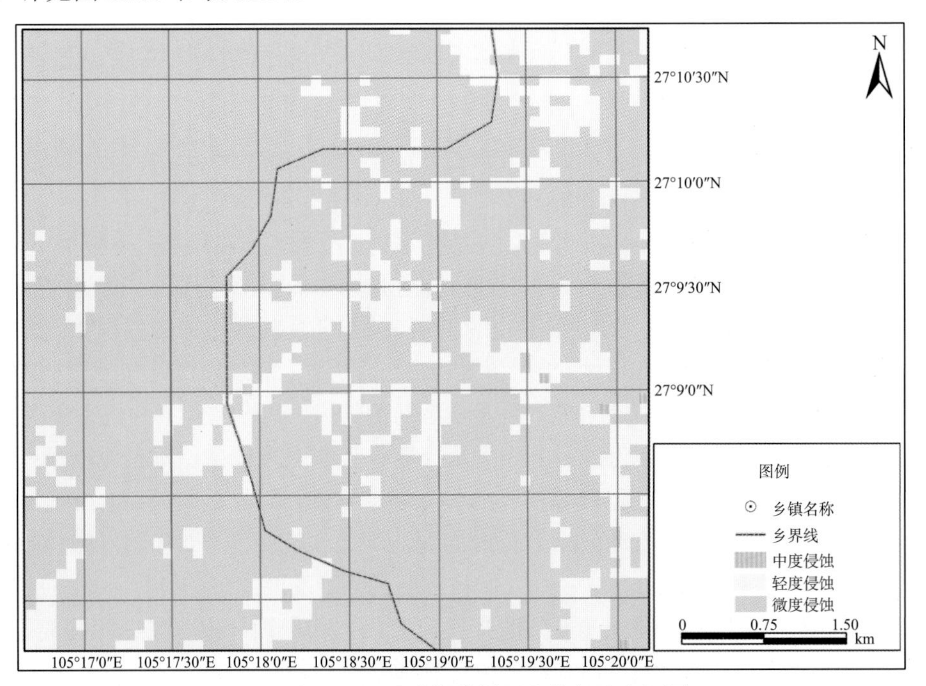

图 11.35　亚喀斯特样区土壤侵蚀分级图

表 11.16　亚喀斯特地区各土壤侵蚀等级面积

土壤侵蚀等级	斑块数量/个	面积/hm^2	面积比例/%
中度侵蚀	2	1.03	0.04
轻度侵蚀	80	394.09	15.76
微度侵蚀	9	2104.88	84.20
合计	91	2500.00	100.00

亚喀斯特地区的侵蚀强度是以微度侵蚀为主，微度侵蚀面积为 2104.88hm^2，占样区总面积的 84.20%，中度和轻度侵蚀所占面积分别为 1.03 hm^2 和 394.09 hm^2。亚喀斯特是介于非喀斯特与一般典型喀斯特间的另外一种地貌景观，其成土母质丰富，土层也较厚，但是生态系统脆弱，稳定性较差，容易遭到破坏，部分地区土壤侵蚀模数较大，因此会产生中度侵蚀。

非喀斯特地区的侵蚀强度则以轻度侵蚀和微度侵蚀为主，面积分别为 1154.81hm^2 和 1119.97hm^2，占总面积的比例总共为 90.99%，非喀斯特样区中存在着 0.30%的强烈侵蚀和 8.71%的中度侵蚀，强烈侵蚀是比较严重的侵蚀类型，属于潜在的石漠化发育程度，对于存在强烈侵蚀的地区必须加强治理，避免其演变成石漠化地区，详见图 11.36 和表 11.17。

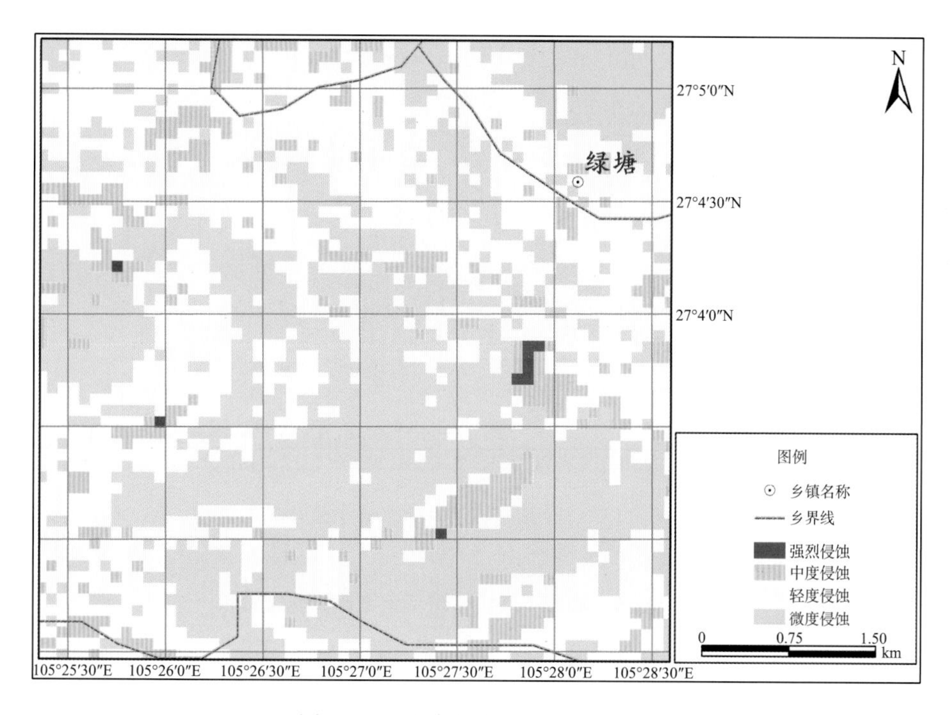

图 11.36　非喀斯特样区土壤侵蚀分级图

表 11.17　非喀斯特区域各土壤侵蚀等级面积

土壤侵蚀等级	斑块数量/个	面积/hm^2	面积比例/%
强烈侵蚀	4	7.53	0.30
中度侵蚀	89	217.69	8.71
轻度侵蚀	64	1154.81	46.19
微度侵蚀	88	1119.97	44.80
合计	245	2500.00	100.00

典型喀斯特地区以微度侵蚀为主，面积为 1978.56 hm^2，占了总面积的 79.14%，而轻度侵蚀所占比例为 20.86%，无其他侵蚀类型。典型喀斯特地区的土壤侵蚀强度一般比较大，但是由于喀斯特的成土物源少及速度慢，典型喀斯特地区的土壤较少，最终被裸露的基岩所取代，典型喀斯特的研究区内侵蚀强度不高，详见图 11.37 和表 11.18。

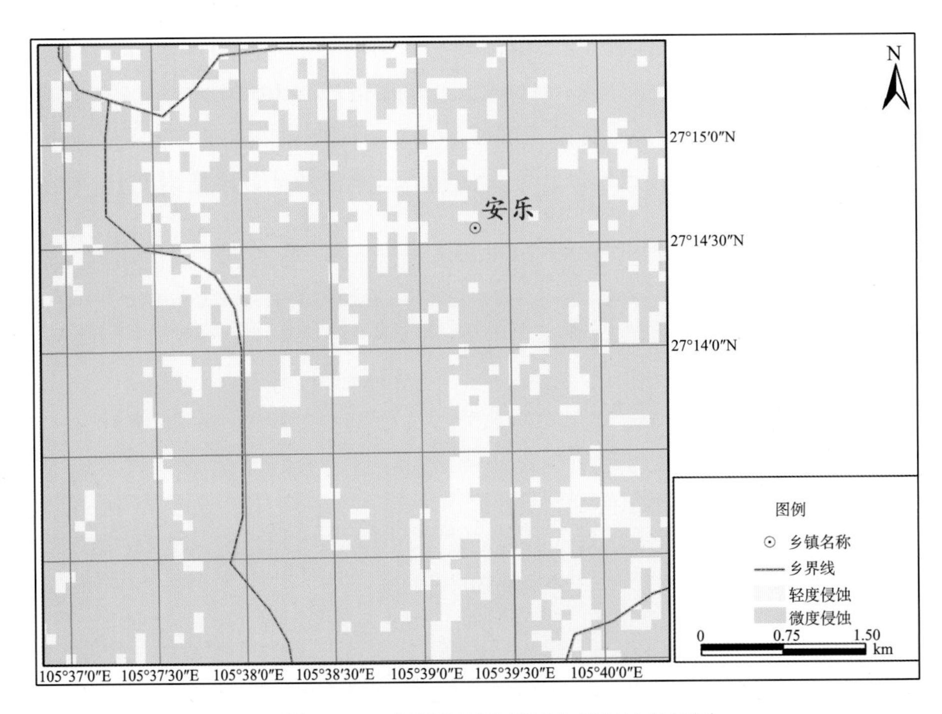

图 11.37　典型喀斯特样区土壤侵蚀分级图

表 11.18　典型喀斯特区域各土壤侵蚀等级面积

土壤侵蚀等级	斑块数量/个	面积/hm^2	面积比例/%
轻度侵蚀	113	521.44	20.86
微度侵蚀	20	1978.56	79.14
合计	133	2500.00	100.00

11.8.3　土壤侵蚀比例的差异分析

土壤侵蚀的影响因素较多，包括地质、地貌、气象、植被覆盖度、土壤和人为因素，其中地貌因素当中的坡度、样区内的土地利用类型和人为因素是主要影响因子，分析主导因子之间的差异就可以间接地了解产生土壤侵蚀类型差异的原因。

1. 坡度因素

根据样区中的 DEM 数据产生坡度数据，可知亚喀斯特地区和典型喀斯特地区的最大坡度分别为 36.6175°和 35.0852°，较非喀斯特地区的坡度而言比较低，非喀斯特地区的最大坡度为 49.3676°，接近 50°。坡度能够决定径流的冲刷能力，在其他条件都相同时，一般坡度越大的地区径流的流速也越大，产生的结果就是土壤的侵蚀量大，侵蚀程度越深，对于地区的环境破坏性也越大。非喀斯特地区的坡度最大，产生的侵蚀程度越大，亚喀斯特地区次之，最后是典型喀斯特地区。因此会出现典型喀斯特地区只存在着微度侵蚀和轻度侵蚀，亚喀斯特地区还会存在着中度侵蚀，非喀斯特地区出现重度侵蚀现象。

2. 土地利用类型因素

土地利用类型能够反映土地用途、性质及其分布规律，是人类在改造自然、进行生产建设的过程中所形成的各种具有不同利用方向和特点的土地利用类别。

分别分析各样区的土地利用类型，可知样区中均存在居住地、常绿针叶林、旱地、水田、稀疏灌木林、草丛、落叶阔叶林、落叶阔叶灌木林、针阔混交林，亚喀斯特样区中还存在乔木园地、灌木园地，非喀斯特样区中存在着裸岩，典型喀斯特样区存在常绿阔叶灌丛林。一般来说，对于水体、城镇、森林、灌木林还有水田等不易产生土壤侵蚀，旱地尤其是坡度比较大的旱地和中低覆盖草地极易产生土壤侵蚀。统计旱地的面积，可知亚喀斯特地区的旱地面积为 456.55hm^2，非喀斯特地区的旱地面积为 184.79hm^2，典型喀斯特地区的旱地面积为 179.62hm^2。一般来说旱地的面积越大，越容易被侵蚀，侵蚀的程度越严重，这里将结合坡度和土地利用类型来分析土壤侵蚀情况，将 3 个样区的坡度根据实际情况进行重分类，结合土地利用类型当中的旱地进行分析，详见表 11.19。

表 11.19　各区域坡度等级旱地面积

研究区域	坡度	面积/hm^2	总面积/hm^2	面积比例/%
亚喀斯特区域	低于 25°	427.39	456.55	94.00
	高于 25°	29.16		6.00
非喀斯特区域	低于 25°	143.03	184.79	77.00
	高于 25°	41.76		23.00
典型喀斯区域	低于 25°	179.56	179.62	100.00
	高于 25°	0.06		0.00

对于亚喀斯特地区来说，坡度低于 25° 的旱地面积为 427.39 hm^2，面积比例为 94.00%，坡度高于 25° 的旱地面积为 29.16hm^2，面积比例为 6.00%；非喀斯特地区中坡度低于 25° 的旱地面积为 143.03hm^2，面积比例为 77.00%，坡度高于 25° 的旱地面积为 41.76hm^2，比例为 23.00%；典型喀斯特地区的旱地基本上都低于 25°，面积为 179.56hm^2，只有 0.06hm^2 的旱地面积坡度高于 25°。非喀斯特样区的旱地面积虽然较亚喀斯特样区的旱地面积少，但是亚喀斯特样区的旱地面积绝大部分都低于 25°，非喀斯特样区有 23.00%的土地坡度高于 25°，更容易产生土壤侵蚀，所以非喀斯特样区中存在强烈侵蚀且中度侵蚀的面积比亚喀斯特样区的面积大得多。典型喀斯特样区中的土地基本上坡度都低于 25°，坡度较大

的地区土壤基本上全被裸露的岩石等代替，无法产生土壤侵蚀，故样区内的土壤侵蚀程度最小，不存在中度侵蚀等情况。

3. 人为因素

土壤侵蚀的发生和发展是外营力的侵蚀作用大于土壤自身的抵抗力的结果，人类的活动可以改变土壤当中的某些因素，从而加剧或者减弱土壤侵蚀的强度。

对于典型喀斯特地区，由于本身的石漠化程度比较高，存在少量可供人类利用的土壤，故由人为因素产生的加剧土壤侵蚀程度的概率就很小。而对于亚喀斯特地区，由于其土壤发育、植被情况等因素较典型喀斯特地区好，人为因素的影响较大，侵蚀强度大。非喀斯特地区的人为活动最明显，土地不仅可用于耕作，开矿、建厂、修路等工业建设活动也频繁发生，对于土壤的破坏程度最大，会产生严重的土壤侵蚀。

土壤侵蚀受坡度、土壤质地、人类开发利用等影响。从上述分析可以得到亚喀斯特区域土壤侵蚀的特点。

(1) 亚喀斯特地区土壤侵蚀强度较典型喀斯特地区大，较非喀斯特地区小。因为典型喀斯特地区地貌为峰丛，山体植被覆盖好，洼地坡度较小，为土壤积累区，所以土壤侵蚀强度不大；非喀斯特地区由于山高坡陡，加之有耕地存在，所以土壤侵蚀量大。

(2) 亚喀斯特地区植被覆盖较差，人类耕作强度大，所以具有土壤侵蚀的先决条件；但本研究区耕地坡度不大，以微度和轻度为主；但这并不表示本区域不需要治理土壤侵蚀，恰恰说明亚喀斯特地区石漠化发展是一个动态过程。

(3) 亚喀斯特地区土壤侵蚀量和产土能力都较典型喀斯特地区更大；基本农田建设中要注重坡改梯等工程措施应用，积极预防土壤侵蚀和养分流失。

11.9　居民点及社会经济发展的差异

研究区社会经济状况和居民点密度等受到区位因素影响最大，其次为道路、水源点等的影响。本章 3 个典型区均为农村地域，人类工业影响较小。在同等的情况下，进行居民点的数量及面积、路网、经济等数据统计，并对研究区社会经济发展水平和特点进行分析，具有可比性。本节应用 2000～2010 年道路路网数据、居民点数据进行分析和制图。

11.9.1　居民点状况

3 个样区内均有一个规模相差不大的主要居民点，其他分散的小居民点数量有所不同。

(1) 典型喀斯特样区内，常家寨为最主要的居民点，位于样区东部。其余 20 余个小村寨均匀分布于样区内。从位置上看，村寨大部分分布于喀斯特洼地坡脚位置，既便于节省耕地资源又利于防洪，详见图 11.38。

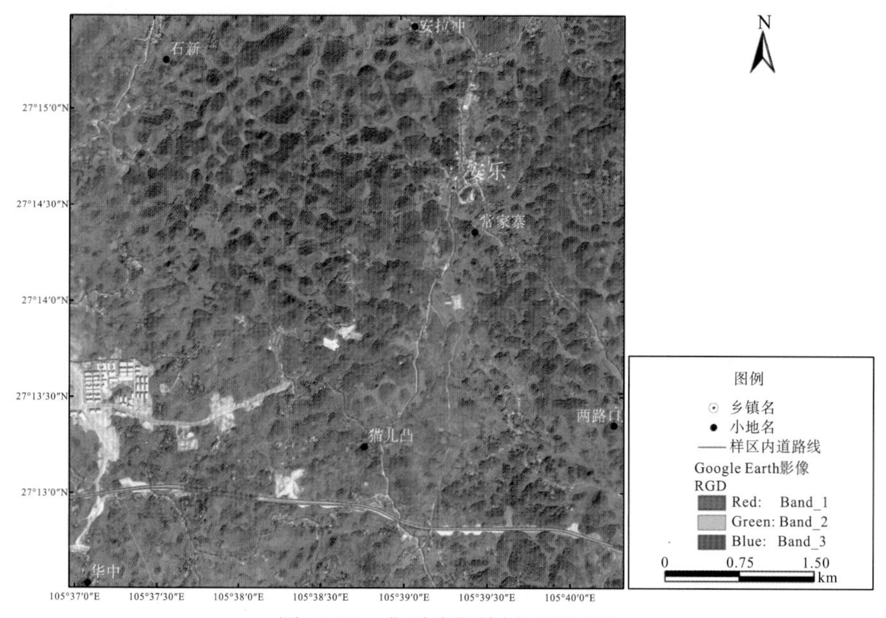

图 11.38　典型喀斯特样区路网图

(2) 亚喀斯特样区内，新寨为最主要的居民点，位于样区东北角，其余 24 个小村寨大部分位于沟谷区。居民点密度和规模较典型喀斯特区域更大，可能因为农业基础条件较好，能够承载较多的人口数量，详见图 11.39。

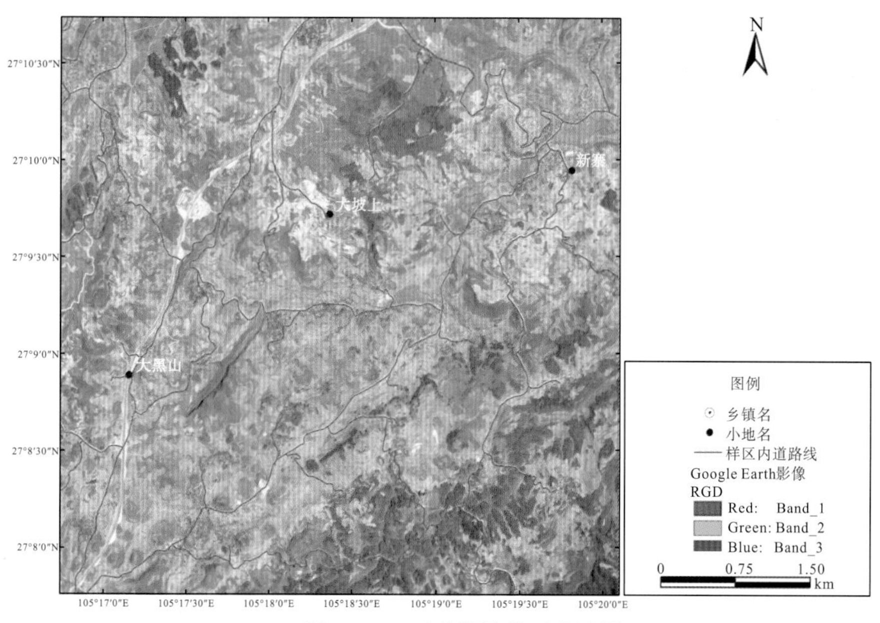

图 11.39　亚喀斯特样区路网图

(3) 非喀斯特样区内，绿塘为主要的居民点，横向位于样区中部。其余 11 个小村寨大部分位于侵蚀沟交叉口位置，居民点相对集中分布于绿塘附近，其余小村寨规模都较 11 号和 12 号样区大，是人口密度最大的样区，详见图 11.40。

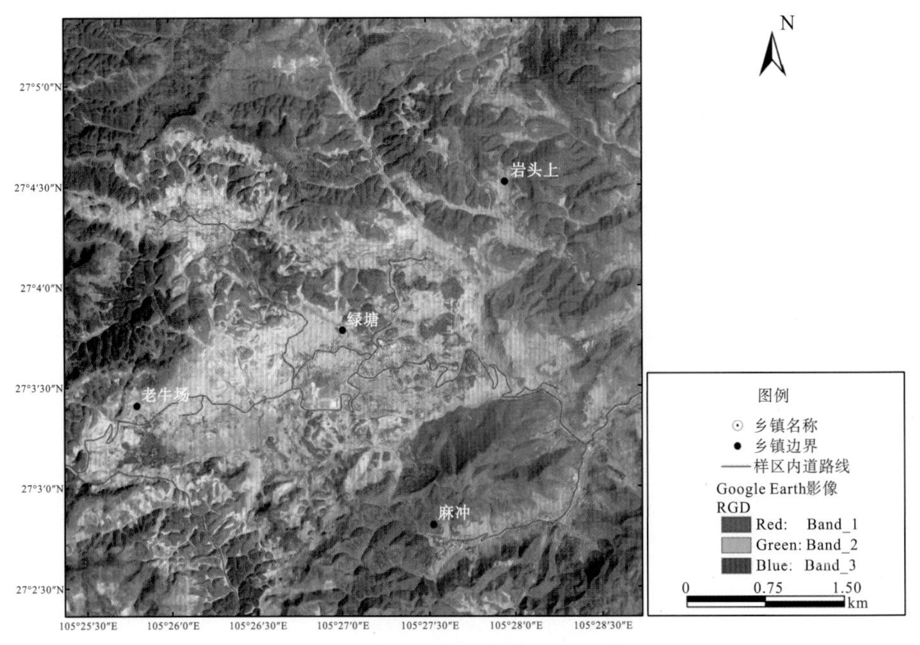

图 11.40　非喀斯特样区路网图

11.9.2　交通路网状况

3 个样区内均有一个规模相差不大的主要居民点，其他分散的小居民点数量有所不同。

(1) 典型喀斯特样区内，有南部横穿的从偏坡寨至董家寨的高等级公路，有部分集中建设用地，以常家寨为中心节点的居民点路网，详见图 11.41。

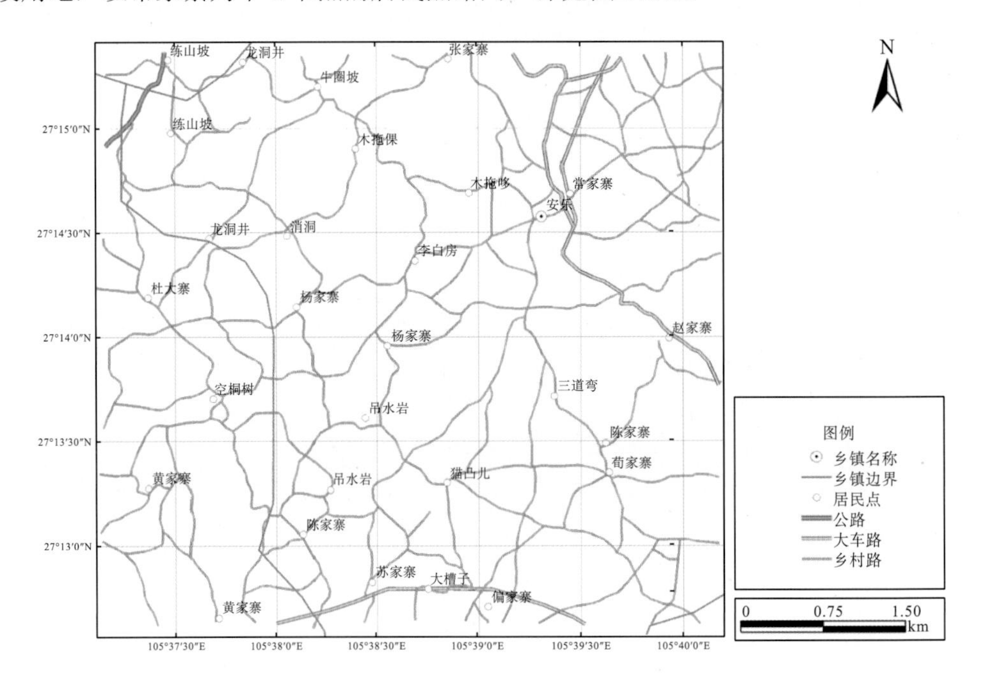

图 11.41　典型喀斯特样区居民点及道路图

(2) 亚喀斯特样区内，有贯穿西部的封闭高速公路，从南部的龙潭边向东北向延伸直到小麻潭，域内有一个高速公路出入口。其余低等级路网以沟谷为走向，以新寨为中心节点。路网沿沟谷分布，相对较直。

(3) 非喀斯特样区内，缺乏高等级公路和高速路，仅有东向西的老公路从庙山经绿塘再从西部老牛场穿出。路网以绿塘为主要节点。路网沿沟谷和缓丘修建，等级较低，弯道很多。

3 个样区居民点和社会经济状况其实相差并不太多，都属于农村地域(也有所区别)，亚喀斯特地区的居民点的分布及路网有以下特点。

(1) 亚喀斯特地区农业状态下人口密度最高，因为其具有优良的农业资源禀赋；但在初级工业(采矿等)发展时非喀斯特地区人口密度会提高；在城市化进程中典型喀斯特地区更具有区位优势。

(2) 亚喀斯特地区居民点和路网受地形的制约基本沿着沟谷区展布，由于为耕作区，路网相对稀疏；但较非喀斯特地区更密集。

(3) 亚喀斯特地区和典型喀斯特地区小村寨点数量较多，但非喀斯特地区单个居民点规模较大。

参 考 文 献

安裕伦, 1994. 论土地结构及其在土地研究中的意义[J]. 贵州师范大学学报(自然科学版)(2): 20-26.

安裕伦, 吕涛, 熊康宁, 等, 2001. "3S" 在贵州喀斯特石漠化现状研究中的应用探讨[C]//水利部水土保持监测中心, 中国水土保持学会水土保持监测专业委员会. 全国第一届水土保持监测学术研讨会论文集. 北京: 中国水利水电出版社: 144-152.

包含, 侯立柱, 刘江涛, 2011. 室内模拟降雨条件下土壤水分入渗及再分布试验[J]. 农业工程学报, 27(7): 70-75.

蔡霞, 徐颂军, 陈善浩, 2013. 基于诊断学的生态系统健康评价[J]. 生态学报, 33(22): 7190-7196.

蔡运龙, 1999. 中国西南喀斯特山区的生态重建与农林牧业发展: 研究现状与趋势[J]. 资源科学(5): 39-43.

曹欢, 苏维词, 范新瑞, 2008. 浅析喀斯特生态系统健康影响因子及评价指标[J]. 环境科学与管理, 33(10): 143-149.

曹欢, 苏维词, 2009. 基于模糊数学综合评价法的喀斯特生态系统健康评价[J]. 水土保持研究, 16(3): 148-154.

曹欢, 苏维词, 2010. 喀斯特生态系统健康评价方法比较研究[J]. 环境科学与技术, 33(1): 183-187.

曾旭婧, 张毅, 黄素萍, 等, 2014. 定量遥感支持下的岷江上游土壤侵蚀敏感性评价[J]. 土壤通报, 45(4): 953-960.

常学礼, 赵爱芬, 李胜功, 1999. 生态脆弱带的尺度与等级特征[J]. 中国沙漠, 19(2): 115-119.

常直杨, 王建, 2014. 基于 SRTM DEM 数据的三峡库区地貌类型自动划分[J]. 长江流域资源与环境, 23(12): 1665-1670.

常直杨, 王建, 白世彪, 等, 2014. 基于 DEM 数据的地貌分类研究——以西秦岭为例[J]. 中国水土保持(4): 56-59.

陈斐, 杜道生, 2002. 空间统计分析与 GIS 在区域经济分析中的应用[J]. 武汉大学学报(信息科学版), 27(4): 391-396.

陈洪松, 邵明安, 2003. 黄土区坡地土壤水分运动与转化机理研究进展[J]. 水科学进展(4): 413-420.

陈美球, 许莉, 刘桃菊, 等, 2012. 基于 PSR 框架模型的赣江上游生态系统健康评价[J]. 江西农业大学学报, 34(4): 839-845.

陈鹏, 2007. 基于遥感和 GIS 的景观尺度的区域生态健康评价: 以海湾城市新区为例[J]. 环境科学学报, 27(10): 1744-1752.

陈文亮, 唐克丽, 2000. SR 型野外人工模拟降水装置[J]. 水土保持研究, 7(4): 106-110.

戴全厚, 刘国彬, 田均良, 等, 2006. 侵蚀环境小流域生态经济系统健康定量评价[J]. 生态学报, 26(7): 2219-2228.

段国兵. 2011. 广东省"珠中江"城市群生态系统健康评价[D]. 广州: 广州大学.

方庆, 2013. 基于 PSR 模型的唐山地区生态系统健康评价[J]. 中国农村水利水电, 23(6): 26-29.

高渐飞, 熊康宁, 2014. 不同地貌环境下喀斯特石漠化与土地利用的关系[J]. 水土保持通报, 34(3): 97-101.

高玄彧, 2004. 地貌基本形态的主客分类法[J]. 山地学报, 22(3): 261-266.

高玄彧, 2006. 地貌类型混合法研究[J]. 地理与地理信息科学, 22(2): 83-87.

关伟, 朱海飞, 2011. 基于 ESDA 的辽宁省县际经济差异时空分析[J]. 地理研究, 30(11): 2008-2016.

郭汉清, 韩有志, 白秀梅, 2010. 不同林分枯落物水文效应和地表糙率系数研究[J]. 水土保持学报, 24(2): 179-183.

郭文强, 安裕伦, 刘世曦, 2011. 基于变异系数法的贵州省石漠化驱动力研究[J]. 安徽农业科学, 39(15): 9158-9159, 9223.

韩路, 王海珍, 吕瑞恒, 等, 2014. 塔里木河上游不同森林类型枯落物的持水特性[J]. 水土保持学报, 28(1): 96-101.

何逢志, 任泽, 董笑语, 等, 2014. 神农架林区河流生态系统健康评价[J]. 应用与环境生物学报, 20(1): 35-39.

贺淑霞, 李叙勇, 莫菲, 等, 2011. 中国东部森林样带典型森林水源涵养功能[J]. 生态学报, 31(12): 3285-3295.

贺中华, 杨胜天, 梁虹, 等, 2004. 基于 GIS 和 RS 的喀斯特流域枯水资源影响因素识别: 以贵州省为例[J]. 中国岩溶, 23(1): 48-55.

胡锋, 安裕伦, 许璟, 2015. "亚喀斯特"概念与景观特征的初步探讨: 以贵州为例[J]. 地理研究, 34(8): 1569-1580.

胡艳兴, 潘竟虎, 王怡睿, 2015. 基于ESDA-GWR的1997：2012年中国省域能源消费碳排放时空演变特征[J]. 环境科学学报, 35(6): 1896-1906.

黄威廉, 屠玉麟, 1983. 贵州省植被区划[J]. 贵州师范大学学报(自然科学版)(1): 26-47.

纪雅宁, 2014. 基于PSR模型的珊瑚礁生态系统健康评价指标体系的构建与应用[J]. 应用海洋学学报, 33(3): 347.

靳诚, 陆玉麒, 2009. 基于县域单元的江苏省经济空间格局演化[J]. 地理学报, 64(6): 713-724.

靳毅, 蒙吉军, 2011. 生态脆弱性评价与预测研究进展[J]. 生态学杂志, 30(11): 2646-2652.

兰安军, 张百平, 熊康宁, 等, 2003. 黔西南脆弱喀斯特生态环境空间格局分析[J]. 地理研究(6): 733-741, 811.

李和平, 郭海祥, 2014. 贵州省生态系统土壤保持功能时空分布演变研究[J]. 地理空间信息, 12(4): 81-84.

李鹏, 李占斌, 郑良勇, 2005. 黄土陡坡径流侵蚀产沙特性室内实验研究[J]. 农业工程学报(7): 42-45.

李瑞玲, 王世杰, 熊康宁, 等, 2004. 喀斯特石漠化评价指标体系探讨——以贵州省为例[J]. 热带地理(2): 145-149.

李晓琴, 孙丹峰, 张凤荣, 2003. 基于遥感的北京山区植被覆盖景观格局动态分析[J]. 山地学报, 21(3): 272-280.

李晓文, 肖笃宁, 胡远满, 2001. 辽河三角洲滨海湿地景观规划各预案对指示物种生态承载力的影响[J]. 生态学报(5): 709-715.

李鑫, 丁建丽, 王刚, 等, 2014. 土库曼斯坦典型绿洲土地利用/覆被变化和景观格局的时空演变[J]. 中国沙漠, 34(1): 260-267.

李阳兵, 谭秋, 王世杰, 2005. 喀斯特石漠化研究现状、问题分析与基本构架[J]. 中国水土保持科学, 3(3): 27-34.

李阳兵, 王世杰, 程安云, 等, 2010. 基于网格单元的喀斯特石漠化评价研究[J]. 地理科学, 30(1): 98-102.

刘春霞, 李月臣, 杨华, 2011. 三峡库区(重庆段)石漠化敏感性评价及空间分异特征[J]. 长江流域资源与环境, 20(3): 291-297.

刘建军, 王文杰, 李春来, 2002. 生态系统健康研究进展[J]. 环境科学研究(1): 41-44.

刘丽丽, 刘金萍, 李建国, 等, 2010. 基于属性层次-识别模型的重庆市南岸区生态系统健康评价[J]. 长江流域资源与环境, 19(2): 148-154.

刘明华, 董贵华, 2006. RS和GIS支持下的秦皇岛地区生态系统健康评价[J]. 地理研究, 25(5): 930-938.

刘素芝, 何小东, 李建军, 2014. 基于知识粒度的森林生态系统健康评价指标赋权方法[J]. 生态学杂志, 33(4): 1082-1088.

刘玉国, 刘长成, 李国庆, 等, 2011. 贵州喀斯特山地5种森林群落的枯落物储量及水文作用[J]. 林业科学, 47(3): 82-88.

卢振启, 黄秋娴, 杨新兵, 2014. 河北雾灵山不同海拔油松人工林枯落物及土壤水文效应研究[J]. 水土保持学报, 28(1): 112-116.

吕红梅, 安裕伦, 杨广斌, 等, 2009. 喀斯特地区CBERS02植被覆盖度的分形研究: 以贵州毕节地区为例[J]. 贵州师范大学学报: 自然科学版, 27(2): 34-39.

吕韬, 曹有挥, 2010. "时空接近"空间自相关模型构建及其应用: 以长三角区域经济差异分析为例[J]. 地理研究(2): 351-360.

马克明, 孔红梅, 关文彬, 2001. 生态系统健康评价: 方法与方向[J]. 生态学报, 21(12): 2106-2116.

马士彬, 安裕伦, 2012. 基于ASTER GDEM数据喀斯特区域地貌类型划分与分析[J]. 地理科学, 32(3): 368-373.

莫菲, 于澎涛, 王彦辉, 等, 2009. 六盘山华北落叶松林和红桦林枯落物持水特征及其截持降雨过程[J]. 生态学报, 29(6): 2868-2876.

倪际梁, 何进, 李洪文, 等, 2012. 便携式人工模拟降雨装置的设计与率定[J]. 农业工程学报, 28(24): 78-84.

蒲智, 2015. 1973—2010年塔里木河中游土地利用变化特征分析: 以肖塘绿洲-荒漠交错带为例[J]. 现代农业科技(15): 335-338, 345.

乔青, 高吉喜, 王维, 等, 2008. 生态脆弱性综合评价方法与应用[J]. 环境科学研究(5): 117-123.

邱炳文, 王钦敏, 陈崇成, 等, 2007. 福建省土地利用多尺度空间自相关分析[J]. 自然资源学报, 22(2): 311-321.

苏维词, 周济祚, 1995. 贵州喀斯特山地的"石漠化"及防治对策[J]. 长江流域资源与环境(2): 177-182.

孙承兴, 周德全, 2002. 碳酸盐岩差异性风化成土特征及其对石漠化形成的影响[J]. 矿物学报, 22(4): 308-314.

谭娟, 黄沈发, 王卿, 等, 2014. 上海市滩涂湿地生态系统健康评价及成因分析[J]. 长江流域资源与环境, 23(12): 1705-1713.

田超, 杨新兵, 刘阳, 2011. 边缘效应及其对森林生态系统影响的研究进展[J]. 应用生态学报, 22(8): 2184-2192.

田光进, 张增祥, 张国平, 等, 2002. 基于遥感与 GIS 的海口市景观格局动态演化[J]. 生态学报(7): 1028-1034.

屠玉麟, 2000. 贵州喀斯特生态环境类型划分研究[J]. 贵州科学(Z1): 139-143.

万国江, 1995. 137Cs 及 210Pbex 方法湖泊沉积计年研究新进展[J]. 地球科学进展(2): 188-192.

王波, 张洪江, 徐丽君, 等, 2008. 四面山不同人工林枯落物储量及其持水特性研究[J]. 水土保持学报(4): 90-94, 99.

王博, 2010. 基于 Aster_G-DEM 的海南岛地形地貌信息提取与土地利用景观格局分析[D]. 海口: 海南大学.

王辉, 王全九, 邵明安, 2005. 降水条件下黄土坡地氮素淋溶特征的研究[J]. 水土保持学报(5): 63-66, 95.

王佳, 熊妮娜, 董斌, 等, 2008. 基于 RS 的近 20 年北京市土地利用景观格局变化分析[J]. 北京林业大学学报, 30(S1): 83-88.

王玲, 吕新, 2009. 基于 DEM 的新疆地势起伏度分析[J]. 测绘科学, 34(1): 113-116.

王敏, 谭娟, 沙晨燕, 等, 2012. 生态系统健康评价及指示物种评价法研究进展[J]. 中国人口•资源与环境, 22(5): 69-72.

王世杰, 2002. 喀斯特石漠化概念演绎及其科学内涵的探讨[J]. 中国岩溶, 21(2): 101-104.

王世杰, 2003. 喀斯特石漠化——中国西南最严重的生态地质环境问题[J]. 矿物岩石地球化学通报(2): 120-126.

王世杰, 张信宝, 白晓永, 2015. 中国南方喀斯特地貌分区纲要. 山地学报, 33(6): 641-648.

王世杰, 季宏兵, 1999. 碳酸盐岩风化成土作用的初步研究[J]. 中国科学(D 辑), 29(5): 441-449.

王兮之, Helge B, Michael R, 等, 2002. 基于遥感数据的塔南策勒荒漠-绿洲景观格局定量分析[J]. 生态学报(9): 1491-1499, 1573.

邬建国, 2007. 景观生态学——格局, 过程, 尺度与等级[M]. 2 版. 北京：高等教育出版社.

伍光和, 王乃昂, 胡双熙, 等, 2008. 自然地理学[M]. 北京: 高等教育出版社.

熊康宁, 2009. 喀斯特石漠化的演变趋势与综合治理——以贵州省为例[C]//中国林学会. 长江流域生态建设与区域科学发展研讨会优秀论文集. 6.

徐广才, 康慕谊, Metzger M, 等, 2012. 锡林郭勒盟生态脆弱性[J]. 生态学报, 32(5): 1643-1653.

徐建华, 2017. 现代地理学中的数学方法[M]. 3 版. 北京: 高等教育出版社.

徐娟, 余新晓, 席彩云, 2009. 北京十三陵不同林分枯落物层和土壤层水文效应研究[J]. 水土保持学报, 23(3): 189-193.

徐明德, 李静, 彭静, 等, 2010. 基于 RS 和 GIS 的生态系统健康评价[J]. 生态环境学报, 19(8): 1809-1814.

许璟, 安裕伦, 胡锋, 等, 2015. 基于植被覆盖与生产力视角的亚喀斯特区域生态环境特征研究: 以黔中部分地区为例[J]. 地理研究, 34(4): 644-654.

薛卫双, 2014. 高校数字图书馆信息生态系统健康评价研究[J]. 情报科学, 32(5): 97-101.

杨大文, 李翀, 倪广恒, 等, 2004. 分布式水文模型在黄河流域的应用[J]. 地理学报(1): 143-154.

杨汉奎, 1995. 喀斯特荒漠化是一种地质生态灾难[J]. 海洋地质与第四纪地质, 15(3): 137-147.

杨明德, 谭明, 梁虹, 1998. 喀斯特流域水文地貌系统[M]. 北京: 地质出版社.

杨世凡, 2014. 贵州赤水河流域生态红线区划分研究[D]. 贵阳: 贵州师范大学.

杨晓英, 周忠发, 邹长慧, 2010. 基于景观级别指数的典型喀斯特石漠化空间格局分析[J]. 贵州师范大学学报(自然科学版)(3): 23-27.

杨予静, 李昌晓, 丽娜•热玛赞, 2013. 基于 PSR 框架模型的三峡库区忠县汝溪河流域生态系统健康评价[J]. 长江流域资源与环境, 22(Z1): 66-74.

杨宇, 徐明德, 李静, 等, 2014. 基于网格技术的区域生态系统健康评价[J]. 工业安全与环保, 40(1): 58-61.

俞亮源, 2013. 基于 DPSIR 模型的重庆市岩溶生态环境安全评价研究[D]. 重庆: 西南大学.

俞月凤, 何铁光, 彭晚霞, 等, 2015. 喀斯特峰丛洼地不同类型森林养分循环特征[J]. 生态学报, 35(22): 7531-7542.

袁道先, 1997. 我国西南岩溶石山的环境地质问题. 世界科技研究与发展, 19(5): 41-43.

袁菲, 张星耀, 梁军, 2013. 基于干扰的汪清林区森林生态系统健康评价生态学报[J]. 生态学报, 33(12): 3722-3731.

詹奉丽, 2016. 典型小流域石漠化治理工程的"3S"优化决策与工程治理推广适宜性评价[D]. 贵阳: 贵州师范大学.

张彪, 李文华, 谢高地, 等, 2009. 森林生态系统的水源涵养功能及其计量方法[J]. 生态学杂志, 28(3): 529-534.

张国珍, 严恩萍, 洪奕丰, 等, 2013. 基于 DEM 的东江湖风景区水文分析研究[J]. 中国农学通报, 29(2): 172-177.

张海波, 张明阳, 王克林, 等, 2014. 南方丘陵山地带水源涵养功能变化特征[J]. 农业现代化研究, 35(3): 345-348.

张静, 马彩虹, 王启名, 等, 2012. 汉中市土地利用变化的动态变化研究[J]. 水土保持研究, 19(1): 112-116.

张盼盼, 胡远满, 肖笃宁, 等, 2010. 一种基于多光谱遥感影像的喀斯特地区裸岩率的计算方法初探[J]. 遥感技术与应用, 15(4): 510-514.

张仕廉, 许梦, 叶贵, 2014. 区域建筑产业生态系统健康评价研究[J]. 区域经济(5): 37-39, 53.

张卫强, 李召青, 周平, 等, 2010. 东江中上游主要森林类型枯落物的持水特性[J]. 水土保持学报, 24(5): 130-134.

张文斌, 2014. 基于改进 PSR 模型的西北干旱区土地利用系统健康评价[J]. 中国农学通报, 30(34): 74-80.

张喜, 薛建辉, 许效天, 等, 2007. 黔中喀斯特山地不同森林类型的地表径流及影响因素[J]. 热带亚热带植物学报(6): 527-537.

张新时, 2014. 生态重建是生态文明建设的核心[J]. 中国科学(生命科学), 44(3): 221-222.

张延安, 2011. 济南市城市生态系统健康评价研究[D]. 济南: 山东师范大学.

张哲, 潘英姿, 陈晨, 等, 2012. 基于 GIS 的洞庭湖区生态系统健康评价[J]. 环境工程技术学报, 2(1): 36-43.

张志才, 陈喜, 石朋, 等, 2008. 贵州喀斯特峰丛山体土壤水分布特征及其影响因素[J]. 长江流域资源与环境(5): 803-807.

赵平, 彭少麟, 张经炜, 1998. 生态系统的脆弱性与退化生态系统[J]. 热带亚热带植物学报, 6(3); 179- 186.

赵帅, 柴立和, 李鹏飞, 等, 2013. 城市生态系统健康评价新模型及应用: 以天津市为例[J]. 环境科学学报, 33(4): 1173-1179.

赵同谦, 欧阳志云, 郑华, 等, 2004. 中国森林生态系统服务功能及其价值评价[J]. 自然资源学报, 19(4): 480-491.

周国富, 1997. 贵州喀斯特峰丛洼地农业自然灾害及对策初步研究[J]. 贵州师范大学学报(自然科学版), 15(4): 25-30.

周嘉慧, 黄晓霞, 2008,. 生态脆弱性评价方法评述[J]. 云南地理环境研究, 20(1): 55-59, 71.

周劲松, 1997. 山地生态系统的脆弱性与荒漠化[J]. 自然资源学报(1): 11-17.

周文龙, 赵卫权, 苏维词, 2013. 基于子系统的云台山喀斯特生态系统健康评价指标体系初探[J]. 贵州科学, 31(5): 93-97.

周燕峰, 2010. 基于 RS 和 GIS 的崇明东滩生态系统健康评价[D]. 上海: 华东师范大学.

周忠发, 黄路迦, 2003. 喀斯特地区石漠化与地层岩性关系分析: 以贵州高原清镇市为例[J]. 水土保持通报, 23(1): 19-22.

左婵, 徐明德, 柴国平, 等, 2014. 生态系统健康分析指标体系构建[J]. 工业安全与环保, 40(6): 22-25.

Anselin L, 1995. Local indicators of spatial association-LISA[J]. Geographical Analysis, 27(2): 93-115.

Baek S H, Son M, Kim D, et al. , 2014. Assessing the ecosystem health status of Korea Gwangyang and Jinhae bays based on a planktonic index of biotic integrity (P-IBI) [J]. Ocean Science Journal, 49(3): 291-311.

Birkmann J, 2007. Risk and vulnerability indicators at different scales: Applicability, usefulness and policy implications[J]. Environmental Hazards, 7(1).

Brazner J C, Danz N P, Niemi G J, et al. , 2007. Evaluation of geographic, geomorphic and human influences on Great Lakes wetland in dictators: A mu1ti-assemblege approach [J]. Ecological in Dictators, 7(3): 610-635.

Briggs D J, Field K, 2000. Informing environmental health policy in urban areas: the headlamp approach[J]. Reviews on

Environmental Health, 15:1-2.

Costanza R, Norton B G, Hashell B D, 1992. Ecosystem health: new goals for environmental management [C]. Washington D. C.: Island Press.

Festus M M, Joshua C, James L K, et al. , 2015. Comparative study of sampling methods for efficient diagnosis of health status of selected natural forest ecosystems in Kenya[J]. Journal of Natural Sciences Research, 5(2): 37-47.

IPCC, 2014. Climate change 2014: synthesis report. contribution of working groups I, II and III to the fifth assessment report of the intergovernmental panel on climate change[R]. IPCC, Geneva, Switzerland.

John C O, John D B,Oron L B, et al., 2014. Waterbirds as indicators of ecosystem health in the coastal marine habitats of southern Florida: 1[J]. Ecological Indicators, 44: 148-163.

Karr J R, Fausch K D, Angermeier P L, et al. , 1986. Assessing biological integrity in running waters: a method and its rational[M]. Champaign: Illinois Natural History Survey.

Kim Y O, Xu F L, 2014. Marine ecosystem health assessments in Korean coastal waters[J]. Ocean Science Journal, 49(3): 249-250.

Orians G H, 1975. Diversity, stability and maturity in natural ecosystems.Unifying concepts in ecology[M]. The Hague: Junk Press.

Pontius R G, Schneider L C, 2001. Land-cover change model validation by an ROC method for the Ipswich watershed, Massachusetts, USA[J]. Agriculture, Ecosystems & Environment, 85(1-3): 239-248.

Rapport D J, Costanza R, McMichael A L, 1999. Assessing health[J]. Trends in Ecology And Evolution(3): 397-402.

Seilheimer T S, Chow-Fraser P, 2007. Application of the wetland fish index to Northern Great Lakes Marshes with Emphasis on Georgian Bay Coastal Wetlands[J]. Journal of Great Lakes Research, 33(sp3): 154-171.

Sharon E H, Evan P G, Graeme E B, 2014. The role of biomarkers in the assessment of aquatic ecosystem health[J]. Integrated Environmental Assessment and Management, 10(3): 327-341.

Speldewinde P C, Slaney D, Weinstein P, 2015. Is restoring an ecosystem good for your health? [J]. Science of The Total Environment (502): 276-279.

Ulanowicz R E, 1986. Growth and development, ecosystem phenomenology[M]. New York: Springer.

Westman W E, 1985. Ecology, impact assessment, and environmental planning[M]. New York: Wiley.

Whittaker R H, Klomp H, 1975. The design and stability of plant communities[M]. New York: Springer Netherlands.

后　　记

作为国家自然科学基金资助的研究课题，本书涉及面广，复杂程度高，尽管作者尽了很大努力完成，但很多方面只是一个开始，限于时间和精力，工作开展深浅不一，有的工作比较粗糙，有待于下一步深入研究。目前有一些感想和认识如下。

一、工作的意义

只要到喀斯特地区，特别是贵州喀斯特地区，就会直观地感受到典型喀斯特、亚喀斯特现象的客观存在，它们在景观表现特征上、自然地理要素上、资源环境效应上都有着明显区别。因此，在生产发展和自然保护上，不应一概而论，而应区别对待，这是地理学分类指导的当然任务。本书研究来源于作者长期在贵州喀斯特地区工作的实践，并结合 GIS 叠加识别和提取等技术，但是野外工作和工程性示范工作力度不够。总的来说，本书主要在如下方面开展了工作。

(1) 提出“亚喀斯特景观”概念并与一般喀斯特景观区别开来，探索其生态环境效应(包括地貌效应、水文水资源效应、土壤植被效应、生态环境和生态功能效应、资源效应)和功能，寻找其脆弱度划分的指标体系，探讨与人类活动的关系、生态经济协调发展的生态重建道路和对策，为区域石漠化防治提供科学合理的决策依据。

(2) 研究总结了亚喀斯特地区资源环境效应特征。①通过亚喀斯特地区与典型喀斯特地区、非喀斯特地区在地表径流、侵蚀产沙、枯落物持水性等方面进行对比，分析亚喀斯特地区水文特征。亚喀斯特地区地表径流产流能力介于典型喀斯特地区和非喀斯特地区之间；亚喀斯特地区地表径流对不同雨强的响应差异不显著，亚喀斯特地区较容易遭受土壤侵蚀；在 3 种雨强条件下，亚喀斯特地区的含沙量均处于最大值，波动最大；对不同地表景观区森林枯落物层生态水文功能的研究表明，亚喀斯特地区枯落物层的持水性能最弱；通过人工模拟降雨和野外采样实验的方法，耦合分析亚喀斯特地区与典型喀斯特地区、非喀斯地区对地表径流、侵蚀产沙、枯落物持水性等方面的驱动模式，阐明了亚喀斯特地区的水文响应机制。②亚喀斯特区域土壤类型齐全，土被覆盖连续，植被覆盖率高，土层较厚，具备了较好的土壤水分、养分保持能力，因此使得亚喀斯特地区拥有更多可供耕种的土地，社会生产能力相对较高。③亚喀斯特地区的植被生长情况较典型喀斯特地区具有明显的优势，较好的生态本底形成了良好的植被生长条件，所以植被覆盖率及生产力水平高于典型喀斯特地区。但亚喀斯特地区植被景观破碎度大，利用程度高，不少区域已经显示出较为突出的生态脆弱特性和明显的生态退化趋势，并导致农业生产力的下降。

(3) 以历史时期航摄地形图和多期卫星数据作为主要数据源，用遥感和 GIS 数据研究亚喀斯特景观 50 年的时空变化，对比贵州省 50 年土地利用变化发现：亚喀斯特地区生态环境有所改善，但由于人口的增长及政策的影响，建设用地的增长速度最快；其次，由于亚喀斯特自身的特殊性与人类活动的影响，草地、灌木林和旱地仍占有重要地位；与典型喀斯特地区相比，亚喀斯特地区较适合人类居住，导致受人类活动影响较大；由此项目组进行了自然发展、经济优先、生态保护及土地优化 4 个情景模式下土地利用变化的模拟。

(4) 以 GIS 空间分析和建模技术为主要工具，应用景观生态学、生态经济学等方法原理，对亚喀斯特生态环境综合脆弱度进行了评价。

(5) 以黔中地区为研究区，基于 PSR 模型进行 2000～2010 年生态系统健康评价。以评价结果为基础，探索亚喀斯特地区生态系统健康状况及其不同地貌景观的特征。结果有利于检验区域土地利用结构的合理性，推进生态修复和重建工作，为区域性生态管理体制的建立、环境保护措施的制定和解决区域性环境问题提供依据。

(6) 根据亚喀斯特地区自然特征、生态效应及演化特征、生态脆弱性，因地制宜地提出生态保护与恢复重建的措施与建议。

(7) 以贵州省毕节地区为典型样区，结合大量野外工作对当地亚喀斯特景观开展了较大尺度研究。

二、工作中的不足

(1) 工作中希望先做出一个分步框架——亚喀斯特分布图，包括两部分：泥质碳酸盐岩分布图，碳酸盐岩与非碳酸盐岩夹层分布图。前者典型的如关岭组(贵阳附近亦称花溪组)，经过多次在贵阳城区附近、观山湖区、遵义南部等地调查，岩性对亚喀斯特特征反映明显，相应地貌景观、植被、土壤、土地利用，以及水文水资源特性都很显著，水土流失和石漠化效应(少有石漠化发生)也与其他景观差异显著；由于“夹层”概念有一定模糊性和不确定性，主要原因是构成夹层的尺度大小，理论上，尺度较大可以直接分为纯碳酸盐岩和非碳酸盐岩，而小尺度的夹层在地理学认识水平上不必要分和无法区分(如中三叠系大冶组互层段)，实际操作上，由于未能收集到大面积的大比例尺地质图(如 1∶5 万)，在划分上比较粗糙。除用上述方法提取亚喀斯特界限外，项目组成员在样区研究时，考虑不同尺度，界限提取方法略有改变。

(2) 有的研究只是利用原有资料用 GIS 方法确定亚喀斯特界限，野外实证较少，有待于今后工作深化。

(3) 限于精力和项目局限，生态重建等部分缺乏实验性、示范性工程项目支撑，得出的结论有局限性。

(4) 由于资料获取等原因，示意地图中部分数据时间较早，未能全面正确反映行政区划现状。

三、下一步展望

(1) 为提高科学认识水平和精准度，可以在条件改善后制作更大比例尺的亚喀斯特分析图件，首先是分布图。

(2) 鉴于生态重建、水资源等部分示范性工程不足，对于区域分类指导和精准扶贫任务，以及理论研究认识水平，可以争取后续项目继续研究。

(3)对于水、土壤、资源效应等，可以争取专门项目定量、定位研究。

四、鸣谢

项目研究中，得到作者所在单位贵州师范大学地理与环境科学学院及所属省级重点实验室等学科平台、多位老师的支持和协助，成果中应用了作者所在项目组的一些资料，一并致谢！